Manuel de culture du raisin américain

HÉDRICK

Writat

Cette édition parue en 2023

ISBN : 9789359253589

Publié par
Writat
email : info@writat.com

Contenu

PRÉFACE

Soixante-dix-neuf livres sur le raisin enrichissent la pomologie de l'Amérique du Nord, sans compter de nombreuses publications étatiques et nationales. Les auteurs pomologues américains ont un faible pour le raisin, car d'autres fruits ne s'en sortent pas aussi bien. Vingt-deux livres sont consacrés à la fraise, quatorze à la pomme, à la pêche neuf, à la canneberge huit, à la prune cinq, à la poire neuf, au coing deux, à la mûre un, tandis que la cerise, la framboise et la mûre ne sont pas une seule fois séparées des autres fruits. dans des livres spéciaux. Ainsi, bien que relativement nouveau parmi les fruits du pays, le raisin a été choisi dans un traité plus de fois que tous les autres fruits des climats tempérés réunis : soixante-dix-neuf livres sur le raisin, soixante-dix sur tous les autres fruits.

Cette déclaration de partialité n'entraîne pas l'apologie d'un nouveau livre sur le raisin. Il y a un besoin urgent d'un nouveau livre. Mais trois des soixante-dix-neuf traités sur ce fruit sont contemporains, et tous sauf un, un manuel sur la formation, sont des archives d'esprits disparus. Les méthodes changent si rapidement et les variétés se multiplient si vite que, pour suivre le rythme, il faut publier de nouveaux livres sur les fruits toutes les quelques années. En outre, les types de raisins sont si divers et les différents sols, climats et traitements produisent des résultats si dissemblables que de nombreux livres sont nécessaires pour rendre justice à ce fruit : le vignoble doit être vu à travers de nombreux yeux.

La viticulture commerciale est désormais une grande industrie en Amérique et mérite un traité à part entière. Mais il existe également de nombreuses demandes d'informations sur la viticulture de la part de ceux qui cultivent des fruits pour le plaisir, en particulier de la part de ceux qui fuient les villes pour s'installer dans les banlieues, car le raisin est le fruit préféré des amateurs. Ainsi, même si Plaisir et Profit forment une équipe difficile à diriger ensemble, ce manuel s'adresse à la fois aux viticulteurs commerciaux et amateurs.

En particulier, les besoins de l'amateur sont reconnus dans le chapitre sur les variétés , où sont décrites de nombreuses espèces qui ont peu ou pas de valeur commerciale. Aucun autre fruit n'offre l'enchantement de la nouveauté que l'on retrouve dans le raisin. Les saveurs, les tailles et les couleurs séduisantes abondent, dont l'amateur veut des échantillons. Le producteur commercial qui ne plante qu'une seule variété se trouve souvent insatisfait de la routine de son entreprise. Il devrait imiter l'amateur et planter davantage d'espèces, ne serait-ce que pour le plaisir, en se souvenant de l'adage : « Aucun profit ne pousse là où il n'y a pas de plaisir » . Un plus grand plaisir de cultiver la vigne est donc proposé pour justifier le long chapitre sur les cépages.

Au risque d'une trop large diffusion, l'auteur évoque, dans un ouvrage principalement consacré aux raisins indigènes, la culture du raisin européen en Extrême-Occident. L' objectif principal est, bien entendu, de fournir des informations qui seront utiles aux producteurs de ces raisins dans les États occidentaux, car il n'existe aucun traité auquel les producteurs occidentaux puissent se référer, autres que les bulletins des institutions agricoles étatiques et nationales. Il existe cependant une autre raison pour tenter de couvrir l'ensemble du domaine de la viticulture en Amérique. Il est certain que les viticulteurs de l'Est cultiveront un jour des raisins européens. Les vignobles occidentaux pourraient bien être agrandis avec des plantations de raisins indigènes. En supposant donc que la culture des raisins européens et indigènes deviendra de moins en moins restreinte en Amérique, l'auteur s'est aventuré à discuter de la culture de tous les raisins dans toutes les régions de l'Amérique du Nord.

Dans la préparation de ce manuel, l'ouvrage de l'auteur "The Grapes of New York", un livre épuisé depuis longtemps et jamais largement diffusé, a été fortement contribué, notamment dans la description des variétés. Nous remercions FZ Hartzell pour avoir lu le chapitre sur les ravageurs de la vigne et leur contrôle et pour avoir fourni la plupart des photographies utilisées pour réaliser des illustrations d'insectes et de champignons ; à FE Gladwin pour son aide similaire dans la préparation des deux chapitres sur la taille et le palissage du raisin en Amérique de l'Est ; à Frederic T. Bioletti pour l'autorisation de republier, à partir d'un bulletin rédigé par lui depuis l'Agricultural Experiment Station de Californie, presque tout le chapitre sur l'élagage du raisin sur le versant du Pacifique ; et à OM Taylor et à RD Anthony pour leur aide très matérielle dans la lecture du manuscrit et des épreuves.

HAUT HÉDRICK.

GENÈVE, NEW YORK ,
1er janvier 1919.

CHAPITRE I

LA DOMESTICATION DU RAISIN

La domestication d'un animal ou d'une plante constitue une étape importante dans le progrès de l'agriculture et intéresse ainsi tout être humain. Mais plus particulièrement, les matériaux, les événements et les hommes qui dirigent le travail de domestication intéressent ceux qui élèvent et soignent les animaux et les plantes ; le vigneron devrait trouver beaucoup de profit dans l'histoire de la domestication du raisin. Quelle était la matière première d'un fruit connue depuis les débuts de l'agriculture et partout où l'on cultive des fruits tempérés ? Comment ce matériau a-t-il été mis en œuvre ? Qui étaient les agents initiateurs et qui étaient les agents directeurs ? Ce sont des questions fondamentales dans l'amélioration du raisin, dont les réponses éclaireront également beaucoup la culture de celui-ci.

Les botanistes dénombrent entre quarante et soixante espèces de raisins dans le monde. Ceux-ci sont largement répartis dans l'hémisphère nord, tous sauf quelques-uns se trouvant dans les pays tempérés. Ainsi, plus de la moitié des espèces nommées proviennent des États-Unis et du Canada, tandis que presque toutes les autres proviennent de Chine et du Japon, une seule espèce poussant certainement à l'état sauvage dans le sud-ouest de l'Asie et dans certaines régions frontalières de l'Europe. Tous les vrais raisins ont des fruits plus ou moins comestibles, et sur la vingtaine d'espèces ou plus cultivées dans le Nouveau Monde, plus de la moitié ont été ou sont en train d'être domestiquées. Parmi les raisins de l' Ancien Monde , une seule espèce est cultivée pour ses fruits, mais celui-ci, de tous les raisins, est de la plus grande importance économique et mérite donc la première considération.

LE RAISIN EUROPÉEN

Le cépage européen, *Vitis vinifera* (Fig. 1), est le cépage de l'agriculture ancienne et moderne. C'est la vigne que Noé a plantée après le Déluge ; la vigne d'Israël et de la Terre promise ; la vigne des paraboles du Nouveau Testament. C'est le raisin et la vigne des mythes, des fables, de la poésie et de la prose de tous les peuples. C'est le raisin à partir duquel sont élaborés les vins du monde. De là viennent les raisins du monde. C'est la principale culture agricole du sud de l'Europe et de l'Afrique du Nord et de vastes régions d'autres parties du monde, ayant suivi l'homme civilisé d'un endroit à l'autre dans tous les climats tempérés. Le raisin européen s'est tellement imprimé dans l'esprit humain que lorsque l'on pense ou parle du raisin, ou de la vigne, c'est cette espèce de l'Ancien Monde , la vigne de l'Antiquité, qui se présente.

Les traces écrites de la culture du raisin européen remontent à cinq ou six mille ans. Les anciens Égyptiens, Phéniciens , Grecs et Romains cultivaient la vigne et faisaient du vin à partir de ses fruits. Des pépins de raisin ont été trouvés dans les restes de peuples européens de la préhistoire, ce qui montre que les hommes primitifs agrémentaient leurs maigres repas avec des raisins sauvages. La culture du raisin dans l'Ancien Monde a probablement commencé dans la région proche de la mer Caspienne, où la vigne a toujours été sauvage. Nous avons la preuve de la grande antiquité du raisin en Egypte, car ses pépins se trouvent ensevelis parmi les plus anciennes momies. Il est probable que les Phéniciens , les premiers navigateurs de la Méditerranée, aient transporté le raisin d'Egypte et de Syrie vers la Grèce, Rome et d'autres pays riverains de cette mer. La domestication du raisin était très avancée à l'époque du Christ, car Pline, écrivant alors, décrit quatre-vingt-onze sortes de raisins et cinquante sortes de vin.

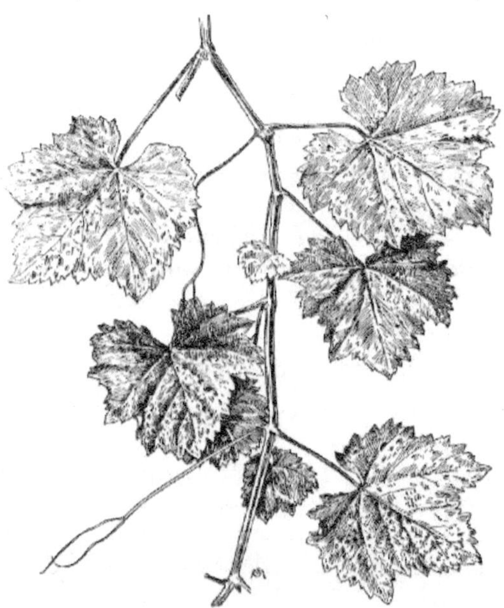

FIG. 1. Une pousse de *Vitis vinifera* .

On ne peut jamais savoir exactement quand le raisin européen a été cultivé. On ne sait pas quels ont été les méthodes et les processus de domestication, ni les esprits et les mains qui ont transformé le raisin sauvage d'Europe en raisin des vignes. Le raisin de l'Ancien Monde a été domestiqué bien avant que les faibles traditions qui ont été transmises jusqu'à nos jours aient pu surgir. Pour savoir comment les espèces sauvages de ce fruit ont été et peuvent être cultivées, nous devons nous tourner vers les archives du Nouveau Monde.

RAISINS AMÉRICAINS

Peu d'autres plantes du Nouveau Monde poussent à l'état sauvage dans des conditions aussi variées et sur des superficies aussi étendues que le raisin. Les raisins sauvages se trouvent dans les régions les plus chaudes du Nouveau-Brunswick; sur les rives des Grands Lacs ; partout dans les forêts des États de l'Atlantique Nord et Moyen ; sur les sols calcaires du Kentucky, du Tennessee et des Virginie ; et ils prospèrent dans les bois sablonneux, les plaines maritimes et les récifs de l'Atlantique Sud et des États du Golfe. Bien qu'il ne soit pas si commun à l'ouest du Mississippi, on trouve néanmoins une sorte de raisin sauvage du Dakota du Nord au Texas ; les raisins poussent dans les montagnes et dans les canyons de tous les États des Rocheuses ; et plusieurs espèces prospèrent aux frontières mexicaines et dans l'extrême sud-ouest.

S'il est possible que tous les raisins américains descendent d'une espèce originale, les types sont désormais aussi divers que les régions qu'ils habitent. Les raisins sauvages des forêts ont des troncs et des branches longs et minces, grâce auxquels leurs feuilles sont mieux exposées au soleil. Deux espèces arbustives n'atteignent pas une hauteur supérieure à quatre ou cinq pieds ; ceux-ci poussent dans des sols sableux ou parmi des roches exposées au soleil et à l'air. Un autre court au sol et porte un feuillage presque persistant. La tige d'une espèce atteint un diamètre d'un pied et porte son feuillage dans une grande canopée. De cette forme géante, les espèces varient jusqu'aux vignes grimpantes élancées et gracieuses. Les raisins sauvages sont aussi variés en termes d'adaptations climatiques que de structure de vigne et poussent de manière luxuriante dans toutes les conditions de chaleur ou de froid, d'humidité ou de sécheresse, capables de soutenir la culture fruitière en Amérique. Il y a tellement de variétés qui ont des possibilités horticoles qu'il semble certain que certains cépages peuvent être domestiqués dans toutes les régions agricoles du pays, leur plasticité naturelle indiquant, même si l'expérience ne le savait pas, que tous peuvent être domestiqués.

Leif le Chanceux, le premier Européen à visiter l'Amérique, si les archives islandaises sont vraies, a baptisé la nouvelle terre Wineland . On a supposé que cette appellation avait été donnée aux raisins, mais des enquêtes récentes montrent que les fruits étaient probablement des canneberges de montagne. Le capitaine John Hawkins, qui visita les colonies espagnoles de Floride en 1565, mentionne le raisin sauvage parmi les ressources du Nouveau Monde. Amadas et Barlowe , envoyés par Raleigh en 1584, décrivent les côtes des Carolines comme « si pleines de raisins qu'on ne peut en trouver dans le monde entier une telle abondance ». Le capitaine John Smith, écrivant en

1606, décrit les raisins de Virginie et recommande la culture de la vigne comme industrie pour la colonie nouvellement fondée. Rares sont en effet les explorateurs de la côte atlantique qui ne mentionnent pas le raisin parmi les plantes du pays. Pourtant, personne ne voyait de valeur intrinsèque à ces vignes sauvages. Pour les Européens, les raisins de l'Ancien Monde valaient à eux seuls la peine d'être cultivés, et les vignes qui poussaient partout en Amérique suggéraient simplement que les raisins qu'ils avaient connus outre-mer pourraient être cultivés dans leur nouvelle patrie.

Le fait que la viticulture américaine doit dépendre des espèces indigènes pour ses variétés a commencé à être reconnu au début du XIXe siècle, lorsque plusieurs grandes entreprises engagées dans la culture de raisins étrangers ont fait faillite et qu'un cépage indigène méritoire a fait son apparition. La vigne de la promesse était une variété connue sous le nom d'Alexandre. Thomas Jefferson, toujours soucieux du bien-être agricole de la nation, écrivant en 1809 à John Adlum , l'un des premiers expérimentateurs d'une espèce américaine, exprima le sentiment des expérimentateurs du raisin en parlant de l'Alexandre : « Je pense qu'il serait bon de pousser la culture de ce raisin sans perdre de temps et d'efforts dans la recherche de vignes étrangères, qu'il faudra des siècles pour adapter à notre sol et à notre climat.

FIG. 2. Une pousse de *Vitis Labrusca* .

Alexander est une ramification du raisin de renard commun, *Vitis Labrusca* (Fig. 2), que l'on trouve dans les bois de la côte atlantique, du Maine à la Géorgie et parfois dans la vallée du Mississippi. L'histoire de cette variété remonte à avant la guerre d'indépendance, lorsque, selon William Bartram, le botaniste quaker, elle a été trouvée poussant dans les environs de Philadelphie, par John Alexander, jardinier du gouverneur Penn de Pennsylvanie. Curieusement, c'est grâce à la tromperie d'un pépiniériste qu'elle s'est généralisée. Peter Legaux , viticulteur franco-américain, vendit en 1801 à la Kentucky Vineyard Society quinze cents boutures de raisin qui, selon lui, provenaient d' un cépage européen introduit du Cap de Bonne-Espérance, donc appelé raisin « du Cap ». Le raisin de Legaux s'est avéré être l'Alexandre. Dans la nouvelle maison, le faux Cape a grandi à merveille et, à mesure que la connaissance de sa fécondité dans le Kentucky, l'Ohio et l'Indiana s'est répandue, la demande a augmenté et, avec une rapidité remarquable, compte tenu de l'époque, elle est devenue une culture générale dans les régions des États-Unis. Les États se sont alors installés.

Le Labrusca ou raisins de renard.

Parmi les nombreuses espèces de raisins américains actuellement cultivées, le Labrusca, représenté d'abord par l'Alexandre, a fourni plus de variétés cultivées que toutes les autres espèces américaines réunies, pas moins de cinq cents de ses variétés ayant été cultivées dans les vignobles du pays. . Il y a plusieurs raisons pour lesquelles c'est l'espèce la plus généralement cultivée. Il est originaire des régions des États-Unis où l'agriculture a le plus tôt progressé jusqu'à un état où les fruits étaient désirés. Dans la nature, les Labruscas sont les plus attrayants, étant les plus grands et les plus beaux en couleur ; parmi tous les raisins, il est le seul à présenter des formes à fruits noirs, blancs et rouges sur vignes sauvages. Il existe une forme septentrionale et une forme méridionale de l'espèce, et ses variétés sont donc largement adaptées aux climats et aux sols. La saveur des fruits de cette espèce, tout bien considéré, est plutôt meilleure que celle de tout autre de nos raisins sauvages, bien que les peaux de la plupart de ses variétés aient un arôme particulier, quelque peu prononcé dans les célèbres Concord, Niagara et Worden, qui est désagréable aux goûts habitués aux saveurs pures des raisins européens. Tous les Labruscas se soumettent bien aux opérations viticoles et sont vigoureux, rustiques et productifs, bien qu'ils soient plus sujets au redoutable phylloxéra que la plupart des autres espèces indigènes cultivées. Parmi les nombreux raisins de ce type, au moins deux méritent une brève mention historique.

Le Catawba, probablement un Labrusca de race pure, le premier cépage américain d'importance commerciale, est la variété la plus intéressante de son espèce. L'origine de la variété n'est pas connue avec certitude, mais tout indique qu'elle a été trouvée vers 1800 sur les rives de la rivière Catawba, en Caroline du Nord. Il a été introduit en culture générale par le major John Adlum , soldat de la Révolution, juge, géomètre et auteur du premier livre américain sur le raisin. Adlum entretenait un vignoble expérimental dans le district de Columbia, d'où il commença en 1823 la distribution du Catawba.

À cette époque, le centre de la culture du raisin américain se trouvait autour de Cincinnati, et une des premières expéditions d' Adlum's Catawbas est allé chez Nicholas Longworth de cette ville et a été distribué par lui dans tous les centres viticoles du pays. En tant que l'un des premiers à tester de nouvelles variétés de raisins américains, à les cultiver en grande partie et à en faire du vin commercialement, Nicholas Longworth est connu comme le « père de la culture du raisin américain ».

Le Catawba est toujours l'un des quatre cépages phares des vignobles d'Amérique de l'Est. Les caractères qui maintiennent sa place élevée parmi les raisins sont : Une grande élasticité de constitution, grâce à laquelle la vigne est adaptée à de nombreux milieux ; saveur riche, qualité de conservation et bel aspect du fruit, qualités qui en font un très bon raisin de table ; une teneur élevée en sucre et une riche saveur de jus, de sorte que de son fruit on fait un très bon vin et un très bon jus de raisin ; et la vigueur, la rusticité et la productivité de la vigne. Les caractères du Catawba sont facilement transmissibles et il a de nombreux descendants de race pure ou hybrides qui lui ressemblent plus ou moins.

Le deuxième raisin commercial d'importance dans la viticulture américaine est le Concord, issu de la graine d'un raisin sauvage planté à l'automne 1843 par Ephraim W. Bull, Concord, Massachusetts. La nouvelle variété fut diffusée au printemps 1854 et, dès son introduction, la diffusion de sa culture fut phénoménale. En 1860, c'était le cépage leader en Amérique et il le reste. Concord fournit, avec les variétés qui en sont issues, soixante-quinze pour cent des raisins cultivés en Amérique orientale. Les caractères qui distinguent la vigne sont : Adaptabilité aux différents sols, fécondité, rusticité et résistance aux maladies et aux insectes. Les fruits se distinguent par une maturité certaine, une apparence attrayante, une saveur bonne mais pas intense et par le fait qu'ils peuvent être produits à un prix si bon marché qu'aucun autre raisin ne peut rivaliser avec cette variété sur les marchés. Concord est, comme Horace Greeley l'a si bien qualifié en attribuant le prix Greeley au meilleur raisin américain, « le raisin pour des millions ».

Les histoires de ces deux raisins sont typiques de celles de cinq cents autres Labruscas ou plus. Parmi un nombre prodigieux de plants indigènes, on en trouve occasionnellement un qui surpasse grandement ses congénères et on le met en culture.

Les raisins Rotundifolia ou Muscadine.

Bien avant que les Labruscas du nord aient pris de l'importance dans les vignobles du Nord, un cépage avait été partiellement domestiqué dans le Sud. Il s'agit *de Vitis rotundifolia* (Fig. 3), une espèce répandue du Potomac au Golfe, prospère dans des sols très divers, mais ne poussant que dans le climat méridional et préférant le littoral. Les raisins Rotundifolia ont été cultivés en quelque sorte pour leurs fruits ou leur ornement depuis les premiers temps coloniaux. Il est certain que le vin était fabriqué à partir de cette espèce par les colons anglais de Jamestown. On en trouve désormais des vignes sur les tonnelles, dans les jardins ou à moitié sauvages sur les clôtures dans presque toutes les fermes des États de l'Atlantique Sud. Si les Rotundifolias n'ont pas été plus généralement cultivées, c'est à cause de l'abondance des vignes sauvages, qui a évité la nécessité de les domestiquer. Les fruits de ses variétés, pour un palais qui n'y est pas habitué, ne sont pas très acceptables, ayant une saveur et une odeur musquées et une pulpe sucrée et juteuse, qui manque de vivacité. Beaucoup cependant prennent goût à ces raisins et les trouvent agréables à manger. Le grand défaut de ce raisin est que les baies se détachent des pédicelles à mesure qu'elles mûrissent et que des grappes parfaites ne peuvent être obtenues. En fait, la récolte est souvent récoltée en secouant les vignes afin que les baies tombent sur des feuilles en dessous. Malgré ces défauts, une vingtaine de variétés de cette espèce sont maintenant cultivées de manière générale dans la zone cotonnière, et leur domestication suscite aujourd'hui un intérêt plus grand que celui de toute autre espèce, ce qui est très prometteur pour l'avenir.

FIG. 3. Une pousse de *Vitis rotundifolia* .

Les Æstivalis ou raisins d'été.

Le Sud possède un autre cépage aux possibilités horticoles remarquables. Il s'agit du *Vitis æstivalis* (Fig. 4), le raisin d'été ou, pour le distinguer des Rotundifolias , le raisin en grappe des forêts du sud. Il existe maintenant une vingtaine de variétés bien connues de cette espèce, la plus connue étant Norton, dont l'origine est probablement le Dr DN Norton, de Richmond, en Virginie, au début du XIXe siècle. Les baies des vrais raisins Æstivalis sont trop petites, trop dépourvues de pulpe et trop acidulées pour faire de bons fruits de dessert, mais c'est à partir d'elles que sont élaborés nos meilleurs vins rouges indigènes. La domestication de cette espèce a été grandement retardée par une particularité de l'espèce qui entrave sa propagation. Les raisins se multiplient mieux par bouturage, mais cette espèce ne se reproduit pas facilement par ce moyen et la difficulté d'obtenir de bonnes jeunes vignes a été un sérieux handicap pour sa culture.

Il existe deux sous-espèces de *Vitis æstivalis* qui promettent beaucoup pour la viticulture américaine. *Vitis estivalis La Bourquiniana* , connue uniquement en culture et dont le statut botanique est très douteux, fournit à la viticulture américaine plusieurs variétés précieuses. Le principal d'entre eux est le Delaware, dont l'introduction il y a soixante ans depuis la ville de Delaware, Ohio, a élevé le niveau de qualité des raisins du Nouveau Monde à celui de l'Ancien Monde. Aucun cépage européen n'a une saveur plus riche ou plus délicate, ni un arôme plus agréable que le Delaware. Bien qu'il soit un cépage du nord, il peut être cultivé dans le sud et prospère dans de nombreuses conditions climatiques et pédologiques différentes et est si fructueux dans toutes que, après le Concord, il est le cépage américain le plus populaire pour le jardin et le vignoble. Il ne fait aucun doute cependant que le Delaware contient une trace de sang européen.

FIG. 4. Une pousse de *Vitis æstivalis* .

Une autre ramification de cette sous-espèce est Herbemont , qui, au sud, occupe le même rang que Concord au nord. Le cépage n'est cultivé qu'au sud de l'Ohio, et dans cette grande région, il est estimé de tous pour son raisin de dessert et pour son vin rouge léger. C'est l'un des rares cépages américains appréciés en France, cultivé dans le sud-ouest de la France comme raisin de cuve. Son histoire remonte à une colonie de huguenots français en Géorgie avant la guerre d'indépendance. Lenoir est très similaire à Herbemont , avec également une histoire remontant aux Français dans les Carolines ou en Géorgie au XVIIIe siècle.

L'autre sous-espèce de *Vitis æstivalis* est *Vitis æstivalis Lincecumii* , le cépage post-chêne du Texas et de la partie sud de la vallée du Mississippi. Récemment, ce cépage sauvage a été domestiqué, et de là ont été sélectionnées un certain nombre de variétés les plus prometteuses pour les régions chaudes et sèches.

Les raisins Vulpina ou de berge.

sont produits des vins presque égaux à ceux des Æstivalis du sud. Il s'agit de *Vitis vulpina* (*V. riparia*), le raisin de berge, dont une pousse est représentée sur la figure 5 , la plus largement répandue parmi toutes les espèces indigènes. Il pousse au nord jusqu'au Québec, au sud jusqu'au golfe du Mexique et de l'Atlantique jusqu'aux montagnes Rocheuses. Il y a un siècle, un cépage de cette espèce était cultivé sous le nom de Worthington, mais l'attention des vignerons ne s'est tournée vers les Vulpinas qu'après le milieu du siècle dernier, lorsque les qualités de ses vignes ont attiré l'attention des Français. viticulteurs. Le phylloxéra avait été introduit d'Amérique en France et menaçait l'existence du vignoble français. Après avoir essayé tous les remèdes possibles contre ce fléau, on a découvert qu'il était possible de vaincre l'insecte en greffant des raisins européens sur des vignes américaines résistantes au phylloxéra. Un essai des espèces prometteuses du raisin du Nouveau Monde a montré que les vignes de cette espèce étaient les plus adaptées à la reconstruction du vignoble français, les vignes étant non seulement résistantes au phylloxéra mais également vigoureuses et rustiques. Actuellement, une grande partie des vignes d'Europe, de Californie et d'autres régions viticoles sont greffées sur les racines de cette espèce ou d'autres espèces américaines, et la viticulture mondiale dépend donc largement de ces raisins.

FIG. 5. Une pousse de *Vitis vulpina*.

Les Français ont découvert qu'un certain nombre de raisins Vulpina (Riparia) introduits pour leurs racines étaient précieux comme producteurs directs de vins. Les fruits de cette espèce sont trop petits et trop acides pour le dessert, mais ils sont exempts des goûts et des arômes désagréables de certains de nos raisins indigènes et donnent donc de très bons vins. La plus connue des variétés de cette espèce est la Clinton, dont on pense généralement qu'elle est originaire de la cour du Dr Noyes, du Hamilton College, Clinton, New York, vers 1820. Il s'agit cependant probablement de la Worthington, de dont l'origine est inconnue, renommé. Il existe peut-être une centaine de raisins ou plus actuellement cultivés en totalité ou en partie à partir de Vulpina, la plupart d'entre eux étant des hybrides avec le Labrusca américain et le Vinifera européen, avec lesquels il s'hybride librement.

Espèce domestiquée d'importance mineure.

Dans les paragraphes précédents nous avons vu que quatre espèces de raisins constituent le fondement de la viticulture américaine. Neuf autres espèces fournissent des variétés pures et de nombreux hybrides avec les quatre espèces principales ou entre elles. Il s'agit *de V. rupestris*, *V. Longii*, *V. Champinii*, *V. Munsoniana*, *V. cordifolia*, *V. candicans*, *V. bicolor*, *V. monticola* et *V. Berlandieri*. Plusieurs de ces neuf espèces ont de la valeur dans le vignoble ou comme porte-greffes sur lesquels greffer d'autres raisins. La domestication de tous ces vins ne fait que commencer et, chaque année, ils sont de plus en plus utilisés dans les vignobles du pays.

PLANCHE I. —Deux vues de vignobles en Californie. *Top* , un vignoble dans la région des vergers du centre de la Californie ; *en bas* , un vignoble du sud de la Californie.

CHAPITRE II

Les régions viticoles et leurs déterminants

Heureusement, le raisin, dans sa grande diversité de formes, s'adapte à de nombreuses conditions, de sorte qu'une variété des diverses espèces cultivées produira des fruits destinés à l'usage domestique, sinon comme marchandise commerciale, dans toutes les régions de l'Amérique adaptées à l'agriculture générale. Mais la viticulture commerciale sur ce continent est confinée à quelques régions, dans chacune desquelles elle n'est rentable que dans des situations idéales. En fait, peu d'autres industries agricoles sont plus clairement déterminées par l'environnement que l'industrie viticole. Où sont les régions viticoles d'Amérique ? Qu'est-ce qui détermine l'aptitude d'une région à la culture de la vigne ? Les réponses à ces questions fournissent des indices sur la culture de ce fruit et aident à estimer les potentialités d'une nouvelle région ou d'un site viticole.

LES RÉGIONS VITICOLES D'AMÉRIQUE

Il existe quatre principales régions viticoles en Amérique du Nord, avec peut-être deux fois plus de régions subsidiaires. Ces diverses régions, dont chacune a ses variétés distinctes et, dans une moindre mesure, ses espèces distinctes, et dans chacune desquelles les raisins sont cultivés pour des usages quelque peu différents, donnent une grande variété de conditions industrielles à la culture du raisin sur le continent. Néanmoins, les régions ont de nombreux points communs dans leur environnement. C'est de leurs différences et similitudes que l'on peut tirer le plus d'enseignements dans les brèves discussions qui suivent sur les régions.

Le versant Pacifique.

Le versant Pacifique occupe la première place parmi les régions viticoles du continent, dépassant toutes les autres régions réunies dans la production de raisins et de produits à base de raisin. La Californie est le centre viticole de cette grande région, les raisins étant cultivés sur son territoire, du pied du mont Shasta au nord jusqu'au Mexique au sud et des contreforts des Sierras à l'est jusqu'à la forêt qui borde la côte à l'ouest. . Ainsi décrite, la Californie peut apparaître comme un vaste vignoble, mais ce n'est que dans les vallées, les plaines et les collines basses du territoire délimité que la vigne est suffisamment bien adaptée pour être productive. Les points aberrants de cette région principale du versant du Pacifique s'étendent vers le nord jusqu'en Oregon, Washington, Idaho et même en Colombie-Britannique, poussés de plus en plus vers l'est plus au nord pour échapper à l'humidité de l'océan qui, vers le nord, passe de plus en plus à l'intérieur des terres. D'autres cas extrêmes de la région principale se trouvent plus à l'est dans le Nevada, l'Arizona, le Nouveau-Mexique et même l'Utah et le Colorado, bien que dans la plupart de ces États, la culture du raisin soit encore insignifiante. La planche I montre des vignobles typiques de Californie.

Les raisins cultivés sur le versant du Pacifique sont presque exclusivement des variétés Vinifera, bien que quelques raisins américains soient plantés dans le nord-ouest du Pacifique. Ce n'est pas parce que les variétés américaines ne peuvent pas être cultivées, même si elles réussissent un peu moins bien ici que sur la côte est, mais parce que les Viniferas sont plus appréciées et que le climat et le sol semblent exactement leur convenir. La viticulture sur le versant du Pacifique est divisée en trois industries interdépendantes qui ne sont presque jamais tout à fait indépendantes les unes des autres : l'industrie du vin, l'industrie du raisin et l'industrie du raisin de table. Chacune de ces industries dépend de raisins plus ou moins spécialement adaptés au produit, les caractéristiques particulières étant assurées principalement par des cépages assez distincts mais dépendant en partie des conditions pédoclimatiques. La fabrication de jus de raisin non fermenté n'est pas encore un succès dans cette région pour la raison que les raisins Vinifera ne donnent pas un bon jus de raisin non fermenté et que les raisins américains ne sont pas cultivés en quantités suffisantes pour justifier l'établissement d'usines de jus de raisin.

Bioletti donne l'étendue de l'industrie viticole en Californie comme suit : [1]

"Les vignobles de Californie couvraient en 1912 environ 385 000 acres. Sur ce total, environ 180 000 acres produisaient des raisins de cuve. Environ 50 pour cent du vin était produit dans les grandes vallées intérieures, y compris la plupart des vins doux ; 35 pour cent pour cent étaient produits dans les vallées et les coteaux des chaînes côtières, y compris la plupart des vins secs ; les 15 pour cent restants étaient produits dans le sud de la Californie et comprenaient à la fois des vins doux et secs.

"Les vignobles de raisins secs couvraient environ 130 000 acres, dont environ 90 pour cent se trouvaient dans la vallée de San Joaquin, 7 pour cent dans la vallée de Sacramento et 3 pour cent dans le sud de la Californie.

"Les vignobles de raisin d'expédition sont estimés à 75 000 acres, répartis comme suit : 50 pour cent dans la vallée de Sacramento, 40 pour cent à San Joaquin, 6 pour cent en Californie du Sud et 4 pour cent dans les chaînes côtières."

La ceinture de raisin Chautauqua.

La ceinture viticole de Chautauqua, située le long de la rive nord-est du lac Érié à New York, en Pennsylvanie et dans l'Ohio, est la deuxième région viticole la plus importante d'Amérique. La "ceinture" est une étroite bande de plaine d'une largeur moyenne d'environ trois milles, située entre le lac Érié et un haut escarpement qui délimite la ceinture au sud sur toute sa longueur d'une centaine de milles ou plus. Ici, le climat et le sol semblent exceptionnellement favorables à la culture de la vigne. Le climat est le principal déterminant des limites de cette ceinture, car il existe plusieurs types de sols sur lesquels les raisins se portent également bien dans la région, et lorsque le climat change aux deux extrémités de la ceinture, là où l'escarpement devient bas, ou lorsque le la distance entre le lac et l'escarpement est grande, la viticulture cesse d'être rentable.

Les producteurs de cette région sont organisés en associations de vente afin d'obtenir des estimations des superficies et des rendements. À l'heure actuelle, en 1918, il y a dans cette zone de New York environ 35 000 acres de raisins ; en Pennsylvanie et en Ohio, environ 15,000 acres, dont la plus grande partie se trouve en Pennsylvanie. Le rendement moyen de raisins par acre pour la région est d'environ deux tonnes. La production totale moyenne des cinq dernières années a été d'environ 100 000 tonnes, dont 65 000 tonnes sont expédiées comme raisins de table et 35 000 tonnes sont utilisées dans la fabrication de vin et de jus de raisin. Parmi les variétés, Concord règne en maître dans la ceinture Chautauqua. L'auteur, en 1906, a fait une étude de la région, vignoble par vignoble, et a constaté que 90 pour cent de la superficie de la ceinture était attribuée à Concord, 3 pour cent à Niagara, 2 pour cent à Worden et les 5 pour cent restants. cent à une douzaine de variétés ou plus dont Moore Early et Delaware ont mené.

La fabrication de jus de raisin à l'échelle commerciale a commencé dans la ceinture de Chautauqua et la majeure partie de ce produit est encore produite dans la région. Ici, seuls les raisins Concord de la meilleure qualité sont utilisés pour le jus de raisin. La croissance de cette industrie est des plus significatives pour l'avenir de la viticulture dans la région. Il y a vingt ans, le jus de raisin était un facteur négligeable dans l'industrie viticole de cette région ; à l'heure actuelle, la production annuelle est de l'ordre de 4 000 000 de gallons. Les producteurs de jus de raisin déterminent désormais le prix du raisin pour la région, et si la quantité utilisée est inférieure à celle du raisin de table, le moment n'est pas loin où elle sera plus importante.

La région du Niagara.

À cinquante milles au nord de la ceinture Chautauqua, à travers l'extrémité du lac Érié et l'isthme étroit du Niagara, se trouve une ceinture plus petite sur la rive sud du lac Ontario, si semblable en termes de sol, de climat et de topographie qu'à ces égards, les deux régions pourraient être considérée comme identique. Il s'agit de la région du Niagara, la principale région productrice de raisin du Canada. Il est délimité au nord par le lac Ontario ;

au sud, à une distance de un à trois milles par le haut escarpement du Niagara ; à l'est, il traverse la rivière Niagara jusqu'à New York ; et à l'ouest, il se rétrécit jusqu'à un point à Hamilton, à l'extrémité ouest du lac Ontario. Ici encore l'influence du climat se manifeste distinctement. À mesure que cette ceinture passe dans New York, elle s'élargit et l'influence du lac Ontario se fait de moins en moins sentir vers l'est, et par conséquent la culture du raisin devient de moins en moins rentable.

Il y avait, selon le Bureau des industries de l'Ontario, en 1914, environ 10 850 acres de raisins dans la région du Niagara au Canada, et peut-être 4 000 acres de plus près de la rivière Niagara et le long des rives du lac Ontario à New York. Le cépage Niagara est originaire du côté américain de la région du Niagara et est ici planté plus largement qu'ailleurs. La culture du raisin dans cette région est similaire en tous points à celle de la ceinture de Chautauqua, les mêmes variétés et les méthodes presque identiques de taille, de culture, de pulvérisation et de récolte étant utilisées. La culture est principalement utilisée comme raisin de table, mais l'industrie du jus de raisin est en plein essor.

La région des Central Lakes de New York.

Dans la partie centrale de l'ouest de l'État de New York se trouvent plusieurs plans d'eau remarquables connus sous le nom de lacs centraux. Trois d'entre eux sont suffisamment grands et profonds pour offrir des conditions climatiques idéales pour les raisins, et autour de ces lacs sont regroupées plusieurs zones viticoles importantes, ce qui en fait la troisième région viticole la plus importante d'Amérique. La région revêt une importance encore plus grande car la majeure partie du champagne fabriqué en Amérique est produite ici et c'est également le principal centre de vins tranquilles en Amérique de l'Est. Il se distingue en outre par ses types de raisins distinctifs, le Catawba et le Delaware remplaçant le Concord et le Niagara, les cépages qui prédominent habituellement dans les régions viticoles de l'Est.

La majeure partie de cette région se trouve sur les pentes abruptes des hautes terres entourant le lac Keuka. Sur les rives de ce lac se trouvent environ 15 000 acres de vignes. Adjacent à ce corps principal se trouvent plusieurs corps plus petits autour des lacs voisins. Ainsi, à la tête du lac Canandaigua et sur ses rives se trouvent environ 2,500 acres ; près de Seneca et entre les lacs Seneca et Cayuga, il y a probablement 1 500 acres de plus. Dans quelques endroits spécialement favorisés sur d'autres de ces lacs centraux, il y a peut-être 1 000 acres, ce qui fait au total pour cette région environ 20 000 acres. Encore une fois, c'est le climat qui donne le label de qualité à la région en matière de viticulture. En plus des avantages des plans d'eau profonds, les terres élevées et en pente font cesser les gelées tôt au printemps et les maintiennent en suspens à l'automne, donnant une saison exceptionnellement longue.

La fabrication du champagne a commencé ici vers 1860 ; il existe actuellement une vingtaine de fabricants de champagne, de vin et de brandy, la production annuelle étant d'environ 3 000 000 de gallons de vin et 2 000 000 de bouteilles de champagne. Récemment, la fabrication du jus de raisin a commencé et l'industrie est désormais florissante.

Régions viticoles mineures.

La viticulture est commercialement importante dans plusieurs autres régions que celles décrites. Ainsi, dans la vallée de la rivière Hudson, la vigne est cultivée commercialement depuis près de cent ans, l'industrie atteignant son apogée entre 1880 et 1890, alors qu'il y avait 13 000 acres en culture. Cependant, depuis quelques années, la viticulture le long de l'Hudson est en déclin. Une autre région dans laquelle la viticulture atteint une ampleur considérable se trouve dans plusieurs îles du lac Érié, près de Sandusky, dans l'Ohio, le produit étant destiné en grande partie à la fabrication du vin. À une certaine époque, les raisins étaient cultivés commercialement sur les rives de la rivière Ohio, près de Cincinnati et vers l'ouest, dans l'Indiana. Mais ici, l'industrie appartient au passé. Une autre région dans laquelle la culture du raisin était autrefois de première importance mais qui est aujourd'hui à la traîne a son centre à Hermann, dans le Missouri. La zone de production de raisin la plus récente digne de mention se trouve dans le sud-ouest du Michigan, près des villes de Lawton et Paw Paw . Une région viticole petite mais très prospère a son centre à Egg Harbor, dans le New Jersey. L'Ives est le pilier des variétés de cette région. Dans les États du sud, les raisins muscadine sont cultivés en petite quantité dans toutes les parties de la ceinture cotonnière et des variétés d'autres espèces indigènes se trouvent dans les vignobles des régions des hautes terres, mais nulle part dans le sud on ne peut dire que le raisin -la culture est une industrie commerciale.

LES DÉTERMINANTS DES TERROIRS VITICOLES

Le climat, le sol, le site, les caractéristiques de la surface du terrain, les insectes, les champignons et la géographie commerciale sont les principaux facteurs qui déterminent les régions qui génèrent des revenus dans la viticulture. Cela a été clairement démontré dans la discussion précédente sur les régions viticoles, mais les différents facteurs doivent être abordés plus en détail. Délimiter les régions est moins important que de comprendre pourquoi elles existent – il est moins nécessaire de se souvenir, plus nécessaire de comprendre. De ce qui précède, le lecteur a sans doute déjà conclu que le succès de la culture de la vigne est dû dans une large mesure à la douceur du climat.

En supposant donc que le climat, parmi tous les facteurs, joue le rôle principal dans la providence du raisin, examinons de manière quelque peu critique les relations entre le climat et la culture du raisin. Lorsqu'on les analyse, les éléments essentiels du climat, dans la mesure où il régit la viticulture, se révèlent au nombre de six : premièrement, la durée de la saison ; deuxièmement, la somme saisonnière de chaleur ; troisièmement, la quantité d'humidité en été ; quatrièmement, les dates des gelées de printemps et d'automne ; cinquièmement, la température hivernale ; sixièmement, les courants d'air.

Durée de la saison.

Pour atteindre la vraie perfection, chaque cépage possède sa propre durée de saison. Dans chacun d'eux, si on la cultive à une latitude trop basse, la vigne croît sans interruption ; ses feuilles ont tendance à devenir persistantes ; et il n'est pas rare qu'il produise à la fois des fleurs, des fruits verts et des fruits mûrs. C'est bien entendu l'extrême auquel atteint le raisin dans l'extrême Sud. Encore une fois, de nombreuses variétés du nord échouent là où les raisins du sud réussissent parce que les fruits passent trop rapidement de la maturité à la pourriture. En revanche, bien souvent les raisins du sud sont rustiques en vigne du Nord, mais la saison n'est pas suffisamment longue pour que le fruit mûrisse et acquière suffisamment de sucre pour lui donner une bonne conservation, pour bien subir la fermentation vineuse, voire même pour faire un bon jus de raisin non fermenté. Compte tenu de la topographie accidentée de ce continent, il n'est pas possible de déterminer la latitude dans laquelle le raisin peut être cultivé de manière avantageuse, car la latitude est souvent laissée de côté par l'altitude. Ainsi, les lignes isothermes, ou lignes d'égale température, sont très courbées en Amérique et ne coïncident pas du tout avec les parallèles de latitude.

Bien entendu, d'autres facteurs que la durée de la saison entrent en ligne de compte dans la maturation des raisins. L'amplitude thermique journalière, qui ne dépend pas toujours de la latitude, affecte la maturation. Les nuits fraîches peuvent compenser les journées chaudes et retarder la maturation. Certes, les pluies, les brouillards et l'air humide retardent la maturité. La chaleur de fond des sols meubles, chauds et secs, graveleux ou pierreux, accélère la maturité. L'ensoleillement assuré par une exposition ou un abri ensoleillé accélère la maturité.

La somme saisonnière de chaleur.

La réussite de la culture du raisin dépend d'une quantité de chaleur suffisante pendant la saison estivale. La théorie est que les bourgeons du raisin commencent à germer lorsque la température moyenne quotidienne atteint une certaine hauteur, et que la somme des températures moyennes quotidiennes doit atteindre une certaine valeur avant que les raisins ne mûrissent. Manifestement, cette somme doit varier beaucoup selon les variétés, faible pour les variétés les plus précoces, élevée pour les dernières. De nombreuses observations ont été faites sur les températures auxquelles les bourgeons du raisin commencent à pousser, de sorte que l'on sait désormais que la température varie en fonction de la localité et du degré de maturité. En gros, les bourgeons des raisins démarrent à des températures de 50° à 60° F. La somme saisonnière de chaleur pour la maturation est probablement de 1 600 à 2 400 unités. Une variété ne doit donc pas être plantée dans une région où la somme de chaleur saisonnière moyenne n'est pas suffisamment élevée. La somme saisonnière de chaleur peut être déterminée pour une localité à partir des données publiées par le Bureau météorologique des États-Unis ; et en comparant avec la somme des unités thermiques dans les localités où une variété est connue pour prospérer, le vigneron peut déterminer s'il y a suffisamment de chaleur pour une variété particulière.

Le raisin souffre rarement des fortes chaleurs dans une région viticole. Le fruit est parfois échaudé en plein soleil, mais le feuillage abondant de la vigne fournit généralement une protection contre un soleil brûlant. Au moment de l'affinage, la chaleur d'un soleil sans nuages, si l'air circule librement, assure un produit finement fini. Une plantation profonde aide à compenser les influences néfastes des climats chauds.

Humidité du temps estival.

Le raisin est très sensible aux conditions d'humidité et pousse mieux dans les régions où les précipitations estivales sont relativement faibles. Un été humide et nuageux apporte un désastre au vignoble de plusieurs manières ; comme une petite croissance de la vigne, une petite nouaison, une récolte de mauvaise qualité et le développement de plusieurs maladies fongiques. Bien que le raisin supporte la sécheresse, un excès d'humidité dans le sol peut ne pas nuire, comme le montrent les vignobles irrigués, mais un air humide est fatal au succès, surtout si l'air est à la fois chaud et humide. Le temps humide au moment de la maturité est particulièrement désastreux pour le raisin, tout comme les brouillards fréquents. Le temps froid et humide pendant la floraison est le fléau printanier du viticulteur, car il empêche le plus efficacement la nouaison des fruits. On peut poser en règle que le raisin vit de la lumière du soleil, de la chaleur et de l'air ; il prospère souvent à la lisière du désert. Ces considérations montrent clairement que les moyens de précipitations mensuels et saisonniers doivent être pris en compte lors du choix d'une localité pour cultiver la vigne.

Gelées de printemps et d'automne.

La date moyenne à laquelle survient le dernier gel meurtrier au printemps détermine souvent la limite de latitude à laquelle le raisin peut être cultivé. Même dans la région viticole la plus favorisée du continent, les gelées meurtrières détruisent parfois la récolte de raisin, et il y a peu de saisons au cours desquelles le gel ne fait pas des ravages. Ainsi , le 7 mai 1916, le gel a pratiquement détruit les récoltes de raisins de cuve et de table dans la grande région viticole du nord de la Californie, où les gelées sont rarement attendues en mai. Rien ou presque ne peut être fait pour protéger les raisins du gel. Les brise-vent favorisent aussi souvent le gel que la vigne, et le maculage ou le chauffage des vignes est trop coûteux pour être pratique. Dans la culture du raisin, il faut donc prendre la précaution communément reconnue de choisir un site à proximité de l'eau, sur des pentes ou dans une ceinture thermique chaude.

Les limites de la culture du raisin sont également déterminées par les gelées du début de l'automne. Le raisin résiste à deux ou trois degrés de gel, mais tout niveau inférieur détruit généralement la récolte. Ici encore, la seule précaution est de bien choisir le site.

L'utilisation des données météorologiques et des dates d'événements de la vie du raisin.

Ces considérations de durée de saison, d'humidité et de gelées printanières et automnales font comprendre que le vigneron doit synchroniser ces phases climatiques avec les événements de la vie du raisin. Il doit notamment étudier les données météorologiques liées à la floraison et à la maturation des raisins. Habituellement, les données météorologiques nécessaires peuvent être obtenues auprès du bureau météorologique local le plus proche, tandis que la date de floraison et de maturation peut être obtenue auprès des stations expérimentales des États où le raisin est une culture importante.

Température hivernale.

Les variétés de raisins indigènes sont rarement endommagées en Amérique par l'hiver, car elles sont généralement plantées dans des climats dans lesquels les raisins sauvages résistent aux conditions hivernales. Les variétés indigènes suivent la règle selon laquelle les plantes et le climat sont vraiment adaptés aux régions dans lesquelles la plante prospère sans l'aide de l'homme. Quelques variétés de raisins indigènes supportent mal le froid hivernal des régions viticoles du nord, et la tendre vigne Vinifera est à la merci de l'hiver partout où le mercure descend en dessous de zéro. Dans les climats froids, il faut donc faire preuve de prudence dans la sélection des variétés rustiques et suivre des méthodes culturales minutieuses avec les variétés tendres.

Cependant, si d'autres conditions climatiques sont favorables, la destruction hivernale n'est pas une difficulté insurmontable, car le raisin est facilement protégé du froid, si facilement que les tendres Viniferas peuvent être cultivées dans le froid du Nord avec une protection hivernale.

Les courants d'air.

Les courants d'air n'ont qu'une importance locale dans la culture des arbres fruitiers, mais ont une importance générale et vitale dans la culture du raisin. La direction, la force et la fréquence des vents dominants sont souvent des facteurs déterminants dans la suppression des maladies fongiques du raisin, et la présence de champignons est souvent synonyme de succès ou d'échec dans les régions dans lesquelles le raisin est planté. Les vents sont également bénéfiques lorsqu'ils apportent de l'air chaud ou de l'air sec, et lorsqu'ils maintiennent en mouvement l'air glacial. L'air doit circuler dans toutes les régions viticoles, qu'il vienne du canyon , de la montagne, du lac ou de la mer. La lumière du soleil, la chaleur et l'air en mouvement donnent vie au raisin. Parfois, les vents peuvent être nuisibles ; comme lorsqu'il fait trop froid, qu'il fait trop de fanfaronnades, ou lorsqu'ils apportent de la grêle, cette dernière étant à peu près la plus désastreuse de toutes les calamités naturelles. Les brise-vent ont peu de valeur et sont souvent pires qu'inutiles. Après avoir planté sa vigne, le vigneron doit accepter les vents comme ils soufflent.

Sols pour raisins

La condition première d'un vignoble étant la terre dans laquelle pousseront les vignes, la réussite de la viticulture dépend éminemment du choix du sol. De nombreuses erreurs sont commises dans les grandes régions viticoles en plantant sur des sols inappropriés, le planteur partant du principe que n'importe quel sol dans une région viticole devrait être suffisamment bon pour le raisin. Mais la croûte terrestre des régions viticoles n'est pas entièrement constituée de sols viticoles. À New York, par exemple, une grande partie des terres des trois régions viticoles sont mieux adaptées à la production de cultures pour le maçon ou le cantonnier que pour le viticulteur. D'autres sols de ces régions ne sont propices à la vigne que lorsqu'ils sont carrelés, et le carrelage ne rend pas toutes les terres humides aptes au labourage. Argiles lourdes et moites, sables légers, sols desséchés par la soif, sols maigres ou affamés : sur tout cela, le producteur peut planter mais récoltera rarement.

Le sol idéal.

Les raisins peuvent bien pousser dans une large gamme de sols si la terre est bien drainée, ouverte à l'air et si elle retient la chaleur. Mais sans ces éléments essentiels, quel que soit le sol, tous les traitements ultérieurs ne parviennent pas à produire un bon vignoble. D'une manière générale, le raisin pousse mieux dans un loam graveleux léger et libre, mais il existe de nombreux bons vignobles dans des argiles graveleuses ou pierreuses, du gravier ou de la pierre pour assurer le drainage, laisser entrer l'air et retenir la chaleur. Contrairement à une idée reçue, le raisin prospère rarement dans des sols très sableux, à moins qu'il n'y ait un bon mélange d'argile, une quantité importante de matière végétale en décomposition et un sous-sol argileux. Ces derniers ne doivent cependant pas s'approcher trop près de la surface. Certaines des meilleures terres viticoles du pays sont très pierreuses, les pierres ne faisant qu'empêcher le travail du sol. Presque tous les raisins nécessitent un sol friable, la compacité étant un défaut sérieux. Virgile, écrivant au temps du Christ, donnait de bons conseils quant au sol pour la vigne :

"Une terre meuble et libre est ce que réclament les vignes, Où le vent et le gel ont aidé le laboureur. main, et de robustes paysans ont profondément remué la terre.

Les argiles froides, grossières, collantes ou moites ne sont jamais du goût du raisin.

Une grande fertilité n'est pas nécessaire dans les terres viticoles. En effet, le raisin se distingue parmi les plantes cultivées par sa capacité à se nourrir là où l'approvisionnement alimentaire est rare. Les sols naturellement trop riches produisent une prolifération de vignes, le bois de saison ne mûrit pas, la récolte ne prend pas et les raisins manquent de sucre, de taille, de couleur et de saveur. Une bonne condition physique et la chaleur dans un sol bien arrosé et aéré permettent au raisin d'aller chercher sa nourriture au loin.

Drainage.

Aucun raisin cultivé ne supporte un sol humide ; tous exigent un drainage. Quelques espèces peuvent prospérer pendant un certain temps dans des terres humides et lourdes, mais le plus souvent elles ne vivent pas, même si elles peuvent s'y attarder. La nappe phréatique doit être à au moins deux pieds de la surface. Si par hasard cela vient naturellement, tant mieux, mais sinon le terrain doit être drainé par des canalisations. Les terrains en pente ne sont pas toujours bien drainés, de nombreux flancs de collines ayant un sous-sol si imperméable ou si rétenteur d'humidité qu'un sous-drainage est une nécessité. La texture de la terre est généralement tellement améliorée par un bon drainage que le vigneron n'a guère besoin de compter sur la clémence de la saison pour cultiver la vigne sur des terres bien drainées.

Adaptations du sol.

Dans le raffinement de la viticulture, les vignerons découvrent que certaines variétés poussent mieux dans un sol particulier, les goûts et les aversions n'étant déterminés que par essais, car les particularités qui adaptent un sol à une variété ne sont pas analysables. Certaines variétés, en revanche, le Concord en étant un bon exemple, poussent fructueusement dans une grande variété de sols. Chacune des espèces et leurs variétés ont des adaptations assez distinctes aux sols. On en profite pour planter des variétés sur des sols peu propices après qu'elles ont été greffées sur une vigne qui s'adapte parfaitement à ce sol particulier. Beaucoup a été accompli dans la culture de variétés sur des sols peu adaptés en les associant à d'autres souches, une opération qui a donné lieu à de nombreuses discussions quant à l'adaptabilité des cions aux souches et des souches aux sols, sujets qui retiendront l'attention dans une page ultérieure.

Insectes et champignons

Les régions viticoles rentables du pays ont toutes été établies dans des régions relativement exemptes d'insectes et de champignons de la vigne. Si les parasites arrivaient plus tard en nombre considérable, l'industrie d'autrefois périssait. Ici et là, dans les régions agricoles du pays, on peut trouver une triste compagnie de vignes arrêtées et mutilées, vestiges de vignobles autrefois florissants, amenés à leur misérable état par quelque fléau d'insectes ou de champignons. L'avènement des pulvérisations et une meilleure connaissance des habitudes des ravageurs ont considérablement réduit l'importance des parasites comme facteur déterminant de la valeur d'une région pour la viticulture ; mais même à la lumière des nouvelles connaissances, il n'est pas sage d'aller à l'encontre de la nature dans les régions où les ravageurs sont fortement implantés.

Facteurs commerciaux

Les facteurs dominants qui conduisent à la plantation de grandes superficies pour un seul fruit sont souvent d'ordre économique ; comme le transport, les marchés, la main d'œuvre, les installations de fabrication de sous-produits et la possibilité de rejoindre des organisations d'achat et de vente. Tous ces facteurs jouent un rôle important dans la détermination des limites des régions viticoles, mais un rôle moindre que dans l'établissement de vastes superficies d'autres fruits, car le raisin est si largement cultivé pour les raisins secs, le vin, le champagne et les raisins. jus, produits condensés sous forme, fabriqués avec peu de travail, facilement transportables, qui se conservent longtemps et trouvent un marché prêt à tout moment. Là encore, là où les conditions naturelles sont favorables à la culture du raisin, la récolte est presque un don de la nature ; tandis que, si le vigneron doit résister aux coups de circonstances naturelles défavorables, si favorables que soient les facteurs économiques, le vignoble est rarement rentable. Les facteurs naturels l'emportent donc sur les facteurs économiques dans la viticulture, mais ces derniers doivent être pris en compte lors de la recherche d'un site pour un vignoble, une tâche discutée sous plusieurs titres à suivre.

Accessibilité aux marchés.

Les marchés devraient être accessibles dans le domaine de la viticulture commerciale. Un endroit où il existe un bon marché local et en même temps de nombreuses installations pour l'expédition vers des marchés éloignés est souhaitable. S'il existe également des possibilités d'écouler les surplus aux producteurs de raisins secs, de vin ou de jus de raisin, le producteur a presque atteint l'idéal. Il faut également souhaiter de bonnes routes, des trajets courts, un transport rapide, des tarifs de fret raisonnables, un service de réfrigération et des agences coopératives . Plus un producteur dispose de ces avantages, moins il risque d'échouer dans la concurrence commerciale.

généraux versus *marchés locaux.*

Il faut rappeler au vigneron plutôt qu'informer qu'il doit décider, lors de l'implantation de son vignoble, s'il cultivera pour des marchés éloignés, pour la transformation en produits à base de raisin ou pour les marchés locaux. La décision de cultiver le raisin une fois prise, la procédure ultérieure à chaque étape dépend de la disposition à faire du produit. En résumé, les différences dans la culture du raisin pour les deux marchés sont les suivantes : Pour le marché général : la superficie doit être grande ; le marché peut être éloigné ; les variétés peu nombreuses; le coût de production faible ; ventes importantes et prix bas ; les relations se font avec des intermédiaires ; et une culture extensive est pratiquée. Pour le marché local : la superficie peut être petite ; le marché doit être proche et les prix doivent être élevés ; les ventes sont directes au consommateur ; il doit y avoir une succession de maturations ; et une culture intensive est pratiquée. Pour le marché général, le vignoble est l'unité ; pour le marché local, la variété doit être l'unité. Toutefois, dans cette discussion, l'opposition entre « grandes superficies » et « culture extensive » et « petites superficies » et « culture intensive » peut induire en erreur. Il s'agit d'un cas dans lequel une grande entreprise peut être une petite entreprise, et une petite entreprise une grande entreprise ; ou, dans lequel il serait peut-être bon de suivre le conseil de Virgile, qui conseillait aux vignerons romains : « Louez les grands domaines ; cultivez-en un petit ».

La viticulture de l'époque tend de plus en plus à se développer pour les marchés généraux. Le producteur plante pour obtenir un rendement relativement faible sur une vaste zone. Cette division de la viticulture est désormais bien développée en Amérique. La viticulture intensive destinée aux marchés locaux n'est pas très développée. Il existe cependant de nombreuses opportunités en Amérique pour triompher facilement dans le domaine de la culture fruitière en plantant des vignes pour les marchés locaux. Aucun autre fruit ne répond aussi bien aux beaux-arts de la culture que le raisin. S'il dispose de bonnes variétés de choix et d'un produit finement fini, le cultivateur peut obtenir presque ce qu'il désire pour le produit de son savoir-faire. Pour le raisin aussi, la palme du mérite va à l'habileté culturelle ; Parmi tous ceux qui cultivent des plantes, seul le fleuriste peut rivaliser avec le viticulteur pour guider le développement d'une plante vers un but particulier. Dans la culture, la fertilisation, le palissage, le greffage, la taille, la pulvérisation, dans chaque opération culturale, le viticulteur a des possibilités de vendre son savoir-faire qui n'est pas donné à un si haut degré au cultivateur d'autres fruits.

Travail.

Un grand avantage dans la congrégation des vignerons dans les régions viticoles réside dans le fait qu'il faut obtenir de la main d'œuvre. La culture de la vigne nécessite une main-d'œuvre qualifiée, et cette main-d'œuvre ne peut être obtenue librement que dans les centres de viticulture. La viticulture est une affaire de spécialistes, et il faut plus d'un jour ou d'une saison pour faire d'un agriculteur, d'un jardinier ou d'un verger un vigneron. La main d'œuvre experte est plus facile à obtenir et est de meilleure qualité là où les raisins abondent. La main-d'œuvre commune doit également être quelque peu abondante dans les bons emplacements de vignobles pour des tâches aussi urgentes que le liage et la cueillette. Dans ces deux opérations, les femmes, les enfants ou d'autres travailleurs non qualifiés peuvent être employés avantageusement. Les vendanges doivent souvent être précipitées, et pour les maintenir en plein essor, une ville proche d'où puiser les vendangeurs est un grand atout.

Sites viticoles.

Dans une région viticole, le site est important pour déterminer où planter. Le site est la position locale du vignoble. Les sites ne peuvent pas être standardisés et il n'y en a donc pas deux identiques. Les facteurs naturels cardinaux à garantir dans un site sont la chaleur, le soleil, l'air et l'absence de gel. Ces facteurs ont été discutés de manière générale sous le climat des régions viticoles, mais il convient de les détailler d'un peu plus près pour déterminer comment ils affectent les vignobles individuels. La chaleur, le soleil, l'air et l'absence de gel sont mieux assurés par la proximité de l'eau, des hauteurs et une exposition appropriée.

Proximité de l'eau.

Les influences favorables de l'eau sont bien illustrées dans les régions viticoles de New York, de Pennsylvanie, de l'Ohio et du Canada. Tous les vignobles de ces régions sont délimités par l'eau sur un ou plusieurs côtés.

Les effets égalisateurs des grandes étendues d'eau sur la température, des hivers plus chauds et des étés plus frais, sont si bien connus qu'ils n'ont guère besoin d'être commentés. Les brises de mer nocturnes et les brises côtières de jour qui soufflent sur de grandes étendues d'eau ne sont guère moins importantes que les effets de l'eau sur la température. Ceux-ci maintiennent l'air du vignoble en mouvement constant et évitent ainsi les gelées au printemps et en automne, ainsi que le séchage du feuillage et des fruits, de sorte que les spores des champignons ont du mal à s'implanter. Mais si l'eau apporte brouillard, rosée et humidité, comme le fait le Pacifique, il faut planter les raisins à l'intérieur des terres ; sinon, les feuilles, les fleurs et les fruits naissent à cause du fléau des champignons. Les influences bénignes de l'eau se font sentir dans les régions viticoles orientales à des distances de un à quatre milles, rarement plus loin. Ces ceintures étroites autour des eaux orientales sont limitées du côté de la terre par de hautes falaises que de nombreuses averses ne parviennent pas à traverser et qui protègent les ceintures situées en dessous des fortes rosées. Là où l'arrière-plan des falaises de ces régions s'abaisse jusqu'au terrain plat, les vignes cessent.

Les vignobles sont généralement situés à une certaine distance au-dessus de l'eau, et leur altitude varie de cinquante à cinq cents pieds. Là où l'altitude est beaucoup plus élevée, l'immunité au gel et au gel hivernal cesse, car l'atmosphère est plus rare et plus sèche, de sorte que la chaleur rayonne rapidement de la terre. À mesure que la hauteur augmente, les délires du vent font des ravages dans les vignes. Pourtant, on est souvent surpris de trouver de bons vignobles au niveau des lacs ou au contraire au sommet de hautes collines. L'altitude dans la viticulture doit donc être déterminée par l'expérience. On sait très peu de choses sur la formation des ceintures thermiques en altitude si favorables au raisin.

La configuration du terrain.

Nous associons le raisin à une terre accidentée ; comme les vignes sur les rives du Rhin, les terres vallonnées de Bourgogne, les pentes du Vésuve et de l'Olympe, les hautes collines de Madère, les montagnes couvertes de nuages de Ténériffe , les pentes des montagnes de Californie et les escarpements des régions viticoles d'Amérique de l'Est. . Ces exemples prouvent à quel point les terrains vallonnés, les plaines inclinées et même les coteaux abrupts et rocheux sont bien adaptés à la culture de la vigne. Virgile a écrit il y a longtemps : « Bacchus aime les collines larges et ensoleillées ». Pourtant, les terres vallonnées ne sont pas essentielles à la culture du raisin, car en Europe et en Amérique, de très bons raisins sont cultivés dans des plaines non abritées, à condition que la terre ait une élévation sur une ou plusieurs limites au-dessus du pays environnant. Si les conditions pédologiques et climatiques requises par le raisin se trouvent sur des terrains plats ou en pente modérée, de telles situations valent bien mieux que des pentes abruptes, car dans celles-ci le coût de toutes les opérations viticoles est plus élevé et les fortes pluies érodent le sol. Le sol des collines est également souvent rare et avare. Les terres plates ne doivent cependant pas être fermées de tous côtés par des terres plus élevées, car dans une telle situation, des gelées intempestives détruiraient souvent les vignes.

Expositions.

L'exposition, ou la pente du terrain vers un point cardinal, est importante dans le choix d'un site pour le vignoble, même si la valeur d'expositions particulières est souvent exagérée. Rappelons que de bons raisins peuvent être cultivés dans des vignobles exposés à n'importe quel point de l'horizon, mais que de légers avantages peuvent parfois en découler, selon l'environnement particulier de la plantation, et résoudre ensuite le problème selon les conditions. Voici les théories sur l'exposition : Une exposition sud est plus chaude et donc plus précoce qu'une exposition nord, et constitue donc la meilleure pente pour les raisins précoces ainsi que pour les raisins très tardifs susceptibles d'être pris par le gel. Les pentes vers le nord et l'ouest retardent la période de feuillage et de floraison, permettant ainsi souvent au raisin d'échapper aux gelées printanières intempestives ; cependant, planter sur de telles pentes pourrait priver Pierre de payer Paul, car ce qui est gagné en retardant le printemps peut être perdu à l'automne, avec pour résultat que les vignes peuvent être prises par le gel et ne pas parvenir à mûrir leur récolte. Les dégâts dus au gel sont généralement plus importants sur un versant oriental audacieux, et les vignes souffrent le plus des gelées hivernales sur cette exposition, car les rayons directs du soleil levant frappent les plantes gelées et les blessent plus qu'autrement par un dégel rapide. Aux endroits proches des plans d'eau, la meilleure pente est vers l'eau, quelle que soit la direction. L'exposition peut parfois être choisie avantageusement en fonction des vents dominants.

PLANCHE II. — Aménager le terrain pour la plantation.

CHAPITRE III

PROPAGATION

Le raisin se recommande aussi bien aux producteurs commerciaux qu'amateurs par sa facilité de propagation. Les vignes de toutes les espèces peuvent être multipliées à partir de graines, et toutes les espèces cultivées, sauf une, peuvent être facilement cultivées à partir de boutures ou de couches. Tous cèdent à des greffes d'une sorte ou d'une autre. Les graines sont plantées uniquement pour produire de nouvelles variétés. Autrefois, les plants étaient cultivés à partir de graines, mais cette pratique est tombée en discrédit en raison des grandes variations dans les plants. Les variétés sur leurs propres racines et porte-greffes sont pour la plupart multipliées par bouturage. Dans la production de ceps, le viticulteur donne le bon exemple au verger, car il ne fait aucun doute que tous les arbres fruitiers souffrent du fait d'être cultivés sur des plants. Le raisin est une plante vigoureuse et affirmée et une fois démarré, que ce soit à partir de graines, de boutures ou de marcottes, il échoue rarement à pousser.

SEMIS

La culture de plants de raisin est l'opération la plus simple. Les pépins sont prélevés sur les raisins au moment des vendanges, après quoi ils doivent passer par une période de repos de quelques mois. Immédiatement ou au bout d'un mois ou deux, les graines doivent être stratifiées dans du sable humide et conservées dans un endroit froid jusqu'au printemps, date à laquelle elles peuvent être semées en appartements ou en pleine terre ; ou les graines peuvent être semées dans un terrain de jardin bien préparé à l'automne. Lorsqu'elles sont plantées à l'air libre, à l'automne ou au printemps, les graines sont placées à une profondeur d'un pouce, un pouce ou deux l'une de l'autre et en rangées pratiques pour la culture. Les soins ultérieurs consistent à cultiver les graines si les graines sont semées en rangées de jardin, et à les repiquer lorsque les vraies feuilles apparaissent si elles sont plantées dans des appartements. Dans un sol qui croûte, un expédient est de mélanger des pépins de raisin avec des pépins de pomme ; les plants de pommes, étant plus vigoureux, brisent la croûte et servent de plantes nourricières aux raisins plus tendres. Parfois, il est utile pour les jeunes plants de pailler légèrement le sol avec de l'herbe coupée ou de la mousse. Les plants de raisin poussent rapidement, produisant souvent de deux à trois pieds de bois par saison.

Les jeunes plants sont éclaircis ou espacés de quatre ou cinq pouces dans la rangée de pépinière. A la fin de la première saison, tous les plants sont coupés sévèrement et recouverts presque entièrement de terre par un labour jusqu'au rang des deux côtés. Cette terre, bien entendu, est nivelée au printemps suivant. Si les saisons sont propices et que tout se passe bien, les plants sont prêts pour la vigne à la fin de la deuxième saison, mais si pour une raison quelconque ils se sont mal comportés au cours de leurs deux premières années, il est préférable de leur donner une troisième saison. à la crèche. Les plants de vigne sont rarement aussi vigoureux que ceux issus de boutures, et il faut apporter un soin particulier à la mise en vigne, bien que l'opération soit essentiellement la même que celle qui sera décrite pour les vignes issues de boutures. La troisième saison, les vignes sont réduites à une seule pousse et sont pincées lorsque les cannes atteignent une longueur de cinq ou six pieds. En automne, ils sont taillés à deux ou trois pieds. Au printemps de la quatrième saison, le treillis est posé et quelques fruits peuvent mûrir.

Les vignes prometteuses peuvent désormais être sélectionnées. Les plantes, cependant, doivent fructifier deux fois ou plus souvent avant de pouvoir dire si les espoirs sont consommés ou doivent être différés. Cultiver des plants pour de nouvelles variétés est un jeu plein de hasards dans lequel, même s'il n'y a que peu de gains immédiats ou individuels, il y a beaucoup de plaisir. Il n'est guère exagéré de dire que l'industrie viticole de l'Amérique de l'Est, avec ses 300 000 acres et ses 1 500 variétés, témoigne du bien apporté par la culture de semis de raisin.

BOUTURES DORMANTES

Les vignes destinées à la vigne, à l'exception des variétés de Rotundifolia, sont multipliées à partir de boutures de bois durs prélevées sur les cannes de saison lors de la taille des vignes. Les bourgeons inactifs de ces boutures peuvent être amenés à une croissance active et les racines peuvent pousser à partir des surfaces coupées par divers moyens. Par ce miracle de la nature, un nombre infini de plantes, dans un cortège sans fin, peuvent se multiplier à partir du produit d'une seule graine, chaque plante étant complète dans son hérédité et ne différant de ses semblables qu'en fonction du milieu.

Il est temps de faire des boutures.

Une bonne coupe doit avoir un cal protecteur sur la coupe, ce qui prend du temps, de sorte que plus tôt les coupes sont faites après que le bois soit complètement dormant, mieux c'est. En outre, la bouture devrait utiliser sa matière alimentaire stockée pour la formation de racines adventives plutôt que de la laisser passer dans les bourgeons, comme elle le fait rapidement à la fin de la saison de dormance, lorsque les bourgeons sont sur le point de s'ouvrir. Si les boutures doivent être faites tard dans la saison, le repiquage doit être retardé le plus longtemps possible et les boutures doivent être orientées vers le nord pour éviter le développement prématuré des bourgeons. Cependant, le raisin répond étonnamment bien à l'appel de la nature en formant des racines, et il n'est pas nécessaire d'attacher une grande importance au moment où les boutures sont faites.

Sélection du bois de coupe.

Les boutures sont faites à partir de bois d'un an ; c'est-à-dire que les cannes produites pendant l'été sont coupées à l'automne. Les cannes immatures et celles au bois tendre et spongieux ne doivent pas être utilisées. Les tiges fortes et vigoureuses devraient être préférées aux tiges à croissance faible, mais la plupart des pépiniéristes soutiennent que les tiges très grosses ne donnent pas d'aussi bonnes boutures que celles de taille moyenne, l'objection à une grande taille étant que les boutures ne s'enracinent pas aussi bien. Le bois à joints courts est meilleur que le bois à joints longs. Les boutures de vignes fragilisées par les insectes et les champignons sont susceptibles d'être faibles, molles, immatures et mal conservées avec les aliments. Le bois doit être lisse et droit.

Réaliser la découpe.

La longueur des boutures de raisin varie de quatre pouces à deux pieds, la longueur dépendant du climat et du sol de la pépinière ainsi que de l'espèce et de la variété. Plus le climat est chaud et sec et plus le sol est léger, plus la coupe doit être longue. Cependant, six à neuf pouces sont la longueur habituelle dans le climat de l'Amérique orientale, tandis que sur le versant du Pacifique, la longueur varie de huit à quinze pouces. Pour faciliter la manipulation, toutes les coupes doivent avoir approximativement la même longueur, afin de garantir qu'une sorte de jauge simple est nécessaire. Diverses jauges sont utilisées, comme des marques découpées dans la table de travail, un bâton de la longueur requise ou une boîte à découper.

En faisant les boutures, une coupe oblique est faite juste au-dessous du bourgeon le plus bas, tandis qu'environ un pouce de bois est laissé au-dessus du bourgeon supérieur. Lorsque cela est possible, un talon de vieux bois est laissé à l'extrémité inférieure ; ou, mieux encore, un verticille de bourgeons, car les racines partent généralement de chaque bourgeon. Les boutures finies sont liées en paquets, tous les bouts dans un sens, et sont ensuite prêtes à être talonnées. Cela se fait en enterrant dans des tranchées, en refoulant et en recouvrant de quelques centimètres de terre. Il est important d'inverser les boutures lors des tranchées, car sinon les sommets commencent souvent à pousser avant que les fesses ne soient correctement calleuses, et il est très essentiel que les sommets restent dormants jusqu'à ce que les racines apparaissent pour soutenir la nouvelle croissance.

Planter les boutures.

6. Plantation de boutures.

Les boutures sont plantées dans la pépinière en rangées suffisamment espacées pour la culture et espacées de deux ou trois pouces dans la rangée. Les tranchées sont faites avec une charrue ; perpendiculaire si les boutures sont plus courtes et un peu inclinées si elles dépassent six pouces. Les boutures sont placées à une profondeur qui permet aux bourgeons supérieurs de dépasser du sol, comme le montre la figure 6 . Lorsque les boutures sont placées en rangée, deux pouces de terre sont ajoutés et pressés fermement autour de la base des boutures. Ensuite, la tranchée est uniformément remplie de terre et le cultivateur suit. Faire le devoir des jeunes plants consiste à cultiver souvent pendant l'été pour garder le sol humide et moelleux.

FIG. 7. Un début de croissance coupant.

Les boutures sont plantées dès que le sol est suffisamment chaud et sec pour fonctionner. Retarder trop longtemps la plantation risque d'entraîner des dommages dus à la sécheresse, qui dessèche les terres presque chaque année en Amérique de l'Est. L'irrigation donne plus de latitude au moment des semis en Occident. Lorsque le temps chaud et ensoleillé, accompagné d'averses occasionnelles, prédomine, les boutures commencent à pousser presque immédiatement, comme le montre la figure 7, et à l'automne, toutes choses étant propices, elles poussent de quatre à six pieds. Avec des boutures de trois pouces et des rangées espacées de trois pieds, 58 080 vignes peuvent être cultivées par acre.

Boutures à un seul œil.

Des variétés nouvelles et rares se multiplient à partir de boutures à un seul œil, doublant ainsi le nombre de plantes issues du bois de multiplication. Cette méthode permet également de commencer les travaux de multiplication tôt dans la saison, puisque les boutures à un seul œil sont presque toujours enracinées par la chaleur artificielle. Mais le plus grand intérêt de cette méthode réside dans le fait que certaines variétés qui ne peuvent être multipliées par d'autres moyens poussent facilement sous la chaleur artificielle d'un seul œil. Les vignes bien cultivées ainsi propagées sont aussi bonnes que celles cultivées par toute autre méthode, mais le grand inconvénient est qu'à moins de faire preuve de beaucoup de soin et d'habileté, les vignes issues de ces boutures sont pauvres et sans aucune valeur. C'est également une méthode plus coûteuse que la culture à partir de longues boutures en extérieur.

Il existe plusieurs façons de réaliser des boutures d'un seul œil. La forme de bouture la plus courante est le bourgeon unique avec un pouce de bois au-dessus et en dessous, les extrémités étant coupées en biais. Certains modifient cette forme en coupant le bois du côté opposé au bourgeon, exposant ainsi la moelle sur toute la longueur de la coupe. Dans une autre forme, une coupe carrée est faite directement sous le bourgeon, laissant un pouce et demi de bois au-dessus. Ou encore, cette dernière forme est modifiée en effectuant une longue coupe en pente depuis le bourgeon jusqu'à l'extrémité supérieure, exposant ainsi le maximum de cambium. Des avantages sont revendiqués pour chaque forme, mais ceux-ci sont pour la plupart imaginaires, et la coupe peut être réalisée selon la fantaisie du propagateur si quelques éléments essentiels sont observés.

Les boutures d'un seul œil sont réalisées à l'automne et sont stockées dans le sable jusqu'à la fin de l'hiver, vers février à New York. À ce moment-là, les boutures sont plantées horizontalement à un pouce de profondeur sur un banc de propagation de sable dans une serre fraîche. Si les boutures ne sont pas bien calleuses, elles restent une ou deux semaines à une température de

40° à 50° sans chaleur de fond, mais les boutures bien faites sont calleuses et prêtes à prendre racine afin qu'une vive chaleur de fond puisse être appliquée immédiatement. Après six semaines ou deux mois, les jeunes plants sont prêts à être mis en pot ou à être repiqués dans une chambre froide ou une serre fraîche. Si seulement quelques plantes doivent être cultivées, elles peuvent être démarrées dans des pots de deux ou trois pouces, en passant une ou deux fois dans des pots plus grands au fur et à mesure de la croissance. Au début de l'été, les jeunes plants sont plantés en pépinière à l'extérieur et à l'automne, les jeunes vignes devraient être fortes et vigoureuses.

Les yeux simples sont également démarrés dans des lits chauds, des cadres froids et même en plein air sans l'aide de chaleur artificielle. Dans les lits chauds et les châssis froids, la méthode n'est qu'une modification de celle décrite pour les serres. À l'extérieur, les boutures sont soumises aux mêmes conditions dans lesquelles les boutures longues sont enracinées, sauf que la totalité des boutures courtes est enfouie à un pouce de profondeur dans le rang de la pépinière.

BOUTURES HERBACÉES

Les raisins se multiplient facilement à partir de boutures herbacées, même si, comme les vignes sont faibles et la méthode coûteuse, ils sont rarement utilisés. Les boutures vertes sont généralement prélevées sur des plantes forcées dans des serres, mais peuvent être prélevées en été sur des vignes. Une bouture verte est généralement coupée avec deux bourgeons avec la feuille en haut laissée. Les boutures sont placées dans des lits de sable ou des pots de sable, dans des cadres rapprochés sous lesquels règne une vive chaleur de fond. Pour éviter une évaporation excessive, les cadres sont maintenus fermés et l'atmosphère chaude et humide. Au fur et à mesure de la croissance, ou si du mildiou apparaît, les charpentes sont de plus en plus aérées. Au bout de deux à quatre semaines, les boutures devraient avoir suffisamment bien enraciné pour être repiquées dans des pots. Les boutures herbacées réalisées en été doivent être conservées sous serre jusqu'au printemps suivant.

SUPERPOSITION

Le raisin se multiplie facilement à partir de couches de bois vert ou mature, la méthode étant certaine, pratique et produisant des plantes très vigoureuses. L'inconvénient est que moins de plantes peuvent être obtenues par marcottage qu'à partir de boutures avec une quantité de bois donnée. Cependant, certaines variétés de certaines espèces ne peuvent pas être multipliées par bouturage, et le marcottage devient alors d'une importance suprême pour le propagateur. Presque toutes les variétés de Rotundifolia et certaines d' Æstivalis sont mieux cultivées à partir de couches. Autant qu'on le sache, toutes les variétés d'espèces cultivées peuvent être cultivées par marcottage, et comme la méthode est simple et sûre et que les vignes sont vigoureuses et faciles à manipuler, cette méthode est recommandée aux petits producteurs de raisins.

Stratification du bois dormant.

Le travail de marcottage des bois matures commence généralement au printemps, mais les vignes sur lesquelles les marcottes doivent être prélevées doivent avoir reçu un traitement préalable la saison précédente. Les vignes à marcotter sont sévèrement taillées un an ou plus avant que le marcottage ne soit effectué pour induire une croissance vigoureuse des cannes. Des cannes solides et vigoureuses sont déposées dans une tranchée peu profonde, de deux à cinq pouces de profondeur, dans laquelle elles sont fixées avec des piquets ou des agrafes en bois ou en fil de fer. La tranchée est ensuite en partie remplie de terre fine, humide et moelleuse, fermement tassée autour de la canne. Les racines frappent et les pousses jaillissent de chaque jointure. Lorsque les jeunes plants sont bien au-dessus du sol, la tranchée est complètement remplie, puis, ou un peu plus tard, les jeunes plants sont tuteurés pour les maintenir hors de portée du cultivateur. L'automne suivant, les jeunes vignes sont prêtes à être repiquées.

Les éléments essentiels de la superposition ont été donnés, mais un certain nombre d'éléments non essentiels peuvent être utiles dans certaines conditions. Ainsi, le bois dormant peut être marcotté à l'automne, auquel cas la canne est généralement entaillée ou annelée au niveau de la jointure pour provoquer la formation de racines. Moins il y a de joints couverts, plus les jeunes vignes sont fortes, de sorte que même si le nombre est généralement de cinq, six plantes ou plus très vigoureuses peuvent être obtenues en couvrant seulement un ou deux joints. Lors de la propagation des raisins Rotundifolia, on s'attend à ce que des branches latérales constituent le sommet des nouvelles plantes. Ceux-ci, au moment du marcottage, sont coupés à huit ou dix pouces, tous du même côté de la vigne, et ne sont pas laissés plus rapprochés que douze pouces. Dans la pratique en pépinière, les vignes Rotundifolia sont palissées au sol pour la superposition. Les vignes sur les tonnelles, dans les serres ou sur les côtés des bâtiments sont facilement superposées dans des caisses ou des pots de terre. Les plantes issues de marcottes ne sont pas aussi facilement manipulées que celles issues de boutures.

Stratification de bois vert.

Des plantes stratifiées à base de bois vert sont parfois cultivées pour se multiplier rapidement par des variétés nouvelles ou rares. Le travail est accompli au milieu de l'été en se penchant et en recouvrant les pousses de la saison en cours. Les plantes fortes sont rarement obtenues par marcottage estival et il n'est jamais prudent d'essayer de faire pousser plus d'une ou deux plantes à partir d'une pousse. La culture la plus vigoureuse possible doit être donnée aux plantes en couches d'été après la séparation de la vigne mère. Il est très généralement admis que les plantes issues des pondeuses d'été, non seulement ne donnent pas de bonnes plantes, mais que la vigne mère est blessée en lui prenant ainsi une descendance.

Superposition pour combler les vides dans le vignoble.

Il y aura certainement des écarts occasionnels, même dans le meilleur vignoble. Les jeunes plants installés dans des terrains vacants doivent rivaliser avec les vignes adultes voisines, et souvent sur un terrain si défavorable qu'il a pu être la cause de la disparition de l'occupant initial. Dans ces circonstances, le nouveau venu n'a que peu de chances de survivre. Une plante introduite par marcottage d'une canne forte provenant d'une vigne voisine a peu de difficulté à s'établir sur ses propres racines, après quoi elle peut être séparée de son parent. Il est préférable de réaliser une telle stratification en prenant au début du printemps une canne solide et non taillée provenant d'une plante voisine dans la même rangée et en recouvrant un joint d'extrémité de six pouces de profondeur dans l'endroit vacant, mais en laissant suffisamment de bois au bout de la canne pour qu'elle se lève perpendiculairement. hors du sol. Cette extrémité libre devient la nouvelle plante et, à l'automne ou au printemps suivant, elle peut être séparée de son parent. Il n'est pas rare que la jeune plante porte ses fruits la deuxième saison sur ses propres racines. Cette méthode est particulièrement intéressante dans les petites plantations, car elle évite la difficulté de commander un ou deux plants et permet d'obtenir l'avantage d'une fructification précoce.

GREFFAGE

Le greffage du raisin étant intimement lié aux ceps dont la culture est une pratique moderne, le greffage est considéré comme un procédé nouveau dans la culture de ce fruit. Bien au contraire, c'est une pratique ancienne. Caton, le vieux vigneron romain robuste qui vécut près de deux cents ans avant Jésus-Christ, parle de greffage du raisin, bien que Théophraste, le philosophe grec, écrivait cent ans auparavant : « la vigne ne peut pas être greffée sur elle-même ». Cependant, jusqu'à ce qu'il devienne nécessaire de cultiver les raisins Vinifera sur des souches résistantes pour éviter les ravages du phylloxéra, le greffage du raisin n'était pas du tout courant chez les vignerons et ne l'est plus aujourd'hui que là où les vignes sensibles au phylloxéra doivent être cultivées en association avec des racines résistantes à ce phylloxéra. insecte, ou de modifier la vigueur du sommet par un cep plus ou moins vigoureux. Pour ces deux raisons, le greffage constitue aujourd'hui, dans certaines régions viticoles, l'une des opérations viticoles les plus importantes.

Dans le greffage du raisin, il y a un moment et une manière, pas aussi particuliers que beaucoup le croient, mais plutôt plus particuliers que dans le greffage de la plupart des autres fruits. Si l'on garde à l'esprit les éléments essentiels du greffage, on dispose d'un choix considérable de détails. Le greffage consiste à détacher et à insérer un ou plusieurs bourgeons d'une plante mère sur une autre plante de même espèce ou d'espèce similaire ; le stock de bourgeons est le cion, la plante enracinée est le stock. L'essentiel peut être exposé en trois énoncés : Premièrement, l'essentiel est que les couches de cambium, le tissu cicatrisant situé entre l'écorce et le bois, se rencontrent dans le cion et le cep ; deuxièmement, la meilleure méthode de greffe est celle dans laquelle les tissus coupés guérissent le plus rapidement et le plus complètement ; Troisièmement, plus le contact avec le cambium est important par rapport à l'ensemble de la surface coupée, plus les plaies guériront rapidement et complètement. Parmi un grand nombre, voici quelques-unes des méthodes les plus simples utilisées pour greffer le raisin, chacune d'entre elles pouvant être modifiée plus ou moins selon les besoins.

Greffe de vigne en Amérique de l'Est.

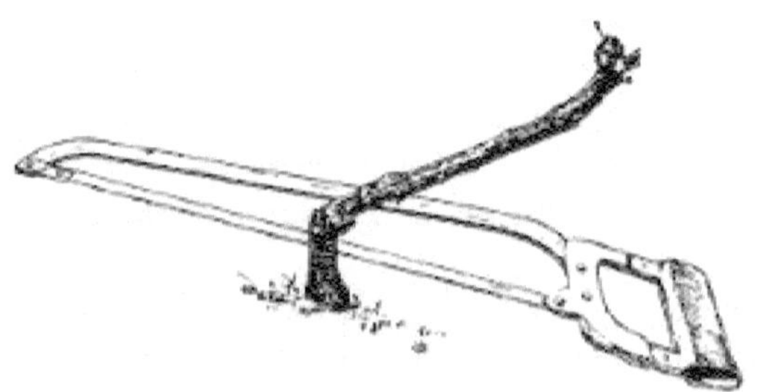

FIG. 8. Coupe du tronc.

En Amérique de l'Est, la vigne en croissance est généralement greffée. A la Station expérimentale agricole de New York, l'opération est exécutée avec beaucoup de succès sur de vieilles vignes, comme suit : Avant le greffage, la terre est enlevée autour du cep jusqu'à une profondeur de deux ou trois pouces. Les vignes sont ensuite décapitées à la surface du sol et perpendiculairement à l'axe du cep. Si le fil est droit, la fente peut être réalisée en fendant avec un ciseau, mais le plus souvent, cela devra être fait avec une scie à lame fine passant au centre du bois sur au moins deux pouces. Le cion est coupé de deux bourgeons, le coin étant démarré au niveau du bourgeon inférieur. La fente dans le stock est ensuite ouverte et le cion inséré de manière à ce que le cambium du stock et du cion soient en contact intime. Si le stock est important, deux cions sont utilisés. Les différentes opérations de greffage sont illustrées dans les Fig. 8 , 9 , 10 et 11 . Le greffage de la cire est inutile, et en fait, c'est souvent pire qu'inutile, et si le stock est important, le greffon n'est même pas lié. Le raphia est utilisé pour ficeler le greffon dans les jeunes vignes. Il suffit de monter le greffon jusqu'au sommet du cion avec de la terre, à des fins de protection et de maintien de l'humidité du greffon. Deux ou trois fois au cours de l'été, les pousses provenant du cep ou les racines du cion doivent être enlevées.

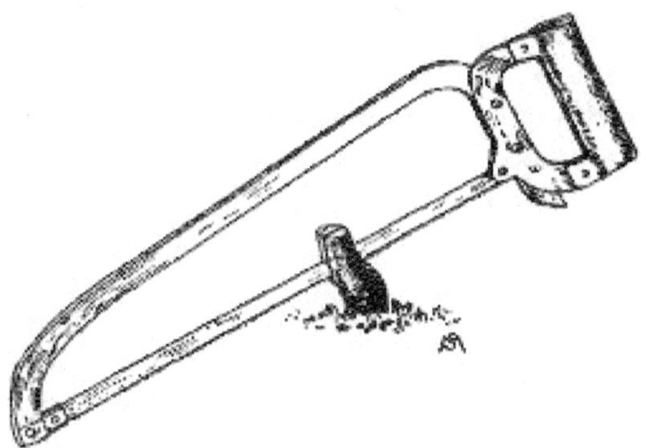

FIG. 9. Coupe de la fente.

Une méthode utilisée avec assez de succès à la Station expérimentale agricole de New York avec de jeunes vignes consiste à planter des plants d'un an dans le rang de la pépinière dès que le sol peut être travaillé au printemps. Au moment où les vignes démarrent leur croissance, celles-ci sont coupées à la surface du sol et greffées en fouet ou en fente avec un cion à deux yeux. Le greffon est attaché avec du raphia, après quoi il est pratiquement recouvert d'un monticule de terre. Il s'agit d'un cas dans lequel les travaux doivent être effectués à l'heure convenue, car tout retard est fatal.

FIG. 10. Insertion de la cion.

RD Anthony décrit une autre méthode comme suit : [2] "Une méthode qu'un producteur de Viniferas de Pennsylvanie a trouvée très satisfaisante consiste à enraciner les boutures de Vinifera et à les faire pousser un an sur leurs propres racines ; puis la vigne qui doit être utilisée comme un cep est planté dans la vigne et la bouture racinée est plantée à côté afin que les sarments des deux puissent être mis en contact l'un avec l'autre. En juin, lorsque les plants sont en pleine croissance, deux sarments vigoureux (un de chaque cep) sont plantés. réunis et une coupe de deux ou trois pouces de long faite dans chaque parallèle à la longueur de la canne enlevant d'un tiers à la moitié de l'épaisseur de la pousse. Ces surfaces planes exposées par les coupes sont ensuite mises en contact avec le " Les tissus du cambium se touchent et sont attachés en place. Les sommets sont quelque peu vérifiés en cassant une partie de la croissance. Le printemps suivant, les racines de Vinifera sont coupées sous le greffon et le dessus du cep au-dessus du greffon est enlevé. "

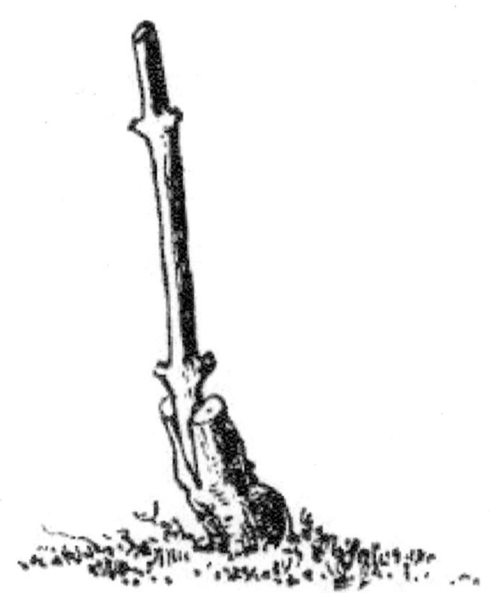

FIG. 11. Le greffon terminé.

Dans le soin ultérieur de ces jeunes vignes, le vigneron doit prendre le temps de prendre le toupet et attacher les greffons à des tuteurs appropriés ; sinon, ils risquent d'être rompus au syndicat par le vent ou des ouvriers négligents. Les vignobles greffés doivent faire l'objet d'un soin particulier dans toutes les opérations culturales, et même avec les meilleurs soins, de 5 à 50 pour cent des greffons échoueront ou pousseront si mal qu'ils rendront nécessaire un regreffage, ce qui est la circonstance la plus défavorable du greffage en champ. Le regreffage se fait un joint plus bas que la première opération pour éviter les bois morts ; cela amène l'union sous la surface du sol, et le vigneron doit s'attendre à ce que de nombreuses racines de cion mettent sa patience à l'épreuve.

Greffage de vignes sur le versant Pacifique.

Le greffage de vignes, selon Bioletti , [3] était autrefois la méthode la plus courante pour démarrer des vignobles résistants en Californie. Après avoir déclaré qu'il est préférable, dans la mesure du possible, de planter de bonnes boutures plutôt que des racines, et que le greffage doit généralement être effectué l'année suivant la plantation, Bioletti donne les instructions suivantes pour le greffage : [4]

"Dans la mesure du possible, les vignes doivent être greffées au niveau ou au-dessus de la surface du sol. Dans de nombreux cas, cependant, il sera nécessaire de descendre sous la surface pour trouver une partie du cep lisse et appropriée où le greffage est possible.

"Le type de greffage à utiliser dépendra de la taille du cep. Pour les ceps jusqu'à 2/3 de pouce de diamètre , les méthodes de greffage à languette et à fil déjà décrites sont les meilleures. Pour les vignes plus grandes jusqu'à 3/4 de pouce , une modification La greffe de langue ordinaire est la meilleure. Si la greffe de langue était faite de la manière habituelle avec des souches de cette taille, il faudrait utiliser des greffons trop gros, ce qui n'est pas souhaitable, ou bien que les écorces ne s'unissent que d'un côté. En coupant le biseau du cep seulement à mi-chemin à travers les vignes, il est possible de réunir un scion plus petit des deux côtés. Pour les vignes encore plus grandes, celles de plus de 3/4 de pouce de diamètre , la meilleure greffe est la fente ordinaire.

"Aucune cire ou argile ne doit être utilisée sur le greffon. Tout ce qui exclut complètement l'air empêche le tricotage des tissus. Un peu d'argile, de tissu ou une feuille peut être placé sur la fente du stock lorsque le greffon fendu est utilisé, simplement pour empêcher l'entrée du sol. Sinon, il n'y a rien de plus propre ni de plus favorable à la formation d'une bonne union que l'on puisse mettre autour du greffon qu'un sol meuble et humide. Si le sol est argileux, raide ou grumeleux, il faut entourez l'union de terre meuble ou de sable apporté de l'extérieur du vignoble.

"Il sera généralement nécessaire de lier les greffons. Un greffon fendu bien fait maintient souvent le greffon avec une force suffisante pour empêcher son déplacement et aucun liage n'est nécessaire. Cependant, partout où il y a un risque que le greffon bouge, il doit être attaché. Il n'y a rien de mieux à cet effet que le raphia ordinaire. Le raphia ne doit pas être bleui , car il durera assez longtemps sans cela et sera sûr de pourrir en quelques semaines, et la peine de le couper sera évitée. tout ce qui maintiendra le greffon en place pendant quelques semaines peut également être utilisé.

" Dès que le greffon est réalisé et ficelé, il faut enfoncer un tuteur et recouvrir l'union d'un peu de terre. Le buttage du greffon peut être laissé quelques heures, sauf par temps très chaud et sec. Enfin, le tout le greffon doit être recouvert d'une large colline de terre meuble à 2 pouces au-dessus du sommet du greffon.

"En règle générale, le greffage au champ ne devrait pas commencer, sauf dans les localités les plus chaudes et les plus sèches, avant la mi-mars. Avant cela, il y a trop de danger que de fortes pluies maintiennent le sol détrempé pendant plusieurs semaines, condition très défavorable au greffage. formation de bonnes unions. Dans tous les cas, le greffage ne doit pas être effectué lorsque le sol est humide. Le greffage peut se poursuivre tant que les boutures peuvent rester dormantes. Il est cependant difficile de réussir un greffage lorsque l'écorce du cep se détache , comme c'est le cas peu après la mi-avril dans la plupart des localités.

Comme à l'Est, il est nécessaire en Californie d'enlever les drageons des racines et les racines des cions une à deux fois durant l'été. Les drageons ne doivent pas être autorisés à faire de l'ombre au greffon, bien qu'il soit préférable de ne pas les retirer tant que le risque de perturber le greffon n'est pas passé. Les greffons doivent être tuteurés et les vignes entretenues comme recommandé pour les conditions orientales.

PLANCHE III. — Cultures de couverture. *Top* , navets en corne de
vache ; *en bas* , le seigle.

Greffe sur banc.

Les vignobles résistants de France et de Californie sont désormais démarrés
presque entièrement avec des vignes greffées sur banc. On a appris dans ces
régions que, pour être un succès permanent, une vigne greffée doit avoir des
parties parfaitement unies, et que plus tôt le greffage est fait au cours de la
vie du cep et de la cion, meilleure est l'union. Les cions de la variété
recherchée sont donc greffés sur des racines résistantes ou des boutures
résistantes en atelier puis plantés en pépinière. Le greffage sur banc présente

l'avantage par rapport au greffage au champ en termes de gain de temps et d'obtention d'un peuplement de vignes plus complet.

Le greffage sur banc commence réellement par la sélection des boutures, puisque le succès dépend en grande partie de bonnes boutures de porte-greffe et de cion. Les boutures proviennent de vignes fortes et saines, de taille moyenne, avec des joints courts à moyens. La meilleure taille est d'un tiers de pouce de diamètre, celle du stock et celle du cion étant la même puisque les deux doivent correspondre exactement. Le bois de coupe peut être prélevé sur les vignes mères à tout moment pendant la saison de dormance jusqu'à deux semaines avant le gonflement des bourgeons au printemps, et les boutures peuvent ensuite être faites selon la convenance, même si entre-temps le bois doit être conservé frais et humide. , ce qu'il est préférable de faire en les recouvrant de terre ou de sable humide mais non mouillé dans une cave ou un hangar frais. En Californie, les meilleurs résultats sont obtenus lorsque le greffage est effectué en février ou mars, bien qu'il puisse être commencé plus tôt et poursuivi un mois plus tard.

Préparation des boutures.

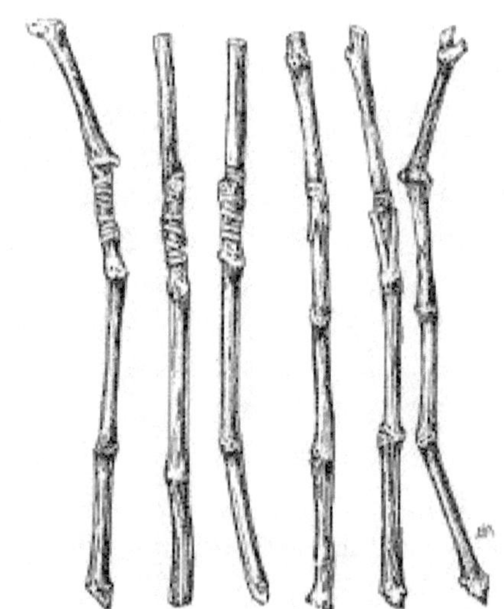

FIG. 12. Boutures de raisin greffées sur banc, montrant à la fois la greffe fendue et la greffe fouettée.

Les stocks sont coupés en longueurs d'environ dix pouces, une jauge étant utilisée pour garantir une longueur uniforme. La coupe en bas est faite à travers un bourgeon de manière à sortir du diaphragme. La coupe supérieure est faite aussi près que possible de dix pouces du bas, laissant environ un pouce et demi au-dessus du bourgeon supérieur pour faciliter le greffage. Le cep est ensuite ébourgeonné, en prenant à la fois les bourgeons visibles et adventifs, ces derniers étant indiqués par des renflements ligneux, pour réduire le nombre de drageons.

Le cion ne doit être constitué que d'un seul bourgeon, ce qui permet d'avoir l'avantage d'avoir chaque cion de la même longueur afin que toutes les unions soient à la même distance sous la surface du sol dans la pépinière. Le cion est fait avec environ deux pouces et demi d'entre-nœud au-dessous du bourgeon et un demi-pouce au-dessus, un couteau bien aiguisé étant le meilleur outil pour faire les coupes.

Les boutures de souche et de cion sont maintenant classées exactement selon les mêmes diamètres, ceci étant nécessaire pour assurer la perfection des unions. Trois méthodes d'unification du stock et de la cion sont illustrées sur la figure 12 . Il suffit de classer à l'œil nu en trois lots — grand, petit et moyen — mais certains pépiniéristes préfèrent obtenir une précision encore plus grande en utilisant l'une des nombreuses jauges mécaniques. Les méthodes d'unification du stock et du cion peuvent être mieux décrites en citant Bioletti , dont la plupart des détails déjà donnés ont été résumés : [5]

Greffe de langue.

"Lorsque les souches et les greffons sont préparés et classés, le greffeur prend une boîte de souches et une boîte de la taille correspondante des greffons et les réunit. Chacune est coupée selon le même angle de telle manière que, lorsqu'elles sont placées ensemble, la surface coupée d'un s'adapte exactement et couvre toute la surface coupée de l'autre. La longueur de la surface coupée doit être de trois à quatre fois le diamètre de la coupe, la coupe la plus courte pour les plus grandes tailles et la plus longue pour les plus fines. Cela correspondra à un angle de 14,5 à 19,5 degrés. La coupe doit être effectuée avec un mouvement coulissant du couteau. Cela rendra la coupe plus facile et plus douce.

"La coupe doit être effectuée d'un seul mouvement rapide du couteau. Si la première coupe n'est pas satisfaisante, une nouvelle coupe doit être réalisée. Il ne doit pas y avoir de parage de la coupe, car cela créerait une surface irrégulière ou ondulée et empêcher les boutures de se rapprocher étroitement dans toutes les parties.

"Les langues sont fabriquées avec un mouvement lent et coulissant du couteau. Elles sont commencées légèrement au-dessus d'un tiers de la distance à partir de l'extrémité pointue du biseau et coupées jusqu'à ce que la langue mesure juste un peu plus d'un tiers de la longueur. de la surface coupée. La langue doit être *coupée* et non *fendue* . Le couteau ne doit pas suivre le fil du bois, mais doit être incliné de telle manière que la langue soit environ la moitié de l'épaisseur qu'elle aurait si elle était faite. par fendage. Avant de retirer le couteau , on le plie pour ouvrir la langue, ce qui facilite grandement la mise en place du cep et du greffon.

"Le cep et le scion sont maintenant placés ensemble et, si tout a été fait correctement, il n'y aura aucune surface coupée visible et l'extrémité ni du cep ni du scion ne dépassera sur la surface coupée de l'autre. Il est bien mieux que les pointes ne devraient pas atteindre tout à fait le bas de la surface coupée plutôt que de se chevaucher, car l'union sera plus complète et les scions seront moins susceptibles de jeter des racines. Si les pointes se chevauchent, la partie qui se chevauche doit être coupée, comme dans les greffes Champin .

"Un greffeur habile, en suivant la méthode décrite ci-dessus, réalisera des greffons dont la plupart tiendront très fermement ensemble. Beaucoup d'entre eux seraient cependant déplacés lors d'opérations ultérieures, de sorte qu'il sera nécessaire de les attacher. Ceci est fait. avec du raphia ou de la ficelle cirée. Le seul but de l'attache est de maintenir la souche et le scion ensemble jusqu'à ce qu'ils s'unissent par la croissance de leurs propres tissus, de sorte que moins on utilise de matière, mieux c'est, pourvu que ce but soit atteint. Pour la formation de l'air des tissus cicatrisants est nécessaire, de sorte que l'argile, la cire, le papier d'aluminium ou tout ce qui exclurait l'air ne doivent pas être utilisés. Le matériau d'attache est passé deux fois autour de la pointe du greffon pour le maintenir fermement, puis avec un ou deux larges en spirales, on le porte jusqu'à la pointe du cep, qui est fixé fermement avec deux tours supplémentaires et l'extrémité de la ficelle passée sous le dernier tour. Moins on utilise de ficelle, plus on l'enlève facilement plus tard dans la pépinière.

"Le raphia non traité doit être utilisé pour les greffons tardifs qui doivent être plantés directement en pépinière, mais si les greffons doivent être placés d'abord dans un lit de callosités, il est préférable de pierrer le raphia afin d'éviter la pourriture avant la plantation des greffons. Pour cela, on trempe les fagots de raphia dans une solution à trois pour cent de pierre bleue pendant quelques heures, puis on les suspend pour les faire sécher. Avant utilisation, le raphia doit être lavé rapidement sous un jet d'eau afin d'éliminer la pierre bleue. qui s'est cristallisé à l'extérieur et qui pourrait corroder le greffon.

"Certains greffeurs préfèrent le fil ciré pour le greffage. Le fil doit être suffisamment solide pour retenir le greffon, mais suffisamment fin pour être cassé à la main. Le coton à tricoter n° 18 est de bonne taille. Il est ciré en trempant les boules dans de la cire de greffage fondue. pendant plusieurs heures. La ficelle absorbera la cire et pourra ensuite être placée sur un côté jusqu'à ce que vous en ayez besoin. Une bonne cire à cet effet est fabriquée en faisant fondre ensemble une partie de suif, deux parties de cire d'abeille et trois parties de colophane.

Greffe de fil.

"Les avantages revendiqués pour cette méthode sont qu'elle est plus rapide, nécessite moins de compétences et élimine les problèmes de liage et le retrait encore plus difficile du matériau de liage. Les greffeurs expérimentés peuvent obtenir un pourcentage aussi élevé d'unions n° 1 grâce à cette méthode. méthode comme par toute autre, et les greffeurs inexpérimentés peuvent faire presque aussi bien que ceux pratiqués. Un autre avantage de la méthode est que les greffons ont moins tendance à faire des racines qu'avec la greffe de langue.

"Il consiste essentiellement en l'emploi d'un court morceau de fil de fer galvanisé inséré dans la moelle du cep et du scion dans le but de les maintenir ensemble, remplaçant ainsi les deux langues et le raphia. On a objecté que le fer aurait un effet délétère sur les tissus du greffon, les corrodant ou les faisant pourrir. Il ne semble cependant aucune raison d'espérer un tel résultat, et les vignes ainsi greffées portent depuis des années sans montrer un tel effet.

"La préparation et le classement des souches et des greffons sont exactement les mêmes pour cette méthode que pour la greffe de langue.

"Le cep et le scion sont coupés à un angle de 45 degrés. Un morceau de fil de fer galvanisé de deux pouces de long est ensuite poussé d'un pouce dans la moelle la plus ferme. Ce sera généralement la moelle du cep, mais cela dépendra des variétés. greffé. Le greffon est ensuite poussé sur le fil et pressé jusqu'à ce qu'il soit en contact avec le cep. Si les boutures ont une grosse moelle , il est préférable d'utiliser deux morceaux de fil, l'un placé d'abord dans le cep et l'autre dans le scion.

"La longueur du fil à utiliser variera en fonction de la taille et de la fermeté des boutures, mais 2 pouces seront généralement jugés plus satisfaisants. Le fil de calibre n° 17 est la taille la plus utile."

Faire des paquets.

"Si les greffons doivent être plantés directement en pépinière, ils peuvent être simplement déposés dans des caisses ou des plateaux, recouverts de sacs humides et transportés pour être plantés aussitôt fabriqués. Il est cependant généralement préférable de les placer pendant plusieurs semaines dans un lit de cals avant la plantation. Dans ce cas, pour des raisons de commodité de manipulation, il est nécessaire de les lier en bottes. Il ne faut pas placer plus de vingt greffons dans un paquet, et dix c'est mieux. Si les paquets sont trop gros il y a un risque que les greffons du milieu moisissent ou sèchent.

"Un support est très pratique. Il est constitué d'un morceau de planche de 12 pouces, à une extrémité duquel est cloué un taquet de 6 pouces sur 4 pouces et sous l'autre extrémité un support de même dimension. Deux clous en fil de fer de 4 pouces sont enfoncés à travers la planche par le bas, à 4" de distance et à 5" du taquet. Deux autres clous de 4" sont enfoncés de la même manière à 1 $1/2$ " ^{de} l'autre extrémité. Les greffons sont posés sur ce support avec les scions reposant contre le taquet, puis sont liés avec les deux morceaux de raphia bleui préalablement placés au-dessus de chaque paire de clous. Cette disposition assure que tous les scions, et donc les unions, soient au même niveau, et met les deux liens en dessous de l'union où ils ne tendront pas le greffon : le liage est plus rapide et moins susceptible de troubler les unions que si les fagots sont faits sans guide.

"Un greffeur habile fera environ cent greffes de langue sur boutures par heure, ou de soixante-cinq à soixante-quinze par heure s'il fait également le liage. Les greffes de langue peuvent être réalisées à raison de deux cent cinquante ou plus. par heure, et par une bonne division du travail lorsque plusieurs greffeurs sont employés, ce nombre peut être facilement dépassé. Ces estimations n'incluent pas la préparation et le classement des boutures.

Greffe de boutures enracinées.

Le cion peut être greffé sur un porte-greffe enraciné en pépinière la saison précédente, en utilisant à peu près les mêmes méthodes que pour les boutures. Cette méthode est employée pour utiliser des boutures trop petites pour être greffées, les dimensions supplémentaires atteintes en pépinière les rendant suffisamment grandes, et pour le greffage sur des ceps qui s'enracinent difficilement, évitant ainsi la fabrication de greffons qui ne poussent jamais. Les souches, dans cette méthode, sont coupées de manière à ce que les cions puissent être insérés comme la bouture originale et non comme la nouvelle croissance. Les racines, pour faciliter la manipulation, sont coupées à environ un pouce de longueur.

Le lit calleux.

Si des greffons sur banc sont plantés immédiatement dans la pépinière, la plupart d'entre eux échouent. Ils sont donc stratifiés dans un lit de callosités où l'humidité et la température peuvent être contrôlées. Bioletti décrit un lit de callosités et son utilisation comme suit : [6]

"Ce lit de callosités est généralement un tas de sable propre placé du côté sud d'un mur ou d'un bâtiment et entouré d'une cloison en planches où il n'y a aucune possibilité qu'il devienne trop humide par l'écoulement de l'eau venant d'un niveau supérieur ou d'un surplomb. toit. Il devrait être protégé, si nécessaire, par un fossé tout autour. Il devrait être muni d'une couverture amovible en toile ou en planches pour le protéger de la pluie et permettre de contrôler la température par l'admission ou l'exclusion des rayons du soleil. Une couverture de wagon imperméable, noire d'un côté et blanche de l'autre, convient parfaitement à cet effet.

"Le fond du lit de callosités est d'abord recouvert de 2 ou 3 pouces de sable. Les paquets de greffons sont ensuite placés en rangée le long d'une extrémité du lit et du sable est bien rempli autour d'eux. Les paquets doivent être placés dans un position légèrement inclinée avec les greffons vers le haut, et le sable doit être suffisamment sec pour qu'il se tamise entre les greffons dans le paquet. Les paquets de greffons sont ensuite complètement recouverts de sable, en le laissant au moins 2 pouces de profondeur au-dessus du sommet de Le scion. Une autre rangée est ensuite placée de la même manière jusqu'à ce que le lit soit plein. Enfin, une couche de 2 ou 3 pouces de mousse ou de paille est placée sur le tout.

"Dans le lit de callosités, nous devons nous efforcer de hâter et de perfectionner autant que possible l'union du cep et du greffon, tout en retardant le démarrage des bourgeons et l'émission des racines. Ces derniers processus nécessitent plus d'humidité que la formation du tissu cicatrisant, c'est pourquoi le sable doit être maintenu relativement sec. Entre 5 et 10 pour cent d'eau dans le sable est suffisant. Plus le sable est pur, moins il faut d'eau. Il doit y avoir un peu plus d'humidité que dans le sable utilisé pour maintenir les déblais. Un excès d'humidité stimulera l'émission des racines et le démarrage des bourgeons sans favoriser la formation des callosités.

"Tous les processus vitaux progressent plus rapidement lorsque les boutures sont maintenues au chaud. Pour les retarder, nous gardons donc le sable au frais, et pour les accélérer nous le réchauffons. Au début de la saison et jusqu'à la mi-mars, nous garder le sable frais. Cela se fait en gardant le lit couvert pendant la journée lorsque le soleil brille, et en le découvrant de temps en temps la nuit quand il n'y a pas de crainte de pluie. Si la couverture de wagon noire et blanche est utilisée, la couverture blanche Le côté doit être placé vers l'extérieur pour refléter la chaleur. La température doit être maintenue à environ 60° F. ou moins.

"Vers la mi- mars , la température du lit doit être augmentée. Cela se fait en retirant la couverture pendant les journées chaudes et en la recouvrant soigneusement la nuit. Si nécessaire , la couche de mousse ou de paille doit être enlevée les jours ensoleillés, puis remplacée. Le la température du sable au niveau des unions doit être d'environ 75° F. pendant cette période. Si la température monte plus haut, il y aura une production plus abondante de cals, mais ils seront mous, facilement blessés et sujets à se décomposer.

"Au bout de quatre semaines après avoir chauffé le lit, la union doit être bien cimentée. Le cal doit non seulement s'être formé abondamment sur toute la circonférence de la plaie, mais il doit avoir acquis une certaine ténacité en raison de la formation de tissu fibreux. Il faut tirer plusieurs livres pour briser le cal et séparer le stock et le scion. Lorsque le cal a acquis cette qualité , les greffons sont en état d'être plantés en pépinière et peuvent être manipulés sans danger. S'ils sont prélevés sur le lit alors que le cal est encore mou, de nombreuses unions seront blessées et les greffons échoueront ou ne s'uniront que d'un côté.

"Si on les laisse aussi longtemps dans le lit de callosités, la plupart des bourgeons des scions auront commencé et formé des pousses blanches. Ces pousses, cependant, ne devraient pas mesurer plus de $^1/_2$ à 1 pouce de long. Si elles sont plus longues, le lit a été conservés trop humides ou trop chauds. Les racines auront également commencé à partir du stock, mais celles-ci ne devraient pas non plus mesurer plus de 1/2 pouce de long. Les greffons doivent être manipulés aussi soigneusement que possible, mais il n'y a aucune objection à rompre tout greffon" Les pousses ou les racines porteuses qui ont poussé trop longtemps. Il est presque impossible de les conserver, et de nouvelles pousses apparaîtront après la plantation des greffons et donneront une croissance parfaitement satisfaisante. "

Soins en crèche.

Les greffons sont plantés en pépinière et reçoivent à peu près les mêmes soins que ceux recommandés pour les boutures. Ils peuvent être installés dans des tranchées faites avec une charrue ou une bêche ; ou ils peuvent être plantés dans des tranchées très peu profondes avec un plantoir. Après la plantation, les greffons sont recouverts d'un ou deux pouces de terre, formant ainsi une large crête dans le rang de pépinière avec l'union des greffons au niveau d'origine du sol. Le travail du sol doit commencer immédiatement et être suffisamment fréquent pour éviter la formation d'une croûte, afin que les jeunes pousses n'aient pas de difficulté à se frayer un chemin dans le sol. Les racines commencent sur les cions plus tôt que sur le cep, le sol étant plus chaud à la surface, et aident à maintenir les cions jusqu'à ce que les ceps soient bien enracinés, moment auquel toutes les racines commencées sur le cion sont enlevées, et en même temps le liage le matériau est coupé s'il n'est pas pourri. Les drageons sont retirés dès qu'ils apparaissent au-dessus du sol. Les greffons sont déterrés dès la chute des feuilles et la dormance des jeunes vignes, puis triés en trois lots, selon la taille de la cime et de la racine, et talonnés dans un endroit frais et humide jusqu'à leur plantation.

Pépinière versus *vignes cultivées sur place.*

Le verdict de tous les vignerons est qu'il vaut mieux acheter des vignes cultivées en pépinière que d'essayer de les cultiver. La haute qualité des vignes disponibles à l'achat et le prix d'achat raisonnable ne valent guère la peine d'essayer des vignes cultivées sur place, d'autant plus que la culture de bonnes vignes nécessite des investissements, de l'expérience et des compétences considérables.

VIGNES « GÉNÉALOGIQUES »

De nombreux viticulteurs, comme les arboriculteurs, croient que leurs plantes ne doivent être multipliées qu'à partir de parents qui ont de bons caractères, c'est-à-dire qui sont vigoureux, sains, productifs et portent des fruits de grande taille, de forme parfaite, de bonne couleur et de bonne qualité. En bref, ils croient que les variétés peuvent être améliorées par la sélection des bourgeons. Il n'y a cependant que peu de théories ou de faits pour étayer la croyance de ceux qui disent que les variétés une fois établies peuvent être améliorées ; ou, au contraire, qu'ils dégénèrent. Les connaissances et l'expérience actuelles indiquent que l'hérédité est pratiquement complète dans les variétés propagées à partir de parties de plantes. La multitude de raisins d'une variété, tous issus d'une seule graine, constituent morphologiquement un seul individu. Quelques variétés de raisins remontent à l'époque du Christ et semblent correspondre presque parfaitement aux descriptions faites par les écrivains romains il y a 2000 ans. Comment alors expliquer les différences entre les vignes d'un cépage dans chaque vignoble du pays ?

On trouve de nombreuses explications dans « culture » pour expliquer la variation des vignes sans impliquer un changement dans la « nature ». Le sol, la lumière du soleil, l'humidité, les insectes, les maladies, les aliments végétaux et le cep dans le cas des vignes greffées confèrent à chaque vigne un environnement distinct et donc une individualité qui lui est propre. Les particularités d'une vigne apparaissent et disparaissent avec l'individu. Une variété peut être modifiée temporairement par son environnement, mais supprimez les forces accessoires et elle retrouve son ancien moi.

L'hérédité n'est cependant pas tout à fait complète dans le raisin ; car de temps en temps apparaissent des sports ou des mutations qui sont permanentes et, si elles sont suffisamment différentes, deviennent une souche de la variété mère ou éventuellement une nouvelle variété. Il existe plusieurs sports du Concorde en cours de culture. Le vigneron ne peut distinguer ces sports des modifications apportées par l'environnement que par la propagation. Si une variation se transmet sans modification à travers les générations successives du raisin, comme cela arrive parfois, elle peut être considérée comme une nouvelle forme. Les vignes « généalogiques » devraient donc être soumises à un test sur plusieurs générations dans un vignoble expérimental avant que le vigneron ne paie le prix demandé pour l'amélioration supposée.

PLANCHE IV. — Un vignoble de Concordes bien travaillé.

CHAPITRE IV

CEPTS ET VIGNES RÉSISTANTES

Le phylloxéra, un minuscule pou des racines, fait son apparition en France en 1861 et se multiplie avec une fureur sans précédent dans le monde des insectes. En 1874, le ravageur était devenu si répandu en Europe qu'il menaçait l'existence même de la grande industrie viticole de ce continent. Toutes les tentatives pour maîtriser le ravageur ont échoué, même si le gouvernement français a offert une récompense de 300 000 francs pour un remède satisfaisant. De nombreuses méthodes de traitement du sol pour enrayer les ravages de l'insecte ont également été essayées, mais aucune n'a été efficace. Finalement, les viticulteurs européens se sont rendu compte que le phylloxéra n'était pas un fléau en Amérique, dans son habitat, et que les vignobles européens pourraient être sauvés en greffant des vignes de Vinifera sur les racines de raisins américains immunisés. Aussitôt commença la reconstruction du vignoble européen en greffant les raisins sur des racines résistantes au phylloxéra. Pendant ce temps, la consternation s'est répandue en Californie lorsqu'on a découvert que le phylloxéra sévissait dans certains vignobles du versant du Pacifique ; cependant, avec les connaissances acquises par les viticulteurs européens, ils ont eux aussi commencé à reconstruire des vignobles sur des racines immunitaires, sans le même succès que les Européens, il est vrai, mais avec un tel succès que cette méthode est rapidement devenue la méthode de culture du raisin approuvée dans ce pays. grande région.

Grâce à l'utilisation de souches résistantes, le phylloxéra est désormais combattu dans les régions de Vinifera. Des millions de stocks américains sont récoltés chaque année chez nous, en Europe et partout où les raisins Vinifera sont cultivés, pour être travaillés avec des variétés sensibles au phylloxéra. Rarement la maîtrise d'un ravageur aura été aussi complète ; mais, pour triompher du petit insecte, il a fallu révolutionner l'industrie. Les stocks résistants ont, à leur tour, engendré d'innombrables nouveaux problèmes, dont beaucoup ne sont toujours pas résolus. Des recherches et des expériences de réhabilitation des vignobles ont été menées depuis quarante ans, les résultats sont exposés dans des livres et des bulletins, mais il reste encore de nombreux problèmes à résoudre. Le viticulteur des régions infestées par le phylloxéra se trouve toujours dans la nécessité de profiter des dernières démonstrations de pratiques dans l'utilisation de souches résistantes. Ces pratiques sont mieux étudiées dans les expériences des stations expérimentales d'État et du Département de l'Agriculture des États-Unis, ainsi que dans les vignobles des principaux viticulteurs, puisque même celles qui ont le plus besoin d'élucidation ne peuvent être que brièvement discutées dans les paragraphes suivants.

Les vignes sauvages d'une espèce sont toujours des semis et sont donc extrêmement variables. Les premiers vignobles de ceps résistants furent des vignes greffées sur des ceps de vignes sauvages, et les résultats furent très peu satisfaisants ; car, naturellement, il y avait des divergences dans de nombreux caractères et surtout dans la vigueur des vignes. De plus, le greffage était difficile, car certaines vignes sauvages sont grosses et d'autres élancées ; certains supportent bien les greffes, d'autres non. Il est vite apparu que pour réussir, il fallait sélectionner des variétés parmi les différentes espèces destinées au travail de la vigne. La grande tâche de l'expérimentateur et du vigneron a donc été de sélectionner des variétés de diverses espèces suffisamment résistantes, vigoureuses et possédant par ailleurs les caractères qui leur permettent de devenir de bons ceps. Parmi le grand nombre de raisins testés, quelques-uns sont désormais généralement reconnus comme étant les meilleurs pour les différents groupes de raisins Vinifera et les différentes régions distinctes dans lesquelles ces raisins sont cultivés.

Espèces et variétés résistantes.

La reconstruction des vignobles infestés par le phylloxéra par l'utilisation de ceps résistants n'est possible que parce que certaines espèces et variétés sont, comme on l'a dit, plus résistantes au pou des racines que d'autres. Comme on pourrait le soupçonner, tous les degrés de résistance existent, depuis l'immunité jusqu'à la grande susceptibilité. Il est évident que le fondement de l'art de cultiver des vignes résistantes repose sur la connaissance exacte des immunités et des susceptibilités des nombreuses variétés et espèces de raisins. Dès la première utilisation de vignes résistantes, les expérimentateurs du monde entier se sont mis à l'œuvre pour déterminer non seulement quelles sont les vignes les plus résistantes, mais aussi quelles sont les causes et les conditions de l'immunité. Malgré de nombreuses découvertes empiriques sur les raisins qui résistent le mieux au pou des racines, les causes et la plupart des conditions de l'immunité sont encore mal comprises. Jusqu'à présent, les connaissances précises et utiles ne vont guère plus loin que l'établissement de listes d'espèces et de variétés, ces dernières sujettes à changement, qui sont les plus utiles à la constitution de vignobles résistants.

Le phylloxéra cause peu de dégâts aux espèces de Vitis originaires de la même région générale dans laquelle le ravageur a son habitat, mais il existe néanmoins quelques différences de résistance dans les raisins américains. Munson, l'une des meilleures autorités américaines en matière de résistance des espèces au phylloxéra, déclare : [7] « Rotundifolia est entièrement immunisé, alors Rupestris , Vulpina , Cinerea, Berlandieri , Champini , Candicans , Doaniana , Æstivalis et Lincecumii sont si hautement résistants. au point d'être pratiquement indemnes, bien qu'ils puissent être attaqués, tandis que Labrusca est peu résistant et est très affaibli dans les sols argileux, s'il est infesté, et Vinifera est totalement non résistant. Certaines de ces espèces sont difficiles à propager et à s'adapter au sol et au climat, de sorte que seules deux d'entre elles sont très utilisées pour les stocks résistants. Les deux plus utilisées sont Rupestris et Vulpina (Riparia), dont il existe toutes deux des variétés qui donnent satisfaction. Bioletti , une autorité de premier plan en matière de stocks résistants en Californie, déclare : [8]

"Les variétés de souches résistantes qui seront selon toute probabilité utilisées en Californie sont Rupestris St. George (du Lot), Riparia × Rupestris 3306, Riparia × Rupestris 3309, Riparia Solonis 1616, Mourvèdre × Rupestris 1202, Aramon × Rupestris 2, Riparia gloire. , et Riparia grande glabre . Ce sont toutes des variétés qui ont donné d'excellentes variétés depuis des années en Europe et qui ont toutes été testées avec succès en Californie. Parmi eux se trouvent des variétés adaptées à presque tous les sols viticoles de Californie, à l'exception peut-être de certaines des argiles les plus lourdes.

"La seule de ces variétés qui a été largement plantée en Californie est la Rupestris St. George. Il ne fait aucun doute, cependant, qu'elle ne donnera pas satisfaction dans de nombreux sols, et bien que nous ne puissions pas trouver quelque chose de mieux pour tous nos sols, il est probable que nous répéterons l'expérience du sud de la France et constaterons que dans la plupart des sols il existe une autre variété qui donne de meilleurs résultats. Sans chercher à décrire ces variétés, mais à donner quelque idée de leurs mérites et de leurs défauts et des sols les plus adaptés à chacun, les indications suivantes sont données, basées principalement sur les avis de L. Ravaz et Prosper Gervais, et sur une expérience encore limitée en Californie :

"Le Rupestris St. George est remarquablement vigoureux et pousse très grand, supportant bien le greffon même sans tuteurs. Il s'enracine facilement et fait d'excellentes unions avec la plupart des variétés vinifera. Il est bien adapté aux sols profonds où ses racines peuvent pénétrer. Ses défauts sont qu'il est très sujet au pourrissement des racines, surtout dans les sols humides, qu'il drageonne mal et qu'il souffre de la sécheresse dans les sols peu profonds.Sa grande vigueur produit de la coulure chez certaines variétés et nécessite souvent une taille longue.

"Dans les sols humides ou humides, le 1616 ou le 3306 avaient donné de meilleurs résultats en France et donnent des indications de succès ici. Dans les sols plus secs, le 3309 sera probablement préféré.

" Aramón Rupestris No. 2 convient aux mêmes sols que Rupestris St. George et se porte particulièrement bien dans les sols extrêmement graveleux. Il présente certains des défauts du St. George et est de plus plus difficile à greffer, et son seul avantage en Californie est qu'il est un peu moins sensible à la pourriture des racines.

"Il n'existe pas de souches plus résistantes que Riparia gloire et Riparia grande glabre , partout où ils sont placés dans des sols qui leur conviennent. Cependant, ils ne prospèrent que dans des sols alluviaux profonds, riches, ni trop humides ni trop secs. Leurs greffons sont les plus productifs de tous et mûrissent leurs raisins une à deux semaines plus tôt que ceux de St. George. Leur principal défaut est qu'ils sont très particuliers quant au sol, et qu'ils ne poussent jamais aussi gros que le cion. La gloire est la plus vigoureuse, et la différence de diamètre est moindre avec cette variété qu'avec toute autre Riparia.

"Le Mourvèdre × Rupestris 1202 est extrêmement vigoureux, s'enracine et se greffe facilement, et est bien adapté aux sols riches, sableux et humides. Dans les sols plus secs et plus pauvres, sa résistance n'est peut-être pas suffisante.

"Les variétés les plus prometteuses pour un usage général à l'heure actuelle semblent être les deux hybrides Riparia et Rupestris , 3306 et 3309. Elles présentent une grande résistance au phylloxéra, aux racines et au greffage presque aussi facilement que le St. George, et sont tout à fait suffisamment vigoureuses pour supportent n'importe quelle variété de vinifera. Le premier est plus adapté aux sols plus humides et partout où il y a un risque de pourriture des racines, et le second aux sols plus secs. En général, ils sont adaptés à une plus grande variété de sols et de conditions que peut-être n'importe quelle variété de vinifera. d'autres variétés.

"Riparia gloire ne doit être plantée que sur des sols alluviaux riches et profonds contenant une abondance de nourriture végétale et d'humus, ce que l'on appellerait de bons terrains de jardin, comme les sols de berges de rivières non susceptibles de déborder.

"Dans la plupart des autres sols, Riparia × Rupestris 3306 est à recommander, sauf ceux qui sont plutôt secs, où 3309 est à préférer, ou ceux qui sont très humides, où Solonis × Riparia 1616 est plus sûr de donner de bons résultats."

La valeur d'une espèce ou d'une variété pour un cep résistant peut être jugée en partie par l'effet visible du phylloxéra sur les racines des vignes. Sur les espèces sensibles, les piqûres des insectes produisent rapidement des renflements dont la taille et le nombre varient en fonction de la résistance de l'espèce. Techniquement, le premier gonflement des jeunes radicelles tendres de la vigne est appelé nodosité . La présence de quelques nodosités sur le système racinaire n'indique pas qu'une vigne n'est pas un cep résistant de valeur. Lorsque la nodosité commence à se désintégrer et devient cancéreuse, on parle de tubérosité. Ces tubérosités se dégradent plus ou moins rapidement et profondément, et lorsqu'elles pourrissent profondément, elles provoquent l'affaiblissement ou la mort de la vigne. Ainsi, sur les variétés

Vinifera, les tubérosités sont plusieurs fois plus grosses et la pourriture s'installe beaucoup plus rapidement que sur les espèces américaines qui présentent ces tubérosités. Les évaluations de la résistance des espèces sont généralement établies à partir de la taille et du nombre de tubérosités, bien que lorsque celles-ci produisent une blessure ressemblant à une croûte qui s'écaille, le pouvoir de résistance peut être élevé.

Afin de traduire avec une certaine précision le pouvoir de résistance au phylloxéra, une échelle arbitraire a été convenue par les viticulteurs. Dans cette échelle, la résistance maximale est indiquée par 20 et la résistance minimale par 0. Ainsi, le pouvoir résistant d'une bonne Vulpina est mis à 19,5 et celui d'une mauvaise variété Vinifera à 0.

ADAPTATIONS DES STOCKS RÉSISTANTS AUX SOLS ET AUX CLIMATS

Bien entendu, la résistance n'a aucune importance dans le cas d'un cep provenant d'une espèce inadaptée au sol, au climat ou à d'autres circonstances de la localité dans laquelle le vignoble doit être planté. Les différentes espèces utilisées pour les plants diffèrent considérablement quant aux exigences affectant la croissance, de sorte que le producteur doit s'assurer que le stock résistant qu'il sélectionne trouvera un environnement agréable. Les ceps dans des circonstances favorables sont souvent plus résistants que d'autres, intrinsèquement plus résistants, mais qui ne sont pas par ailleurs adaptés aux conditions particulières du vignoble. Les espèces de raisins varient considérablement dans leur système racinaire, certaines ayant des racines épaisses, d'autres minces ; les racines des uns sont molles, des autres dures ; certaines ont des racines profondément enfoncées, d'autres affleurent presque à la surface du sol. Manifestement, ces diverses formes de racines ne sont que des adaptations à des sols meubles et lourds, secs et humides, profonds et peu profonds, ou à certaines circonstances climatiques. Une vigne meurtrie par l'adversité n'est pas en état de résister au phylloxéra. Par conséquent, puisque l'adaptabilité d'une variété à un sol ou à un climat peut être modifiée par le stock, il faut prêter attention aux adaptations des stocks aux sols et aux climats.

Affinité de stock et de cion.

Différentes variétés de raisins ne se comportent pas de la même manière sur les mêmes ceps, et différents ceps peuvent affecter différemment les variétés. Même lorsque la parenté est étroite, certains cépages résistent à tous les artifices de l'art pour réaliser une union réussie ; tandis que, d'un autre côté, des espèces tout à fait distinctes semblent souvent destinées à être réunies. Par exemple, le Rotundifolia, qui possède la plus grande résistance au phylloxéra de toutes les espèces, est inutile comme cep car il est impossible d'y greffer un autre raisin, tandis que le Vulpina et le Rupestris s'unissent facilement aux variétés de Vinifera, la légère diminution de la vigueur des vignes greffées servant souvent à augmenter la fécondité. Il faut donc quelque chose de plus qu'une parenté botanique. Ce qui est justement nécessaire, personne ne le sait, au-delà : qu'il doit y avoir une conformité d'habitude entre le stock et la cion ; que les deux doivent commencer leur croissance à peu près en même temps ; et que les tissus doivent être suffisamment semblables pour qu'il y ait un bon contact dans l'union. Mais ces faits n'expliquent pas suffisamment toutes les affinités et antipathies que les espèces et les cépages se manifestent entre eux. Malheureusement, le viticulteur n'a eu que peu de conseils dans la sélection des ceps et a dû apprendre par des essais répétés.

PLANTATION APPROPRIÉE DES VIGNES GREFFÉES

Les Européens et les Californiens ont appris depuis longtemps que les échecs des vignes greffées provenaient souvent d'un enfouissement trop profond des vignes dans le sol, le résultat étant que les cions prenaient racine et devenaient indépendants, après quoi le cep mourait ou devenait si moribonde que les effets bénéfiques étaient perdus. Certains viticulteurs affirment qu'il est bénéfique pour la vigne d'avoir des racines à la fois de cep et de cion, mais l'expérience et les expériences enseignent très généralement le contraire, car il s'avère que dans la plupart des greffes, les racines de cion poussent plus vigoureusement que les racines de cep et finit par affamer ces derniers. Les effets désastreux de l'enracinement du cion se retrouvent souvent également lorsque le greffage a été effectué sur de vieilles vignes du vignoble ; et encore une fois, lorsque le greffon est trop proche du système racinaire.

Une autre cause d'échec est que les différents ceps nécessitent que le sol du vignoble soit traité différemment, notamment au moment de la plantation. Les souches de Vulpina nécessitent que le sol soit labouré beaucoup plus profondément que pour les Viniferas sur leurs propres racines, car les Vulpinas ont des racines profondes et sont exigeantes en termes de profondeur de racine requise. Ceux qui ont le plus d'expérience avec les cépages résistants soutiennent que tous les raisins américains nécessitent un labour plus profond que les raisins européens sur leurs propres racines.

INFLUENCE DES ACTIONS SUR LA CION

Jusqu'à présent, la culture des raisins greffés s'est faite sans se soucier de l'influence mutuelle du cep et du cion ; les raisins ont été greffés uniquement pour obtenir des vignes résistantes au phylloxéra. Pourtant, il ne fait aucun doute que le cep et le cépage réagissent les uns sur les autres, et que toute variété de raisin est influencée pour le meilleur ou pour le pire dans les caractères de la vigne et du fruit par le cep sur lequel il est greffé. Une plante est un mécanisme délicat, facilement détraqué, et toutes les plantes, le raisin non des moindres, sont plus ou moins modifiées dans les ajustements de cep et de cion. On pourrait remplir un gros volume sur l'influence réciproque supposée du bouillon et du cion dans les fruits. Il suffit cependant ici de ne mentionner que celles prouvées et celles qui ont trait à l'influence du cep sur le cion lors du greffage du raisin.

Influence des stocks sur les raisins européens résumée.

L'expérience commune en Europe et en Californie indique que les variétés de raisins Vinifera greffées sur des souches résistantes et parfaitement adaptées au sol et au climat produisent non seulement des récoltes plus importantes mais aussi des raisins plus doux ou plus acides ; que la récolte mûrit plus tôt ou plus tard ; que la vigne est souvent plus vigoureuse ; et qu'il existe quelques différences mineures selon le stock utilisé. Les vignerons affirment que le caractère de leur produit peut être affecté pour le meilleur ou pour le pire par le stock. Souvent les vignes sont tellement améliorées par le greffage que la dépense supplémentaire de l'exploitation et du cep est payée ; bien que, bien sûr, les effets soient tout aussi souvent délétères. Les succès et les échecs des vignobles sur ceps résistants montrent clairement que le vigneron doit étudier les nombreux problèmes que présentent les ceps et faire preuve de la plus grande intelligence dans la sélection du cep approprié.

Influence des stocks sur les raisins américains.

Il ne fait aucun doute que les espèces de raisin américaines peuvent être aussi profondément modifiées par les ceps que les espèces européennes, mais il n'y a que peu de preuves sur cette phase de la culture du raisin que l'on puisse tirer de l'expérience des vignerons. Une expérience assez concluante montre cependant que les raisins américains peuvent être améliorés en les cultivant sur des plants qui leur confèrent une meilleure adaptation à leur environnement. L'expérience a été tentée dans la région viticole de Chautauqua, dans l'ouest de l'État de New York, par la New York Agricultural Experiment Station. L' essai a duré onze ans, au cours desquels de nombreuses possibilités intéressantes de greffage de raisins ont été mises en évidence dans cette région. Il a été prouvé que le cep affecte sensiblement la vigueur et la productivité de la vigne ainsi que la qualité des raisins. Le bref compte rendu suivant est tiré du Bulletin n° 355 de la gare de New York :

Dans cette expérience, un certain nombre de variétés ont été greffées sur des souches de St. George, Riparia Gloire et Clevener , et un quatrième groupe sur leurs propres racines. Les variétés greffées étaient : Agawam, Barry, Brighton, Brilliant, Campbell Early, Catawba, Concord, Delaware, Goff, Herbert, Iona, Jefferson, Lindley, Mills, Niagara, Regal, Vergennes, Winchell et Worden. Le plan de plantation et toutes les opérations viticoles étaient ceux courants dans les vignobles commerciaux.

Les comptes annuels du vignoble montrent que la vigne a traversé de nombreuses vicissitudes. L'expérience a débuté en 1902 lorsque des souches de St. George et Riparia Gloire de Californie ont été établies et greffées sur le terrain. Beaucoup d'entre eux sont morts la première année. L'hiver 1903-1904 fut particulièrement rigoureux et de nombreuses vignes furent tuées ou si gravement blessées qu'elles moururent au cours des deux années suivantes. Les vignes du Saint-Georges, cépage à enracinement très profond, ont mieux résisté au froid. Fidia, le ver des racines de la vigne, a été trouvé dans les vignes au début de la vie de la vigne et a causé beaucoup de dégâts certaines années. Dans les années 1907 et 1909, les récoltes furent détruites par la grêle.

Mais malgré ces sérieux revers, il était évident tout au long de l'expérience que les raisins greffés donnaient de meilleures vignes et étaient plus productifs que ceux sur leurs propres racines. A titre d'exemple des différences de rendement, un résumé des données pour 1911 peut être donné. Cette année-là, la moyenne de toutes les variétés sur racines propres a donné un rendement de 4,39 tonnes par acre ; sur St. George, 5,36 tonnes ; sur Gloire, 5,32 tonnes ; sur Clevener , 5,62 tonnes. Les rendements des vignes greffées ont été augmentés grâce à la mise en grappes plus nombreuses et au développement de grappes et de baies plus grosses.

Les raisins des vignes greffées sur Gloire et Clevener ont mûri quelques jours plus tôt que ceux sur leurs propres racines, tandis qu'avec St. George, quelques cépages ont eu un retard de maturation. Changer le moment de maturité peut être très important dans les régions viticoles où il existe un risque de gel précoce pour les cépages à maturation tardive, et où il est souvent souhaitable de retarder la période de récolte des raisins précoces.

Dans le comportement des vignes, les résultats correspondent étroitement à ceux donnés pour les rendements. Dans les évaluations de croissance des variétés sur différents porte-greffes, les variétés sur leurs propres racines ont été évaluées en vigueur à 40 ; sur St. George, à 63,2 ; sur Gloire, à 65,2 ; sur Clevener , à 67,9. Il n'est pas possible de déterminer dans quelle mesure l'économie de la vigne dépend de l'adaptabilité au sol et dans quelle mesure elle dépend d'autres facteurs. Comme toutes les variétés étaient plus productives et plus vigoureuses sur vignes greffées que sur racines propres, on peut dire qu'il existe un degré élevé de convivialité entre les ceps et les variétés testées.

L'expérience suggère qu'il serait rentable de cultiver des raisins de fantaisie d'espèces américaines sur des vignes greffées, et qu'il est tout à fait possible que les raisins de la culture principale puissent être greffés de manière rentable. Dans le cadre de l'amélioration générale de l'agriculture actuellement en cours, on peut s'attendre à ce que bientôt des variétés de raisin américaines aussi bien qu'européennes soient cultivées dans certaines conditions et à certaines fins sur des racines autres que les leurs.

PRODUCTEURS DIRECTS

D'innombrables tentatives ont été et sont encore faites pour obtenir, en hybridant *V. vinifera* et des espèces de raisin américaines, des variétés résistantes au phylloxéra, au mildiou et à la pourriture noire. Les raisins de ce continent sont relativement insensibles à tous ces troubles, et si l'on pouvait obtenir des hybrides pour produire directement, sans greffage, des raisins ayant les bonnes qualités des Viniferas, bref des raisins européens sur des vignes américaines, la flore viticole cultivée de le monde entier pourrait être changé. Jusqu'à présent, aucun « producteur direct » totalement satisfaisant, ni en Europe ni en Californie, n'a été trouvé pour l'industrie du vin ou du raisin, bien qu'un certain nombre de variétés soient considérées comme de très bons raisins de table et que quelques-unes soient utilisées dans la vinification. . Les meilleurs producteurs directs sont Lenoir, Taylor, Noah, Norton's Virginia, Autuchon , Othello, Catawba et Delaware.

PLANCHE V. —raisins Vinifera cultivés à l'extérieur à New York. *En haut*, Malvasia; *en bas*, Chasselas Doré.

CHAPITRE V

LE VIGNOBLE ET SA GESTION

Un vignoble est plus artificiel que les autres plantations fruitières, car la vigne nécessite une plus grande discipline de culture que l'arbre ou le buisson. Cependant, un plus grand art n'est requis que lorsqu'on s'efforce de cultiver le raisin à la perfection, car la vigne porte des fruits si on la laisse se livrer à une croissance tumultueuse partout où elle peut prendre racine. La gestion du vignoble peut donc représenter l'art consommé de trois mille ans ou plus de servitude culturelle ; ou bien sa simplicité peut être si primitive qu'elle s'approche de la négligence. Le raisin est si merveilleusement sensible aux bons soins, cependant, qu'aucun véritable amateur de fruits ne le profanera par la négligence, mais cherchera plutôt à lui donner une situation favorable, son choix de sols et des soins généreux qui lui assureront une forte, vignobles vigoureux et productifs de bons fruits de choix.

La viticulture est une affaire de spécialistes, car la culture du raisin ne ressemble à celle d'aucun autre fruit. Les bases de la gestion du vignoble s'apprennent cependant facilement. En effet, le soin de la vigne vient presque instinctivement ; car le raisin est cultivé depuis la préhistoire et les races du monde le connaissent si bien à travers les littératures sacrées, les mythes, les fables, les contes et la poésie, que son soin est poussé par une impulsion naturelle. Le raisin a suivi si étroitement l'homme civilisé d'un endroit à l'autre à travers les climats tempérés du monde, que des règles et des méthodes de culture ont été développées pour presque toutes les conditions dans lesquelles il pousse, afin que chaque vigneron puisse profiter des succès. et les échecs des générations qui l'ont précédé. La culture du raisin n'est cependant pas un art entièrement régi par des règles du passé et pratiqué par de simples ouvriers utilisant uniquement leurs mains, mais un art dans lequel ses adeptes peuvent faire appel à la science et mettre en pratique leur réflexion, leur habileté et leur goût. leur travail.

AMÉNAGEMENT DU VIGNOBLE

Les vignobles sont aménagés pour la plupart selon des modèles acceptés pour chacune des grandes régions viticoles d'Amérique. Les vignes sont toujours plantées en rectangles, généralement moins espacés dans les rangs que les rangs ne le sont les uns des autres, mais parfois en carrés. La fierté de l'apparence et la commodité des opérations viticoles rendent impératif un alignement parfait. De nombreuses variétés de raisins, en particulier les espèces américaines, sont partiellement autostériles, de sorte que certaines variétés doivent en avoir d'autres plantées entre elles pour une pollinisation croisée. Cela se fait généralement en plaçant des rangées alternées de la variété à polliniser et du pollinisateur croisé. Toutes les variétés autofertiles sont placées en blocs solides pour des raisons de commodité de récolte.

Sens des rangs.

Certains vignerons attachent une grande importance au sens d'orientation des rangs, estimant soit que le plein soleil de midi est souhaitable pour la vigne, le sol et les fruits, soit qu'il est préjudiciable. Ceux qui souhaitent bénéficier d'une exposition maximale au soleil plantent les rangs à l'est et à l'ouest lorsque la distance entre les vignes est inférieure à la distance entre les rangs ; au nord et au sud lorsque les vignes sont plus éloignées les unes des autres dans le rang que les rangs ne le sont les uns des autres. Lorsque l'ombre semble plus désirable, ces directions sont inversées. Mais le plus souvent, les rangs sont disposés en fonction de la forme du vignoble ; ou, si le terrain est vallonné, les rangées suivent le contour des pentes pour empêcher l'érosion du sol par de fortes pluies.

Ruelles.

Pour plus de commodité dans les opérations viticoles, en particulier la pulvérisation et la récolte, il devrait toujours y avoir des allées traversant le vignoble. Sur les terrains vallonnés, les allées sont situées pour faciliter le transport ; sur les terrains plats, ils sont généralement disposés de manière à couper les vignes en blocs deux fois plus longs que larges. Une allée est généralement réalisée en laissant de côté une rangée de vignes. De nombreux vignobles sont disposés en rangées suffisamment espacées pour que des allées ne soient pas nécessaires.

Distances entre les rangs et les plants.

Il existe de grandes variations dans les distances entre les rangées et les plants dans différentes régions, et les distances varient quelque peu dans une même région. Les distances sont influencées par les considérations suivantes : Les sols riches et les grandes variétés vigoureuses nécessitent de plus grandes distances que les sols pauvres et les variétés moins vigoureuses ; parfois, cependant, il est nécessaire de regrouper un cépage dans le vignoble afin de favoriser la fécondité en réduisant sa vigueur. Généralement, plus le climat ou l'exposition est chaud, plus la distance entre les vignes doit être grande. Très souvent, la topographie du terrain dicte les distances de plantation. Mais tout en tenant compte des considérations précédentes, qui suggèrent à juste titre les distances entre les plants dans le rang, la commodité dans l'exploitation de la vigne est le facteur qui fixe le plus souvent la distance entre les rangs. Les rangées doivent être suffisamment espacées dans les vignobles commerciaux pour permettre l'utilisation de deux chevaux pour le labour, la pulvérisation et la récolte.

Planté en carrés, la distance varie de sept pieds dans la culture de jardin à neuf pieds dans les vignobles commerciaux d'Amérique de l'Est. Le plus souvent, cependant, les rangées sont espacées de huit ou neuf pieds, les vignes étant espacées de six, sept ou huit pieds et, dans le sud, de dix ou douze pieds dans les rangées. Les distances de plantation sont généralement moindres sur le versant du Pacifique que dans les régions orientales ; c'est-à-dire que les distances entre les rangées sont les mêmes, pour permettre le travail en équipe, mais la distance entre les plantes dans les rangées est moindre, ne dépassant parfois pas trois pieds et demi ou quatre pieds. Les Rotundifolias à croissance rapide des États du Sud ont besoin de beaucoup d'espace, neuf pieds sur seize pieds n'étant pas trop. Le soleil doit régir quelque peu la distance qui les sépare. Les raisins récoltés dans les allées plissées des vignobles serrés du Nord et de l'Est sont rares, petits et pauvres ; plus au sud, l'ombre des vignes peut être indispensable à une bonne récolte.

Le nombre de vignes par acre doit être déterminé avant de cultiver ou d'acheter des plants. Cela se fait en multipliant la distance en pieds entre les rangées par la distance entre les plantes dans la rangée et en divisant 43 560, le nombre de pieds carrés dans un acre, par le produit.

PRÉPARATION À LA PLANTATION

On ne saurait trop insister sur la nécessité d'une préparation minutieuse du terrain avant la plantation du raisin. Les dépenses supplémentaires nécessaires pour garantir un bon labour sont largement compensées par une croissance accrue du raisin, et tous les soins ultérieurs peuvent échouer à démarrer une croissance vigoureuse des vignes si la terre n'est pas en bon état avant la plantation. Le vignoble est destiné à durer une génération ou plus, et son sol est pratiquement immortel, deux faits qui suggèrent une préparation parfaite. La terre doit être soigneusement labourée, hersée, mélangée et lissée. Mieux ce travail est réalisé, plus grandes sont les potentialités du vignoble. C'est en effet le moment de rappeler l'adage de Caton, un vieux vigneron romain robuste d'il y a 2000 ans : « Le visage du maître est bon pour la terre ».

La préparation est une série d'opérations dans lesquelles il convient de profiter du temps et de commencer un an avant la plantation des vignes. La terre doit être mise en état pour la préparer au long service qu'elle doit rendre. Les deux grands éléments essentiels de la préparation sont le drainage et une culture approfondie. Les deux, à réaliser en fonction du bien-être du raisin, prennent du temps, et un an n'est pas une période trop courte pour effectuer le travail. De plus, les terres nouvellement drainées et profondément labourées ont besoin de temps pour que le gel, l'air, le soleil et la pluie adoucissent et animent le sol après le mélange par ces opérations de terre végétale vivante avec un sous-sol inerte.

Drainage.

Le sol idéal, comme on nous le dit souvent, ressemble à une éponge et est capable de retenir la plus grande quantité possible de nourriture végétale dissoute dans l'eau, tout en étant perméable à l'air. Cette condition idéale, semblable à une éponge, est particulièrement souhaitable pour le raisin, en particulier pour les espèces indigènes, car les vignes ont toutes des racines extrêmement profondes. De plus, les raisins prospèrent mieux dans un sol chaud. Même si les racines peuvent faire bon usage de solutions nutritives, si elles ne sont pas trop diluées, dans un sol non drainé, elles suffoquent et ne reçoivent pas suffisamment de chaleur de fond. Il faut insister sur le fait que le raisin ne prospérera pas dans des terres gorgées d'eau.

À moins que le sol ne soit naturellement bien drainé, un sous-drainage doit être prévu comme première étape dans la préparation du terrain pour le vignoble. Le drainage des tuiles est généralement mieux confié à ceux qui font du drainage des terres leur métier, mais les informations sur toutes les exigences du terrain et les détails du travail peuvent être obtenues à partir de nombreux textes, afin que les vignerons puissent effectuer le travail eux-mêmes. En conclusion du sujet, il convient de rappeler au lecteur que les terres élevées et les collines ne sont pas nécessairement bien drainées, et que les terres basses ne sont pas nécessairement humides même si la surface est plane. Souvent, les sommets et les flancs des collines nécessitent un drainage artificiel ; beaucoup moins souvent, les terres de vallée et les terres plates n'en ont pas besoin. Supposer également que les sols graveleux et schisteux sont toujours bien drainés conduit souvent à un contraire direct de la vérité. Les sols sableux et graveleux nécessitent un drainage presque aussi souvent que les sols limoneux et argileux.

Après le carrelage, si le terrain a dû être sous-drainé, le vignoble devra être nivelé pour combler les dépressions et uniformiser la surface. Habituellement, cela peut être fait avec une herse à pan coupé, à dents ou une autre herse, mais parfois la niveleuse ou le grattoir doivent être utilisés.

Aménagement du terrain.

Le travail du sol préparatoire doit commencer au printemps précédant la plantation par un labour profond. Si la terre a été utilisée pendant longtemps pour l'agriculture générale et qu'une semelle dure s'est formée après des années de labour superficiel, une charrue souterraine devrait suivre dans le sillon de la charrue de surface, bien qu'il soit rarement conseillé d'aller profondément dans le sillon de la charrue de surface. vrai hardpan. L'aménagement du sol ne doit pas s'arrêter là mais doit se poursuivre tout au long de l'été avec une herse et un cultivateur pour pulvériser le sol presque jusqu'à ses ultimes particules. Une telle culture peut être suffisamment approfondie, et être en même temps rendue rentable, en cultivant une culture binée qui nécessite une culture intensive. Si le sol manque d'humus, une culture de couverture composée de trèfle ou d'une autre légumineuse pourrait très bien être semée au début de l'été pour être labourée à la fin de l'automne. Ou, si du fumier stable est disponible, celui-ci doit généralement être appliqué à l'automne avant la plantation. Le fumier stable appliqué à cette époque sur un sol enclin à l'avarice crée une atmosphère dans le vignoble à venir totalement refusée au vigneron qui doit recourir aux engrais commerciaux.

La terre doit être labourée à nouveau, profondément et le plus tôt possible à l'automne, hersée à fond, ou éventuellement labourée en travers, puis hersée. La terre doit entrer en hiver prête à être semée au début du printemps et les travaux d'automne doivent être effectués rapidement et avec une équipe solide et des outils tranchants et brillants. Le vigneron doit garder à l'esprit qu'aucune opportunité ne sera offerte au cours de la vie du vignoble pour rattraper le retard du début et qu'un vignoble composé de vignes ternes et malheureuses peut être le résultat d'une négligence à ce moment critique. Un bon labour doit se poursuivre jusqu'à ce que la terre soit suffisamment animée de croissance au moment de la plantation des vignes. La planche II montre un terrain bien aménagé pour la plantation.

Marquage pour la plantation.

Avec un terrain plat, un marqueur bien fait, une équipe douce et un conducteur prudent avec un œil d'arpenteur, et un vignoble peut être marqué pour être planté avec un marqueur de traîneau, un marqueur de maïs modifié ou même une charrue. Certaines de ces méthodes de marquage sont les plus couramment utilisées pour tracer les rangs de vignes, mais il est évident aux yeux de tout passant dans les régions viticoles que la méthode la plus courante n'est pas la meilleure pour assurer un alignement parfait des rangs et de la vigne. La combinaison nommée pour un bon travail avec l'une des méthodes de marquage est trop rare. Si la méthode du marquage est utilisée, elle est mise en pratique de la manière suivante : Les rangs étant marqués à la distance décidée, un sillon profond est labouré le long du rang en allant dans les deux sens avec la charrue ; Ceci fait, de petits tuteurs sont plantés dans le sillon à des distances convenables pour les vignes, en prenant soin de les aligner dans les deux sens. Des trous de plantation sont ainsi creusés dans le sillon avec les tuteurs comme centre.

Le marquage au moyen d'un fil ou d'une chaîne de mesure est la meilleure méthode pour localiser avec précision les vignes dans un vignoble. Le fil de mesure varie selon les souhaits de l'utilisateur de deux à trois cents pieds ou peut être même plus long. Les meilleurs fils sont constitués de fil d'acier recuit d'environ un huitième de pouce de diamètre. À chaque extrémité du fil se trouve un solide anneau de fer à enfiler sur des piquets. Le fil est marqué sur toute sa longueur par des points de soudure aux distances souhaitées entre les rangs de vignes ; pour rendre ces endroits plus visibles, des morceaux de tissu rouge y sont attachés. Parfois, ce fil de mesure est constitué de plusieurs brins de petit fil, ce qui donne plus de flexibilité et facilite le marquage, puisqu'en séparant les brins aux endroits souhaités, on peut nouer des morceaux de tissu pour marquer les distances.

En utilisant le fil, le côté du vignoble qui doit servir de base au carré est sélectionné et le fil est tendu, laissant au moins une tige de route ou de clôture pour un promontoire. Le fil ainsi tendu, un tuteur est placé à chacune des balises d'écartement pour représenter le premier rang de vigne. À partir du point de départ, soixante pieds sont mesurés sur la ligne de base et un piquet temporaire est posé ; quatre-vingts pieds à angle droit avec la première ligne sont ensuite mesurés au piquet d'angle, en jugeant l'angle avec l'œil ; puis courez en diagonale du pieu de quatre-vingts pieds au pieu de soixante pieds. Si la distance entre les deux piquets est de cent pieds, le coin est un angle droit. Les lignes de base étant ainsi commencées à angle droit les unes par rapport aux autres, on peut mesurer avec le fil de mesure une surface aussi grande qu'on le désire en prenant soin d'avoir la ligne à chaque fois tracée parallèlement à la précédente, et les piquets placés avec précision à l'endroit. marquer des points sur le fil.

Une autre méthode encore qui peut être mise à profit dans l'aménagement d'un vignoble, surtout si le vignoble est petit, consiste à combiner la mesure et la vue. Les distances autour du vignoble sont mesurées et des piquets sont posés pour marquer les extrémités des rangs autour du domaine. De bons piquets peuvent être fabriqués à partir de lattes pointues à une extrémité et blanchies à la chaux à l'autre. Une ligne de piquets est ensuite placée à travers le champ dans chaque sens passant par le centre, à des endroits, bien sûr, que les deux rangées centrales de vignes rempliront. Une fois ceux-ci en place, si la superficie n'est pas trop étendue ni trop vallonnée, toutes les mesures peuvent être supprimées et les vignes peuvent être plantées par observation. Un homme à la fin de la rangée dispose de trois lattes pour observer dans chaque rangée et un deuxième homme doit enfoncer les piquets selon les instructions de l'observateur. Un travail précis peut être effectué par cette méthode, mais cela demande du temps, un bon œil et beaucoup de patience de la part de l'observateur.

SÉLECTION ET PRÉPARATION DES VIGNES

Les jeunes vignes convoitent la vie, car elles sont généralement vigoureuses et ne se blessent pas facilement. Ainsi, les plantes peuvent être amenées à distance sans crainte de perte. Le pépiniériste local est cependant un bon conseiller en matière de variétés s'il est honnête et intelligent et, toutes choses égales par ailleurs, il doit être pris en charge. Mais si les besoins du cultivateur ne peuvent être satisfaits à domicile, il n'hésitera pas à chercher un pépiniériste à distance. Ceci est plus nécessaire avec le raisin qu'avec d'autres fruits, car les jeunes raisins ne sont bien cultivés et à moindre coût que dans certaines localités. Pour le raisin, comme pour toutes les plantes fruitières, il est bien préférable de l'acheter auprès du producteur plutôt que auprès des vendeurs d'arbres.

Sélection des vignes.

A moins que l'acheteur sache ce qu'il veut, sélectionner les vignes, c'est un pari pur et simple. Heureusement, il existe plusieurs marques de bonnes vignes très utiles à ceux qui les connaissent. Il faut d'abord s'assurer que les racines et les sommités sont vivantes jusqu'aux parties les plus reculées. Les vignes doivent avoir un aspect propre et sain, avec un diamètre de tronc suffisamment grand pour indiquer une croissance vigoureuse et une large répartition des racines. Une grande taille n'est pas aussi souhaitable qu'un bois ferme et bien mûri et une abondance de racines. Les vignes avec des entre-nœuds de longueur moyenne pour le cépage sont meilleures que celles avec des entre-nœuds de grande longueur ou très courts. Toutes les précautions possibles doivent être prises pour garantir que les variétés soient fidèles à leur nom, bien qu'ici il faille compter sur la réputation du pépiniériste, à l'exception des quelques variétés qui peuvent être connues à vue d'œil dans la pépinière.

Les vignes d'un an de première qualité sont généralement meilleures que celles de deux ans . Les vignes rabougries ne valent pas la peine d'être plantées et les vignes âgées de deux ans sont souvent des vignes rabougries d'un an. Quelques variétés à croissance faible gagnent en vigueur si on les laisse rester deux ans en pépinière – trois ans, jamais.

Manutention et préparation des vignes.

Mieux les vignes seront emballées, transportées et soignées au champ, plus vite les racines s'installeront et les vignes prendront le départ vigoureux dont tant de choses dépendent. Il faudra demander au pépiniériste de ne pas tailler beaucoup avant l'emballage et de bien emballer les vignes pour l'expédition. Les vignes doivent être gîtes dès qu'elles arrivent à destination. Si les vignes sont sèches à l'arrivée, il convient de bien les arroser avant la gîte. Il arrive parfois que les vignes soient ratatinées et ratatinées par un séchage excessif, auquel cas les plantes peuvent souvent être ramenées à leur rondeur en les enterrant racines et branches dans de la terre humide, pour y rester une semaine ou éventuellement deux. Pour talonner, une tranchée doit être creusée deux fois dans un sol léger et humide, les vignes étalées dans la tranchée sur deux ou trois profondeurs, puis la terre doit être pelletée sur les racines et la moitié des sommités, en la tamisant dans les racines, après quoi le le sol est raffermi. Les vignes peuvent ainsi être conservées en bon état pendant plusieurs semaines si besoin est.

Les vignes sont préparées pour la plantation en coupant toutes les racines mortes ou blessées et en raccourcissant les racines saines. Les racines des raisins peuvent être sévèrement coupées s'il reste des moignons sains, l'élimination des petites racines et des fibres ne faisant aucun mal, puisque les fibres n'ont de valeur que comme indiquant que la vigne est forte et vigoureuse. Les fibres fraîches proviennent rapidement de racines robustes et saines. La plupart des fibres d'une vigne transplantée meurent, et les disposer dans le trou pour les conserver, comme on le recommande si souvent, n'est qu'un rite funéraire inutile. Sur des vignes en bonne santé, les moignons des racines, une fois coupés, mesureront de quatre à huit pouces de longueur. Le système racinaire ayant été considérablement élagué, il faut tenir compte de la réciprocité entre racines et sommités et tailler la sommité en conséquence. Pour réduire le travail des feuilles et s'harmoniser avec l'activité des racines, le sommet doit être taillé avec une seule canne et deux, jamais plus de trois bourgeons. La vigne est désormais prête à être plantée et, le sol étant prêt, les semis devraient se dérouler à bon rythme.

PLANCHE VI. — Hambourg noir ($\times$ $^1/_2$).

PLANTATION

Les dangers et les difficultés liés à la plantation de plantes feuillues sont grandement exagérés. Le débutant, en particulier, est impressionné par ses responsabilités à cette époque et envoie souvent un appel précipité à la station d'expérimentation ou au pépiniériste pour « lui envoyer un homme à planter ». Si le terrain est correctement préparé et les plants en bon état, l'opération de plantation s'effectue facilement, rapidement et en toute sécurité. Il n'est pas nécessaire, lors de la plantation de la vigne, de faire des excès de délicatesse comme disposer les racines pour préserver les fibres, arroser chaque vigne au fur et à mesure de sa formation, insérer la vigne avec précaution pour s'assurer qu'elle se tient dans sa nouvelle demeure comme il se tenait à l'ancienne, ou on mettait les racines dans un seau ou une cuve d'eau. D'un autre côté, la méthode bâclée d'un Stringfellow qui coupe toutes les petites racines et utilise un pied-de-biche à la place d'une pelle ne fait pas son devoir envers la plante et enterre les racines profondément dans la terre ou les recouvre près de la plante. la surface courtise l'échec.

Creuser les trous.

Il s'agit d'une tâche simple sur un terrain bien labouré. Les trous doivent seulement être suffisamment grands et profonds pour contenir les racines sans crampes excessives. Ici se manifeste à nouveau la sagesse de préparer minutieusement le terrain ; car, dans un terrain bien préparé, le trou est en réalité aussi grand que la vigne. Même dans des conditions de mauvais labour, les trous profonds constituent souvent une menace pour la vie de la plante, surtout si le drainage n'est pas assuré, car le trou profond devient une cuve dans laquelle l'eau se déverse et trempe les racines des vignes mourantes. Un effort supplémentaire pour creuser des trous ne peut pas remplacer un ajustement parfait du terrain.

Rien ne justifie la pratique consistant à creuser des trous pendant son temps libre afin que tout soit prêt lorsque le moment de planter viendra. Les vignes s'enracineront mieux dans le sol fraîchement retourné et humide de la terre nouvellement creusée, qui peut être fermement fixée autour des racines lorsque la vigne est plantée. On ne gagne pas non plus de temps en creusant à l'avance, car les parois des trous creusés depuis longtemps, brûlées par le soleil et la pluie, devraient sûrement être à nouveau nettoyées. Il vaut cependant la peine de jeter la terre de surface d'un côté et celle plus basse de l'autre, afin de pouvoir mettre une pelle de terre de surface humide et virile à côté des racines.

Il existe sans aucun doute certains sols dans lesquels les trous pourraient être creusés à la dynamite, comme, par exemple, dans un sol peu profond avec une couche dure près de la surface et un bon sous-sol en dessous. Il est cependant très douteux que ces sols défectueux soient utilisés pour des plantations commerciales tant qu'il restera encore de nombreux hectares non plantés dans toutes les régions viticoles de bonnes terres profondes pour le raisin. Pour ceux qui sont attirés par « l'agriculture à la dynamite », des descriptions minutieuses des méthodes d'utilisation de la dynamite et même des démonstrations peuvent être obtenues auprès des fabricants d'explosifs.

Il est temps de planter.

Le meilleur moment pour planter la vigne dans les climats froids est le début du printemps, lorsque le soleil et les averses suscitent l'esprit de croissance des plantes et que les solutions nutritives se déplacent rapidement et infailliblement vers leurs emplacements prédéterminés . C'est à ce moment-là que la vigne, très mutilée , peut entreprendre au mieux la double tâche de fabriquer des racines fraîches et d'ouvrir les feuilles dormantes. Les semis d'automne avancent les travaux, atténuant ainsi l'agitation du début du printemps lorsque les travaux de la vigne se précipitent et, sans doute, lorsque tout est favorable, permettent à la vigne de démarrer un peu plus vite. Cependant, les semis à l'automne entraînent souvent de graves pertes. Lors des hivers froids, l'emprise du gel est suffisante pour arracher la jeune vigne de son emplacement et parfois pour la faire sortir du sol. Il existe également un grand risque de destruction hivernale dans les vignes transplantées en automne, non à cause d'une plus grande tendresse de la plante, mais à cause d'une plus grande porosité du sol ameubli qui permet au froid de frapper plus profondément. Ces deux objections à la plantation d'automne peuvent être largement surmontées en taillant la terre de manière à recouvrir pratiquement les vignes, en nivelant le monticule au début du printemps ; mais ce travail supplémentaire compense largement les économies de main-d'œuvre réalisées lors des semis d'automne.

Dans les climats où le sol ne gèle pas en hiver, la vigne peut être plantée à l'automne si tout est favorable. Souvent, cependant, les conditions ne sont pas favorables à la plantation d'automne dans les climats chauds, car les pluies d'automne détrempent fréquemment le sol, de sorte qu'il ne peut pas être placé correctement autour des racines ; et, de plus, dans un sol froid et gorgé d'eau, les racines inactives commencent à pourrir ; ou le sol peut être trop sec pour la plantation d'automne. Dans de telles conditions, il est souvent préférable de retarder la plantation dans les climats chauds jusqu'au printemps, lorsque de meilleures conditions du sol peuvent être assurées. À l'automne ou au printemps, le sol doit être raisonnablement sec, chaud et moelleux une fois les travaux terminés. Le meilleur moment pour planter doit nécessairement varier d'une année à l'autre, et le vigneron doit décider exactement quand entreprendre la plantation en fonction des conditions pédologiques et climatiques, en gardant à l'esprit l'injonction du Psalmiste selon laquelle il y a « un temps pour planter, et un temps pour planter ». arracher ce qui est planté » est soumis à plusieurs conditions exigeant du jugement. Le raisin perd ses feuilles tard au printemps, ce qui rend grande la tentation de retarder la plantation ; Les plantes tardives nécessitent cependant des soins particuliers, de peur de souffrir des sécheresses estivales qui dessèchent chaque année les terres de ce continent.

L'opération de plantation.

Tout étant prêt, les semis avancent rapidement. Une équipe de quatre hommes travaille à son avantage. Deux creusent des trous, un troisième tient les vignes et foule la terre pendant que l'homme restant pellete la terre. Sauf dans les grands vignobles, quatre hommes sont rarement disponibles, et des équipes de deux ou trois doivent répartir le travail entre ses membres selon les meilleures conditions. Une planche de plantation d'arbres n'est pas nécessaire pour planter des raisins, bien que certains producteurs l'utilisent. L'homme qui tient les vignes dans le trou et qui marche pendant que le pelleteur les remplit, doit aligner la plante après avoir enlevé le tuteur et veiller à ce qu'elle soit perpendiculaire dans le trou. Le tuteur, une latte, est posé à son ancien emplacement dans le trou pour servir de support à la vigne en croissance et pour la baliser afin que le cultivateur n'arrache pas le jeune plant. Le sol doit être ferme autour des racines de la plante, mais le zèle dans le piétinement devrait diminuer à mesure que le trou est rempli, laissant la terre végétale non piétinée , lisse, meuble et pulvérisée, un paillis de poussière - le meilleur de tous les paillis - pour empêcher l'évaporation.

La profondeur à laquelle les vignes doivent être plantées est un sujet de controverse. Cela devrait être régi par le sol plus que par tout autre facteur, bien que certaines variétés nécessitent un enracinement plus profond que d'autres. La règle consistant à planter à la profondeur où se trouve la vigne dans le rang de la pépinière est sûre dans la plupart des conditions, bien que dans les sols légers, affamés ou assoiffés, les racines doivent s'enfoncer plus profondément ; et, d'autre part, dans des sols lourds, moins profonds. La plantation profonde est une erreur plus courante que la plantation superficielle, car dans la plupart des conditions, les racines résistent mieux à l'exposition qu'à l'internement, descendre étant plus naturel que de remonter pour une racine cherchant un endroit à son goût.

L'arrosage au moment de la plantation n'est nécessaire que lorsque la terre est desséchée par la sécheresse ou dans les régions où l'irrigation est pratiquée. Si nécessaire, l'eau doit être utilisée généreusement, au moins un gallon ou deux par vigne. Une fois que la terre a été raffermie autour des racines et que le trou est presque rempli, l'eau doit être versée dedans et le trou est rempli sans plus de raffermissement. Par temps sec, certains préfèrent flaquer les racines ; c'est-à-dire les tremper dans de la boue fine et les planter avec la boue adhérant. Pour fabriquer la flaque d'eau, on utilise de l'argile meuble et non de l'argile collante, car l'argile peut cuire si fort qu'elle endommage les racines. Avec les flaques d'eau, comme pour l'arrosage, le sol de surface doit être laissé meuble et mou, sans traces de flaques en dessous.

Le fumier ou l'engrais autour des racines ou même dans le trou ne sont pas nécessaires ni même souhaitables. Si le sol doit être enrichi au moment de la plantation, l'engrais doit être épandu sur la surface à cultiver ou pour que ses éléments alimentaires s'écoulent au fur et à mesure que les pluies tombent. Dans les terres où le dessein providentiel du raisin se manifeste clairement, la vigne ne réagit à aucun moment chaleureusement aux engrais, les bienfaits du fumier d'écurie provenant probablement en grande partie de ses effets sur la texture et la capacité de rétention d'eau du sol. La plante nouvellement plantée n'a pas besoin de nourriture extérieure ; Appliquer du fumier grossier ou des engrais commerciaux puissants sur les racines d'une jeune vigne nouvellement plantée est un infanticide végétal.

ENTRETIEN DES JEUNES VIGNES

Virgile appelle la période de la vie de la vigne entre la vendange et la première vendange, le « nonage tendre », et nous dit qu'à cette époque la vigne a besoin d'un élevage soigné ; c'est ce qu'ils font, aujourd'hui comme autrefois, pour les raisins américains ainsi que pour les raisins de la Rome antique. Heureusement, tout écart par rapport au bien-être normal est facilement identifiable dans le raisin, car la couleur de la feuille est un indice aussi précis de la santé et de la vigueur de la vigne que la couleur de la langue ou le battement du pouls chez l'homme. Un changement de couleur par rapport au vert luxuriant du feuillage des vignes économes, en particulier la teinte jaune indiquant que le vert des feuilles ne fonctionne pas correctement, suggère que les vignes sont malades ou ont besoin de soins particuliers. Cependant, quand tout va bien, l'étonnante énergie de la nature n'est nulle part mieux visible parmi les plantes que dans la croissance du raisin, de sorte qu'une grande partie du soin réside dans l'usage du couteau ; en fait, comme nous le verrons, le raisin vit presque par le couteau les deux premières années.

La première année.

Les vignes ayant été taillées et tuteurées à la plantation, ces opérations ne nécessitent aucune attention le premier été. De nombreuses variétés donnent naissance à plusieurs pousses au début de la croissance et, sauf dans le cas de plants greffés et en cas de drageons provenant du cep, il convient de les laisser nourrir la vigne et contribuer à l'établissement d'un bon système racinaire. Les vignes à forte croissance doivent être attachées au tuteur, au moins la pousse la plus forte, pour empêcher le vent de la fouetter et pour que les plantes ne gênent pas le cultivateur. La seule astuce en matière de liage est de maintenir la vigne du côté au vent du tuteur, évitant ainsi la rupture du matériel de liage.

La taille de la première année, bien que sévère, se fait facilement. Toutes les cannes, sauf la plus forte , sont coupées et celles-ci sont taillées à deux bourgeons, presque jusqu'au sol, de sorte que les vignes soient comme lorsqu'elles étaient plantées dans le vignoble. Cette taille, ainsi que celle des deux années suivantes, a pour but l'établissement d'un bon système racinaire et la production d'un tronc robuste à la hauteur à laquelle la vigne doit être épiée. Il est important que la canne dont doit provenir le tronc soit saine et que le bois soit bien mûr. La taille peut être effectuée à tout moment après la chute des feuilles, bien que la plupart des producteurs privilégient la fin de l'hiver. Dans les climats froids, il est recommandé de labourer jusqu'aux jeunes vignes pour se protéger de l'hiver, auquel cas la taille doit être effectuée avant le labour.

Chaque détail de la gestion du vignoble doit être effectué avec soin et au moment convenu au cours de cette première année critique. La culture doit être intensive, les insectes et les champignons doivent être écartés, les blessures mécaniques doivent être évitées, les vignes qui ont refusé de pousser doivent être marquées pour être rejetées et le vignoble doit être mis en culture de couverture début août s'il n'a pas été planté plus tôt. quelques cultures dérobées binées.

La deuxième année.

Les travaux débutent au printemps de la deuxième année avec la pose de poteaux en treillis sur lesquels est posé un fil. La vigne n'est pas encore prête à être palissée mais la fine latte de la première campagne ne constitue pas un support suffisant, et le seul fil du futur treillis évite les frais de tuteurage. Le liage nécessite un certain soin et se fait généralement avec de la ficelle ou du liber. Au fur et à mesure de l'été, les drageons des racines sont retirés et certains producteurs éclaircissent les sarments de la jeune vigne ; certains pensent qu'il est également nécessaire d'étêter la croissance si elle devient trop luxuriante et ainsi de maintenir la canne dans certaines limites. Les drageons doivent être coupés ou cassés aux points d'où ils proviennent, sinon plusieurs nouveaux peuvent naître de la base des anciens. Si les vignes sont étêtées, il faut tenir compte du fait que la taille d'été affaiblit et il faut donc prélever les pointes des sarments lorsqu'elles sont petites, le but étant d'orienter la croissance vers les parties de la vigne qui doivent devenir permanentes. .

La taille, au deuxième hiver de sortie de la vigne, dépend de la vigueur de la plante. Si une canne solide, saine et bien mûre dépasse le fil inférieur du treillis, elle doit être coupée afin que la canne puisse être attachée au fil ; sinon, il faudra encore couper la vigne presque jusqu'au sol, ne laissant que trois ou quatre bourgeons. Si l'on laisse la canne, en plus de sa robustesse et de sa maturité, elle doit être droite, car elle deviendra le tronc de la vigne adulte. La formation de la jeune vigne est maintenant terminée, pour la saison suivante il faudra amorcer la vigne vers sa forme permanente, dont les instructions sont données dans le <u>chapitre sur la taille</u>.

Les soins estivaux du vignoble ne diffèrent pas sensiblement la deuxième année de ceux de la première. La culture intensive se poursuit, les vignes sont traitées contre les parasites et l'enherbement annuel suit la culture. De nombreuses variétés, si elles sont vigoureuses, donneront quelques fruits au cours de ce deuxième été, mais il ne faut pas laisser la récolte mûrir, le plus tôt sera le mieux, car la fructification à ce stade de croissance affaiblit sérieusement les jeunes vignes.

CULTURES DÉROBÉES ET CULTURES DE COUVERTURE

Une culture dérobée est une culture cultivée entre les rangées d'une autre culture pour tirer profit de son produit. Une culture de couverture est une culture temporaire cultivée, comme le terme a été utilisé à l'origine, pour protéger le sol, mais le mot est maintenant utilisé pour inclure également les cultures d'engrais vert. Les cultures dérobées ont rarement leur place dans la plupart des vignobles, mais des cultures de couverture sont souvent cultivées.

Cultures dérobées.

Les cultures dérobées ne sont, en règle générale, pas rentables dans les vignobles commerciaux ; ils peuvent apporter des bénéfices temporaires mais à long terme ils sont généralement préjudiciables à la vigne. Cela peut être payant et le raisin peut ne pas être endommagé dans certaines localités, si des cultures maraîchères telles que les pommes de terre, les haricots, les tomates et le chou sont cultivées entre les rangs ou même dans les rangs la première année et éventuellement la seconde. Cependant, la terre, pour servir les deux cultures, doit être excellente et les soins apportés aux deux cultures doivent être des meilleurs. Cultiver des groseilles à maquereau, des groseilles, des ronces ou même des fraises est une mauvaise méthode, à moins que le vignoble ne soit petit, que la terre soit très précieuse ou que d'autres conditions rendent une culture intensive possible ou nécessaire. Les objections aux cultures dérobées dans le vignoble sont au nombre de deux : elles privent les vignes de nourriture et d'humidité et les exposent aux blessures causées par les outils utilisés lors de l'entretien de la culture dérobée.

Parfois, le raisin lui-même est planté comme culture dérobée dans le vignoble. Autrement dit, deux fois le nombre de vignes requises dans une rangée pour le vignoble permanent est fixé dans l'espoir de couper des vignes alternées lorsque deux ou trois récoltes ont été récoltées et que les vignes commencent à se surcharger. Cette pratique est préférable à la plantation intercalaire de fruits de brousse, mais elle n'a pas grand chose à recommander si l'on prend pour guide l'expérience de ceux qui l'ont essayée. Trop souvent, les vignes de remplissage sont laissées un an de trop, ce qui a pour résultat que la croissance des vignes permanentes est freinée pendant plusieurs années. Les profits tirés des fillers ne sont jamais importants, ils couvrent à peine le travail supplémentaire, et si les vignes permanentes sont rabougries, les fillers doivent être considérés comme un passif plutôt que comme un atout.

Cultures de couverture.

Dans une expérience menée par la Station d'expérimentation agricole de New York, les raisins ne réagissent pas de manière très appréciable aux cultures de couverture en termes de rendement en fruits ou de croissance de la vigne. [9] Il ne semble y avoir aucune autre expérience pour confirmer les résultats de la station de New York, et les viticulteurs n'ont nulle part utilisé de manière très générale des cultures de couverture pour l'amélioration de leurs vignobles. Il y a donc des doutes quant à savoir si les raisins réagiront de manière rentable à l'utilisation annuelle de cultures de couverture pour le rendement en fruits, ce qui, bien sûr, est le test ultime de la valeur des cultures de couverture, mais un test difficile à appliquer à moins que l'expérience dure un grand nombre d'années.

Laissant de côté la valeur douteuse des cultures de couverture dans l'augmentation de l'apport de nourriture végétale et produisant ainsi une augmentation du rendement, les cultures de couverture sont utiles dans le vignoble au moins de trois manières. Ainsi, il est évident pour tous ceux qui ont essayé les cultures de couverture dans le vignoble que la terre est bien mieux labourée et plus facile à travailler lorsqu'une culture verte est retournée à l'automne ou au printemps ; il n'est pas déraisonnable de supposer, bien qu'il soit impossible d'obtenir des données expérimentales fiables pour confirmer cette croyance, que les cultures de couverture protègent les racines des raisins de la destruction hivernale ; on peut certainement s'attendre à ce qu'une culture de couverture semée au milieu de l'été amène les raisins à mûrir leur bois plus tôt et plus complètement afin que les vignes abordent l'hiver dans de meilleures conditions. La seule objection à opposer aux cultures de couverture dans le vignoble est que les cueilleurs, pour la plupart des femmes, s'opposent à la culture de couverture lorsqu'elle est mouillée par la pluie ou la rosée et choisissent généralement de récolter dans les vignobles ne disposant pas de telles cultures. Ce facteur apparemment insignifiant donne souvent beaucoup de mal au viticulteur qui sème des cultures de couverture au moment des vendanges.

Plusieurs cultures de couverture peuvent être plantées dans les vignes comme le trèfle, la vesce, l'avoine, l'orge, le navet vache, le colza, le seigle et le sarrasin. Les combinaisons de ces éléments rendent généralement les semences trop coûteuses ou les problèmes de semis trop importants. Pourtant, certaines combinaisons de cultures légumineuses et non légumineuses semblent constituer la meilleure culture verte pour le raisin. Ainsi, un boisseau d'avoine ou d'orge plus dix livres de trèfle ou vingt livres de vesce d'hiver, combinaison souvent utilisée dans les vergers, devrait s'avérer satisfaisante dans le vignoble. Ou encore, en doublant la quantité de graines pour chacune, ces cultures pourraient être alternées, avec un changement d'assolement tous les quatre ou six ans, avec du navet ou du colza. Le navet et le colza nécessitent au moins trois livres de graines par acre.

La culture de couverture est semée au milieu de l'été, vers le premier août dans les latitudes septentrionales, et doit être labourée à l'automne ou au début du printemps. En aucun cas, la culture verte ne doit être autorisée à rester dans le vignoble à la fin du printemps pour priver les vignes de nourriture et d'humidité. La carte météo doit être surveillée au moment du semis pour s'assurer d'un lit de semence humide. La planche III illustre deux vignobles avec des cultures de couverture bien développées.

LABOUR

Les viticulteurs ne sont pas dans le brouillard qui embrouille les producteurs de fruits de verger en ce qui concerne le travail du sol. C'est un négligent, en effet, qui permet à ses vignes de reposer une saison sur un sol ininterrompu, et aucun cultivateur ne recommande le gazon ou l'un des paillis de gazon modifiés pour le raisin. Le travail du sol est difficile dans les régions vallonnées et l'opération est souvent négligée dans les vignobles à flanc de colline, comme dans la région des Central Lakes de l'État de New York, mais même ici, une certaine forme de travail du sol est universelle. Le saut d'une seule saison dans le travail du sol rabougrit la vigne, et deux ou trois sauts dans les saisons successives ruinent un vignoble. Personne ne se plaint du fait que les raisins souffrent d'un travail excessif du sol, comme on entend souvent parler des arbres fruitiers. Il n'y a pas de tonique pour le raisin comparable à la culture où les feuilles manquent de couleur et pendent mollement et la vigne a un air de dépression indéfinissable ; et il n'y a rien de mieux que la culture pour éveiller une vigueur latente lors d'un été caniculaire ou lorsque la sécheresse s'abat sur la terre.

Outils de travail du sol.

Les outils à utiliser pour le travail du raisin varient selon la topographie du vignoble, le type de sol et les préférences du vigneron. Le meilleur outil est celui avec lequel le sol peut être bien aménagé à moindre coût. Un bon travail à la vigne nécessite au moins deux charrues, une à un cheval et une à deux chevaux. Cette dernière, sauf sur les terrains très vallonnés, devrait être une charrue groupée. Pour les vignobles commerciaux de toute taille considérable, plusieurs cultivateurs sont nécessaires pour différentes saisons et conditions du sol. Ainsi, chaque vignoble devrait être équipé d'une dent à ressort et d'une herse à disques, d'un des nombreux types de sarcleurs, d'un cultivateur à un cheval et d'un cultivateur à sulky. Si les mauvaises herbes abondent, il est nécessaire de disposer d'un outil de coupe, ou d'un accessoire fixé à l'un des cultivateurs, pour glisser sur le sol et couper les grosses mauvaises herbes. Un autre outil indispensable dans un grand vignoble est une houe à un cheval, pour compléter le travail de laquelle il faut de lourdes houes à main. Très souvent, le sol superficiel doit être pulvérisé et un broyeur de mottes, un rouleau ou un flotteur devient une nécessité. Un ensemble complet d'outils brillants et tranchants à la disposition du viticulteur contribue grandement au succès de son entreprise.

Méthodes de travail du sol.

Il existe plusieurs guides fiables indiquant quand le vignoble doit être labouré. Le vigneron qui n'est qu'un observateur occasionnel de la relation entre les opérations de la vigne, les événements de la vie et le bien-être de ses vignes prendra comme guide la récolte des mauvaises herbes. Il est bien sûr nécessaire de maîtriser les mauvaises herbes, mais celui qui attend que les mauvaises herbes l'obligent à labourer aura de mauvais résultats dans sa vigne. La quantité d'humidité du sol est un meilleur indicateur. La fonction principale du travail du sol est d'économiser l'humidité en contrôlant l'évaporation et de mettre le sol dans des conditions telles que sa capacité de rétention d'eau soit augmentée. L'état physique du terrain est un autre indicateur. Le travail du sol lorsque le sol a besoin d'être pulvérisé fournit une plus grande surface d'alimentation aux racines.

Le travail du sol commence par le labour au début du printemps. Qu'elle soit munie d'un couvert à retourner ou bien dure et nue, la terre doit être défoncée chaque printemps avec la charrue. Il est préférable de labourer en parcourant un seul sillon avec une charrue à un cheval jusqu'aux vignes ou à l'écart selon les besoins, puis en suivant avec une charrue à deux chevaux ou une charrue groupée. Certains producteurs utilisent une herse à disques au lieu de la charrue pour ameublir la terre au printemps, mais c'est une procédure douteuse dans la plupart des vignobles et impossible lorsqu'une forte récolte verte recouvre la terre. Le travail du sol avec une herse, un cultivateur, un sarcloir ou un rouleau se déroule ensuite à des intervalles déterminés par les conditions, rarement moins d'une fois tous les quinze jours, jusqu'au moment de semer la culture de couverture au milieu de l'été. Au moment de la floraison des raisins, la houe doit être utilisée pour niveler le sillon retourné jusqu'aux vignes lors des labours de printemps. Le travail du sol doit toujours suivre une forte pluie pour éviter la formation d'une croûte de sol, période où celui qui laboure vite laboure deux fois. Le nombre de labours d'un vignoble dépend du sol et de la saison. Dix fois avec le cultivateur dans un vignoble ou une saison peut ne pas être aussi efficace que *cinq* fois dans un autre vignoble ou une autre saison. Dans certaines régions, comme à New York, le cultivateur est si souvent à la merci du temps pluvieux au début du printemps qu'il est préférable de labourer à l'automne, et les opérations de printemps doivent alors commencer par le hersage avec un outil qui brisera complètement la terre. .

La profondeur à travailler dépend de la nature du sol et de la saison. Les sols lourds nécessitent un labourage profond ; sols légers, labour peu profond ; par temps humide, jusqu'en profondeur ; par temps sec, légèrement. Les racines des raisins sont profondément enfoncées dans le sol et il y a peu de risque de les blesser lors d'un travail du sol en profondeur. La profondeur du labour et du travail du sol doit varier quelque peu d'une saison à l'autre pour éviter la formation d'une semelle de labour. Dans certaines régions, le labour et la culture peuvent devenir un moyen de lutte contre les insectes et les champignons, ce qui régule la profondeur du labour. Ainsi, dans la région viticole de Chautauqua, à l'ouest de l'État de New York, la chrysalide du ver des racines, un fléau du raisin dans cette région, est jetée et détruite par la houe au moment où elle est sur le point d'émerger sous la forme d'un fléau. adulte pour pondre ses œufs sur les vignes. Dans toutes les régions, les feuilles et les raisins momifiés portant d'innombrables myriades de spores de mildiou, de pourriture noire et d'autres champignons sont internés par la charrue et ne peuvent pas propager la maladie.

Le moment de la saison pour arrêter le travail du sol dépend de la localité, de la saison et de la variété. C'est une bonne règle d'arrêter la culture quelques semaines avant que les raisins n'atteignent leur pleine taille et ne commencent à se colorer, car à ce moment-là, ils auront alourdi les vignes, de sorte que les fruits et le feuillage gêneront le cultivateur. Dans le Nord, la culture cesse pendant la saison ordinaire vers le premier août, plus tôt plus au Sud. Les espèces à croissance rapide, comme Concord ou Clinton, n'ont pas besoin d'être cultivées aussi tard que celles à croissance plus petite et à feuillage plus rare, comme Delaware ou Diamond. Les graines de couverture sont recouvertes une dernière fois avec le cultivateur. La planche IV montre un vignoble de Concords bien labouré.

IRRIGATION

Le raisin, en règle générale, résiste très bien à la sécheresse, plusieurs espèces poussant à l'état sauvage en bordure du désert. Même dans les régions semi-arides de l'extrême ouest, où d'autres fruits doivent toujours être irrigués, le raisin pousse souvent bien sans arrosage artificiel. Aux États-Unis, l'irrigation n'est pratiquée dans les vignobles que sur le versant du Pacifique et ici, la pratique n'est pas aussi générale que pour d'autres cultures fruitières. La question de savoir si le raisin doit être cultivé sous irrigation ou non est une question locale et souvent individuelle, qui répond à plusieurs conditions : comme la pluviométrie locale, la profondeur et la nature du sol, le coût de l'eau et la facilité d'irrigation. Ces conditions sont toutes corrélées et constituent le problème le plus complexe et le plus difficile que les producteurs de raisins des régions semi-arides doivent résoudre. Mais tant que le vigneron peut cultiver des vignes assez vigoureuses et récolter une récolte assez abondante grâce aux précipitations naturelles, il ne doit pas irriguer ; car, même si la récolte compense le coût, il y a plusieurs objections à la culture du raisin sous irrigation. Les vignes sont soumises à davantage de maladies et de troubles physiologiques ; on dit que le fruit manque d'arôme et de saveur ; les raisins cultivés sur des terres irriguées supportent mal le transport, les raisins trop gonflés éclatent souvent ; les vignerons n'aiment pas aussi bien les raisins irrigués que ceux issus de terres non irriguées ; et les raisins aqueux des terres irriguées donnent des raisins secs de qualité inférieure. On soutient cependant, avec raison, que les raisins ne souffrent dans les vignobles irrigués de la manière indiquée que lorsque les vignes sont trop ou mal irriguées.

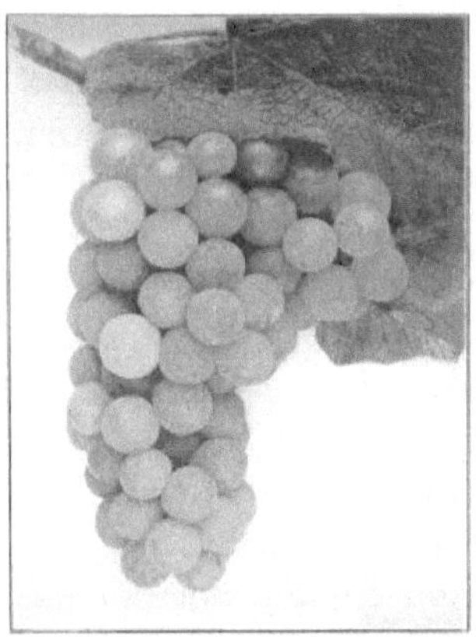

PLANCHE VII. —Barry ($\times\ 2/5$).   Delaware ($\times\ 2/5$).

CHAPITRE VI

ENGRAIS POUR RAISINS

En ce qui concerne les engrais, le vigneron a beaucoup à apprendre et, en apprenant, il doit aborder le problème avec humilité d'esprit. Car dans ses expérimentations, qui sont la meilleure manière d'apprendre, il n'arrive pas plus tôt à ce qui semble être une conclusion certaine, que les résultats d'une autre saison ou les rendements d'un vignoble voisin bouleverseront les résultats des saisons passées et ceux obtenus dans d'autres. lieux. Malheureusement, il existe peu de connaissances réelles à ce sujet, car les viticulteurs n'ont pas encore rompu avec les vieux préceptes en matière d'engrais et suivent toujours les recommandations tirées de leurs travaux en cultures maraîchères et en grandes cultures. Ceci est excusé par le fait qu'il n'y a eu pratiquement aucune expérience approfondie dans le pays en matière d'engrais pour le raisin.

Aucune erreur n'est plus dure que les déclarations des chimistes d'il y a une génération selon lesquelles fertiliser consistait à mettre dans le sol à peu près ce que les plantes en extrayaient ; et que la composition chimique de la culture fournit le guide nécessaire à la fertilisation. Ces deux théories sont à la base de presque toutes les recommandations que l'on peut trouver concernant l'utilisation d'engrais dans les cultures en croissance. Les faits appliqués au raisin, cependant, sont que le sol labourable moyen contient cent ou mille fois plus de constituants chimiques des plantes que ce que le raisin peut en extraire du sol ; et de nombreuses expériences visant à fournir de la nourriture aux plantes montrent que la composition chimique de la plante ne constitue pas un indicateur sûr de leurs besoins en engrais. Les enseignements ultérieurs concernant l'utilisation des engrais sont les suivants : que la quantité de nourriture minérale dans un sol peut être de bien moindre importance que la quantité d'eau, et que le cultivateur doit s'assurer qu'il y a suffisamment d'humidité dans sa terre pour que la terre soit suffisamment humide. les sels minéraux peuvent être facilement dissous et ainsi devenir disponibles comme aliment végétal ; qu'on a accordé beaucoup trop d'importance à l'introduction de produits chimiques dans le sol et pas assez à l'état physique du sol, par lequel le travail des bactéries et l'action dissolvante des acides organiques peuvent rendre disponible une nourriture végétale qui, sans ces agents, n'est pas disponible.

Ces déclarations brèves et simples présentent aux viticulteurs certains des problèmes auxquels ils doivent faire face dans la fertilisation des raisins et montrent à quel point il s'agit d'un problème complexe de chimie, de physique et de biologie qui fertilise le sol ; combien le travail expérimental est difficile dans ce domaine ; et à quel point les travailleurs doivent être prudents dans l'interprétation des résultats de l'expérience ou de l'expérience. Le récit d'une expérience de fertilisation d'un vignoble peut faire ressortir encore plus clairement les difficultés liées à la réalisation d'expériences de fertilisation des fruits et la prudence qu'il faut observer pour tirer des conclusions.

UNE EXPÉRIENCE DE FERTILISATION DES RAISINS

La station d'expérimentation agricole de New York expérimente des engrais pour le raisin à Fredonia, dans le comté de Chautauqua, la principale région viticole d'Amérique de l'Est. L'expérience devrait intéresser tout vigneron à plusieurs points de vue. Cela montre non seulement qu'il existe de nombreux et difficiles problèmes liés à la fertilisation des raisins, mais aussi les résultats de l'utilisation du fumier, des engrais commerciaux et des cultures de couverture dans un vignoble particulier ; il suggère les engrais à utiliser et les modalités d'utilisation ; et il fournit un plan pour une expérience par des vignerons qui veulent tenter une telle expérience et tirer leurs propres conclusions. Un compte rendu de l'expérience et des résultats pour les cinq premières années suit : [10]

Essais à Fredonia.

"Dans le vignoble de Fredonia, onze plateaux étaient disposés dans une partie du vignoble où les inégalités du sol et d'autres conditions étaient légères ou neutralisées. Chaque plateau comprenait trois rangées (environ un sixième d'acre) et était séparé du terrain adjacent. plaques par une rangée "tampon" non testée. Une plaque au centre de la section a servi de contrôle, et cinq combinaisons d'engrais différentes ont été utilisées sur des plaques en double de chaque côté du contrôle. Les plaques 1 et 7 ont reçu de la chaux et un remplissage complet. engrais avec de l'azote à action rapide et lente ; les plateaux 2 et 8 ont reçu l'engrais complet mais pas de chaux ; sur les plateaux 3 et 9, la potasse a été omise de la combinaison complète d'engrais ; les plateaux 4 et 10 n'ont reçu aucun phosphore ; les plateaux 5 et 11, pas d'azote ; et le test était Plat 6. Les matériaux ont été appliqués à des taux tels qu'ils ont fourni pour la première année 72 livres d'azote par acre, 25 livres de phosphore et 59 livres de potassium ; et pour chacune des quatre dernières années, deux -trois fois plus d'azote et de phosphore et huit-neuvièmes autant de potassium. La chaux était appliquée la première et la quatrième année en quantité pour produire une tonne par acre par an. Des cultures de couverture ont été semées sur toutes les plates-formes de la même manière et ont été labourées fin avril ou début mai de chaque année. Celles-ci différaient selon les années successives, mais ne comprenaient aucune légumineuse. Les cultures utilisées étaient le seigle, le blé, l'orge et le navet de vache séparément et les deux dernières en combinaison.

"La culture ne différait que par sa minutie de celle généralement utilisée dans la Belt, le but étant de maintenir un bon paillis de poussière pendant toute la saison de croissance. La taille par le système Chautauqua était effectuée tout au long par un seul homme, qui taillait uniquement en fonction de la vigueur des plants. les vignes individuelles et laissé quatre, deux ou trois, ou aucune canne à fruits comme cela semblait le mieux.Le vignoble a été soigneusement pulvérisé, toutes les plantes identiques.

"Les basses températures hivernales, affectant le bois immature et les bourgeons causés par les conditions météorologiques défavorables de la saison précédente, ont réduit considérablement les rendements pendant deux des cinq années et ont pratiquement neutralisé tout bénéfice attendu des engrais. Après la première de ces années de faible récolte, est venue une saison 1911, au cours de laquelle des conditions favorables, agissant sur des vignes dont la vigueur n'a pas été diminuée par la légère récolte de l'année précédente, ont abouti à des rendements lourds et assez uniformes sur toutes les plantes.

"Les rendements pour les cinq années sont indiqués dans le tableau I ; et un résumé montrant les gains moyens de chaque traitement est donné dans le tableau II , avec le solde financier moyen après déduction du coût de l'application des engrais des revenus accrus des entreprises qui les reçoivent.

TABLEAU I.—RENDEMENT DES RAISINS (TONNES PAR ACRE) DANS LES EXPÉRIENCES SUR LES ENGRAIS

Plat. No n.		1909	1910	1911	1912	1913	moyenne sur 5 ans
		Tonnes	*Tonnes*	*Tonnes*	*Tonnes*	*Tonnes*	*Tonnes*
1	Engrais complet; citron vert	4.48	2.10	5.37	3.46	2.14	3.51
2	Engrais complet	4,76	2.21	5.71	16h30	2,83	3,96
3	Azote et phosphore	5.17	2.14	5.61	16h00	2.25	3,83
4	Azote et potasse	4.25	2,55	5,64	4.10	2,85	3,87
5	Phosphore et potasse	3.41	2h00	5.44	4.35	1,78	3.39
6	Vérifier	3.38	2.10	5.32	3,60	1.24	3.12
7	Engrais complet; citron vert	4,69	2,38	5,62	4,80	3.04	4.10

Plat No n.		1909	1910	1911	1912	1913	moyen ne sur 5 ans
8	Engrais complet	4,66	2.07	5.71	4,98	2,72	4.02
9	Azote et phospho re	4,99	2.04	5h35	4,89	2,61	3,97
dix	Azote et potasse	4,79	2.26	5.91	4,89	3.07	4.18
11	Phospho re et potasse	4,99	1,87	5.03	4.21	1,97	3,61

TABLEAU II. — AUGMENTATION MOYENNE DES RENDEMENTS EN RAISIN ET GAIN FINANCIER MOYEN PROVENANT DES APPLICATIONS D'ENGRAIS

N = azote, P = phosphore, K = potassium, Ca = chaux.
Gains en tonnes par acre.

	N, P, K, env.	N, P, K.	N, P.	N, K.	PK.
	Tonnes	*Tonnes*	*Tonnes*	*Tonnes*	*Tonnes*
Premier plat de paire	3.51	3,96	3,83	3,87	3.39
Deuxième plat de paire	4.10	4.02	3,97	4.18	3,61
Moyenne	3,80	3,97	3,90	4.02	3,50
Vérifier la plaque	3.12	3.12	3.12	3.12	3.12
Gain moyen	.68	.85	.78	.90	.38
Gain financier moyen	5,82 $	13,84 $	14,05 $	18,54 $	6,99 $

De ce dernier tableau, le bénéfice de l'azote apparaît tout à fait évident puisque toute combinaison dans laquelle il apparaît donne un gain substantiel sur celle dans laquelle il est absent. Le phosphore et le potassium, sans l'azote, n'entraînent qu'une légère augmentation par rapport au contrôle ; et la chaux semble ne servir à rien. Sur le plan financier, la combinaison complète d'engrais et de chaux, la combinaison d'azote et de phosphore et la combinaison de phosphore et de potassium n'ont pas réussi à payer leur coût dans cinq des dix comparaisons ; l'engrais complet a été utilisé à perte quatre fois sur dix ; et la combinaison azote et potassium trois fois sur dix. La chaux n'a eu aucun effet appréciable ni sur la vigne ni sur les fruits.

"Aucun effet des engrais sur le fruit lui-même, mis à part le rendement, n'a été démontré pendant les trois premières années ; mais en 1912, et de façon encore plus marquée en 1913, les fruits des plantes sur lesquelles l'azote avait été utilisé étaient supérieurs en compacité de grappe, taille de la grappe et taille des baies. En 1912 également, lorsque la maturation précoce était un avantage décisif, les fruits sur les plateaux azotés mûrissaient plus tôt que ceux sur les plateaux témoins. En 1913, la saison de maturation favorable et la récolte plus petite avaient tendance à s'égaliser. le temps de maturation sur tous les plateaux. Les raisins des plateaux phosphore-potassium étaient de meilleure qualité que ceux des plateaux de contrôle mais pas aussi bons que ceux des plateaux où l'azote était utilisé.

"D'autres indices montrent également clairement le bénéfice de l'azote dans ce vignoble : la taille et le poids des feuilles, le poids du bois produit et le nombre de cannes fructifères laissées sur les vignes étaient tous plus élevés là où des engrais, et notamment de l'azote, avaient été utilisés. Les trois Les moyennes sur plusieurs années (1911-1913) des mesures de ces caractéristiques sont présentées dans le tableau III :

TABLEAU III. — PRODUCTION COMPARÉE DE FEUILLES, DE BOIS ET DE CANNES FRUITIÈRES SUR DES VIGNES DIFFÉREMMENT FERTILISÉES

(Moyennes sur trois ans.)

APPLICATION D'ENGRAIS	POIDS DES FEUILLES [11]	BOIS TAILLÉ [12]	CANNES FRUCTIFÈRES À GAUCHE [13]
	Grammes.	*Kg.*	

APPLICATION D'ENGRAIS	POIDS DES FEUILLES [11]	BOIS TAILLÉ [12]	CANNES FRUCTIFÈRES À GAUCHE [13]
Engrais complet; citron vert	1 033	1 295	2 468
Engrais complet	1 010	1 367	2 609
Azote et phosphore	1 047	1 272	2 585
Azote et potassium	1 069	1 401	2 646
Phosphore et potassium	964	1 086	2 326
Vérifier	930	915	2 110

coopératives .

"Afin d'obtenir des informations sur le comportement des engrais sur les différents sols de la Grape Belt, des tests coopératifs ont été effectués dans six vignobles appartenant respectivement à SS Grandin, Westfield; Hon. CM Hamilton, State Line; James Lee, Brocton ; HS Miner, Dunkerque ; Miss Frances Jennings, Silver Creek ; et JT Barnes, Prospect Station. Le sol de ces vignobles comprenait du loam graveleux, du loam schisteux et du loam argileux, tous de la série Dunkerque, et les expériences couvraient de deux à deux et demi dans trois cas et environ cinq acres dans chacun des autres vignobles. Le travail a duré quatre ans dans toutes les expériences sauf une, qu'il a fallu terminer après la deuxième année.

"Le plan général des essais ressemblait beaucoup à celui de Fredonia dans la plupart des vignobles, avec l'ajout de plateaux pour le fumier d'étable et pour les cultures de couverture légumineuses et non légumineuses avec et sans chaux. De deux à six plateaux de contrôle ont été laissés pour comparaison dans chaque vignoble. Comme déjà indiqué, les résultats étaient souvent incohérents dans des plats en double dans le même vignoble, et si un test semblait pointer définitivement dans une certaine direction, l'indication serait négative par les résultats dans d'autres vignobles. Le nombre de fruits était le seul indice de l'effet des traitements car il n'était pas possible de peser les feuilles ou le bois taillé, ni de compter les cannes restantes.

"L'azote et le potassium combinés, qui ont donné les plus grands gains et les plus grands bénéfices dans le vignoble de Station à Fredonia, ont montré une augmentation de 13 pour cent du rendement sur une parcelle du vignoble de Jennings et une diminution de 9 pour cent sur l'autre. Dans le vignoble Miner, cette combinaison a apparemment entraîné une augmentation de 25 pour cent ; dans le vignoble Lee, une perte de 2 1/2 pour cent ; dans le vignoble Hamilton, un gain de 17 pour cent ; et dans le vignoble Grandin, ni gain ni perte . Dans seulement deux des cinq vignobles dans lesquels cette combinaison a été testée, le gain était suffisamment important pour payer le coût de l'engrais appliqué. Des écarts similaires, ou une absence de gain rentable, marquent l'utilisation d'autres combinaisons d'engrais.

"Même le fumier d'écurie, dont l'agriculteur et le fruiticulteur ont besoin, lorsqu'il est appliqué à raison de cinq tonnes par acre chaque printemps et enfoui, n'est pas, en moyenne, rentable. En fait, il y a eu peu de cas parmi les 60 comparaisons possibles, dans lesquelles plus qu'un profit très modéré pouvait être attribué au fumier. L'augmentation moyenne du rendement suite à l'application du fumier seul était inférieure à un quart de tonne de raisins par acre; tandis que l'emploi de la chaux avec le fumier augmentait le gain jusqu'à un tiers de tonne par acre. La tonne de chaux par acre annuellement ne serait pas payée par le gain de 175 livres de raisins. Des cultures de couverture ont été utilisées dans cinq des six expériences coopératives et s'est avéré encore moins adapté que le fumier à l'augmentation des rendements des cultures. En moyenne, l'emploi du trèfle de mammouth n'a apporté aucun gain appréciable ; en fait, une légère perte doit être enregistrée pour le trèfle, sauf sur les plantes qui ont également été chaulées. et même avec la chaux, les rendements moyens des plats de contrôle et des plats de trèfle mammouth ne différaient que d'un centième de tonne. Le blé ou l'orge avec les navets en corne de vache ont donné un résultat légèrement meilleur, car les plateaux sur lesquels ces cultures étaient retournées, sans chaux, produisaient en moyenne un vingtième de tonne à l'acre de mieux que les chèques. Avec ces non-légumineuses, la chaux était apparemment un désavantage, car les plantes avec de la chaux produisaient en moyenne un dixième de tonne de moins que celles sans chaux.

Leçons pratiques de l'expérience Fredonia.

De cette expérience, il ressort clairement que l'utilisation d'engrais dans un vignoble est un problème local. Les conseils généraux sont de peu de valeur. Il est évident également que la fertilisation des vignes est tellement liée à d'autres facteurs que seul un travail soigneusement planifié et prolongé peut fournir des informations fiables sur les besoins de la vigne. En fait, les expériences sur le terrain, même dans des vignobles soigneusement sélectionnés, comme le montrent les expériences coopératives , peuvent être si contradictoires et trompeuses qu'elles sont pires qu'inutiles, si des déductions sont faites à partir des résultats de quelques saisons. L'expérience a cependant apporté des informations sur la fertilisation des vignobles qui devraient être les plus utiles aux viticulteurs. Ainsi, les résultats suggèrent :

Seuls les vignobles en bon état réagissent aux engrais.

Il est généralement inutile d'appliquer des engrais dans des vignobles mal drainés, dans ceux qui souffrent du froid hivernal ou des gelées printanières, où les insectes nuisibles sont épidémiques et incontrôlés ou où les bons soins font défaut. Les expériences fournissent plusieurs exemples d'inertie, d'inefficacité ou d'incapacité à produire des bénéfices lorsque les engrais ont été appliqués dans l'une ou l'autre des conditions mentionnées. Ils soulignent l'importance de prêter attention à tous les facteurs dont dépend la croissance des plantes. L'humidité, la température du sol, l'aération , la texture du sol, l'absence de parasites, de froid et de gel, ainsi que l'apport alimentaire peuvent limiter le rendement des raisins.

Un sol de vigne peut présenter une usure unilatérale.

Il est certain dans certaines expériences et fortement indiqué dans d'autres que le sol subit une usure unilatérale, qu'un seul ou un très petit nombre des éléments de fertilité manquent. L'élément qui manque le plus souvent est l'azote. L'exception sera probablement trouvée dans les sables ou graviers très légers, souvent pauvres en potasse et en phosphates ; ou sur des sols si peu profonds ou d'une texture mécanique telle que l'étendue des racines de la vigne est limitée ; ou dans des sols si humides ou si secs qu'ils limitent la portée des racines ou empêchent les activités biologiques. Ces exceptions signifient, en règle générale, que les sols possédant des qualités défavorables sont impropres à la culture de la vigne. Le vigneron doit essayer de découvrir quels éléments fertilisants son sol manque et ne pas gaspiller en utilisant des éléments inutiles.

Les sols viticoles sont souvent inégaux.

Les inégalités marquées des sols des sept vignobles où se sont déroulées ces expériences, comme en témoignent les récoltes et l'effet des engrais, donnent matière à réflexion aux vignerons. Les profits maximaux ne peuvent être approchés dans des vignobles où le sol est aussi inégal que dans ceux-ci, qui ont été choisis dans tous les cas parce qu'ils présentaient une apparence d'uniformité. Le problème auquel sont confrontés les viticulteurs est d'uniformiser toutes les conditions dans leurs vignobles, et les vignes doivent être exemptes de parasites si l'on veut utiliser les engrais de manière rentable.

Comment un vigneron peut savoir quand ses vignes ont besoin d'engrais.

Un vigneron peut considérer que ses vignes n'ont pas besoin d'engrais si elles sont vigoureuses et présentent une croissance annuelle correcte. Lorsque l'on constate que le vignoble manque de vigueur, la première mesure à prendre est de s'assurer que le drainage est bon ; la deuxième étape, pour lutter contre les insectes et les champignons nuisibles ; le troisième, donner du travail du sol et de bons soins ; et la quatrième étape consiste à appliquer des engrais si cela s'avère nécessaire. Peu de vignobles nécessitent un engrais complet. Les exigences particulières d'un vignoble ne peuvent être déterminées que par des expériences et ne peuvent probablement pas être déterminées par des analyses de sol. Cette expérience fournit des suggestions sur la manière dont le viticulteur peut tester la valeur des engrais dans son propre vignoble.

Application d'engrais.

Lorsqu'il est certain que la vigne a besoin d'être fertilisée et que ce qui est nécessaire est connu, les engrais doivent être appliqués au printemps et intégrés par les cultures de printemps. Le fumier stable doit être enfoui. Les racines de raisin se nourrissent dans toute la couche supérieure du sol, de sorte que la terre doit être recouverte d'engrais, qu'il s'agisse de fumier chimique ou de fumier de basse-cour. Les applications d'engrais commerciaux se font généralement à la volée, bien qu'il soit préférable de les semer si le feuillage est absent sur les vignes et ainsi d'éviter d'éventuelles blessures au feuillage tendre. Les engrais commerciaux doivent être soigneusement mélangés et finement divisés. Dans les sols lessivés, le nitrate de soude ne doit pas être appliqué trop tôt dans la saison, car il disparaîtrait rapidement hors de portée des racines des raisins.

PLANCHE VIII. —Brighton ($\times\,^2/_3$).

Sols trop riches.

Certains sols sont trop riches pour le raisin. La végétation y est trop luxuriante, le bois ne mûrit pas en automne, les bourgeons à fruits ne se forment pas et les fruits sont de mauvaise qualité. Certaines variétés peuvent supporter un sol plus riche que d'autres. L'excès de richesse est un problème qui peut se guérir de lui-même à mesure que les vignes se développent pleinement et exigent davantage de nourriture du sol. Il convient cependant, sur un sol soupçonné d'être trop riche ou le prouve le comportement de la vigne, de prévoir un fil supplémentaire sur le palissage, de tailler peu et de soigner ainsi la végétation rampante. Certains sols cependant, et c'est souvent le cas, sont si riches que le raisin ne peut s'y développer ; les vignes gaspillent leur substance dans une vie tumultueuse, produisant un feuillage luxuriant et du bois vigoureux mais peu ou pas de fruits.

CHAPITRE VII

LA TAILLE DU RAISIN EN AMÉRIQUE DE L'EST

Les inexpérimentés considèrent la taille comme une opération difficile en viticulture. Mais une fois quelques fondamentaux compris, la taille du raisin n'est pas difficile. Il y a beaucoup moins de perplexité à tailler le raisin qu'à tailler les arbres fruitiers. La taille suit des modèles acceptés dans chaque région viticole, et lorsque le modèle est appris, les difficultés sont facilement surmontées. Les inexpérimentés sont désorientés par l'éventail de « principes », de « types », de « méthodes », de « systèmes » et par les nombreux termes techniques qui entrent dans les discussions sur la taille du raisin. Certaines technicités proviennent de pratiques européennes, et d'autres trouvent leur origine dans les débuts de la viticulture dans ce pays, alors qu'il existait une grande diversité de tailles. Dépourvu de tout ce qui n'est que jargon, un homme inexpérimenté peut facilement apprendre en quelques leçons, de bouche à oreille ou d'une page imprimée, comment tailler les raisins.

La simplicité de la taille a conduit à négliger le travail dans les vignobles commerciaux, en le confiant trop souvent à des mains peu expertes. De plus, à l'ère des outils à moteur, la fierté du travail manuel a été laissée de côté, et rares sont les viticulteurs qui prennent désormais le temps et la peine de devenir experts en taille. Aussi simple que puisse paraître le travail à ceux qui y sont habitués depuis longtemps, celui qui veut mettre dans sa taille une intelligence minutieuse et goûter à la joie du travail bien fait trouve dans cette exploitation viticole un vaste champ de plaisir et de développement de plus grands profits. . Le prix à payer par ceux qui tenteraient ainsi la perfection dans la taille de la vigne est la vision avant-gardiste, l'œil du mécanicien, le toucher du jardinier, la patience et la fierté du travail manuel.

Aussi simple que soit la taille, le sécateur apprend vite que c'est un art dans lequel la perfection est mieux connue dans l'esprit que suivie dans les actes. La théorie est simple, mais il existe quelques obstacles qui rendent sa réalisation difficile. C'est un art dans lequel les règles ne suffisent pas, car il n'est pas possible de tailler deux vignes de la même façon, ni dans la même quantité, et chaque vigneron trouve dans sa vigne un champ approprié pour satisfaire son goût en matière de taille. Mais heureusement, dans la taille du raisin, théorie éclairée et bonne pratique s'accordent parfaitement, de sorte que les conseils spécifiques sont bien fondés sur des principes directeurs.

Bien entendu, on ne peut apprendre à tailler sans connaître le port de la vigne et sans connaître les termes appliqués aux différentes parties de la vigne. Comme préalable à ce chapitre, la connaissance du <u>chapitre XVII</u>, dans lequel est discutée la structure de la vigne, est donc nécessaire. L'étape suivante consiste à faire la distinction entre la taille et le palissage.

TAILLE ET FORMATION DISTINGUÉES

Le raisin est taillé pour augmenter de diverses manières la valeur économique de la plante en augmentant la quantité et la valeur de la récolte. C'est la taille proprement dite. Ou bien les raisins sont taillés pour former des plants bien proportionnés dont les parties sont disposées de manière à ce que les vignes soient au plus haut degré gérables dans le vignoble. C'est une formation. Encore une fois, le pied de vigne est taillé pour réguler la récolte ; il est dressé pour réguler la vigne. Les viticulteurs parlent généralement de ces deux opérations sous le nom de « taille », mais il vaut mieux garder à l'esprit les deux conceptions. Les distinctions entre taille et palissage doivent être mieux mises en évidence en exposant plus en détail les résultats obtenus par les deux opérations.

Résultats obtenus en taille pour réguler la culture.

Une taille correcte de la vigne dès sa première année de vigne, qui, comme nous l'avons vu, consiste à tailler sévèrement les jeunes plants, amène la vigne à une production productive un an ou deux ans plus tôt que ce qu'elle aurait pu produire si la taille avait été négligée. . Cette taille précoce, car réalisée dans le souci de la vigueur de chaque cep, assure une plus grande uniformité dans la croissance et la productivité du vignoble. L'uniformité ainsi obtenue est importante non seulement pour le moment, mais aussi pour le développement futur des vignes, car les vignes faibles, si elles ne sont pas taillées, sont rabougries et peuvent mettre des années à dépasser les vignes plus vigoureuses dans le vignoble.

La qualité de la récolte peut être régulée par la taille. Lorsque les vignes sont trop lourdes, les raisins sont petits et les viticulteurs ont constaté qu'ils développent rarement du sucre et de la saveur, comme le font les raisins sur des vignes non envahissantes. Les raisins des vignes trop chargées mûrissent rarement et se colorent rarement. Non seulement les raisins des vignes mal taillées et non taillées sont de mauvaise qualité, mais les raisins de ces vignes ne sont généralement pas bien répartis et mûrissent donc et se colorent de manière inégale. Les résultats mentionnés ci-dessus sont dus au fait que les grappes d'une culture mal répartie reçoivent des quantités variables de lumière et de chaleur en fonction de la distance au sol, de la distance au tronc et de l'importance de l'ombre.

La taille peut être utilisée pour réguler la quantité de raisins portés dans un vignoble et ainsi être quelque peu utile pour empêcher les productions alternées. Des récoltes anormalement importantes sont généralement suivies d'une mauvaise récolte partielle et une production bisannuelle s'installe parfois, mais la récolte importante peut être réduite par l'élagage et les conséquences néfastes totalement ou partiellement évitées. Il s'ensuit que la taille doit dépendre beaucoup de la vigueur de la vigne ; car une vigne faible peut être taillée de manière à la rendre envahissante ; et, d'autre part, une vigne vigoureuse taillée de la même manière pourrait ne pas porter du tout.

Résultats obtenus en taille pour réguler la vigne.

Il est nécessaire de réguler la forme de la vigne par le palissage afin que le travail du sol, les pulvérisations, la taille et les vendanges puissent être effectués facilement et que la culture soit maintenue hors du sol. Le coût de production est toujours moindre dans un vignoble bien taillé car toutes les opérations viticoles sont plus faciles à réaliser.

La durée de vie d'un vignoble est prolongée lorsque les vignes sont bien palissées, car lorsque les parties de la vigne sont correctement disposées sur des treillis ou des tuteurs, les plants sont moins souvent blessés lors des travaux viticoles. De plus, il n'est pas rare que les vignes meurent à cause d'une surproduction et, par conséquent, de cassures de cannes ou de troncs qui auraient pu être évitées par une taille destinée à façonner la vigne. Les drageons et les pousses aquatiques sont moins fréquents sur les vignes bien palissées. Il faut également, par le palissage, éloigner les grappes du tronc, des cannes et autres grappes et ainsi éviter d'endommager les raisins.

Enfin, la mode, le goût ou une utilisation plus ou moins anormale du raisin, peuvent prescrire la forme sous laquelle une vigne est conduite. La mode et le goût vont des styles très simples ou naturels aux styles extrêmement complexes et formels, dépendant souvent du cépage, de l'environnement ou d'autres conditions, mais tout aussi souvent du caprice du vigneron. Le raisin est une plante ornementale préférée pour les clôtures, les tonnelles et pour couvrir les bâtiments ; à toutes ces fins, les vignes doivent être palissées selon les besoins.

QUELQUES PRINCIPES DE TAILLE

Sans tenir compte de la forme de la plante et en gardant à l'esprit la taille proprement dite, tous les efforts de taille sont dirigés vers deux objectifs : (1) La production de pousses feuillues pour augmenter la vigueur de la plante. (2) La promotion de la formation de bourgeons fruitiers. La première, dans le langage courant, est la taille pour le bois ; la seconde, la taille pour les fruits.

Taille pour le bois.

Certains raisins, comme les variétés de tous les fruits, produisent des récoltes excessives de fruits de sorte que les plantes s'épuisent, à leur préjudice permanent et au détriment de la récolte. Il faut faire quelque chose pour restaurer et augmenter la vigueur végétative. La procédure la plus naturelle consiste à atténuer la lutte pour l'existence entre les parties de la plante. Plus l'apport de solution alimentaire est riche et abondant, plus l'activité végétative est importante, plus les feuilles sont grandes et les entre-nœuds sont grands et robustes. Évidemment, l'apport de solution alimentaire pour chaque bourgeon peut être augmenté en diminuant le nombre de bourgeons. Plus les plants sont faibles, plus la vigne doit être taillée. La taille sévère des deux premières années d'existence de la vigne est un exemple de taille pour le bois. La vigne est taillée pour le bois pendant la période de repos entre la chute des feuilles et le gonflement des bourgeons au printemps suivant.

Taille pour les fruits.

Les producteurs de tous les fruits apprennent vite qu'une vigueur végétative excessive ne s'accompagne généralement pas de fécondité. Une vigueur trop grande est indiquée par de longues pousses feuillues et non ramifiées. Certains arboriculteurs vont jusqu'à affirmer que la fécondité est inversement proportionnelle à la vigueur végétative. Il existe plusieurs méthodes pour diminuer la vigueur de la vigne ; comme la rétention d'eau et d'engrais, l'arrêt du travail du sol, la méthode de formation et la taille. La taille sert à diminuer la vigueur de la vigne, en théorie du moins, car la pratique n'est pas toujours aussi réussie, en taillant les racines ou en taillant en été les sarments.

La taille des racines du raisin à intervalles de plusieurs années est une pratique régulière chez certains cépages dans les pays chauds, en Europe plus particulièrement, mais elle est rarement ou jamais pratiquée en Amérique, sauf lors de la plantation et lorsque les racines naissent du cion au-dessus de l'union du cep et du cion. .

La taille d'été pour induire la fécondité consiste à éliminer les nouvelles pousses aux feuilles nouvellement développées. Ces jeunes pousses se sont développées à partir du matériel de réserve accumulé la saison précédente et, jusqu'à ce qu'elles soient suffisamment développées pour pouvoir remplir les fonctions de feuilles, elles doivent être considérées comme des parasites. Par conséquent, lorsque ces pousses sont taillées ou pincées, la plante est privée du matériau utilisé par la pousse vigoureuse qui, jusqu'à présent, n'a rien donné en retour. La vigueur de la plante est ainsi contrôlée et la fécondité augmentée. La taille d'été peut devenir nocive si elle est trop retardée. Le temps de la taille est révolu avec le raisin lorsque les feuilles sont passées de la couleur vert clair des nouvelles pousses au vert foncé des feuilles matures.

La fructification peut être augmentée en pliant, en tordant ou en annelant les cannes, puisque toutes ces opérations diminuent la vigueur végétative. Le baguage est la seule de ces méthodes en usage général, et cela seulement pour une variété spéciale ou un usage spécial, et généralement avec pour résultat que la vigueur de la vigne est trop diminuée pour le bien de la plante. La sonnerie est discutée plus en détail au chapitre XVI .

Mode de fructification du raisin.

Avant de tenter une taille, le tailleur doit comprendre précisément comment le raisin porte sa récolte. Le fruit est porté près de la base des pousses de la saison en cours, et les pousses sont portées sur le bois de l'année précédente provenant d'un bourgeon dormant. Ici se manifeste l'un des dispositifs d'économie d'énergie de la nature : pousses, feuilles, fleurs et fruits jaillissent en une courte saison à partir d'un seul bourgeon. À la lumière de ce fait, l'élagage doit être considéré comme un problème simple à résoudre mathématiquement et non comme une énigme à démêler, comme beaucoup le pensent . À titre d'exemple, un problème d'élagage est ici énoncé et résolu.

Une vigne économe devrait produire, disons, quinze livres de raisins, une bonne moyenne pour les cépages principaux. Chaque bouquet pèsera entre un quart et une demi-livre. Pour produire quinze livres sur une vigne, il faudra donc de trente à soixante grappes. Comme chaque pousse portera deux ou trois grappes, il faudra laisser quinze à trente bourgeons sur les cannes de l'année précédente. Ces bourgeons sont sélectionnés lors de la taille sur une ou plusieurs cannes réparties sur une ou deux tiges principales de la manière que le sécateur peut choisir, mais généralement conformément à l'une ou l'autre de plusieurs méthodes de palissage bien développées. La taille consiste donc à calculer le nombre de grappes et de bourgeons nécessaires et à éliminer le reste. Essentiellement, la taille est un éclaircissage.

Cannes horizontales ou perpendiculaires.

Un vieux dicton de la viticulture veut que plus les parties en croissance de la vigne se rapprochent de la perpendiculaire, plus les parties sont vigoureuses. Les bourgeons terminaux, comme tout vigneron le sait, poussent très rapidement et absorbent probablement, sauf contrôle, plus que leur part de l'énergie de la vigne. Cette tendance peut être quelque peu contrôlée en supprimant les bourgeons terminaux, ce qui aide également à maintenir les plantes dans des limites gérables, mais est mieux contrôlé en palissant les tiges en position horizontale. Les cannes à raisin sont attachées horizontalement à des fils pour rendre les vignes plus maniables et réduire leur vigueur et ainsi induire la fécondité ; ils sont palissés verticalement pour augmenter la vigueur de la vigne.

Taille d'hiver.

La taille hivernale du vignoble peut s'effectuer à tout moment depuis la chute des feuilles en automne jusqu'au gonflement des bourgeons au printemps. La sève commence à circuler activement dans le raisin dès le début du printemps, jusque jusqu'aux extrémités de la vigne, et la plupart des viticulteurs considèrent cette sève comme un « ruisseau vital » et que, si la vigne est taillée pendant son écoulement, la la plante saignera à mort. La vigne, cependant, est à cette époque d'une constitution si hydropique, que la perte de sève est mieux appelée « pleurs » que « saignement ». Il est douteux que la taille entraîne des blessures graves après que la sève commence à couler, mais il est prudent de tailler plus tôt et le travail est certainement plus agréable. La vigne ne doit pas être taillée lorsque le bois est gelé, car à cette époque les sarments sont cassants et se brisent facilement lors des manipulations. En revanche, dans les climats nordiques, il est préférable de retarder la taille jusqu'après un fort gel en automne, afin de tuer et de flétrir le bois immature afin de pouvoir l'éliminer lors de la taille.

PLANCHE IX. — Campbell tôt ($\times\,^2/_3$).

Taille d'été.

Il existe trois types de taille d'été, l'élimination des pousses superflues, l'étêtement des cannes pour maintenir les vignes dans des limites gérables et la taille pour induire la fructification discutée dans une page précédente, qui n'ont pas besoin d'être examinées davantage. Il est très essentiel que le producteur garde ces trois objectifs à l'esprit, d'autant plus qu'il existe de nombreuses controverses quant à la nécessité de deux de ces opérations.

Tous s'accordent à dire que la vigne porte généralement des sarments superflus qu'il convient d'éliminer. Il s'agit par exemple de la naissance de petits bourgeons faibles ou de bourgeons sur les bras et le tronc de la vigne. Ces sarments sont inutiles, dévitalisent la vigne et gênent l'exploitation de la vigne. Une bonne pratique consiste à effacer les bourgeons à partir desquels poussent ces pousses au fur et à mesure qu'ils sont détectés, mais dans la plupart des vignobles, les vignes doivent être examinées de temps en temps au fur et à mesure de l'apparition des pousses. Une autre sorte de pousses superflues, qu'il convient d'éliminer au fur et à mesure de leur apparition, sont celles qui poussent à la base des pousses de saison, appelées pousses secondaires ou axillaires. Celles-ci sont généralement « éclatées » au moment où les pousses des bourgeons faibles sont retirées.

S'il existe des doutes quant à l'intérêt de l'étêtement de la vigne en été dans le seul but d'induire la fructification, il ne fait aucun doute que cela est souhaitable dans le but de maintenir certaines variétés dans certaines limites. Le recul n'est plus aujourd'hui l'opération majeure qu'il était autrefois, la nécessité d'une taille sévère étant évitée en éloignant les vignes, en palissant en hauteur sur trois voire quatre fils et en adoptant un des systèmes de palissage retombants. Les inconvénients du refoulement en été sont qu'il affaiblit souvent indûment la vigne, qu'il peut induire une croissance de latérales qui épaississent trop la vigne et qu'il retarde la maturation du bois. Ces effets néfastes peuvent cependant être surmontés en taillant légèrement et en effectuant le travail si tard dans la saison que les croissances latérales ne démarrent pas. La plupart des vignerons qui entretiennent leurs plantations sont amenés à revenir plus ou moins en arrière, selon la saison et le cépage. Le travail est généralement effectué lorsque les pousses trop luxuriantes commencent à toucher le sol. Les pousses sont ensuite complétées avec une faucille, un coupe-maïs ou un outil similaire.

RENOUVELER LE BOIS FRUITIER

Il existe deux manières de renouveler le bois fruitier d'une vigne, par cannes et par éperons. La manière de renouveler se réfère à l'élagage et non au palissage, car l'un ou l'autre peut être utilisé dans n'importe quelle méthode de palissage.

Renouvellements de canne.

Le renouvellement par cannes s'effectue chaque année en prélevant une ou plusieurs cannes, coupées au nombre de bourgeons souhaité, pour fournir des pousses porteuses. Par cette méthode, la plus grande partie du bois porteur est enlevée chaque année, de nouvelles cannes remplaçant les anciennes. Ces sarments de renouvellement peuvent être prélevés soit sur la tête de la vigne, soit sur le sol, bien que cette dernière soit peu utilisée sauf là où les vignes doivent être déposées pour se protéger de l'hiver. Les cannes peuvent être renouvelées indéfiniment, si l'on prend soin de garder les moignons courts, sans agrandir la tête d'où les cannes sont extraites de manière disproportionnée par la taille du tronc. Le renouvellement par cannes est une méthode plus courante que le renouvellement par éperons, comme nous le verrons dans la discussion sur les méthodes de formation.

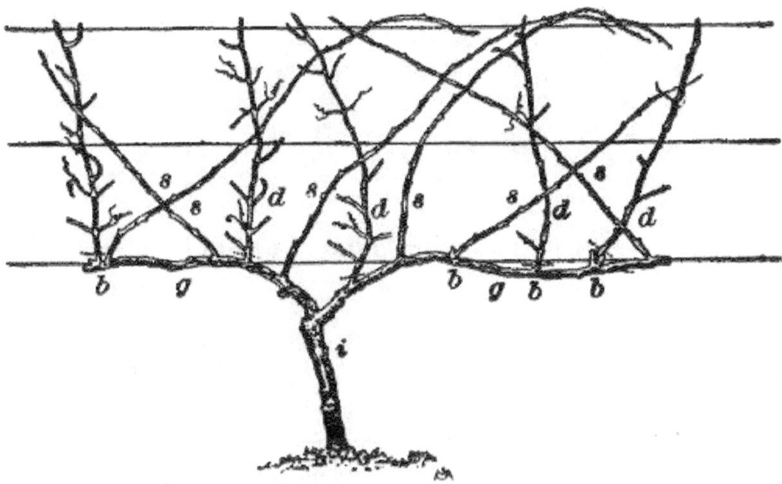

FIG. 13. Vigne prête à être taillée ; *je* , la tige ; *g* , armes; *d* , cannes ; *s* , pousses; *b* , éperons. Les lignes pâles près de la base des cannes indiquent les points où elles doivent être taillées en hiver, laissant des éperons pour la production de pousses la saison suivante.

Stimuler le renouveau.

En renouvelant par éperons, un bras permanent s'établit à droite et à gauche sur les cannes. Les pousses de ce bras ne peuvent pas rester sous forme de cannes mais sont réduites en éperons lors de la taille dormante. Il reste à cette taille deux bourgeons qui produiront tous deux des pousses productives ; cependant, celui du bas n'est pas autorisé à le faire mais est conservé pour fournir l'éperon pour la saison suivante. La pousse du bourgeon supérieur est entièrement coupée. Lorsque ce processus se poursuit d'année en année, les éperons deviennent de plus en plus longs jusqu'à devenir encombrants. Parfois, cependant, un heureux hasard permet de sélectionner une pousse sur le vieux bois pour en faire un nouvel éperon. A défaut, il faut poser un nouveau bras et l'impulsion continue comme avant. Les objections au renouvellement par éperons sont les suivantes : il est souvent difficile de remplacer les éperons par du bois neuf, et la partie portante de la vigne s'éloigne de plus en plus du tronc. Pour ces raisons, le renouvellement par stimulation est généralement défavorisé auprès des viticulteurs commerciaux, bien qu'il soit encore utilisé dans une ou deux méthodes de formation importantes, comme nous le découvrirons dans cette discussion. La figure 13 montre une vigne prête à être taillée.

LE TRAVAIL DE TAILLE

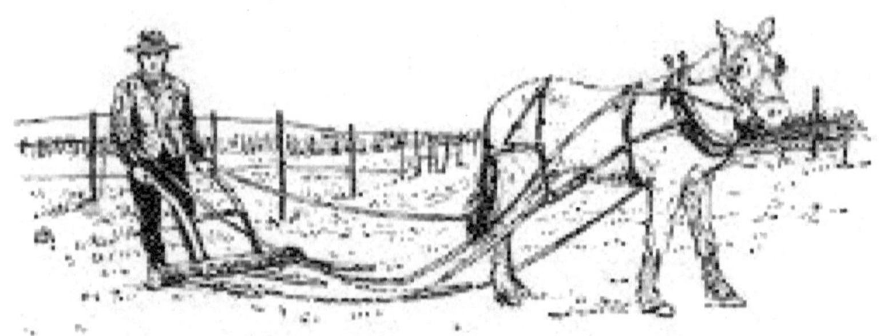

FIG. 14. Un "go-diable" pour ramasser les tailles .

Le sécateur peut choisir entre plusieurs styles de sécateurs à main pour effectuer son travail. Le couteau est rarement utilisé sauf en taille d'été, et ici, le plus souvent, les pousses sont éclatées ou pincées. Lors de la taille d'hiver, la canne est coupée à environ un pouce au-delà du dernier bourgeon que l'on souhaite laisser ; sinon le bourgeon pourrait mourir à cause du dessèchement de la canne. Les cannes sont généralement autorisées à rester attachées aux fils jusqu'à ce que la taille soit terminée, bien que les producteurs qui utilisent la méthode de formation Kniffin puissent les détacher avant de tailler. Deux hommes travaillant ensemble font le mieux le travail d'élagage. Le plus habile des deux coupe le bois de la vigne en production, ne laissant que le nombre de bourgeons souhaité pour la récolte de la saison suivante. L'homme le moins habile coupe les vrilles et sépare les cannes coupées les unes des autres afin que les tailles puissent être déplacées du vignoble sans problème par le « décapant ».

L'une des moindres tâches de la taille n'est pas de « débroussailler » et de l'extraire du vignoble. Les branches s'accrochent au treillis avec une ténacité considérable et doivent être arrachées avec une secousse particulière, apprise par la pratique, et déposées sur le sol entre les rangs. Le décapage est effectué, généralement par une main-d'œuvre bon marché, à tout moment après la taille jusqu'au printemps, mais ne doit pas être retardé jusqu'au début de la croissance, sinon les jeunes bourgeons pourraient souffrir lorsque le bois coupé est arraché du treillis. La brosse est transportée jusqu'au bout du rang à la main ou à l'aide d'un cheval-vapeur appliqué à l'un des douze appareils utilisés dans les différentes régions viticoles. L'un des meilleurs est l'appareil couramment utilisé dans les vignobles Chautauqua de l'ouest de New York. Un poteau de douze pieds de long, de quatre pouces de diamètre à la crosse et de deux au sommet, est percé d'un trou d'un pouce à quatre pieds de la crosse. Un cheval est attelé à ce poteau par une corde tirée à travers le trou, et le poteau, abouté au sol, est ensuite tiré entre les rangées, le petit bout étant tenu dans la main droite. La perche, lorsqu'elle est habilement utilisée, récupère la brosse, qui est déversée en bout de rang en laissant le petit bout s'envoler vers le cheval. Le « go-devil », illustré à <u>la figure 14</u>, est un autre dispositif courant pour collecter les tailles .

LE TREILLIS

Le treillis représente un poste considérable dans le budget du vigneron, puisqu'il doit être renouvelé tous les quinze ans environ. Les fils sont tendus au Nord à la fin de la deuxième saison après la plantation, mais dans le Sud la croissance est souvent si grande qu'il faut mettre les fils en place à la fin de la première saison. Les treillis sont du même style général pour les vignobles commerciaux ; à savoir, deux ou trois fils tendus sur des poteaux fermement fixés. Parfois, des treillis à lattes sont installés dans les jardins, mais ils ne doivent être recommandés qu'à des fins ornementales.

Des postes.

Des poteaux solides et durables en châtaignier, criquet, cèdre, chêne ou ciment armé sont placés à une distance telle que deux ou trois vignes peuvent être placées entre chaque deux poteaux. La distance entre les vignes dépend de la distance entre les vignes, même si la tendance est désormais d'avoir trois vignes entre deux poteaux. Les poteaux mesurent de six à huit pieds de longueur, les plus lourds étant utilisés comme poteaux d'extrémité. Dans les sols durs et pierreux, il peut être nécessaire de fixer les poteaux d'extrémité avec une bêche, mais les poteaux généralement aiguisés peuvent être enfoncés dans des trous faits avec un pied-de-biche. En conduite, l'opérateur se tient sur un chariot tiré par un cheval et utilise un maul de dix ou douze livres. Les poteaux sont enfoncés à une profondeur de dix-huit ou vingt-quatre pouces pour les poteaux d'extrémité. Quelle que soit leur position, les poteaux doivent rester fermes pour supporter la charge de vignes et de fruits. Les poteaux d'extrémité doivent être contreventés. Un renfort aussi bon qu'un autre est fabriqué à partir d'un bois de quatre sur quatre, entaillé pour s'adapter au poteau à mi-hauteur du sol, et s'étendant obliquement vers le sol, où il est retenu par un pieu de quatre sur quatre. Un treillis à deux fils et une méthode courante de renforcement des poteaux d'extrémité sont illustrés à <u>la figure 15</u>. Les poteaux situés à flanc de colline doivent s'incliner légèrement vers le haut, sinon ils s'inclineront tôt ou tard vers le bas de la pente. Les poteaux sont généralement autorisés à se tenir un peu plus haut au début que nécessaire afin de pouvoir être abaissés en cas de besoin ; la conduite se fait généralement au début du printemps.

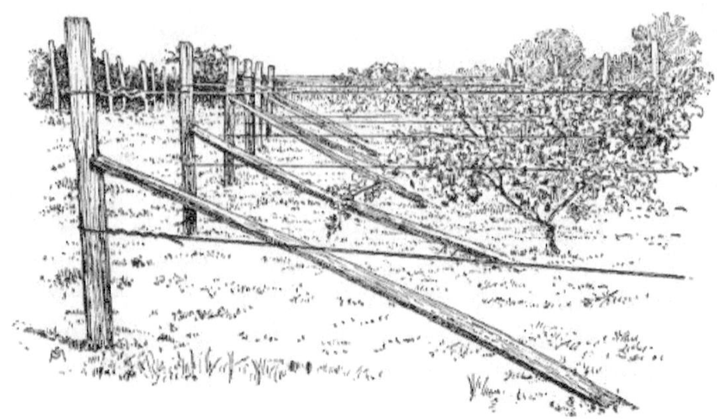

FIG. 15. Un treillis et une méthode courante de renforcement des poteaux d'extrémité.

Fil pour le treillis.

Quatre tailles de fil sont couramment utilisées pour les treillis de vignoble ; nos. 9, 10, 11 et 12. Le numéro 9, le plus lourd, est souvent utilisé pour le fil supérieur avec des fils plus légers en bas. Les chiffres suivants montrent la longueur du fil en tonne :

- N ° 9, 34 483 pieds.
- N° 10, 41 408 pieds.
- N° 11, 52 352 pieds.
- N° 12, 68 493 pieds.

A partir de ces chiffres, le nombre de livres nécessaires à l'acre est facilement calculé. Le fil recuit commun permet d'obtenir un treillis durable, mais de nombreux producteurs préfèrent le fil galvanisé plus durable, dont le coût est légèrement plus élevé. Les fils sont fixés aux poteaux d'extrémité en les enroulant une fois autour du poteau, puis chaque fil est fermement enroulé sur lui-même ; ils sont fixés aux poteaux intermédiaires par des agrafes de clôture ordinaires enfoncées de telle sorte que le fil ne puisse pas passer à travers son propre poids, mais avec suffisamment d'espace pour permettre un serrage d'une saison à l'autre. La taille et la longueur des agrafes dépendent du fait que les poteaux sont en bois dur ou tendre. Les agrafes les plus longues et les plus grosses sont utilisées avec les bois tendres, comme le cèdre ou le châtaignier. Un acre nécessite de neuf à douze livres d'agrafes. Les câbles doivent être placés du côté au vent des poteaux et du côté amont dans les vignobles à flanc de colline. La distance entre les fils dépend de la méthode de taille.

Les fils doivent être tendus sur les poteaux ; à cette fin, l'un des bons tendeurs de fil peut être acheté dans les quincailleries. Certains producteurs desserrent les fils après la récolte pour permettre la contraction par temps froid, tandis que d'autres utilisent un ou plusieurs dispositifs pour soulager la tension. Cependant, la plupart des producteurs trouvent nécessaire de parcourir le vignoble chaque printemps pour abaisser les poteaux desserrés et étirer les fils affaissés, et ne prennent donc aucune précaution pour libérer les fils à l'automne. Tous conviennent que les fils doivent être maintenus tendus pendant la saison de croissance pour protéger les bourgeons, le feuillage et les fruits des blessures causées par le fouet.

Attacher.

Les tiges sont attachées au treillis au début du printemps et, dans la plupart des systèmes de taille, les pousses en croissance sont attachées en été. Ce travail est effectué par des hommes, des femmes, des garçons et des filles bon marché. Une grande variété de matériaux est utilisée pour fabriquer la cravate, comme le raphia, la ficelle de laine , le saule, l'écorce interne du tilleul ou du tilleul, la paille de seigle verte, les balles de maïs, les chiffons de tapis et le fil de fer. Les mêmes matériaux ne sont généralement pas utilisés pour les cannes et les pousses, car les cannes sont fermement attachées pour les maintenir stables et le travail est effectué tôt avant qu'il n'y ait un risque de casser les bourgeons gonflés, tandis que les pousses d'été sont attachées pour tenir moins longtemps. et plus lâchement pour permettre la croissance du diamètre. Les ventes liées suivent généralement des modèles acceptés dans une région, mais varient considérablement selon les régions. Il y a un talent à apprendre dans l'utilisation de chacun des matériaux cités, mais avec aucun, cela n'est difficile, et une personne ingénieuse peut facilement fabriquer sa propre cravate selon sa fantaisie ou ses conditions.

PLANCHE X. —Clinton ($\times\,^2/_3$).

CHAPITRE VIII

MÉTHODES DE FORMATION DES RAISINS EN AMÉRIQUE DE L'EST

Le vigneron prend de grandes libertés avec la Nature dans le palissage de ses plants. Aucun autre fruit n'est aussi complètement transformé par l'art du producteur à partir de son mode de croissance naturel. Heureusement, le raisin supporte bien la coupe, et le sécateur peut être assuré qu'il peut travailler sa volonté en taillant ses vignes, suivant le désir de son cœur une méthode préférée sans craindre de blesser gravement ses vignes. En raison de son adaptation aux désirs de l'homme dans la disposition de la vigne, il existe de nombreuses méthodes de conduite du raisin ; il y en a une douzaine ou plus dans les vignobles commerciaux de l'Amérique de l'Est. Cependant, les différences et les similitudes sont si marquées que les différentes méthodes se résument à une classification simple qui fait ressortir leurs principales caractéristiques. Ainsi, toutes les méthodes relèvent de deux chefs principaux : (1) la disposition des pousses ; (2) la disposition des cannes.

La disposition des pousses.

Les pousses porteuses sont éliminées de trois manières lors de la formation des raisins ; tire droit, tire tombant et tire horizontalement. Les termes s'expliquent d'eux-mêmes, mais les trois méthodes doivent être explicitées puisque leur adoption n'est pas facultative pour les producteurs mais dépend de plusieurs circonstances.

Les pousses sont dressées verticalement selon plusieurs méthodes dans lesquelles deux ou plusieurs bras ou cannes sont posés à droite et à gauche, parfois horizontalement, parfois obliquement le long ou à travers des fils horizontaux. Au fur et à mesure que les pousses grandissent vers le haut, elles sont attachées à des fils au-dessus. Les méthodes verticales sont censées répartir plus uniformément le bois porteur sur les vignes et assurer une plus grande uniformité du fruit. Dans les méthodes dressées également, les cannes et les bras sont laissés plus près du sol, ce qui est considéré comme un avantage dans les variétés petites, faibles ou à croissance lente. Delaware, Catawba, Iona et Diana sont des exemples de variétés qui poussent mieux lorsqu'elles sont entraînées selon l'une des méthodes verticales.

Dans les différentes méthodes dans lesquelles les pousses s'affaissent, quelle que soit la manière dont les cannes peuvent être disposées, les pousses ne sont pas liées mais peuvent s'affaisser à volonté. Ces méthodes sont relativement nouvelles mais sont rapidement adoptées en raison de plusieurs avantages marqués. Habituellement, un fil de moins peut être utilisé dans une méthode tombante que dans une méthode verticale ; puisque les pousses ne sont pas liées, beaucoup de travail est économisé lors du liage d'été ; le sol peut être labouré avec moins de danger pour les vignes ; et les fruits sont moins brûlés par le soleil, puisque le feuillage pendant protège les grappes. Les viticulteurs conviennent généralement que les variétés à forte croissance comme Concord, Niagara, Brighton, Diamond et la plupart des hybrides entre raisins européens et espèces indigènes poussent mieux lorsque les pousses tombent.

Les pousses sont palissées horizontalement selon une seule méthode reconnue, la méthode Hudson horizontale, qui sera décrite en détail plus loin. Puisque cette méthode est pratiquement obsolète, il y a encore moins de raisons d'en discuter ici, le nom expressif étant suffisant pour les besoins présents.

Disposition des cannes.

Il existe de nombreuses méthodes reconnues pour éliminer les cannes lors du palissage du raisin. Les principaux d'entre eux sont discutés dans les pages qui suivent, leurs noms étant fixés pour le moment dans la classification qui suit.

CLASSIFICATION DES MÉTHODES DE FORMATION DU RAISIN EN AMÉRIQUE DE L'EST

I. Tire debout :

- •1. Bras Chautauqua.

- •2. Keuka High Renouvellement.

- •3. Ventilateur.

II. Pousses tombantes :

- •Couteau à tige unique à quatre cannes .

- •Couteau à deux tiges et à quatre cannes .

- •3. Couteau parapluie .

- •4. Couteau à tige en Y.

- •5. Munson.

III. Prises de vue horizontales :

- •1. Hudson horizontale.

I. Tire à la verticale

Le palissage systématique du raisin en Amérique a commencé vers le milieu du XIXe siècle avec une méthode dans laquelle les pousses étaient dressées verticalement à partir de deux bras horizontaux permanents. Ces bras sont posés à droite et à gauche sur un fil bas et portent des éperons plus ou moins permanents, de chacun desquels naissent chaque saison deux pousses pour porter la récolte. Le nombre d'éperons laissés sur chaque bras dépend de la vigueur de la vigne et de l'espace entre les vignes. Au fur et à mesure que les pousses grandissent vers le haut, elles sont attachées aux fils supérieurs, il y a trois fils sur le treillis pour cette méthode. Cette méthode est maintenant connue sous le nom de Horizontal Arm Spur. Il présente un défaut sérieux dans ses éperons gênants et a presque entièrement cédé la place à une modification appelée méthode Chautauqua Arm, très utilisée dans la grande ceinture de raisin Chautauqua. Il s'agit d'une des principales méthodes de culture du raisin en Amérique de l'Est, et il convient de la décrire en détail.

La méthode Chautauqua Arm.

Le treillis utilisé pour cette méthode comporte deux fils, bien que trois soient parfois utilisés. Le fil inférieur est à dix-huit ou vingt pouces au-dessus du sol et le second à trente-quatre pouces au-dessus du fil inférieur. Si trois sont utilisés, les fils sont espacés de vingt pouces. FE Gladwin, responsable du laboratoire viticole de la New York Agricultural Experiment Station à Fredonia, au cœur de la ceinture Chautauqua, décrit ainsi cette méthode de formation :

« Les vignes sont coupées à deux bourgeons à chaque taille les deux premières années. Si les vignes sont vigoureuses deux sarments sont attachés au début de la troisième année ; s'ils sont rares, il en reste un et ce, si la croissance est extrêmement forte. défavorable, est coupé en deux bourgeons. Les cannes sont portées obliquement jusqu'au fil supérieur lorsque la croissance le permet et y sont fermement attachées soit avec de la ficelle ou du fil fin, ce dernier étant plus couramment utilisé. Les cannes sont également attachées de manière lâche au fil inférieur. La taille pour la quatrième année consiste à couper tous les sarments, sauf deux ou trois, et un certain nombre d'éperons, des bras formés en attachant les deux sarments l'année précédente. La vigne se compose maintenant de deux bras, s'élevant près du au sol, avec deux ou trois cannes de l'année précédente, et plusieurs éperons à deux bourgeons à intervalles réguliers le long des bras. Dans la mesure du possible, les cannes qui ont surgi mais à une courte distance au-dessus du fil inférieur sont sélectionnées. Tout le vieux bois dépassant au-delà la dernière canne retenue sur chacun des bras est coupée. Les bras de la troisième année sont repliés depuis leur position oblique et sont solidement attachés au fil inférieur, à droite et à gauche du centre de la vigne. Ce sont désormais des armes permanentes. La vigne à cette époque se compose de deux bras, sortant du sol, attachés au fil inférieur à droite et à gauche du centre, et sur ceux-ci se trouvent deux ou trois cannes, taillées assez longtemps pour atteindre au moins le fil médian. , et si possible vers le haut. Ils sont attachés de manière à se tenir en position verticale ou oblique. Le long des bras, à quelques centimètres d'intervalle, se trouvent des éperons constitués de deux bourgeons. Si le vigneron entretient les bras en permanence, ces éperons fournissent le bois fruitier pour l'année suivante.

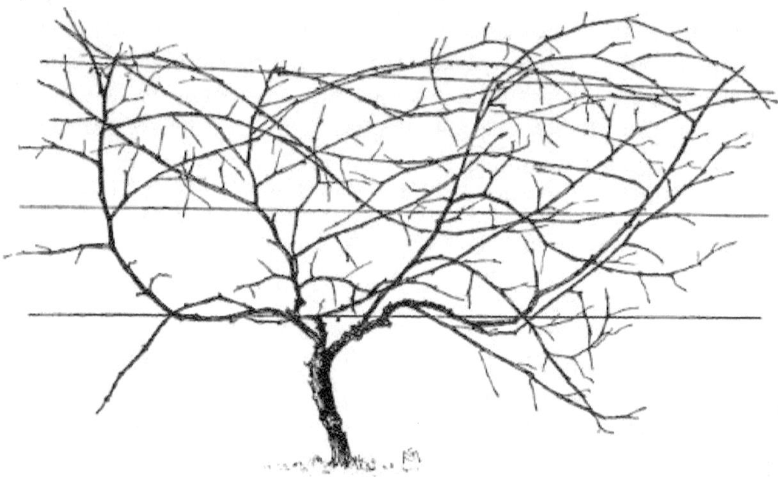

FIG. 16. Formation Chautauqua ; vigne prête à être taillée.

"Lors de la taille de la cinquième année, l'un des bras est entièrement coupé, près de son point d'origine. Le bras restant, s'étendant du sol jusqu'à un point situé à quelques centimètres au-dessous du niveau du fil inférieur, devient maintenant le tige permanente. Le vigneron doit maintenant pourvoir au bras coupé. Cela se fait par le choix d'une canne, issue du bras restant en un point situé au-dessous du fil inférieur, soit directement, soit à partir d'un éperon laissé à cet effet. est taillée pour atteindre le fil supérieur et y est attachée obliquement. Cette canne à la taille suivante est attachée au fil inférieur et devient le deuxième bras. Ensuite, on en fait la même sélection de cannes et d'éperons qu'à l'époque. taille précédente, et les cannes sont attachées comme avant. Cependant, si le producteur désire conserver les deux bras de l'année précédente pendant quelques années, les cannes qui ont poussé à partir des éperons peuvent être attachées et des dispositions prises pour l'année suivante à travers Si l'on ne conserve qu'un seul bras, on le taille de la même manière. Les éperons peuvent être obtenus à partir de cannes issues de bourgeons dormants sur le bras, ou en éperonnant les cannes basales du bois fructifère de l'année précédente. Une combinaison des deux méthodes de renouvellement fonctionnera mieux à long terme, car l'enfoncement répété des tiges basales entraînera des éperons considérablement allongés qui nécessiteront des coupes fréquentes. Si les cannes qui proviennent directement des bourgeons dormants sur le bois depuis deux ans et plus ne sont pas nécessairement les plus fructifères, elles peuvent néanmoins être utilisées à des fins de renouvellement.

"La vigne idéale taillée selon ce système consiste désormais en une tige atteignant seize ou dix-huit pouces au-dessus du niveau du sol ou quelques pouces en dessous du niveau du fil inférieur. Une telle vigne est représentée sur la figure 16. De la tête, deux bras naissent , l'un s'étendant vers la droite, l'autre vers la gauche et attaché le long du fil inférieur, chaque bras ne s'étendant pas sur plus de deux pieds et demi de chaque côté de la tête. Des bras deux cannes sur chacun sont attachées verticalement ou obliquement. au fil supérieur. En outre , il reste deux ou trois éperons, poussant à partir de la face supérieure de chaque bras, situés à intervalles bien espacés et commençant près de la tête; ceux-ci peuvent être utilisés pour le renouvellement des bras. Les pousses sont pas lié.

"L'un des principaux défauts de la méthode Chautauqua Arm est la tendance des cannes les mieux mûres et les plus désirables à se développer au niveau ou à proximité du fil supérieur, tandis que celles plus basses sont souvent trop courtes ou si mal mûres qu'elles ne sont pas adaptées à la culture. Lorsque le bois, portant les tiges supérieures bien développées, est amené vers le bas pour les bras, un intervalle considérable du bras depuis la tête jusqu'au point où les tiges apparaissent est sans bois fructifère. Dans de telles conditions, la croissance sera à nouveau jetés aux extrémités. Si l'éperonnage sur les bras a été pratiqué, cette condition indésirable est éliminée. Quel que soit le type de renouvellement, l'éperonnage doit être pratiqué. Les fruits des vignes entraînées par cette méthode atteignent leur développement le plus élevé au niveau ou à proximité du niveau du supérieur, celui des pousses inférieures est, en règle générale, tout à fait inférieur. Cela vient du fait que l'écoulement de la sève est plus vigoureux à ces points supérieurs, ce qui donne lieu à des feuilles plus nombreuses et plus saines, qui, à leur tour, influencent le fruit pour le meilleur."

Keuka High Renouvellement.

Plusieurs méthodes d'entraînement sont désignées sous le terme général de « Haut Renouveau », dont la signification apparaît clairement dans la discussion sur la méthode Keuka High Renewal, qui est probablement maintenant la plus courante des différents types. Dans la plupart de ces méthodes, le treillis est constitué de trois fils, mais parfois seulement deux fils sont utilisés et encore moins souvent quatre. Le fil le plus bas du treillis à trois fils se trouve à dix-huit ou vingt pouces du sol avec des intervalles de vingt pouces entre les fils. Gladwin, qui est directement responsable des travaux expérimentaux sur les vignobles du lac Keuka pour la Station d'expérimentation agricole de New York, décrit les pratiques actuelles de taille selon cette méthode comme suit :

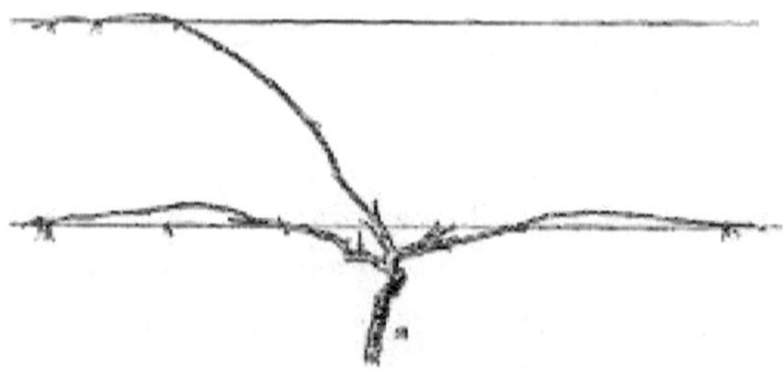

FIG. 17. Méthode d'entraînement Keuka.

"A chaque taille, pendant les deux premières années, les vignes sont coupées à deux bourgeons. Cependant, avec des variétés à croissance forte comme Concord, Niagara et Isabella, et dans de bonnes conditions de sol, la tige peut se former la deuxième année. variétés en croissance et dans des conditions moyennes, la formation de la tige est laissée jusqu'à la troisième année. La canne la plus droite et la mieux mûrie est réservée à cet effet. Celle-ci est portée au fil inférieur et là fermement attachée avec du saule. Dès que le les pousses ont fait une croissance suffisante, elles sont attachées de manière lâche aux fils afin qu'elles puissent être tenues à l'écart des outils de travail du sol. La quatrième année, la tête de la vigne est formée. Elle doit se tenir à quelques centimètres au-dessous du fil inférieur. Deux cannes poussant à partir du tiges proches de cette position sont sélectionnées, l'une étant attachée à droite et l'autre à gauche le long du fil inférieur. Dans la région du lac Keuka, les cannes sont attachées avec des saules. De plus, au moins deux éperons de deux bourgeons chacun sont retenus. Avec Concord, les cannes peuvent porter environ dix bourgeons chacune, mais avec Catawba, cultivée sur les flancs des collines de la région des lacs centraux de New York, les cannes ne devraient pas porter plus de six bourgeons chacune. Au fur et à mesure que les pousses se développent à partir des tiges horizontales, elles sont attachées avec de la paille de seigle aux fils médians et supérieurs. Cet été, le liage est presque continu une fois que les pousses sont suffisamment longues pour atteindre le fil médian.

« L'année suivante, tout le bois est coupé, à l'exception de deux ou trois sarments qui se sont développés à partir des bourgeons basaux des sarments mis en place l'année précédente, ou qui sont issus des éperons. Dans le cas où un troisième sarment est conservé, il est attaché le long du fil central. Les éperons sont à nouveau maintenus près de la tête à des fins de renouvellement. Les deux autres cannes sont attachées le long du fil inférieur comme auparavant. Si les mêmes éperons sont utilisés pendant quelques années , ils deviennent si longs que les cannes qui en résultent d'eux atteignent au-dessus du fil et ne peuvent pas être bien gérés dans le « saulage ». Il est souhaitable de fournir chaque année de nouveaux éperons, en sélectionnant à cet effet les sarments qui naissent du capitule de la vigne ou à proximité. Il est possible, par une taille soignée, de couper le vieux bois de manière à ce qu'il ne reste pratiquement plus après chaque taille que le La vigne est ainsi renouvelée presque jusqu'au sol. Lorsque la tige approche de la fin de son utilité, on laisse pousser un sarment à partir du sol et l'ancien est coupé. La figure 17 montre une vigne taillée selon la méthode Keuka . .

"Cette méthode de palissage est particulièrement bien adaptée aux variétés à croissance lente, ou à celles situées sur des sols pauvres, où il y a peu de croissance ligneuse. Elle est idéalement adaptée à la culture du Catawba sur les flancs du lac Keuka. Elle est bien adaptée à variétés tardives plantées hors de leur zone. Concord, poussant dans des conditions moyennes, est trop vigoureux pour être palissé par cette méthode. Il donne une formidable croissance de bois, hors de toute proportion avec la quantité de fruits, qui ont tendance à être très La principale objection à cette méthode est la quantité de liage d'été impliquée, qui intervient à un moment où il faut prêter attention au travail du sol. Elle pourrait s'avérer rentable dans la culture de variétés de dessert qui ont été rejetées en raison du manque de vigueur. Sur les sols à flanc de colline, le Catawba nécessite une formation calquée sur cette méthode, mais sur les sols plus lourds des hautes terres, avec une taille plus courte, il peut être cultivé sur le plan Chautauqua Arm. Delaware, Iona, Dutchess , Campbell, Eumelan , Jessica, Vergennes et Regal sont, en tant que règle, développée de manière plus avantageuse lorsqu'elle est entraînée par la méthode High Renewal.

Entraînement des fans.

La seule autre méthode actuellement utilisée dans laquelle les pousses peuvent être dressées verticalement est celle dans laquelle les cannes sont disposées en forme d'éventail. Cette méthode était très utilisée il y a une génération mais devient rapidement obsolète. Dans la formation en éventail, les renouvellements sont effectués chaque année à partir d'éperons près du sol, et les tiges fructifères sont portées obliquement et forment ainsi un éventail. Le grand avantage du fan-training est qu'il n'y a quasiment plus de tronc, ce qui facilite grandement la pose de la vigne en hiver là où une protection hivernale est nécessaire. Il existe plusieurs objections à cette méthode dans les plantations commerciales. Le principal problème est que les éperons deviennent longs, tordus et presque ingérables, de sorte qu'il faut fréquemment les renouveler à partir de la racine. Une autre raison est que le fruit est porté près du sol et se salit de boue lors des pluies torrentielles. Les vignes ont également une forme peu pratique pour être attachées. Il existe deux ou trois modifications de l'entraînement des fans qui peuvent être décrites comme des méthodes bâtardes entre celle-ci et les méthodes à haut renouvellement et à bras horizontal, dont aucune, cependant, n'est actuellement en faveur du général.

II. Pousses tombantes

Tout à fait par hasard, William Kniffin , un tailleur de pierre vivant à Clintondale , New York, dans la région viticole de la rivière Hudson, a découvert que des raisins de grande taille et de bel aspect pouvaient être cultivés sur des vignes dans lesquelles les cannes étaient palissées horizontalement avec les pousses tombantes. Il a mis sa découverte en pratique et de là sont nées les différentes méthodes de conduite du raisin qui portent son nom. La découverte de Kniffin a été faite vers 1850 et les mérites de ses méthodes se sont répandus si rapidement dans l'est de l'Amérique qu'à la fin du siècle, les diverses méthodes Kniffin étaient plus généralement utilisées que les autres. Les viticulteurs s'accordent désormais sur le fait que les vignes à forte croissance comme Concord, Niagara et Clinton sont mieux entraînées selon l'une ou l'autre des méthodes Kniffin . Il existe plusieurs modifications de la méthode de Kniffin , dont trois sont maintenant couramment utilisées, la plus populaire étant la méthode Kniffin à tige unique et à quatre cannes .

Le treillis pour les trois méthodes porte deux fils, le inférieur placé à une hauteur de trois à trois pieds et demi et le supérieur de deux à deux pieds et demi au-dessus. Pour permettre cette hauteur de fils, les poteaux doivent avoir une longueur de huit à huit pieds et demi et doivent être fermement fixés avec les poteaux d'extrémité bien contreventés.

Kniffin à tige unique et à quatre cannes .

Tel que pratiqué à la New York Agricultural Experiment Station, les vignes sont conduites comme suit :

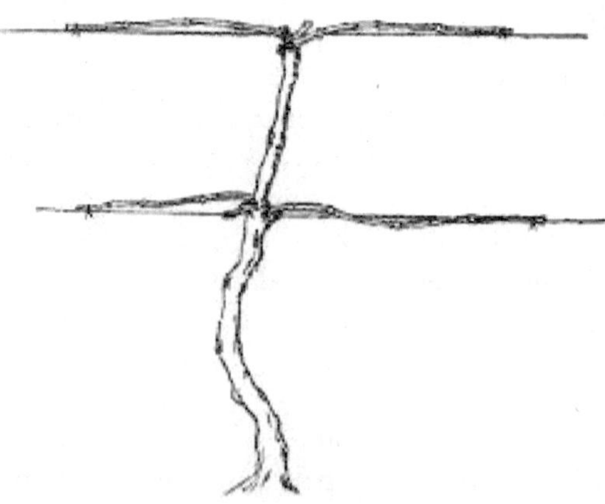

FIG. 18. ENTRAÎNEMENT Kniffin à tige unique et à quatre cannes .

Un tronc est porté jusqu'au fil supérieur la troisième année après la plantation, ou si la croissance n'est pas assez longue à ce moment, il est porté jusqu'au fil inférieur et y est attaché. Dans ce cas, l'année suivante, une canne est étendue jusqu'au fil supérieur. Ce tronc est permanent. Si la tige atteint le fil supérieur la troisième année, les producteurs arrachent de nombreuses pousses en développement et ne laissent pousser que les plus fortes, en choisissant celles qui poussent à proximité des fils. La tige doit être attachée fermement au fil supérieur et légèrement lâche au fil inférieur. Si l'annelage se produit au sommet, cela n'est pas gênant puisque le capitule doit être en dessous plutôt qu'au-dessus du fil. Lorsque les pousses sont suffisamment durcies, celles qui poussent près des fils doivent être attachées sans serrer pour éviter les blessures pendant la culture. Au début de la quatrième année, comme le montre la <u>figure 18</u>, la vigne doit être constituée d'une tige s'étendant du sol jusqu'à un point situé en dessous du fil supérieur. À partir de là, toutes les tiges, sauf deux, et deux éperons de deux bourgeons chacun ont été coupés sous chaque niveau de fil. Comme la croissance est plus vigoureuse au sommet de la tige, il reste quatre à six bourgeons de plus sur les tiges supérieures que sur les tiges inférieures. Une vigne dont la tige atteint le fil supérieur la troisième année doit supporter la saison suivante des cannes, agrégeant vingt-deux bourgeons avec huit bourgeons supplémentaires sur les éperons. Si la croissance est faible, il ne devrait en rester que la moitié.

Le liage consiste alors à attacher la tige sans serrer, avec de la ficelle de raisin ordinaire, au fil inférieur, et avec le même matériau, les cannes sont attachées le long des deux fils à droite et à gauche de la tige. Les cannes doivent être attachées fermement vers le tronc afin qu'elles ne puissent pas glisser hors de la ficelle. Habituellement, le liage à cette époque est suffisant pour l'année, mais si les conditions de croissance sont défavorables, la ficelle peut pourrir avant que les vrilles ne s'emparent des fils, et un deuxième liage partiel peut être nécessaire.

Après la quatrième saison, le sécateur dispose d'un plus grand choix de bois fruitiers pour l'année suivante. Il peut être choisi parmi les cannes basales du bois de l'année précédente ou les cannes qui se développent à partir des éperons peuvent être utilisées. Le choix doit dépendre de l'accessibilité et de la maturité du bois. A chaque taille, les possibilités d'obtention de bois fruitiers pour l'année suivante doivent être prises en considération. Il est possible d'utiliser les mêmes éperons pendant deux ou trois ans, mais après cela il faut les couper et en conserver de nouveaux. Après le premier éperonnage, les éperons doivent être choisis dans du bois de plus de deux ans. Les pousses de ce bois ne portent que peu de fruits et constituent donc de bonnes tiges fructifères pour l'année suivante.

Couteau parapluie .

FIG. 19. Méthode de formation parapluie.

Étant donné que la plupart des fruits des vignes entraînées par la méthode Kniffin à quatre cannes sont portés par les deux cannes supérieures, certains producteurs de la vallée de la rivière Hudson se passent des cannes inférieures et coupent les cannes supérieures suffisamment longtemps pour supporter la récolte. Dans cette méthode, le tronc est amené au fil supérieur et la tête est formée comme dans le couteau à quatre cannes . Lors de la taille des vignes à la fin de la troisième année, on laisse en tête de vigne deux longues cannes avec deux éperons de renouvellement. Ces longues cannes sont tombantes sur le fil supérieur obliquement jusqu'au fil inférieur auquel elles sont attachées juste au-dessus du dernier bourgeon, formant un sommet en forme de parapluie comme le montre la figure 19 . Les renouvellements se font comme dans le Couteau à Quatre Cannes . Cette méthode réduit la surface des feuilles au minimum, de sorte qu'il faut veiller à assurer une croissance saine des feuilles. La quantité de bois fruitiers mis en terre est également réduite au minimum, de sorte que le rendement est faible à moins d'une bonne culture, auquel cas, avec certaines variétés et sur certains sols, le rendement est au niveau de la moyenne et la récolte est excellent en termes de taille des grappes et des baies, de compacité des grappes et de maturité.

couteau à deux troncs .

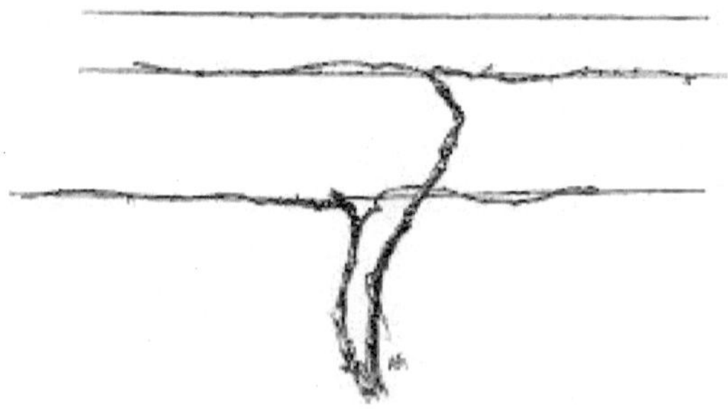

FIG. 20. ENTRAÎNEMENT Kniffin à deux troncs .

couteau à deux troncs , illustré sur <u>la figure 20</u>, est une autre modification visant à assurer une plus grande fécondité. Cette méthode fournit également un nombre égal de têtes sur les deux fils. Deux troncs sont amenés de la racine, l'un au fil supérieur, l'autre au fil inférieur. Les cannes fructifères sont enlevées et éliminées comme dans le Kniffin à quatre cannes . Les troncs sont généralement attachés ensemble pour les maintenir en place. Cette méthode est d'usage restreint dans la vallée de la rivière Hudson où elle est connue sous le nom donné ici et sous les noms de « Double Kniffin » et « Improved Kniffin ». Dans des expériences de formation des raisins à Fredonia, New York, sous la direction de la New York Experiment Station, cette méthode s'est révélée être l'une des plus pauvres en matière de culture des Concords. Les raisins sont de taille inférieure en grappes et en baies et ne mûrissent pas aussi bien que dans les autres méthodes de conduite tombantes.

Le couteau à tronc en Y.

Encore une autre modification de la méthode Kniffin est celle dans laquelle une entrejambe ou Y est réalisée dans le tronc à mi-chemin entre le sol et le fil inférieur. La théorie sur laquelle se fonde cette méthode est que la sève des cannes inférieures est mieux fournie que dans un tronc droit ou continu et que les cannes inférieures deviennent ainsi aussi productives que celles du fil supérieur. La théorie est probablement fausse, mais elle est néanmoins acceptée par beaucoup. Les méthodes de taille, de renouvellement des bois fruitiers et de ficelage sont les mêmes que chez le Kniffin à tige unique , sauf bien entendu que chaque tige supporte deux cannes et deux éperons. Cette méthode était assez courante il y a quelques années dans certaines parties de l'ouest de l'État de New York, mais elle est en train de disparaître.

La méthode Munson.

Une modification ingénieuse du principe Kniffin a été conçue par Elbert Wakeman , d'Oyster Bay, Long Island, puis améliorée et mise en évidence par feu TV Munson de Denison, Texas ; il est aujourd'hui très utilisé dans les vignobles du sud. La méthode est décrite comme suit par Munson : [14]

"Les poteaux doivent être faits de bois solide et durable, comme le Bois d'Arc (Osage), Cèdre, bois de cœur de Catalpa, Robinier noir ou Chêne blanc. Les poteaux d'extrémité de chaque rangée doivent être grands et solides, enfoncés à trois pieds et demi ou quatre pieds dans le sol et bien tassés. Les poteaux intermédiaires, qui peuvent être beaucoup plus légers que les poteaux d'extrémité, doivent mesurer six pieds et demi ou sept pieds de long et être enfoncés de deux à deux pieds et demi dans le sol, avec un espace de vingt-quatre pieds entre les poteaux, ce qui permettra prenez trois vignes espacées de huit pieds, ou deux vignes espacées de douze pieds. Une fois les poteaux installés, un trou de trois huitièmes de pouce doit être percé à travers chaque poteau, à quatre pieds de la surface du sol, dans la direction dans laquelle la rangée s'étend, en laissant six pouces ou plus de poteau au-dessus du trou. Ces trous sont destinés à l'admission du fil central inférieur du treillis.

"Pour chaque poteau d'extrémité, préparez le bras transversal, un morceau de pin ou de chêne dur deux par quatre, de deux pieds de long, et à un pouce de chaque extrémité et à un pouce du côté supérieur, portait trois huitièmes de pouce. faites un trou de foret, ou sciez dans le côté supérieur d'un demi-pouce, ce qui prendra moins de temps et fera aussi bien, pour passer les fils latéraux à travers, et au milieu du côté inférieur, sciez une encoche d'un demi-pouce de profondeur. poteau intermédiaire, préparez une planche de bois similaire, de deux pieds de long, d'un pouce d'épaisseur sur quatre de large , et également percée ou encochée.

"A travers les trous des poteaux, faites passer un fil galvanisé n° 11, fixez à une extrémité, serrez à l'autre extrémité avec un tendeur de fil et fixez. Ce sera le fil central et inférieur du treillis, et tout ce qui sera nécessaire la première année, lorsque les jeunes vignes sont palissées par une ficelle, attachée depuis la vigne (lorsqu'elle est plantée) au fil, et le long de celui-ci. Les bras, et les deux fils latéraux qu'ils portent, n'ont pas besoin d'être mis sur le treillis jusqu'à ce que après la taille et le ficelage des vignes l'hiver suivant.Pour poser les traverses, n'utilisez ni boulons ni clous, uniquement du fil galvanisé n°11.

"Chaque traverse d'extrémité est placée à l'intérieur du poteau, et contre lui au-dessus du fil, déjà à travers les poteaux, côté encoche vers le bas, à cheval sur le fil, pour l'empêcher de glisser. Prenez ensuite un morceau de fil de même taille, environ sept pieds de long, passez une extrémité à travers le trou de foret ou l'encoche de scie, dans une extrémité du bras et attachez-la en faisant une boucle et en tordant environ six pouces de l'extrémité vers elle-même, puis pendant qu'une personne tient la traverse en place. place, l'opérateur descend le fil autour du poteau une fois près du sol, l'agrafe de chaque côté et amène l'autre extrémité jusqu'à l'extrémité opposée du bras, le passe dans le trou de la mèche, ou encoche de scie, le tire fermement , en gardant le bras au niveau, et attache l'extrémité du fil comme cela a été fait pour l'autre. Des pinces à fil et des pinces seront nécessaires pour ce travail. Ensuite, prenez un autre morceau de fil d'environ deux pieds de long et placez-le deux fois autour de la traverse. et le poteau où ils se rejoignent, au-dessus du fil du milieu, et attachez-les fermement ensemble, en croisant le fil au fur et à mesure qu'il fait le tour. Cela maintiendra le bras en place sans l'affaiblir ou le fendre comme le font les clous et les boulons, et sera plus durable, plus rapide et moins cher, et plus élastique, de sorte que lorsqu'il est frappé par les crochets ou le collier en cours de culture, il donne un peu, ne subissant aucun dommage.

"Placez de même les traverses sur les poteaux intermédiaires, en laissant les extrémités du fil dépasser d'environ six pouces après la fixation, dans un but qui sera bientôt mentionné. Ensuite, faites passer les deux fils latéraux à travers les trous d'embouts aux extrémités des bras. , ou tomber dans les encoches de scie, s'il y en a, tout au long de la rangée, serrer avec le tendeur de fil et fixer. Puis revenir le long de chaque fil latéral en enroulant très étroitement et étroitement les extrémités du fil aux extrémités des bras autour du traversant. -les fils latéraux, car les fils télégraphiques et téléphoniques sont enveloppés dans des épissures. Cela se fait rapidement avec les pinces appropriées et empêche les bras de glisser hors de la bonne position. Le treillis est maintenant terminé et nécessitera peu ou pas de réparations, et Il a l'air très soigné, surtout s'il est peint.

"La taille et le palissage sur le treillis Munson sont très simples et faciles avec une petite instruction de quelques minutes avec une ou deux vignes taillées par exemple. La vigne de la première saison est laissée pousser sur le fil médian par une ficelle autour de laquelle on l'enroule à la main, en parcourant une ou deux fois la vigne jusqu'à ce que le sarment sélectionné de chaque vigne soit sur le fil, après quoi on le laisse se promener librement sur les fils. En montant sur le palissage la première année, on une pousse forte et ne permettant à aucune autre de pousser, une récolte partielle peut être obtenue la deuxième année, sans dommage, sur tous les producteurs, sauf les plus faibles, comme le Delaware, qui ne devraient pas être autorisés à produire avant la troisième année. toutes les tailles doivent être faites en novembre ou décembre, après la chute des feuilles, et jamais au point de provoquer un saignement de la vigne), la vigne doit être coupée à deux ou trois bourgeons ayant atteint le fil médian, si les producteurs sont faibles, si forte, avec une forte croissance, six ou huit bourgeons chacun, à deux bras, un allant dans chaque sens le long du fil inférieur à partir de l'endroit où la vigne ascendante touche pour la première fois le fil. Une fois les vignes ainsi taillées, l'extrémité extérieure de chaque bras est solidement attachée au fil inférieur le long duquel elle est délicatement enroulée. Ces deux liens maintiennent la vigne fermement en place. Les bourgeons des bras poussent et montent, passent sur les fils latéraux, s'y accrochent avec leurs vrilles, et pendent comme une belle draperie verte ombrageant le fruit et le corps de la vigne selon son port naturel.

PLANCHE XI. — Concorde ($\times\,^2/_3$).

"Sur le treillis de la canopée, toute la taille d'été requise consiste à parcourir le vignoble au moment de la floraison ou quelques jours avant, et avec un couteau de boucher légèrement tranchant, à couper les pointes de toutes les pousses avancées à laisser pour la production, laissant deux ou trois feuilles au-delà de la grappe de fleurs externe. À partir des pousses proches de l'entrejambe, sélectionnées pour porter les armes l'année suivante, cueillez les grappes de fleurs et enlevez ou effacez toutes les pousses et les bourgeons qui commencent sur le tronc de la vigne en dessous de l'entrejambe. Ce dernier point est très important, car ces pousses, si elles sont laissées, consomment la nourriture de la terre sans aucun retour mais un travail supplémentaire au moment de la taille.

"On constatera que les pousses aux extrémités des bras commencent généralement les premières et les plus fortes, et si elles ne sont pas coupées en arrière, elles ne permettront pas aux bourgeons vers l'entrejambe de bien démarrer, mais si elles sont coupées, tous les autres bourgeons souhaitables poussent alors.

" Environ six à dix jours après la première taille, une deuxième est généralement nécessaire, surtout si le temps est humide et chaud et que le terrain est riche. Les premières pousses coupées, ainsi que celles qui ne sont pas coupées la première fois, auront besoin en taillant cette fois, les bourgeons terminaux du premier coupé ayant poussé vigoureusement.

"Lors de la taille de la deuxième année et des années suivantes, les vieux bras avec toutes les pousses portantes sont coupés jusqu'aux nouveaux bras et les nouveaux bras coupés à des longueurs qu'ils peuvent remplir de fruits et bien mûrir. Dans ce jugement critique et la connaissance des capacités des différentes variétés est plus requise chez le sécateur que dans tout autre travail de formation. Certaines variétés, comme la Delaware, ne peuvent pas porter plus de trois à quatre bras, de deux pieds de long, tandis qu'Herbemont peut plus facilement en transporter quatre. les bras de huit pieds de long chacun, par conséquent, ceux du Delaware doivent être plantés à huit pieds ou moins l'un de l'autre, tandis que l'Herbemont et la plupart des hybrides de raisins Post-Oak doivent être espacés de douze à seize pieds. En d'autres termes, chaque variété doit être placée à cette distance. sauf qu'il remplira le treillis de fruits d'un bout à l'autre et le fera bien mûrir, afin de mieux économiser de l'espace.

"D'ici la troisième année, la vigne devrait atteindre son plein développement et être taillée avec quatre bras porteurs, deux pour aller dans chaque sens le long du fil inférieur du treillis, s'enroulant doucement autour du fil, un bras dans un sens, l'autre dans le sens opposé. direction, et doivent être de longueurs à peu près égales, de sorte qu'un lien ferme avec du fil de jute, près des extrémités, soit tout ce dont les vignes auront besoin, c'est-à-dire deux liens pour chaque vigne, le moins requis par tout système de treillis. et la taille est également la plus simple et les résultats sont dans tous les sens les meilleurs.

"Certains des avantages de ce treillis sont son faible coût, sa simplicité, le travail à hauteur d'homme, de sorte que la taille, le liage, la récolte, la pulvérisation peuvent être effectués en position dressée, économisant ainsi le dos ; répartition parfaite de la lumière, de la chaleur. et de l'air au feuillage et aux fruits ; protégeant des brûlures solaires et des oiseaux ; donnant une ventilation libre et un passage facile du vent à travers le vignoble sans souffler sur le treillis ou les pousses tendres des vignes, et permettant un passage facile d'une rangée à l'autre, sans faire le tour, ainsi obtenir des récoltes plus grandes et meilleures à moindre coût et augmenter la durée de vie du vignoble et le plaisir d'en prendre soin.

Cette méthode ne semble pas adaptée aux besoins des raisins des vignobles du Nord, et dans le Sud, des cépages à croissance faible comme le Delaware ne prospèrent pas lorsqu'ils sont ainsi cultivés. Plusieurs « méthodes Munson modifiées » sont utilisées dans les États du sud, mais les plus couramment employées ne s'écartent pas beaucoup de la méthode décrite ici.

III. Tire horizontalement

Hudson horizontal.

Il n'existe actuellement qu'une seule méthode d'entraînement pour tirer horizontalement. Dans cette méthode, le treillis est fabriqué en plaçant des poteaux à huit ou dix pieds l'un de l'autre et en les reliant par deux lattes, l'une au sommet des poteaux, l'autre à environ dix-huit pouces du sol. Des brins de fil sont tendus perpendiculairement entre les lattes à des intervalles de dix ou douze pouces. Une canne est dressée à partir d'un tronc d'un à deux pieds de haut sur le treillis ; il s'élève perpendiculairement au sol et est attaché à la latte supérieure. Les pousses poussent à droite et à gauche et sont attachées horizontalement à chaque fil lorsqu'elles l'atteignent. La canne peut généralement porter environ six pousses de chaque côté. Les raisins sont disposés à la base des sarments de manière à ce que les grappes pendent les unes sur les autres, ce qui donne un joli spectacle. Cette méthode est trop coûteuse pour un vignoble commercial mais est souvent utilisée dans les jardins et les plantations ornementales. Seules les variétés à croissance faible, comme Delaware, Iona ou Diana, sont adaptées à cette méthode. Le Delaware réussit remarquablement bien en matière de formation horizontale. L'utilisation de lattes et de fils dans l'entraînement horizontal est souvent inversée. L'alternative à la méthode qui vient d'être décrite consiste à placer des poteaux espacés de seize ou dix-huit pieds sur lesquels sont tendus deux fils comme pour le treillis ordinaire. Des lattes perpendiculaires sont ensuite fixées à ces fils auxquels sont liées les pousses. Deux lattes, espacées de quinze pouces, sont prévues de chaque côté d'une canne fructifère, qui, avec la latte pour soutenir la canne, en donnent cinq à une vigne. Ou bien la vigne peut être soutenue par un tuteur enfoncé dans le sol.

Dans ces deux méthodes, il faut retirer chaque saison un sarment de l'épi de la vigne pour obtenir le bois fruitier de la saison suivante. Cette pousse est attachée au fil central ou à la latte et peut maintenant fructifier. Ainsi la vigne démarre chaque printemps avec une seule canne. Les raisins sont cultivés selon ces méthodes horizontales principalement, voire uniquement, dans la vallée de la rivière Hudson et même ici, ils ne sont plus utilisés.

FORMATION SUR LES TONNELLES, LES PERGOLAS ET LES PLANTES ORNEMENTALES

Le raisin est très utilisé pour couvrir les tonnelles, les pergolas, les treillis et pour masquer les côtés des bâtiments, peu de plantes grimpantes étant plus ornementales. Les feuilles, les fruits et la vigne ont été les sujets de reproduction préférés des ornemanistes de tous âges. Cependant, on l'observe rarement dans les paysages cultivés, sauf pour s'assurer de l'ombre et de l'isolement.

Cultivé dans un but esthétique , le raisin est rarement fructueux, car la vigne peut rarement être cultivée ou privée de sa végétation luxuriante comme dans le vignoble. Néanmoins, les raisins cultivés comme plantes ornementales peuvent être palissés de manière à remplir la double fonction de plante ornementale et fruitière. Cultivé sur les côtés d'un bâtiment, le raisin peut souvent produire de grandes récoltes de fruits fins et de choix. Les anciens l'avaient appris, car le Psalmiste dit : « Ta femme sera comme une vigne féconde près de ta maison. »

Dans toutes les plantations ornementales sur tonnelles ou pergolas, si des fruits doivent être envisagés, le tronc permanent est porté jusqu'au sommet de la structure. Le long de ce tronc, à des intervalles de dix-huit pouces, sont laissés des éperons permettant de renouveler le bois d'année en année. Les vignes doivent être espacées de six ou huit pieds, selon la variété, et il reste une canne de trois ou quatre pieds de long sur chaque éperon lorsque la taille est terminée. Les pousses qui en sortent couvrent les espaces intermédiaires peu après le début de la croissance. Bien entendu, il faut prévoir une nouvelle canne chaque saison, et cela se fait en conservant une pousse jaillissant de l'éperon ou du tronc au moment de la taille.

La même méthode de formation, avec des modifications selon les cas, peut être employée sur les côtés des bâtiments, les murs, les clôtures et les treillis. Cependant, si l'objet à recouvrir est bas, et surtout si l'on souhaite obtenir des fruits ainsi qu'une couverture, il serait peut-être préférable de renouveler chaque année à partir d'un tronc bas ou même jusqu'à la racine. Dans ce faible renouvellement, une nouvelle canne, ou deux ou trois si désiré, doit être sortie chaque saison, assurant ainsi une plus grande vigueur à la vigne, mais retardant considérablement, surtout dans le cas de murs hauts, la production d'un écran de feuillage. .

TAILLE ET FORMATION DES RAISINS MUSCADINES

Les raisins Muscadine du Sud ont des caractères de croissance et de fructification si distincts que leurs exigences en matière de taille et de formation sont tout à fait différentes des méthodes données jusqu'à présent. Jusqu'à ces dernières années, lorsque ces raisins ont acquis une importance commerciale, les vignerons du sud pensaient que les muscadines n'avaient que peu ou pas besoin d'être taillées et certains pensaient que la taille nuisait aux vignes. On constate maintenant que les muscadines réagissent aussi facilement que les autres types de raisins à la taille et au palissage. Husmann et Dearing [15] donnent les instructions suivantes pour la taille des muscadines :

"Deux systèmes de formation sont utilisés avec les raisins muscadine : (1) le système horizontal ou aérien, par lequel la croissance est répartie comme un auvent aérien à environ 7 pieds au-dessus du sol et soutenu par des poteaux ; et (2) le système vertical ou vertical. , dans lequel la croissance est répartie sur un treillis.

"Dans le système aérien, on fait pousser un seul tronc dressé à partir du sol à côté d'un poteau permanent. Lorsque la vigne a atteint le sommet du poteau, elle est pincée ou coupée, de manière à lui faire rejeter des sarments pour pousser et s'étalant à partir de la tête de la vigne tandis que les rayons d'une roue rayonnent depuis le moyeu (la formation aérienne des Muscadines est représentée sur la figure 21 ; la formation verticale, sur la figure 22).

FIG. 21. Vignes Rotundifolia palissées par la méthode aérienne.

"Dans les systèmes verticaux, les bras fructifères sont soit rayonnés à partir d'un capiton bas, comme les nervures d'un éventail, soit ils sont retirés sous forme de bras horizontaux à partir d'un tronc vertical central.

"Là où le vignoble ne fait pas l'objet d'une attention personnelle particulière et où la taille et les autres pratiques viticoles sont négligées, les meilleurs résultats seront obtenus avec le treillis aérien. De plus, un tel treillis permet le labour transversal et la culture et est mieux adapté au pâturage des porcs, des moutons, ou du bétail sur des cultures de couverture cultivées dans le vignoble. D'autre part, le vigneron prudent peut s'attendre aux meilleurs résultats, et les plus précoces, des vignes sur des supports verticaux ou verticaux. Le treillis vertical facilite la taille, la récolte, la pulvérisation et la culture intercalaire tout au long de la vie du vignoble. Le vignoble; il est également plus facile à réparer et peut être érigé de 10 $ à 20 $ l'acre moins cher que le treillis aérien. L'utilisation à la fois du système vertical et du treillis aérien a rapporté aux producteurs des revenus rentables. Chacun a ses avantages et ses inconvénients. Le futur producteur, connaissant ses propres conditions, doit déterminer quel système de formation est le mieux adapté à ses conditions.

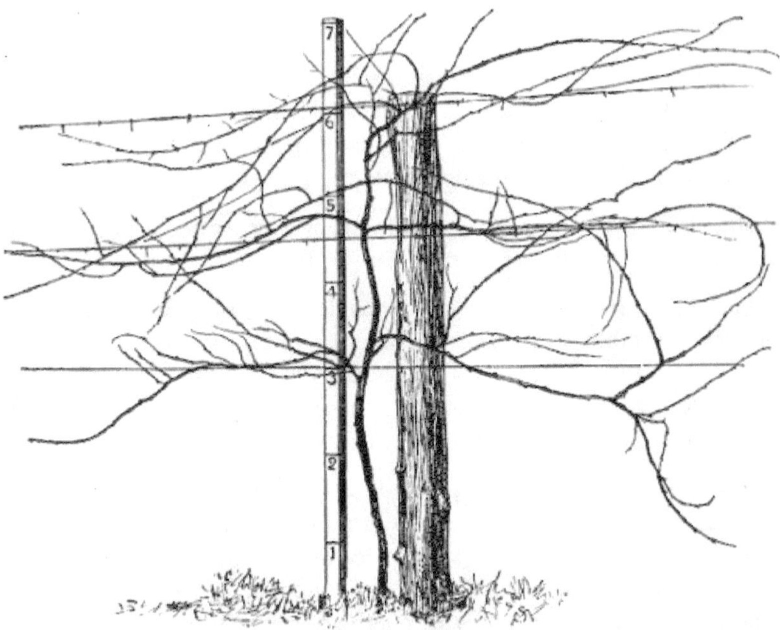

FIG. 22. Une vigne Rotundifolia palissée selon la méthode de renouvellement à 6 bras.

"Pendant la première année après la plantation, un piquet solide atteignant 4 pieds au-dessus du sol au niveau de chaque vigne constitue un support suffisant. Un treillis doit être érigé la deuxième saison, bien que les fils supérieurs d'un treillis vertical et les fils secondaires d'un treillis aérien puissent être ajoutés plus tard, selon les besoins de la vigne. Lors de l'érection d'un treillis vertical , les poteaux doivent être placés à mi-chemin entre les vignes, les distances variant en fonction de la distance entre les plants. Les poteaux d'extrémité des rangées doivent être fermement renforcés. Trois fils sont généralement utilisé, placé à 24, 42 et de 56 à 60 pouces du sol.

"Lors de l'érection d'un treillis aérien, la méthode habituelle consiste à placer un poteau solide et durable atteignant 7 pieds au-dessus du sol sur chacune des vignes permanentes. Des rangées de poteaux très lourds et bien contreventés, parallèles et également aux extrémités de Les rangées de vignes sont placées aux limites du vignoble. Il existe différentes manières de disposer les câbles. Habituellement , des fils galvanisés n° 10 sont solidement fixés au sommet des poteaux de délimitation sur les quatre côtés d'un vignoble et sont ensuite acheminés et solidement fixés sur le dessus du poteau intérieur dans chaque rangée dans les deux sens en tant que fils du régulateur. Au besoin, les fils n° 14 espacés de 2 pieds sont acheminés parallèlement aux fils du régulateur jusqu'à ce que de cette manière toute la zone ait été couvert.

"Un treillis aérien moins cher mais moins durable est fabriqué en faisant passer les fils du régulateur n° 9 dans une seule direction et les fils secondaires uniquement à angle droit par rapport aux fils du régulateur, les fils secondaires étant fixés aux fils du régulateur partout où ils se croisent.

"Certains producteurs construisent des tonnelles entièrement en bois, en utilisant des lattes ou des poteaux au lieu de fils.

"La taille des raisins Muscadine au cours des trois premières années a pour but principal d'établir les parties permanentes et d'ajuster les autres parties de la vigne au système de formation souhaité pour une utilité future. Après cela, la taille est avant tout une question de renouvellement du portage. surface et garder les vignes saines, vigoureuses et productives.

"Pendant la première saison, le tronc de la vigne doit être établi. À partir de là, les principales branches fruitières commencent la deuxième saison. Celles-ci, dans des circonstances favorables, produiront une petite récolte de fruits la troisième saison. Après cela, le but de la taille devrait être de renouveler la croissance, d'augmenter ou de diminuer la surface portante et de maintenir la forme de la vigne.

"Une taille sévère enlève généralement la majeure partie du bois fruitier et lance la vigne dans une végétation ligneuse vigoureuse. Aucune taille, par contre, ne provoque une végétation trop répartie, faible et incapable de donner de bonnes récoltes. Le viticulteur doit étudier suffisamment la vigne pour lui permettre de juger chaque année de la sévérité de la taille qui permettra d'obtenir les meilleurs résultats, en fonction du cépage, de l'âge de la vigne, de la fertilité du sol, etc. en petites grappes. Il est donc nécessaire de maintenir une grande surface de fructification afin d'assurer un bon tonnage de fruits. Cela se fait en développant une série de bras fructifères, les stimulant et les allongeant à mesure que les vignes deviennent plus fortes. Les bras peuvent être conservés pendant un certain nombre d'années, mais après un certain temps, il est souhaitable de les renouveler. Cela se fait en coupant le bras et en en commençant un nouveau à partir d'une canne qui a déjà été cultivée à cet effet. Il est préférable de ne renouveler systématiquement qu'un ou, au maximum, deux bras par vigne chaque année. Ce renouvellement progressif ne perturbe pas la vigueur de la vigne, mais la maintient productive, saine et forte. La taille peut être réalisée rapidement et facilement si elle est pratiquée systématiquement dès le démarrage de la vigne. »

RAJEUNIR LES VIEILLES VIGNES

Lorsque la taille et le palissage sont négligés, un vignoble devient vite une triste compagnie de vignes arrêtées et mutilées. Ces vignes négligées peuvent rarement être remodelées et restaurées dans leur vigueur originelle. Si les vieilles vignes semblent capables de produire une nouvelle pousse forte, il est presque toujours préférable de faire pousser une nouvelle cime en arrachant les cannes des racines et ainsi de rajeunir. L'énergie et l'activité de la nature sont rarement mieux mises en valeur que dans ces nouvelles cimes, si les anciennes cimes sont sévèrement taillées et si le vignoble est bien entretenu. Les nouvelles cannes poussent avec l'enthousiasme du laurier biblique, ce qui rend souvent difficile leur maintien dans les limites.

Habituellement , cette nouvelle cime peut être traitée essentiellement comme s'il s'agissait d'une nouvelle vigne. Il n'est pas rare que la canne pousse suffisamment et mûrisse assez bien pour pouvoir être laissée comme tronc permanent à la fin de la première saison. Toutefois, si le bois est court, faible et tendre, il doit être coupé à l'automne en deux ou trois bourgeons, dont l'un peut former un tronc permanent la saison suivante, à partir duquel une bonne cime peut être formée au cours d'une autre saison. . L'ancien sommet est jeté dès que le nouveau tronc est attaché au treillis. Les vieux vignobles sont souvent ainsi rajeunis de manière avantageuse et rapportent des bénéfices à leurs propriétaires pendant des années ; mais si le sol est pauvre et les vignes faibles, les tentatives de renouvellement des cimes sont rarement payantes.

vaut la peine de rajeunir les vieilles vignes par la taille . Dans une telle tentative, il est préférable de réduire sévèrement la taille d'hiver, en laissant deux, trois ou quatre tiges, selon le mode de palissage, de six, huit ou dix bourgeons. La quantité de bois restant doit dépendre de la vigueur de la plante et de la variété. Le succès d'un tel rajeunissement dépend en grande partie de la sélection d'endroits appropriés sur la vieille vigne à partir desquels renouveler le bois porteur. Il faut du bon jugement, des compétences considérables et beaucoup d'expérience pour rajeunir avec succès un vieux vignoble en remodelant la cime existante, et si les vignes sont gravement endommagées par la négligence , cela en vaut rarement la peine .

Parfois, de vieilles vignes, voire un vignoble entier, peuvent être rajeunies plus facilement par greffage. Cela est particulièrement vrai lorsque les vignes ne sont pas du type souhaité et lorsque le vignoble contient occasionnellement une vigne égarée du cépage pour lequel il est planté. Les instructions de greffage sont données aux <u>pages 45 à 50 </u>. La vigne greffée est facilement mise en forme, selon l'un des différents modes de palissage, en la traitant comme une jeune vigne.

PLANCHE XII. — Diane ($\times\, ^3/_5$).

CHAPITRE IX

LA TAILLE DES RAISIN SUR LE COTE PACIFIQUE

Les méthodes de taille et de formation des raisins indigènes, discutées dans les deux derniers chapitres, ne s'appliquent pas aux raisins Vinifera cultivés dans les vallées privilégiées des montagnes Rocheuses et sur le versant du Pacifique. Comme nous l'avons déjà vu, le cépage Vinifera ou Old World diffère sensiblement dans ses habitudes de croissance de l'espèce américaine, de sorte qu'on ne pourrait pas s'attendre à ce que la taille qui s'applique à l'un s'applique aux autres types. Les principes fondamentaux, bien sûr, sont à peu près les mêmes et les différentes espèces de raisins sont à peu près également soumises aux cisailles du sécateur, mais si la taille pour réguler la fructification trouve de nombreuses similitudes entre les raisins de l'Ancien et du Nouveau Monde, la formation du la vigne est radicalement différente.

Les pratiques européennes en matière de taille et de formation des raisins Vinifera sont si nombreuses et si diverses que les premiers producteurs de ce fruit en Amérique ne savaient pas comment tailler leurs vignes. Mais, après un demi-siècle d'expérience, les producteurs américains de raisins de l'Ancien Monde se sont adaptés des pratiques européennes et ont conçu, pour répondre aux nouvelles conditions, des méthodes qui conviennent très bien dans le nouveau foyer de ce vieux cépage. Étant donné que la culture du raisin de l' Ancien Monde est centrée en Californie, presque confinée à cet État, la pratique californienne peut être considérée comme un modèle pour la taille et le palissage des vignes de cette espèce.

TAILLE DE LA VIGNE EN CALIFORNIE [16]

Les systèmes de taille en usage en Californie peuvent être divisés en deux classes selon la disposition des bras sur le tronc de la vigne. Dans les systèmes les plus courants, il y a une tête bien définie jusqu'au tronc, d'où tous les bras s'élèvent symétriquement à peu près au même niveau. Les vignes de ces systèmes peuvent être appelées « vignes pommées ». Dans les autres systèmes, le tronc est allongé de quatre à huit pieds et les bras sont répartis régulièrement sur toute ou la plus grande partie de sa longueur. Les vignes de ces systèmes, en raison de la forme des troncs en forme de corde, sont appelées « cordons ».

Les vignes pommées sont divisées en fonction de la longueur du tronc vertical en hautes, 2 à 3 pieds, moyennes, 1 à 1 1/2 pieds et basses, 0 à 6 pouces. Les cordons peuvent être verticaux ou horizontaux, selon la direction du tronc, qui a de quatre à huit pieds de longueur. Les cordons horizontaux peuvent être simples (unilatéraux) ou composés de deux branches s'étendant dans des directions opposées (bilatérales). Des cordons verticaux doubles, voire multiples, existent, mais ils sont très déconseillés et ne présentent aucun avantage.

La disposition des bras d'une vigne étêtée peut être symétrique dans toutes les directions à un angle d'environ 45 degrés. Une telle vigne est dite « en forme de vase », bien que le centre creux que ce terme implique ne soit pas essentiel. C'est la forme utilisée dans la grande majorité de nos vignobles, qu'il s'agisse de raisins de cuve, de raisins secs ou de raisins d'expédition. Il convient au système de plantation « carré » et de culture croisée. Lorsque les vignes sont plantées dans le système d'avenues, notamment lorsqu'elles sont palissées et lorsque la culture croisée est impossible, les bras sont disposés en "éventail" dans un plan vertical. Cette disposition est considérée comme essentielle pour un travail économique et aisé de la vigne palissée.

Sur le cordon vertical ou vertical, les bras sont disposés à intervalles aussi réguliers que possible de tous les côtés du tronc, depuis le haut jusqu'à douze ou quinze pouces du bas. Sur le cordon horizontal, les bras sont disposés de la même manière, mais autant que possible sur la face supérieure du tronc uniquement.

Chacun de ces systèmes peut encore être divisé en deux sous-systèmes, selon la gestion de la croissance annuelle des cannes. Dans l'un d'eux, des éperons d'un, deux ou trois yeux sont laissés pour la production de fruits. Ce système est appelé taille courte ou taille en éperon. Dans l'autre, de longues cannes sont réservées à la production de fruits. C'est ce qu'on appelle la taille longue ou en canne. Dans de rares cas, une forme intermédiaire est adoptée, dans laquelle il reste de longs éperons ou de courtes cannes à cinq ou six yeux. En taille de canne, chaque canne fruitière est accompagnée d'un ou deux courts éperons de renouvellement. Celles-ci doivent également accompagner une taille mi-longue. Les systèmes d'élagage, où seules les longues tiges sont laissées sans éperons de renouvellement, ne sont pas utilisés en Californie. Dans tous les systèmes, les éperons de remplacement sont laissés là où et quand cela est nécessaire.

D'autres modifications sont introduites par le mode d'élimination des cannes à fruits. Ceux-ci peuvent être attachés verticalement à un tuteur enfoncé au pied de chaque vigne ou courbés en cercle et attachés à ce même tuteur, ou bien ils peuvent être attachés latéralement à des fils tendus le long des rangs dans un sens horizontal, ascendant ou descendant.

Les différents systèmes diffèrent donc par : (1) la forme, la longueur et la direction du tronc ; (2) la disposition des armes; (3) l'utilisation d'éperons fruitiers ou de cannes à fruits avec éperons de renouvellement ; 4° la disposition des cannes à fruits.

Les principales possibilités de taille sont indiquées dans le tableau suivant :

A. TAILLE DES TÊTES : EN FORME DE VASE

			(*a*) Éperons fruitiers ou (*b*) Cannes mi-longues et éperons de renouvellement ou (*c*) Cannes fruitières et éperons de renouvellement ; cannes verticales ou courbées.
1. Coffre haut : 2. Coffre moyen : 3. Coffre bas :		avec	

B. TAILLE DE LA TÊTE : EN FORME D'ÉVENTAIL ; TREILLIS

- 1. Tronc haut : cannes fruitières et éperons de renouvellement ; cannes descendant.

- 2. Tronc moyen : cannes fruitières et éperons de renouvellement ; cannes horizontales ou ascendantes.

C. TAILLE DU CORDON

- 1. Vertical : éperon ; mi-long; canne.

- 2. Horizontal-unilatéral : éperon ; mi-long; canne.

- 3. Horizontal-bilatéral : éperon ; mi-long; canne.

Toutes les combinaisons possibles indiquées par ce tableau représentent 24 variantes. Certaines de ces combinaisons ne sont cependant pas utilisées et d'autres sont rares. Les plus courants sont présentés dans les Fig. 23 , 24 , 25 , 26 et 27 .

La figure 23 B représente une vigne pommée en forme de vase, avec un tronc moyen et de courts éperons fruitiers. Il s'agit du système le plus couramment utilisé dans toutes les régions de Californie et convient à toutes les petites vignes en croissance qui portent sur les bourgeons inférieurs, à la plupart des raisins de cuve et aux muscats. L'unité de taille dans ce cas est un éperon fruitier de 1, 2 ou 3 entre-nœuds, selon la vigueur de la variété et de la canne individuelle.

La figure 23 A diffère de la figure 23 B uniquement par le tronc plus haut et les bras plus longs. Il est couramment utilisé pour le Tokay et d'autres variétés à grande croissance, en particulier lorsqu'elles poussent dans un sol riche et lorsqu'elles sont plantées à distance.

FIG. 23. Formes de taille de l'épi : *A* , taille en éperon à tronc haut ; *B* , taille en éperon à tronc moyen ; *C*, mi-long avec un tronc moyen.

La figure 23 C a la même forme de corps que A et B, sauf que les bras sont un peu moins nombreux. L'unité de taille est une canne fruitière courte de quatre à cinq entre-nœuds, accompagnée d'un éperon de renouvellement d'un entre-nœud. Il convient aux raisins de table vigoureux, qui supportent mal les dards courts. Il est utilisé notamment pour le Cornichon et le Malaga en sol riche. Il s'agit d'un système difficile à maintenir en bon état car toute la vigueur a tendance à être concentrée sur la croissance située aux extrémités des cannes à fruits. Il est difficile d'obtenir des cannes vigoureuses sur les éperons de renouvellement. Une taille courte occasionnelle est généralement nécessaire pour maintenir les vignes en bon état.

La figure 24 A est de forme similaire à 23 C, mais le nombre de bras est encore réduit à 2, 3 ou au plus 4. L'unité de taille est une canne fruitière de 2 1/2 à ^{3} 1/2 ^{pieds} avec son élan de renouveau. En raison de la longueur des tiges de fruits, elles nécessitent un support et sont attachées à un tuteur élevé.

Cette méthode est utilisée dans un grand nombre de vignobles avec du Sultanina , du Sultana et certains cépages de cuve, notamment le Sémillon et le Cabernet. Il n'est en aucun cas à recommander, car il présente plusieurs défauts très graves.

La difficulté d'obtenir du bois neuf à partir des éperons de renouvellement est encore plus grande que dans le système illustré à la figure 23 C. La longueur et la position verticale des cannes fruitières font que l'essentiel de la croissance et de la vigueur de la vigne est dépensé sur les sarments les plus hauts. Les éperons de renouvellement sont ainsi si ombragés que, même si leurs bourgeons commencent, les pousses ne poussent que faiblement. Le résultat est qu'à la taille suivante, tout le bon bois neuf se retrouve au sommet des cannes fruitières de l'année précédente, où il ne peut pas être utilisé. Le sécateur doit alors choisir entre revenir à la taille en dard et n'obtenir aucune récolte ou utiliser la faible croissance des dards de renouvellement pour les cannes à fruits, auquel cas il peut obtenir des fleurs mais peu ou pas de fruits de quelque valeur que ce soit.

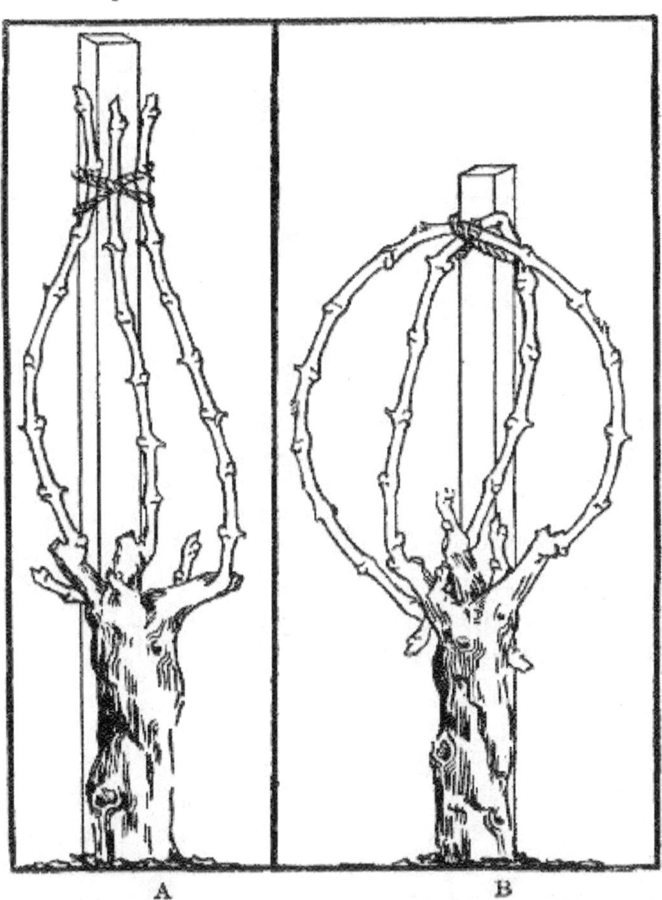

FIG. 24. Formes de taille de l'épi : *A* , cannes fruitières verticales et éperons de renouvellement ; *B* , cannes à fruits courbées et éperons de renouvellement.

D'autres défauts de cette méthode sont que les pousses fructifères sont excessivement vigoureuses et ont donc souvent tendance à laisser tomber leurs fleurs sans nouaison et les fruits lorsqu'ils sont produits sont massés de sorte qu'ils mûrissent de manière inégale et sont difficiles à récolter. Cela nécessite également un enjeu élevé et coûteux.

La figure 24B représente une amélioration par rapport au dernier système. Elle ne diffère que par la méthode de traitement des cannes à fruits. Celles-ci sont courbées en forme de cercle et attachées par leur partie médiane à un tuteur qui peut être plus petit et plus bas que celui nécessaire aux cannes verticales.

Cet inclinaison des cannes a plusieurs effets utiles. Le changement de direction modère la tendance de la vigueur de la vigne à se dépenser uniquement sur les sarments terminaux. Un plus grand nombre de pousses se forment donc sur les cannes à fruits et, à mesure que leur vigueur diminue quelque peu, elles ont tendance à être plus fructueuses. La légère blessure mécanique provoquée par la flexion agit dans le même sens.

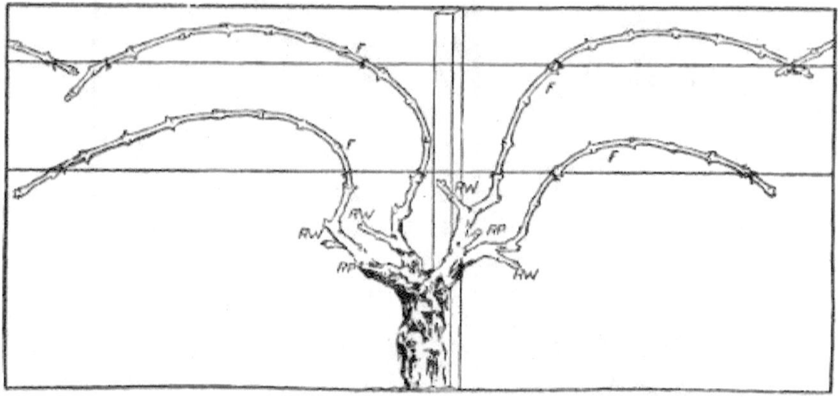

FIG. 25. Taille de la tête : tête en forme d'éventail ; cannes à fruits attachées à un treillis horizontal.

L'excès de vigueur ainsi détourné des cannes fruitières fait que les éperons de renouvellement forment des pousses vigoureuses, qui poussent bientôt au-dessus des pousses fruitières et obtiennent la lumière et l'air dont elles ont besoin pour leur bon développement. Cette méthode est utilisée avec succès pour certains cépages comme le Riesling, le Cabernet et le Sémillon. Il ne convient pas aux grands cépages vigoureux ni aux vignes sur sols riches et plantées à distance. Dans ces cas, deux cannes à fruits ne suffisent généralement pas et, si l'on en utilise davantage, les raisins et les feuilles sont tellement agglomérés qu'ils sont sujets au mildiou et ne mûrissent pas uniformément ou bien. Le courbure et le nouage des cannes exigent des compétences et un soin considérables de la part des ouvriers.

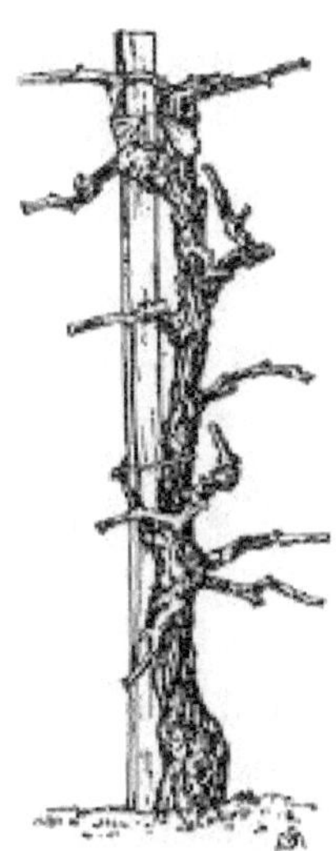

FIG. 26. Cordon vertical simple avec éperons à fruits.

Le corps, les bras et la taille annuelle du système représenté sur la figure 25 sont similaires à ceux de la figure 24 , à l'exception du fait que les bras sont disposés en forme d'éventail dans un plan. Il en diffère par la disposition des cannes à fruits, qui sont soutenues par un treillis s'étendant le long du rang de vigne en vigne.

Cette méthode est largement utilisée pour la Sultanina (Thompson's Seedless), et constitue le meilleur système pour les vignes vigoureuses qui nécessitent une taille longue, partout où il est possible de se passer de cultures croisées. Il convient également à toutes les variétés à taille longue lorsqu'elles poussent dans un sol très fertile.

La figure 26 est une photographie d'une vigne Empereur âgée de quatre ans, illustrant le système de cordon vertical. Il se compose d'un tronc vertical de 4 1/2 pieds de haut avec des bras courts et des éperons fruitiers répartis uniformément et symétriquement du haut jusqu'à quinze pouces du bas. Ce système est utilisé dans de nombreux vignobles Emperor de la vallée de San Joaquin.

Ses avantages sont qu'il permet le grand développement de la vigne et le grand nombre d'éperons qu'exige la vigueur de l' Empereur , sans, d'une part, encombrer le fruit par la proximité des éperons ni, d'autre part, étaler la vigne à tel point que la culture en est gênée. Il permet également la culture croisée.

L'un de ses défauts est que le fruit est soumis à différents degrés de température et d'ombrage dans différentes parties de la vigne et que la maturation et la coloration sont souvent inégales. Un défaut plus important est qu'il ne peut pas être maintenu de manière permanente. Les bras et les éperons situés au sommet du tronc ont tendance à absorber les énergies de la vigne et les avant-bras et les éperons s'affaiblissent chaque année jusqu'à ce que finalement aucune croissance ne soit obtenue en dessous. Au bout de plusieurs années, la plupart des vignes perdent donc leur caractère de cordons et deviennent de simples épis aux troncs anormalement longs.

Le cordon peut être rétabli dans ce cas en laissant se développer un drageon vigoureux une année pour former un nouveau tronc l'année suivante. L'année suivante, l'ancienne malle est entièrement retirée. Une objection à cette méthode est qu'elle provoque de très grandes blessures dans la partie la plus vitale de la vigne, la base du tronc.

La figure 27 est une photographie d'une vigne Colombar âgée de quatre ans , illustrant le système de cordon unilatéral et horizontal. Il se compose d'un tronc d'environ sept pieds de long, soutenu horizontalement par un fil à deux pieds du sol. Les bras et les éperons sont disposés sur toute la partie horizontale du tronc.

FIG. 27. Cordon horizontal unilatéral avec éperons à fruits.

Ce système accomplit les mêmes objectifs que le cordon vertical. Il permet un développement important de la vigne et de nombreux éperons fruitiers sans encombrement. Il est supérieur au cordon vertical dans la répartition des fruits, qui sont tous exposés à peu près aux mêmes conditions en raison de la distance uniforme du sol des dards fruitiers. Toutes les parties du tronc produisant une croissance annuelle de bois et de fruits sont également exposées à la lumière et la tendance de la croissance à se produire principalement dans la partie du tronc la plus éloignée de la racine est contrecarrée par la position horizontale. Il n'y a donc pas la même difficulté à maintenir en permanence cette forme de vigne qu'avec le cordon vertical.

Ce système ne doit pas être utilisé pour les petites vignes fragiles, que cette faiblesse soit caractéristique du cépage ou due à la nature du sol. Il ne convient qu'aux cépages très vigoureux tels que les raisins Empereur, Almeria et Persan lorsqu'ils poussent loin les uns des autres dans un sol riche et humide.

Périodes de développement.

La première année de la vie d'une vigne est consacrée au développement d'un système racinaire vigoureux ; les deux ou trois années suivantes sont consacrées à la constitution d'un tronc et d'une tête galbés, et une période similaire à la formation de tous les bras. Au bout de cinq à neuf ans, la charpente de la vigne est complète et ne doit subir aucun changement de forme particulier si ce n'est un épaississement progressif du tronc et des bras.

Il y a donc plusieurs périodes dans la vie de la vigne avec des objets variés, et les méthodes de taille doivent varier en conséquence. Ces périodes ne correspondent pas exactement à des périodes de temps, il peut donc être trompeur de parler de taille d'une vigne de deux ans ou d'une vigne de trois ans. Une vigne, dans certaines conditions, atteindra en deux ans le même stade de développement qu'une autre n'atteindra qu'en trois ou quatre ans, dans d'autres conditions. La durée de ces périodes est à peu près la suivante :

Première période – Formation d'un système racinaire solide 1 à 2 ans

Deuxième période—Formation de la tige ou du tronc   1 an

Troisième période – Formation du chef   2 à 3 années

Quatrième période — Développement complet des armes   2 à 3 années

Temps total de formation du cadre   6 à 9 années

Dans des conditions exceptionnellement favorables, les première et deuxième périodes peuvent être incluses dans la première année et une vigne complètement formée peut être obtenue en cinq ans.

Avant la plantation.

Pour la plantation, des boutures, des vignes enracinées d'un an ou des greffes sur banc sont utilisées. Dans tous les cas, ils nécessitent une certaine attention de la part du sécateur.

La manière habituelle de tailler une vigne bien enracinée, de grosseur moyenne, ayant une seule canne au sommet et plusieurs bonnes racines en bas, est de raccourcir la canne à un ou deux bourgeons et les racines à deux ou quatre pouces, selon leur grosseur. Le raccourcissement de la canne rend la vigne moins susceptible de se dessécher avant l'enracinement et force la croissance des bourgeons inférieurs qui produisent des pousses plus vigoureuses. Les racines sont raccourcies afin qu'il n'y ait aucun risque que les extrémités soient tournées vers le haut lors de la plantation. S'ils doivent être plantés dans un grand trou, ils peuvent être laissés jusqu'à cinq ou six pouces ; s'ils doivent être plantés avec un pied de biche ou un plantoir, ils doivent être réduits à un demi-pouce.

Si la vigne enracinée comporte plusieurs sarments, il faudra les enlever entièrement sauf un, et celui-ci sera raccourci à un ou deux yeux. Celui qui reste doit être celui qui est le plus fort, qui a les meilleurs bourgeons et qui est le mieux placé. Lorsqu'une canne horizontale est laissée, elle doit être coupée jusqu'au bourgeon de base. Dans le cas contraire, la croissance principale pourrait se produire au niveau d'un bourgeon plus haut et la vigne aurait une courbure, ce qui donnerait un tronc mal formé.

Si les cannes poussent à partir de différentes articulations, il est généralement préférable de laisser la canne inférieure si elles sont tout aussi vigoureuses. Cela rapproche les bourgeons à partir desquels la croissance se fera des racines et laisse moins de bouture originale, ce qui constitue un avantage. La jointure supérieure entre les cannes est d'ailleurs souvent plus ou moins délabrée ou imparfaite.

Première saison de croissance.

Le traitement au cours du premier printemps et de l'été dépendra de la croissance attendue des vignes et du tuteurage ou non des vignes la première année.

Avec des boutures et avec des vignes enracinées et des greffons où la croissance sera modérée, le tuteurage la première année n'est pas nécessaire, bien qu'il présente quelques légers avantages. Dans ces cas, aucune taille d'aucune sorte n'est nécessaire jusqu'à l'hiver suivant la plantation, sauf dans le cas de greffes en banc. La taille dans ce dernier cas se limite à l'élimination des drageons du cep et des racines du cion. Si les ceps ont été bien ébourgeonnés par le pépiniériste, peu de drageons se développeront. Dans un sol humide, les racines du cion peuvent se développer vigoureusement et doivent être enlevées avant qu'elles ne deviennent trop grosses, sinon elles peuvent empêcher le bon développement des racines résistantes.

L'enlèvement des racines doit généralement être effectué au cours du mois de juillet. À cette fin, la colline de terre est grattée du syndicat et, après avoir retiré les racines et les drageons, elle est remplacée. Lors de ce second buttage, le syndicat devra être à peine recouvert afin que le sol autour du syndicat soit sec et défavorable à une seconde pousse de racines. Plus tard dans la saison, vers septembre, le sol doit être entièrement retiré autour du syndicat et toutes les nouvelles racines qui auraient pu se former doivent être retirées. L'union est ensuite laissée exposée pour durcir et mûrir, afin qu'elle passe l'hiver sans blessure.

Première taille d'hiver.

A la fin de la première saison de croissance, une bonne vigne moyenne aura produit de trois à cinq cannes, dont la plus longue mesurera de deux à trois pieds de long.

Peu de temps après la chute des feuilles en décembre ou au début de janvier, les vignes doivent être taillées. La méthode est précisément similaire à celle utilisée pour les vignes enracinées avant la plantation sauf que les racines principales ne sont pas touchées. Toutes les cannes sont entièrement retirées sauf une. Celui-ci doit être bien mûr, au moins à la base, et avoir des yeux bien formés. Il est raccourci à deux yeux. Il est bon également de couper toutes les racines peu profondes à moins de trois ou quatre pouces de la surface. Ceci est nécessaire dans le cas de vignes greffées si certaines ont échappé au raclage estival.

Certaines vignes peuvent avoir atteint une croissance exceptionnellement importante. Ces vignes peuvent parfois posséder une canne suffisamment grande pour démarrer le tronc de la manière décrite plus loin pour la deuxième taille d'hiver.

Jalonnement.

Si les vignes n'ont pas été tuteurées auparavant, les tuteurs doivent être plantés peu après la taille et avant le débourrement.

Afin de préserver l'alignement du vignoble, les piquets doivent être plantés du même côté de chaque vigne à une distance uniforme. La meilleure distance est d'environ deux pouces. Si on les rapproche, ils peuvent endommager les grosses racines ou même la tige souterraine principale si les vignes n'ont pas été soigneusement plantées verticalement ou inclinées vers le côté sur lequel le tuteur doit être placé.

Le côté sur lequel le tuteur doit être placé dépend de la direction des vents dominants pendant la saison de croissance. Ce côté est sous le vent. Autrement dit, le tuteur doit être placé de manière à ce que le vent pousse la vigne vers le tuteur plutôt que de l'en éloigner. Cela facilitera grandement le travail de maintien de la vigne debout et attachée au tuteur. Si la vigne est de l'autre côté, la pression du vent tendra la corde et le balancement de la vigne usera progressivement la corde jusqu'à ce qu'elle se brise, ce qui nécessitera de la renouer. En observant attentivement cette règle, très peu de vignes auront besoin d'être renouées, même si un matériau fragile comme de la ficelle de liage est utilisé.

Deuxième taille d'été.

Avant le débourrement, au printemps qui suit la plantation, la plupart des vignes présentent à peu près le même aspect qu'au moment de leur plantation. Il existe cependant une différence très notable : ils possèdent un système racinaire bien développé dans le sol où ils se sont formés. Le résultat est qu'ils démarrent beaucoup plus rapidement et plus tôt et produiront une croissance beaucoup plus importante que celle de la première saison. Pour cette raison , ils nécessitent une attention très particulière de la part du sécateur au printemps et en été de la deuxième saison. Les vignes négligées à ce moment-là, à cet égard, pourront produire une croissance aussi importante, mais une grande partie sera gaspillée, les vignes seront mal formées et il faudra encore un à deux ans pour développer une charpente adaptée et amener leur prise en compte, même s'ils sont traités correctement au cours des années suivantes. Plus les vignes sont vigoureuses, plus il est nécessaire de bien les manipuler pendant cette période.

L'objectif principal de cette deuxième saison de croissance est de développer une canne unique, solide, vigoureuse et bien mûre, à partir de laquelle former le tronc permanent de la vigne.

Cela se fait en concentrant toutes les énergies de la vigne dans la croissance d'un seul sarment. Dès le débourrement, ou lorsque le plus précoce a développé une pousse de quelques centimètres de longueur, il convient d'ébourgeonner la vigne. Cela consiste à frotter avec la main tous les bourgeons et pousses à l'exception des deux plus gros et les mieux placés. Les pousses les plus basses et dressées sont généralement les meilleures. Ne laissez que ceux qui feront une vigne droite. Il vaut mieux laisser des bourgeons moins développés qu'une pousse qui, en grandissant, fera un pli gênant avec la tige souterraine.

Après cet ébourgeonnage, les deux pousses restantes vont croître rapidement, car elles reçoivent toutes les énergies du système racinaire. Lorsque les plus longs ont atteint dix à quinze pouces, ils doivent être attachés au pieu. Si cela n'est pas fait, ils risquent d'être brisés par tout vent violent, en raison de leur texture douce et succulente. Seule la mieux placée et la plus vigoureuse des deux pousses doit être attachée. Si cette pousse pousse debout et à proximité du tuteur, cela peut se faire sans risque de la blesser. Dans ce cas, la deuxième pousse doit être supprimée. Si la pousse doit être pliée pour l'attacher au piquet, elle risque d'être blessée. Dans un tel cas, il convient de laisser pousser la deuxième pousse jusqu'à ce que l'on sache si la première a été blessée. En cas de blessure, le deuxième sarment pourra être ligaturé lors de la prochaine visite des vignes et le sarment blessé pourra être retiré.

Lors du ficelage des pousses réservées, toutes les nouvelles pousses qui se sont développées depuis le premier ébourgeonnage doivent être enlevées. Les pousses doivent être attachées sans serrer, car elles sont molles et facilement blessées, et elles doivent être soigneusement amenées du côté au vent du tuteur.

Les pousses devront être attachées une fois de plus lorsqu'elles auront atteint un autre pied ou dix-huit pouces. Il y aura alors deux attaches, l'une à deux ou trois pouces du haut du pieu et l'autre à peu près au milieu. Si les vignes ont un tuteur élevé et doivent être étêtées très haut, un autre liage plus haut peut être nécessaire plus tard.

La vigne n'ayant qu'une croissance modérée, aucune autre taille ne sera nécessaire avant l'hiver. Cependant, des vignes exceptionnellement vigoureuses peuvent produire une canne longue de huit, dix pieds ou plus. Une telle canne est lourde et risque fort de briser les cordes par lesquelles elle est attachée au piquet. Dans ce cas, il peut se briser au fond, ou du moins former une courbe gênante près du sol en mûrissant. Dans les deux cas, il est difficile de former un bon tronc l'année suivante. Même si les liens ne cassent pas, la canne ne conviendra pas bien au début d'un tronc, car les joints seront si longs qu'il sera impossible de laisser suffisamment de bourgeons bien placés à la taille d'hiver.

Ces deux difficultés peuvent être évitées grâce à un écimage opportun. Lorsque ces tiges à croissance vigoureuse ont atteint douze ou dix-huit pouces au-dessus du sommet du tuteur, elles sont coupées à peu près au niveau du tuteur. Cela se fait plus facilement avec un couteau à longue lame ou un morceau de bambou fendu. Après l'étêtage, la canne cesse de croître en longueur et les latérales commencent au niveau de la plupart des articulations. Il est moins exposé à l'action du vent et les latérales fournissent les bourgeons nécessaires à la formation de la vigne lors de la taille d'hiver.

PLANCHE XIII. — Hollandaise (× ²/₃).

Le résultat de la croissance de la deuxième saison a donc été de produire une seule canne vigoureuse avec ou sans latérales. C'est la canne qui va se développer pour devenir le tronc définitif et permanent de la vigne. Il doit non seulement être gros et vigoureux, mais aussi bien mûri. Si la vigne pousse trop tard dans la saison, un gel précoce peut détruire la canne non mûre et une grande partie des résultats de la croissance de l'année sera gaspillée. Un tel gel peut en effet tuer toute la vigne. Les vignes greffées sont particulièrement sujettes aux dommages de ce fait, car si elles sont tuées jusqu'à l'union, elles sont complètement ruinées. Les vignes non greffées tuées au sol peuvent être renouvelées à partir d'un drageon l'année prochaine. Ce rejet, cependant, est susceptible de croître avec une telle vigueur qu'il est encore plus susceptible d'être blessé par un gel d'automne que la pousse originale.

Cette croissance tardive est beaucoup plus fréquente sur les jeunes vignes que sur les vieilles vignes. Les vieilles vignes s'arrêtent plus tôt parce que leurs énergies sont dirigées vers la culture, et comme elles produisent plus de feuillage, elles puisent davantage dans l'humidité du sol, qui sèche donc plus tôt.

Il faut éviter le développement tardif des jeunes vignes et faire mûrir le bois si possible avant les gelées. Ceci est réalisé grâce à des moyens qui favorisent le séchage du sol en automne. Les irrigations tardives doivent être évitées. La culture devrait généralement s'arrêter au milieu de l'été. Dans les sols très humides et riches, il est souvent avantageux de cultiver du maïs, du tournesol ou des cultures similaires entre les rangs de vigne pour évacuer l'excès d'humidité. Dans certains cas, il est bon de laisser pousser les mauvaises herbes d'été dans le même but.

Deuxième taille d'hiver.

Avec des vignes traitées comme décrites et sur lesquelles aucun accident n'est survenu, la deuxième taille d'hiver est très simple. Elle consiste simplement à couper l'unique canne qu'on a laissé pousser jusqu'à la hauteur à laquelle on désire épier la vigne.

La vigne ainsi taillée consiste en une seule canne qui, avec le bois le plus ancien à la base, atteint presque le sommet du tuteur, soit quinze pouces. Si elle est correctement traitée, elle se développera en une vigne avec un tronc d'environ douze pouces, bien que cette longueur puisse être légèrement modifiée, comme nous l'expliquerons plus tard.

Cette canne se compose d'environ sept ou huit articulations ou entre-nœuds, avec un nombre égal d'yeux bien formés et un nombre indéfini de bourgeons dormants, principalement près de la base de la canne ou à la jonction du bois âgé d'un ou deux ans. Seuls les bourgeons de la moitié supérieure de cette canne pourront pousser. Ces bourgeons, environ quatre, devraient donner six à huit grappes de raisin et quatre, six ou huit pousses à partir desquelles formeront les éperons lors de la taille hivernale suivante.

Avec une vigne taillée pour former un épi haut, la canne mesure environ vingt-quatre pouces de long et peut servir à former un tronc de dix-huit pouces de haut, bien que cette hauteur puisse être modifiée comme dans le dernier cas. Comme pour la canne la plus courte, seuls les bourgeons de la moitié supérieure pourront produire des pousses. Celles-ci, environ six, devraient donner dix à douze grappes et les pousses nécessaires à la formation des éperons.

Dans tous les cas, un entre-nœud complet a été laissé au-dessus du bourgeon supérieur. Cela se fait en coupant le premier bourgeon au-dessus du plus haut que l'on souhaite faire pousser . Cette coupe est faite de manière à détruire le bourgeon mais à laisser intact le diaphragme et une partie du renflement du nœud. Cet entre-nœud supérieur est laissé en partie pour protéger le bourgeon supérieur, mais principalement pour faciliter le liage. En réalisant un demi-attelage autour de cet entre-nœud, la vigne est maintenue très fermement. Si le gonflement au nœud du bourgeon détruit n'est pas laissé, de nombreuses vignes seront arrachées de l'attelage lorsqu'elles deviendront lourdes de feuilles et souples sous l'écoulement de la sève au printemps.

Lors du liage des vignes, aucun tour ni accroc ne doit être fait autour d'une partie quelconque à l'exception de cet entre-nœud supérieur. Un accroc sous le bourgeon supérieur donnera une vigne au col tordu, car le sommet se pliera en été sous le poids du feuillage. Un accroc plus bas est encore plus nocif, car il ceinturera et étouffera la vigne.

Un deuxième lien à mi-chemin du haut vers le sol est toujours nécessaire pour redresser la canne. Même si la canne est droite lors de la taille, un deuxième lien est nécessaire pour l'empêcher de se courber sous la pression des feuilles et du vent au printemps. Pour les vignes à épi élevé, trois attaches sont généralement nécessaires.

Pour l'attache supérieure, le fil métallique est particulièrement adapté. Il tient mieux que la ficelle et ne s'use pas. Même s'il n'est pas retiré, il ne fait aucun mal, car la partie autour de laquelle il est enroulé ne grandit pas. Les attaches inférieures doivent être faites d'un matériau plus souple, car le fil a tendance à couper le bois. Ils doivent être placés de manière à ce que la canne puisse se développer au fur et à mesure de sa croissance. Avec des piquets fins et surtout ronds, cela signifie que l'attache doit être lâche. Avec de grands piquets carrés, il y a généralement suffisamment de place pour l'expansion, même lorsque la ficelle est bien attachée.

Troisième taille d'été.

Au cours de la troisième saison, les vignes moyennement cultivées produiront leur première récolte considérable et développeront les cannes à partir desquelles seront formés les premiers bras.

Une telle vigne, peu après le début des bourgeons au printemps, aura une pousse vigoureuse d'environ trois pouces de long issue du vieux bois et cinq bourgeons fruitiers commencés plus haut sur la canne. Tous les bourgeons et pousses situés en dessous du milieu de la canne doivent être enlevés.

Cela laissera quatre ou cinq bourgeons fruitiers et donnera à la vigne la possibilité de produire huit ou dix grappes de raisin. Ces bourgeons produiront également au moins quatre ou cinq pousses. Si la vigne est très vigoureuse et la saison favorable, elle peut en produire huit, dix ou davantage.

Lorsque les cinq pousses grandissent, la hauteur de la tête sera déterminée lors de la prochaine taille d'hiver par laquelle des tiges correspondantes seront laissées comme éperons. Si les deux sarments les plus hauts sont réduits en éperons et tous les autres enlevés, la vigne sera étêtée le plus haut possible, car ces deux éperons forment les deux premiers bras qui déterminent la longueur du tronc. Si les deux cannes les plus basses sont choisies et que toute la vigne au-dessus d'elles est enlevée, le tronc sera rendu aussi bas que possible. Des hauteurs intermédiaires peuvent être obtenues en utilisant deux autres cannes adjacentes et en retirant le reste. Il est souvent conseillé de laisser quelques dards supplémentaires plus bas que ce que l'on souhaite pour l'épi de la vigne et de retirer ces dards inférieurs l'hiver suivant après qu'ils ont porté une récolte. Par exemple, les trois ou quatre sarments supérieurs peuvent être laissés, si la vigne est suffisamment vigoureuse, et le ou les deux inférieurs seront retirés lors de la taille suivante. Cependant, cela n'est pas souvent nécessaire avec des vignes correctement manipulées et est répréhensible car cela provoque de grandes blessures dans le tronc.

Troisième taille d'hiver.

À la fin de la troisième saison de croissance, la vigne doit avoir un tronc droit et bien développé avec un certain nombre de cannes vigoureuses près du sommet à partir desquelles former les bras.

La figure 28 représente une vigne bien développée à cette époque. Aucune pousse n'a pu pousser sur la partie inférieure du tronc et les cinq bourgeons autorisés à pousser au-dessus ont produit neuf cannes vigoureuses. Le sécateur doit laisser suffisamment d'éperons pour fournir tous les bourgeons fruitiers que la vigne peut utiliser. Le nombre, la taille et l'épaisseur des cannes montrent que la vigne est très vigoureuse et peut supporter une récolte importante. Le nombre de bourgeons qui doivent rester dépendra quelque peu de la variété. Pour une variété dont les grappes font en moyenne une livre et qui produit deux grappes par pousse, douze bourgeons fruitiers devraient donner environ vingt-quatre livres, ou environ sept tonnes par acre, si les vignes sont plantées à 12 pieds sur 6, comme c'était le cas. Le nombre d'éperons dépendra de leur longueur. Six éperons de deux bourgeons chacun donneront le nombre requis, mais comme certaines de ces cannes sont exceptionnellement vigoureuses , il faudra les laisser un peu plus longtemps, auquel cas un plus petit nombre d'éperons suffira.

FIG. 28. Vigne de trois ans prête à être taillée.

Lorsque le nombre et la longueur des éperons seront déterminés, il faudra choisir les cannes qui laisseront ces éperons dans la position la plus appropriée pour former des bras. Cette position dépendra si l'on souhaite une vigne en forme de vase ou en éventail. Dans le premier cas, on choisit ceux qui répartiront les éperons le plus uniformément et symétriquement sur tous les côtés, en évitant ceux qui se croisent ou pointent vers le bas.

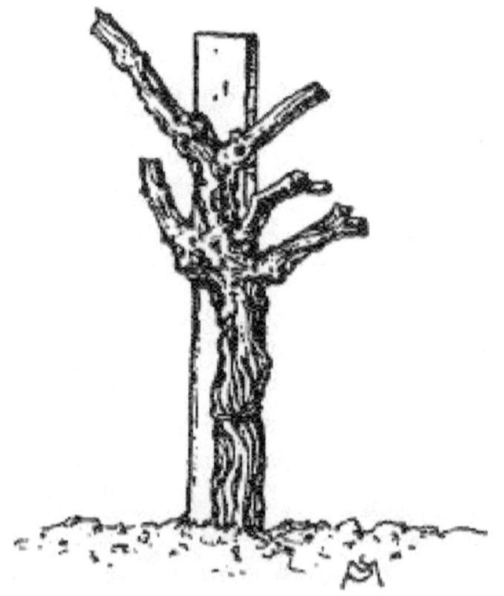

FIG. 29. Vigne de <u>la Fig. 28</u> après taille pour tête en forme de vase.

Dans le deuxième cas, on choisit uniquement les cannes qui vont dans le sens du treillis, en évitant les cannes qui dépassent entre les rangs. Des cannes pointant vers le bas peuvent être utilisées dans ce cas.

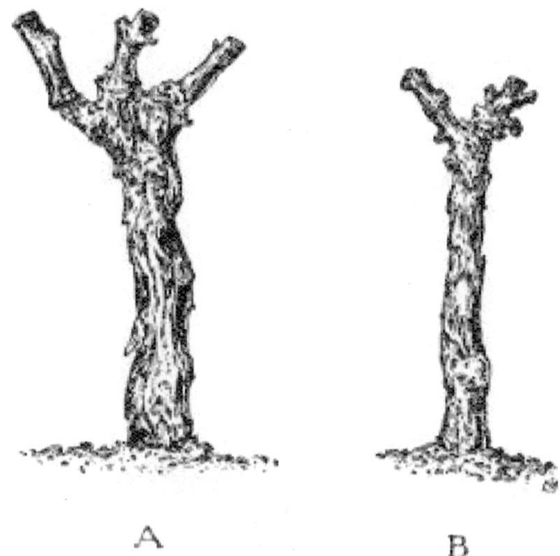

FIG. 30. Vignes de trois ans : *A* , taillées pour une forme en vase, et *B* , pour une pomme en éventail.

<u>La figure 29</u> montre la vigne après taille pour un épi en forme de vase. Le sécateur a utilisé deux des cannes les plus résistantes pour former deux éperons à trois bourgeons et trois de vigueur moyenne pour former trois éperons à deux bourgeons. La tête est de bonne forme, même si certains éperons sont un peu trop bas. Un, deux ou trois d'entre eux peuvent être enlevés lors de la taille d'hiver suivante, et les bras permanents et le capitule de la vigne sont formés de cannes qui se développent sur les deux contreforts les plus élevés. Si la vigne était trop haute, l'année suivante, l'épi pouvait être développé à partir des trois éperons les plus bas et la partie supérieure enlevée.

<u>La figure 30</u> montre des vignes du même âge de forme pratiquement parfaite. Moins d'éperons ont été laissés car les vignes étaient moins vigoureuses. Il est plus facile de bien façonner les vignes qui ne font qu'une croissance modérée durant les trois premières saisons. En revanche, des vignes très vigoureuses peuvent enfin être amenées à une forme pratiquement parfaite et les blessures un peu plus grandes et plus nombreuses nécessaires sont plus facilement cicatrisées par une vigne vigoureuse.

Taille après le troisième hiver.

Pour le sécateur qui connaît la taille des jeunes vignes et les a amenées à peu près à la forme représentée aux Fig. 29 et 30 , la taille hivernale ultérieure est très simple. Cela implique cependant une idée nouvelle : la distinction entre les fruits et le bois stérile.

Jusqu'à la troisième taille d'hiver, cette distinction n'est pas nécessaire ; d'abord parce que pratiquement tout le bois est du bois fruitier, et ensuite parce que la nécessité de former la vigne détermine le choix du bois. Mais à partir de cette époque, cette distinction doit être soigneusement faite. A chaque taille d'hiver, il faut laisser un certain nombre d'épis de bois fruitiers pour produire la récolte attendue par la taille et la vigueur de la vigne. En plus de ces dards fruitiers, il peut être nécessaire de laisser des dards en bois stérile pour permettre d'augmenter le nombre d' ergots fruitiers l'année suivante.

FIG. 31. Vigne de quatre ans taillée pour obtenir une tête en forme de vase.

Cela deviendra clair en comparant les Fig. <u>30 </u>A et <u>31 </u>. La figure <u>30 </u>A montre une vigne à la troisième taille d'hiver avec deux éperons fruitiers de deux bourgeons chacun et un éperon fruitier d'un bourgeon, soit cinq bourgeons fruitiers en tout.

Si ces cinq bourgeons fruitiers produisent tous des pousses vigoureuses au cours de l'été suivant, ils fourniront cinq cannes de bois fruitier qui pourront servir à former cinq dards fruitiers lors de la taille hivernale suivante, ce qui sera à peu près l'augmentation normale nécessaire. Certains de ces bourgeons fruitiers peuvent cependant produire des pousses faibles ou si mal placées qu'elles gâcheraient la forme de la tête si elles étaient utilisées comme éperons. D'autres pousses, cependant, seront produites à partir de bourgeons de base, secondaires et adventifs qui, bien que moins fructueux, peuvent être utilisés pour former des éperons pour le démarrage de nouveaux bras.

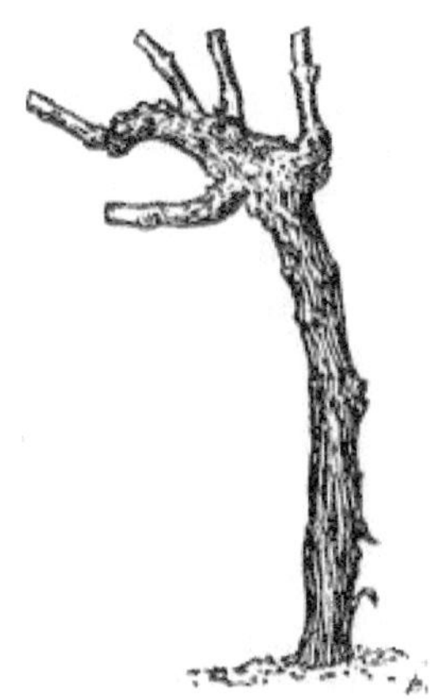

FIG. 32. Vigne de quatre ans taillée pour une tête haute en forme de vase.

<u>La figure 31</u> montre une vigne après la quatrième taille d'hiver qui s'est développée à partir d'une vigne similaire à celle montrée sur <u>la figure 30</u> A. Parmi les trois dards fruitiers laissés l'année précédente, quatre cannes ont été choisies pour les dards fruitiers de cette année. Le vieil éperon de gauche a fourni deux nouveaux éperons et les deux anciens éperons de droite ont fourni chacun un nouvel éperon. Le sécateur, jugeant que la vigne est suffisamment vigoureuse pour supporter davantage de bois, a formé deux éperons à partir de pousses d'eau qui, bien que peu susceptibles de produire beaucoup de fruits la première saison, fourniront du bois fruitier pour l'année suivante. Le résultat est une vigne très bien formée avec six éperons presque parfaitement équilibrés. Ces éperons deviendront des armes permanentes, quelques-unes en fournissant finalement deux ou trois.

<u>La figure 32</u> montre une vigne à épi élevé du même âge. Il comporte cinq éperons, dont quatre sont des éperons fruitiers et un un éperon en bois stérile laissé pour façonner la vigne. Les deux éperons plus ou moins horizontaux de droite porteront leurs fruits à l'automne suivant et seront entièrement supprimés à la taille hivernale suivante, car mal placés. Les bras de la vigne seront alors développés à partir des trois éperons verticaux, parfaitement placés.

Chaque année par la suite, le même processus doit être suivi. Premièrement, il faut laisser suffisamment de dards fruitiers, aussi bien placés que possible, pour produire la récolte. Deuxièmement, sur la plupart des vignes, des éperons supplémentaires en bois stérile doivent être laissés pour fournir davantage de bras là où ils sont nécessaires, et enfin, lorsque l'ensemble des bras est développé, pour fournir de nouveaux bras pour remplacer ceux qui sont devenus trop longs ou qui sont autrement défectueux. .

En vigne épilée, le traitement jusqu'au troisième hiver est le même aux variations de hauteur de l'épi mises à part. Cependant, à la troisième taille d'hiver, la formation de la tête commence et le sécateur détermine si elle sera en forme de vase ou d'éventail. La réalisation d'une tête en forme de vase a déjà été décrite.

FIGURE 33. *A* , avant la taille ; *B* , après la taille.

Lors de la troisième taille d'hiver, la vigne doit être taillée à deux éperons, comme le montre la Fig. 30 B. Les vignes plus vigoureuses ne doivent *pas* recevoir plus d'éperons, comme dans les Fig. 29 et 30 A, mais les éperons devraient être plus longs, avec quatre, cinq, voire six yeux dans certains cas. Ceci afin d'obtenir des fruits, qui ne pourraient pas être obtenus avec des variétés à taille longue en laissant de nombreux éperons. Avec des vignes extrêmement vigoureuses, une seule canne fruitière peut être laissée à cette taille. Les fils du treillis devraient être posés cette année, si cela n'a pas déjà été fait.

Les figures 33 A et 33 B illustrent la deuxième étape de la production d'une tête en forme d'éventail. Cette forme d'épi est utilisée uniquement pour les vignes palissées et les cépages en taille longue. La formation de la pomme et la gestion des cannes à fruits sont donc commodément discutées ensemble.

En comparant la vigne taillée, Fig. 33 B, avec la vigne non taillée, Fig. 33 A, la méthode de taille sera clarifiée. La vigne non taillée présente deux bras, les contreforts de l'année précédente, de l'un desquels ont poussé trois cannes vigoureuses et des deux autres un peu moins vigoureux. La vigne taillée présente une unité complète, c'est-à-dire une canne fruitière accompagnée de son éperon de renouvellement du côté vigoureux et un éperon pour la production de bois fruitier pour l'année suivante de l'autre côté. Si la vigne avait été plus vigoureuse, il resterait deux unités complètes et un ou deux épis supplémentaires.

La forme de la vigne étant déterminée par les éperons de renouvellement, une attention particulière doit être portée à leur position. Dans ce cas, la canne médiane d'un bras et la canne inférieure de l'autre ont été utilisées comme éperons de renouvellement. Cela les amène tous deux à la même hauteur au-dessus du sol et détermine la place des bras permanents. L'année suivante, chacun de ces éperons fournira une canne fruitière et un ou deux éperons de renouvellement. Les armoiries seront ainsi portées dans deux ou trois ans à quatre, ou, pour les vignes très grandes, à six. Ces éperons doivent être choisis le plus près possible du plan du treillis, c'est-à-dire qu'ils ne doivent pas faire saillie latéralement. La figure 25 montre des vignes de ce type en pleine taille et en pleine production.

Les tiges des fruits doivent également être aussi rapprochées que possible de la direction du treillis, bien que cela ne soit pas si important, car elles peuvent être courbées vers le fil lorsqu'elles sont attachées et, de toute façon, elles sont retirées l'année suivante.

Vignes à deux têtes.

Certains vignerons tentent de disposer les bras de leurs vignes en deux étages, l'un au-dessus de l'autre, formant des vignes à deux têtes ou à deux couronnes. La méthode est appliquée aussi bien aux vignes en vase qu'aux vignes palissées. Il s'expose aux mêmes critiques que le cordon vertical, dont la principale est qu'il ne peut être maintenu en permanence. Le bas de la tête ou l'anneau des bras finit par s'affaiblir et ne parvient plus à produire du bois.

Il est plus facile à entretenir dans les vignes palissées et présente certains avantages dont le principal est de faciliter le maintien de la vigne dans le plan unique et d'éviter que les bras ne pénètrent dans les inter-rangs. Le double tronc n'est pas nécessaire et constitue en fait un inconvénient, car un tronc a tendance à croître au détriment de l'autre.

Cannes verticales et courbées.

La figure 24 A montre une vigne taillée longuement dont les cannes fruitières ont été attachées verticalement à un haut tuteur. Il s'agit d'une méthode couramment utilisée dans de nombreux vignobles. L'unité de taille est la même que dans la méthode qui vient d'être décrite, composée d'une canne fruitière et d'un éperon de renouvellement. La charpente de la vigne est constituée d'un tronc de hauteur moyenne, avec une tête en forme de vase composée de trois ou quatre bras. Les défauts de ce système ont été signalés page 155 .

Il est utilisé avec un certain succès avec les sultanes sans pépins et avec certains raisins de cuve comme le Colombar , le Sémillon, le Cabernet et le Riesling, entre les mains d'habiles sécateurs. Les résultats avec Sultanina sont très insatisfaisants.

Par cette méthode, sur la plupart des vignes, les cannes à fruits partent de haut vers le milieu du tuteur, et sont donc trop courtes pour obtenir les meilleurs résultats. Les cannes qui partent du bas sont dans la plupart des cas des drageons, et donc de peu de valeur pour la fructification.

La figure 24 B montre une vigne avec des cannes courbées. La méthode de taille est exactement la même que celle qui vient d'être décrite. Le courbure des cannes corrige cependant certains des défauts de cette méthode. Il est utilisé régulièrement dans de nombreux vignobles de raisin des régions les plus froides. Il ne convient pas aux vignes très vigoureuses en sol riche.

Cordons verticaux.

FIG. 34. Cordon vertical, jeune vigne taillée.

En taille d'épi, le traitement des jeunes vignes jusqu'à la deuxième ou troisième taille d'hiver est identique pour tous les systèmes. En taille cordon, le traitement du premier et du deuxième est également le même. C'est-à-dire que la vigne est coupée en deux bourgeons près du niveau du sol jusqu'à ce qu'on obtienne une canne suffisamment longue pour servir à la formation du tronc.

Dans le cordon vertical, le tronc mesure de trois à quatre pieds de long au lieu de un à deux, comme dans la taille de l'épi. Cela nécessite d'avoir une canne plus longue et plus vigoureuse pour commencer. Cela peut prendre un an de plus pour l'obtenir. C'est-à-dire qu'à la fin de la deuxième saison de croissance, de nombreuses vignes n'auront pas une seule canne suffisamment développée pour donner les trois pieds et demi nécessaires de bois bien mûri et de bourgeons bien développés. A la deuxième taille d'hiver, il sera donc souvent nécessaire de couper la vigne à deux bourgeons, comme à la première taille d'hiver.

Finalement, une canne de la longueur requise sera obtenue. La vigne est alors formée comme déjà décrit pour la deuxième taille hivernale des vignes étêtées, sauf que la canne est laissée plus longue. Lorsqu'une telle vigne est taillée, des éperons sont laissés à intervalles réguliers le long du tronc, comme le montre la Fig. 34 . Chacun de ces éperons est un éperon à fruits et est aussi le début d'un bras. Le traitement futur de ces bras est le même que celui des bras en taille de tête.

Cordons horizontaux.

Durant les deux ou trois premières années, les vignes destinées à recevoir la forme de cordons horizontaux sont traitées exactement comme les cordons verticaux, c'est-à-dire qu'elles sont taillées à deux bourgeons chaque hiver et que la croissance est forcée par ébourgeonnage en une seule canne pendant L'été.

Dès qu'une canne bien mûrie et de la longueur requise est obtenue, elle est attachée à un fil tendu horizontalement le long du rang entre quinze et vingt-quatre pouces du sol.

Pour ce système de taille, les rangées doivent être espacées de douze à quatorze pieds et les vignes de six, sept ou huit pieds dans les rangées. Comme le cordon ou tronc de chaque vigne doit atteindre le cep suivant, il devra mesurer six à huit pieds de long. La meilleure forme est obtenue lorsque le tronc est entièrement formé en un an à partir d'une seule canne. Il faut cependant parfois mettre deux ans pour la formation du tronc. Dans tous les cas, la première canne attachée doit atteindre au moins la moitié de la vigne suivante. L'année suivante, une nouvelle canne doit être utilisée à l'extrémité de celle-ci pour compléter toute la longueur du tronc.

En attachant la canne au fil, elle doit être pliée dans une courbe douce et prendre soin de ne pas la casser ou de la blesser. La forme appropriée du coude est illustrée sur les Fig. 27 et 35 . Les virages serrés doivent être évités.

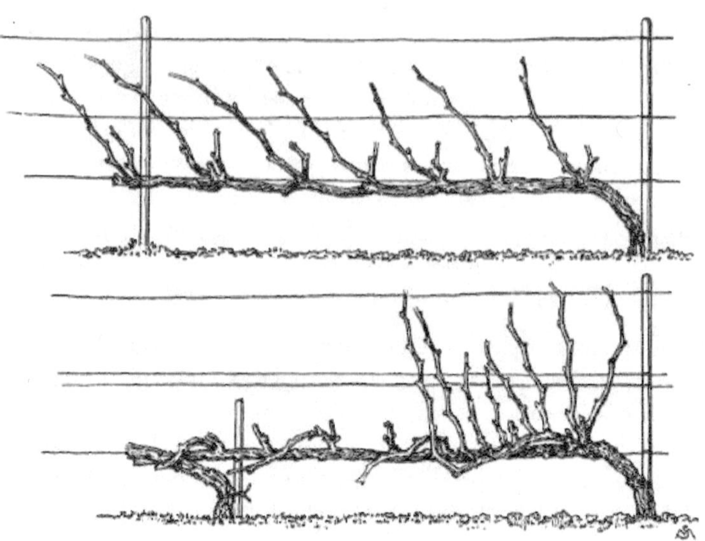

FIG. 35. Cordon horizontal unilatéral avec taille mi-longue.

La canne doit être placée sur le fil, mais ne doit pas être enroulée autour de celui-ci. L'extrémité doit être fermement attachée et le reste de la canne soutenu par des ficelles attachées sans serrer afin d'éviter que la canne ne s'enroule lorsque la canne grandit.

Au printemps suivant, la plupart des bourgeons d'une bonne canne commenceront. Si la canne est à articulation courte, certaines pousses doivent être enlevées et seules les pousses qui sont idéalement situées pour des bras permanents doivent se développer. Si les vignes doivent être taillées courtes, les bras doivent être développés tous les huit à douze pouces, de quelques pouces au-delà du virage jusqu'à l'extrémité. Pour une taille longue, les bras doivent être plus écartés, de douze à vingt pouces. Les pousses partant du haut de la canne et poussant verticalement vers le haut sont à privilégier.

Au fur et à mesure que les pousses se développent, les plus fortes doivent être pincées à plusieurs reprises, si nécessaire. Cela aura tendance à forcer la croissance des pousses les plus faibles et à égaliser la vigueur de toutes. À la fin de la saison, il devrait y avoir de cinq à dix tiges poussant sur chaque cordon de pleine longueur. Ces cannes sont ensuite taillées à deux ou trois bourgeons, voire un peu plus longtemps pour les variétés à taille longue.

Au printemps et en été suivants, les vignes doivent être soigneusement damponnées et les pousses d'eau inutiles enlevées. Toutes les pousses provenant de la face inférieure du cordon doivent être retirées tôt pour renforcer la croissance des pousses situées sur la face supérieure. Ces vignes ont tendance à devenir sèches ou pourries sur la face supérieure. À la fin de cette année, qui devrait être au plus tard la quatrième ou la cinquième année après la plantation, le cordon sera complètement formé et la taille définitive pourra être appliquée. Une vigne cordon en taille courte est représentée sur la Fig. 27 . Les bras et les éperons sont un peu trop nombreux et trop rapprochés . Si cette vigne avait nécessité le nombre de bourgeons indiqué, il aurait été préférable de laisser les dards fruitiers plus longs et de laisser des éperons boisés moins nombreux et plus courts.

La vigne supérieure de la fig. 35 montre un cordon taillé à moitié long. C'est un excellent système pour Malaga, Emperor et Cornichon lorsqu'ils poussent dans un sol très fertile. Il donne les cannes fruitières mi-longues, dont ces variétés ont besoin pour produire de bonnes récoltes. Les cannes à fruits peuvent être attachées à un fil de douze ou quinze pouces au-dessus du cordon ou pliées et attachées au cordon lui-même, comme dans la vigne inférieure de la figure. La première méthode est la plus commode, mais la seconde est nécessaire lorsqu'il est difficile d'obtenir une croissance satisfaisante des éperons de renouvellement. Lorsque les cannes à fruits sont attachées, comme indiqué dans la vigne inférieure, des éperons de renouvellement peuvent ne pas être nécessaires, car des pousses vigoureuses seront généralement obtenues à partir des bourgeons inférieurs des cannes à fruits.

Choix d'un système.

En choisissant un système, nous devons examiner attentivement les caractéristiques de la variété particulière que nous cultivons. Une variété qui ne porte que sur les bourgeons supérieurs doit être taillée « longue », c'est-à-dire qu'elle doit recevoir des cannes à fruits. A noter que de nombreuses variétés, comme la Petite Sirah , qui supporteront une taille courte lorsqu'elles sont greffées sur des racines résistantes, nécessitent des cannes fruitières lorsqu'elles poussent sur leurs propres racines. En général, les vignes greffées nécessitent une taille plus courte que les vignes non greffées . Si elles sont taillées de la même manière, les vignes greffées risquent de devenir envahissantes et de s'épuiser rapidement. Ceci semble être la principale raison des échecs fréquents des vignes de muscat greffées sur des pieds résistants. Les conditions culturales affectent également la vigne à cet égard. Les vignes rendues vigoureuses par un sol riche, une humidité abondante et une culture minutieuse nécessitent une taille plus longue que les vignes plus faibles de la même variété.

La taille normale du régime est également importante. Cette taille variera d'un quart de livre à 2 ou 3 livres. Il est difficile d'obtenir une récolte complète à partir d'une variété dont les grappes sont très petites sans l'utilisation de cannes fruitières. Les éperons ne fourniront pas suffisamment de bourgeons fruitiers sans les encombrer de manière gênante. D'un autre côté, certains raisins d'expédition peuvent donner des rendements plus importants lorsqu'ils sont taillés longs, mais les grappes et les baies peuvent être trop petites pour une qualité optimale.

Les possibilités de développement varient beaucoup selon les variétés. Une Mission ou Flame Tokay peut être conçue pour couvrir un quart d'acre et développer un tronc de quatre ou cinq pieds de circonférence. Une vigne de Zinfandel dans les mêmes conditions n'atteindrait pas un dixième de cette taille dans le même temps. Les vignes situées dans un sol de vallée riche pousseront beaucoup plus grandes que sur un flanc de colline pauvre. La taille et la forme du tronc doivent être modifiées en conséquence et adaptées à la place disponible ou au nombre de vignes par acre.

La forme de la vigne doit être telle qu'elle la protège autant que possible des diverses conditions défavorables. Une variété sensible à l'oïdium , comme le Carignane, doit être taillée de manière à ce que les fruits et le feuillage ne soient pas trop rapprochés. Une exposition libre à la lumière et à l'air constitue à cet égard une grande protection. Il en va de même pour les variétés comme le Muscat, qui ont tendance à « couler » si les fleurs sont trop humides ou ombragées. Dans les endroits glacials, un tronc haut constituera une protection, car l'air est toujours plus froid près du sol.

Les qualités requises dans la culture influencent également notre choix d'un système de taille. Avec les raisins de cuve, une maturation parfaite et une saveur complète sont souhaitables. Ceux-ci sont obtenus mieux en plaçant les raisins à une hauteur uniforme du sol et aussi près que possible de celui-ci. Les mêmes qualités sont recherchées dans les raisins secs, avec en plus des baies de grande taille. Lors du transport des raisins, la taille et la perfection des baies et des grappes sont les caractéristiques les plus essentielles. La vigne doit donc être formée de telle sorte que chaque grappe pende clairement, sans contact nuisible avec les cannes ou le sol et également exposée à la lumière et à l'air.

Les rendements maximaux en culture dépendent de la précocité des jeunes vignes, de la régularité de la production des vignes matures et de la longévité du vignoble. Celles-ci sont assurées par une attention particulière portée à tous les détails de la taille, mais ne sont possibles que lorsque les vignes reçoivent une forme adaptée.

Les dépenses de fonctionnement d'un vignoble dépendent dans une large mesure du style de taille adopté. Des vignes de forme adaptée sont cultivées, taillées et la récolte est récoltée facilement et à moindre coût. Cela dépend aussi à la fois de la forme de vigne adoptée et du soin apporté aux détails.

Il est donc impossible de préciser, pour une variété particulière ou un lieu particulier, le meilleur style de taille à adopter. Tout ce que l'on peut faire, c'est donner les caractères généraux de la variété et indiquer comment ceux-ci peuvent être modifiés par le greffage, les conditions pédoclimatiques ou autres.

La caractéristique la plus importante de la variété dans le choix d'un système de taille est de savoir si elle nécessite normalement ou habituellement une taille courte, mi-longue ou longue. Dans cette idée, les principaux raisins cultivés en Californie, ainsi que tous ceux cultivés à la Station Expérimentale sur lesquels des données existent, ont été divisés en cinq groupes dans la liste suivante :

- 1. *Variétés qui nécessitent une taille longue dans toutes les conditions.* — Clairette blanche, Corinth blanche et noire, Seedless Sultana, Sultanina blanche (Thompson's Seedless) et rose.

- 2. *Variétés qui nécessitent généralement une taille longue.* — Bastardo, Boal de Madeira, Chardonay , Chauché gris et noir, Colombar , Crabbe's Black Burgundy, Durif, Gamais , Kleinberger , Luglienga , Marsanne, Marzemino , Merlot, Meunier, Muscadelle de Bordelais, Nebbiolo, Pagadebito , Peverella , Pinots, Rieslings, Robin noir, Ruländer , Sauvignon blanc , Sémillon, Serine, Petite Sirah , Slancamenca , Steinschiller , Tinta Cao, Tinta Madeira, Trousseau, Verdelho, Petit Verdot, Wälcherisling .

- 3. *Variétés qui nécessitent généralement une taille courte.* — Aleatico , Aligoté, Aspiran , Bakator , Bouschets , Blaue Elbe, Beba , Bonarda , Barbarossa, Catarattu , Charbono , Chasselas , Freisa , Frontignan , Furmint, Grand noir, Grosseblaue , Green Hongrois, Malmsey, Mantuo , Monica, Mission, Moscatello fino , Mourisco blanc , Mourisco preto , Negro amaro, Palomino, Pedro Zumbon , Perruno , Pizzutello di Roma, Black Prince, West's White Prolific, Quagliano , Rodites , Rozaki , Tinta Amarella , Vernaccia blanche , Vernaccia Sarda.

- 4. *Variétés qui nécessitent une taille courte dans toutes les conditions.* — Aramon , Burger, Chardonay , Chauché gris et noir, Colombar , Bourgogne Noire de Crabbe, Durif, Maroc Noir, Mourastel , Muscat d'Alexandre, Napoléon, Picpoule blanc et noir, Flame Tokay, Ugni blanc , Verdal , Zinfandel.

- 5. *Variétés de raisins de table qui nécessitent généralement une taille mi-longue ou en cordon .* — Almeria (Ohanez), Bellino , Bermestia bianca et violacea , Cipro nero , Dattier de Beyrouth, Cornichon, Empereur, Ferrara Noire, Malaga, Olivette de Cadenet , Pis -de-Chevre blanc , Schiradzouli , Zabalkanski .

Ces listes ne doivent pas être considérées comme indiquant de manière absolue et dans tous les cas comment ces variétés doivent être taillées. Ils indiquent simplement leurs tendances naturelles. Certaines méthodes et conditions tendent à rendre la vigne plus fructueuse. Lorsque cela se produit, une taille plus courte que celle indiquée peut être recommandée. A l'inverse, d'autres méthodes et conditions tendent à rendre la vigne vigoureuse au détriment de la fécondité. Lorsque cela se produit, une taille plus longue peut être recommandée.

Les facteurs les plus courants qui tendent vers *la fécondité* sont :

- Greffage sur vignes résistantes, notamment sur certains cépages comme ceux de Riparia et Berlandieri ;

- Vieillesse des vignes ;

- Blessures mécaniques ou autres à une partie quelconque de la vigne ;

- Grand développement du tronc, comme dans les systèmes de cordon.

Les facteurs les plus courants qui tendent vers *la vigueur* au détriment de la fécondité sont :

- Sol riche, particulièrement riche en humus et en azote ;

- Jeunesse des vignes ;

- Irrigation ou précipitations excessives (dans certaines limites).

Pour décider du système de taille à adopter, il faut tenir compte de tous ces facteurs, ainsi que de la nature de la vigne et des usages auxquels le fruit sera destiné. Il est préférable, au début du vignoble, de privilégier la taille courte. Même si cela peut diminuer légèrement la première ou les deux premières récoltes, la vigne gagnera en vigueur et la perte sera rattrapée lors des récoltes suivantes. Si le style de taille adopté conduit à une vigueur excessive de la vigne, il convient de l'orienter progressivement vers une taille plus longue dans le but d'utiliser cette vigueur dans la production des cultures.

Cette évolution doit être progressive, sinon on risque de nuire à la vitalité de la vigne par une ou deux récoltes trop abondantes. Enfin, chaque année, l'état de chaque vigne doit déterminer le type de taille à adopter. Si la vigne semble faible, quelle qu'en soit la cause, elle doit être taillée plus courte ou lui donner moins d'éperons ou de cannes à fruits que l'année précédente. Au contraire, s'il apparaît inutilement vigoureux, il faut laisser des éperons ou des cannes à fruits plus ou plus longs. Chaque vigne doit être jugée par elle-même. Il n'est pas possible de donner plus que des indications générales pour la taille de l'ensemble du vignoble. Il ne peut être bien taillé que si les hommes qui effectuent la taille proprement dite sont capables de faire preuve de suffisamment de jugement pour modifier correctement leurs méthodes pour chaque vigne individuelle.

PLANCHE XIV. —Eaton (× $^4/_5$).

CHAPITRE X

LES RAISINS EUROPÉENS EN AMÉRIQUE DE L'EST

Comme nous l'avons vu, de nombreux efforts ont été déployés pour cultiver des raisins européens en Amérique au cours des deux premiers siècles de colonisation du pays. Les différentes tentatives, certaines impliquant des individus, d'autres des sociétés et, au début, même des colonies, constituent les épisodes les plus instructifs et les plus dramatiques de l'histoire de l'agriculture américaine. Tous les efforts, rappelons-le, ont été des échecs, si lamentables et pathétiquement complets que nous avons l'habitude de considérer les deux cents ans écoulés depuis les premiers établissements en Amérique jusqu'à l'introduction de l'Isabella, un cépage indigène, comme du temps perdu en culture futile. d'un fruit étranger. Les premiers efforts furent cependant loin d'être vains, car à la suite des tribulations de deux siècles de viticulture est née la domestication de nos raisins indigènes, l'une des réalisations les plus remarquables de l'agriculture.

L'avènement d'Isabella et de Catawba a complètement transformé les pensées des vignerons des raisins de l'Ancien Monde vers les raisins du Nouveau Monde. En fait, les viticulteurs ont été tellement conquis par les mille et plus de raisins indigènes que, pendant le siècle qui a suivi, personne n'a planté de raisins de l'Ancien Monde à l'est des Rocheuses, tandis que l'on peut trouver des vignobles d'espèces indigènes au nord et au sud, de l'Atlantique à l'Amérique. Pacifique.

Entre-temps, de nombreuses nouvelles connaissances ont été apportées à l'agriculture, de vieilles idées fausses ont subi de nombreux coups durs et les chaînes de tradition dans lesquelles était liée la culture des plantes ont été brisées. Dans aucun domaine de l'agriculture les travailleurs n'ont reçu une plus grande aide de la science que dans la viticulture. Cela est particulièrement vrai pour les maladies de la vigne. Les récits des anciens expérimentateurs étaient à peu près les mêmes : « une maladie s'empare des vignes et elles meurent ». Ce qu'était cette maladie et s'il existait des mesures préventives ou des remèdes, personne ne le savait il y a cent ans. Mais au cours du dernier demi-siècle, nous avons beaucoup appris sur les maux du raisin et connaissons désormais des mesures préventives ou des remèdes pour la plupart d'entre eux. Nous savons aussi que les premiers vignerons ont échoué, du moins en partie, parce qu'ils ont suivi les pratiques empiriques européennes. N'est-il pas possible qu'avec les nouvelles connaissances, nous puissions désormais cultiver des raisins européens en Amérique de l'Est ? La station d'expérimentation agricole de New York a mis cette question à l'épreuve, avec des résultats indiquant que les raisins européens pourraient désormais être cultivés avec succès en Amérique de l'Est. Ce qui suit est un compte rendu du travail effectué avec ce fruit à la gare de New York.

RAISINS EUROPÉENS À LA STATION EXPÉRIMENTALE DE NEW YORK
[17]

Au printemps 1911, la Station obtient des boutures de 101 variétés de raisins européens du Département de l'Agriculture des États-Unis et de l' Université de Californie. Les boutures obtenues ont été greffées sur les racines d'une collection hétérogène de plants, mis en place depuis cinq ans, représentant une demi-douzaine d'espèces de Vitis. Ces stocks n'avaient pas grand-chose à offrir, si ce n'est qu'ils étaient tous vigoureux, bien établis et tous plus immunisés contre le phylloxéra que les variétés de l' Ancien Monde . De quatre à six greffes de chacune des cent variétés ont été réalisées et un peuplement de 380 vignes en a résulté, le pourcentage de perte étant extrêmement faible. Le succès du greffage est probablement dû à la méthode utilisée, dont l'intérêt a été prouvé lors de travaux antérieurs sur le terrain de la Station. La méthode de greffe et les détails des soins sont les suivants :

Détails des soins.

Lors du greffage, la terre était retirée des plantes jusqu'à une profondeur de deux ou trois pouces. Les vignes ont été sciées directement sous la surface du sol. Le stock a ensuite été divisé pour une greffe en fente. Deux cions, réalisés comme décrit à la page 46 , ont été insérés dans chaque fente et attachés en place avec de la ficelle cirée. La cire n'a pas été utilisée car elle ne colle pas lors du greffage des raisins, en raison du saignement du cep. Après avoir réglé le cion, la terre a été remplacée et une quantité suffisante a été utilisée pour couvrir le stock et le cion afin d'éviter l'évaporation. Cette méthode de greffage est accessible à ceux qui possèdent de vieilles vignes. C'est si simple que le plus novice peut ainsi greffer du raisin. Si de jeunes plants ou boutures étaient utilisés comme porte-greffes, on aurait bien entendu recours à une méthode de greffage sur banc.

La culture et la pulvérisation étaient précisément celles des raisins indigènes. Il n'y a pas eu de dorlotage de la vigne. Les maladies fongiques qui contribuèrent à détruire les vignes et tourmentèrent l'âme des anciens expérimentateurs furent maîtrisées par deux pulvérisations de bouillie bordelaise ; la première application a été effectuée juste après la nouaison, la seconde lorsque les raisins étaient cultivés aux deux tiers. Certaines années, une troisième pulvérisation avec une décoction de tabac était utilisée pour contrôler les thrips. Le phylloxéra était présent dans le vignoble mais aucun cépage ne semblait souffrir de ce ravageur. Les ceps utilisés n'étaient pas les mieux adaptés ni aux vignes qui y étaient greffées, ni à la résistance au phylloxéra. Sans doute certaines variétés standards utilisées en France et en Californie à partir de *Vitis rupestris* ou *de Vitis vulpina* , ou d'hybrides de ces espèces, donneraient de meilleurs résultats. D'un point de vue théorique, il semblerait que les stocks *de Vitis vulpina* soient les mieux adaptés aux besoins de l'Amérique de l'Est.

Les anciens expérimentateurs pensaient que les raisins européens échouaient à New York en raison de conditions climatiques défavorables. On disait que les hivers étaient trop froids et les étés trop chauds et secs pour ce cépage. Au cours des années d'existence du vignoble Station de Viniferas, le climat variable de New York a été soumis à des stress de toutes sortes. Deux hivers ont été extrêmement froids, tuant les pêchers et les poiriers ; un été a donné le temps et le jour le plus chaud depuis vingt-cinq ans ; les vignes ont résisté à deux fortes sécheresses estivales et à trois étés froids et humides. Ces saisons d'essais ont prouvé que les raisins européens supportent le climat de New York ainsi que les variétés indigènes, sauf en ce qui concerne le froid ; ils doivent avoir une protection hivernale.

Pour les producteurs de raisins américains, le travail supplémentaire de protection hivernale semble être un obstacle insurmontable. L'expérience de plusieurs saisons à New York montre que la protection hivernale est une affaire simple et peu coûteuse. Deux méthodes ont été utilisées ; des vignes ont été recouvertes de terre et d'autres ont été enveloppées de paille. Le revêtement de terre est moins cher et plus efficace. Les vignes sont taillées et posées sur toute la longueur au sol et recouvertes de quelques centimètres de terre. Le coût de la protection hivernale s'élèvera entre deux et trois cents par vigne. Les vignes européennes étant beaucoup plus productives que celles des raisins américains, le coût supplémentaire de la protection hivernale est plus que compensé par le meilleur rendement des raisins. Le palissage est également plus simple et moins coûteux pour les raisins européens, contribuant ainsi à compenser davantage le coût de la protection hivernale.

Taille.

Il apparaît immédiatement que les raisins européens doivent bénéficier d'un traitement spécial lors de la taille s'ils doivent être déposés au sol chaque année. Plusieurs modifications des pratiques européennes et californiennes peuvent être utilisées dans l'Est pour mettre les plantes en état de se coucher en hiver. Toutes les méthodes de taille doivent avoir ceci en commun ; du bois neuf doit être remonté de la base de la plante chaque année pour permettre de plier la plante. Cela peut être fait en laissant un éperon de remplacement à la base du tronc. Si des cions à deux yeux sont utilisés lorsque les plantes sont greffées et que les deux bourgeons poussent, la pousse du haut peut être utilisée pour former le tronc principal, tandis que celle du bourgeon inférieur fournira l'éperon de remplacement. Chaque année, toutes les cannes provenant de cet éperon, sauf une, sont enlevées et la canne restante est réduite à un ou deux bourgeons jusqu'à ce que le tronc principal commence à être trop rigide pour se plier facilement, puis une canne de l'éperon est laissée pendant un certain temps. un nouveau tronc et un autre est taillé pour un nouvel éperon de renouvellement.

Le tronc principal est porté uniquement jusqu'au fil inférieur du treillis. Lors de la taille d'hiver, on sélectionne deux sarments d'un an pour les attacher le long de ce fil, un de chaque côté, et on laisse les deux éperons de renouvellement choisis pour les attacher et les nouveaux éperons de renouvellement. Pour une production optimale, différentes variétés nécessitent des longueurs de cannes à fruits différentes, mais les travaux à Genève ne sont pas suffisamment avancés pour que des recommandations puissent être formulées pour des variétés particulières. Il s'est avéré préférable, cependant, de tailler lourdement les vignes faibles et légèrement les vignes vigoureuses. Dans des conditions normales, il reste de quatre à huit bourgeons sur chaque canne, selon la vigueur de la vigne. Avec certains des plants les plus anciens utilisés pour les plants en 1911, qui étaient si grands que deux cions ont été utilisés, et dans beaucoup de ceux où les racines semblaient avoir suffisamment de vigueur pour soutenir le plus grand sommet, deux troncs ont été formés, un de chaque greffon. En les répartissant en V et en raccourcissant les bras intérieurs, des résultats très satisfaisants ont été obtenus.

Le type de croissance du Vinifera est différent de celui des raisins indigènes. Les jeunes pousses qui naissent des cannes d'un an, au lieu de traîner jusqu'au sol ou de s'écouler le long des fils du treillis, poussent dressées. Il faut en profiter dans le système de taille adopté à l'Est. Les cannes et les éperons de renouvellement décrits ci-dessus sont attachés le long du fil inférieur ; puis les jeunes pousses qui en proviennent poussent vers le haut jusqu'au deuxième fil. Lorsque les pousses sont de quatre à six pouces au-dessus de ce fil, elles sont pincées juste au-dessus du fil et celles qui ne sont pas déjà fixées sont attachées pour empêcher le vent de les briser. En même temps, si l'un des bourgeons axiaux des pousses a commencé à former des pousses secondaires, ils sont effacés, en commençant par le nœud immédiatement au-dessus de la grappe supérieure et en descendant jusqu'à l'ancienne canne. Cela donne au cluster plus d'espace et une meilleure lumière. Peu après le premier retour, les bourgeons supérieurs de la jeune pousse entament une croissance latérale. Les branches secondaires poussent généralement verticalement et lorsqu'elles atteignent plusieurs pouces de hauteur , elles sont surmontées d'une faucille. Ce recul se traduit par des cannes plus trapues et plus matures pour l'année suivante, et si elle est correctement effectuée, elle ajoute à la fécondité de la vigne et le fruit mûrit mieux.

Considérations générales.

Le producteur de raisins européens greffés sur des vignes américaines peut être prêt à être surpris de la croissance que réalisent les vignes. A la fin de la première saison, les greffons atteignent la taille de vignes pleine grandeur ; la deuxième saison, ils commencent à fructifier plus ou moins abondamment, et la troisième année, ils produisent à peu près le même nombre de grappes qu'une vigne Concord ou Niagara ; et comme les grappes de la plupart des cépages sont plus grosses que celles des raisins américains, le rendement est donc plus grand. Les variétés européennes peuvent également être cultivées de manière plus serrée que les variétés américaines, car elles sont rarement aussi répandues.

Il est trop tôt pour conclure, à partir de cette courte expérience, que nous allons cultiver des variétés de raisins européens communément à l'Est, mais le comportement des vignes en question semble indiquer que nous pouvons le faire. A la gare de New York, les cépages européens sont aussi vigoureux et économes que les vignes américaines et tout aussi faciles à cultiver. Pourquoi ne pouvons-nous pas cultiver ces raisins si nous les protégeons du phylloxéra, des champignons et du froid ? En Europe, il existe des variétés de raisins pour presque tous les sols et conditions dans la moitié sud du continent. En Europe de l'Est et en Asie occidentale, la vigne doit être protégée comme elle doit l'être ici. Il semble presque certain que parmi les nombreuses espèces sélectionnées pour répondre aux diverses conditions de l'Europe, nous pourrons trouver des espèces adaptées aux divers sols et climats de ce continent. Et c'est là que nous trouvons l'une des principales raisons pour lesquelles nous souhaitons cultiver ces raisins : la viticulture américaine n'est peut-être pas aussi localisée qu'à l'heure actuelle. Nous découvrirons probablement que les raisins européens peuvent être cultivés dans des conditions plus diverses que les variétés indigènes.

La culture du raisin européen à l'Est donne à cette région un fruit essentiellement nouveau. Si leur culture connaît un certain degré de succès, la vinification en Amérique orientale sera révolutionnée, car les raisins européens sont de loin supérieurs aux cépages indigènes à cet effet. Les variétés de ces raisins ont une teneur en sucre et en matières solides plus élevée que celles des espèces américaines et, pour cette raison, se conservent généralement plus longtemps. On peut donc s'attendre à ce que grâce à ces raisins la saison de ce fruit soit prolongée. Les variétés européennes sont mieux aromatisées, possèdent une saveur vineuse plus délicate et plus riche, un arôme plus agréable et manquent de l'acidité et du goût odieux de renard de nombreux raisins américains. De nombreux consommateurs de fruits les apprécieront davantage et la demande de raisins augmentera ainsi.

L'avènement du raisin européen dans les vignobles d'Amérique orientale devrait augmenter considérablement la production d'hybrides entre cette espèce et les espèces de raisin américaines. Comme nous l'avons vu, il existe de nombreux hybrides de ce type, mais curieusement, à peine plus d'une demi-douzaine de variétés de raisins européens ont été utilisées en croisement. La plupart d'entre eux sont des raisins de serre et non ceux qui pourraient donner les meilleurs résultats pour la culture en vignoble. À mesure que nous connaîtrons les variétés les mieux adaptées aux conditions américaines, nous devrions pouvoir sélectionner les parents européens avec un meilleur avantage que nous ne l'avons fait dans le passé et, en les utilisant, produire de meilleures variétés hybrides.

Variétés.

Parmi les quatre-vingt-cinq variétés de raisins européens qui fructifient actuellement sur le terrain de la New York Agricultural Experiment Station, les suivantes sont citées comme valant la peine d'être essayées en Orient pour les raisins de table : Actoni , Bakator , Chasselas Golden, Chasselas Rose, Feher Szagos , Gray. Pinot, Lignan Blanc, Malvasia, Muscat Hambourg, Palomino et Rosaki . Ces raisins ainsi que d'autres raisins européens sont décrits au chapitre XVIII ; Le Chasselas Golden et le Malvasia sont illustrés dans la planche V .

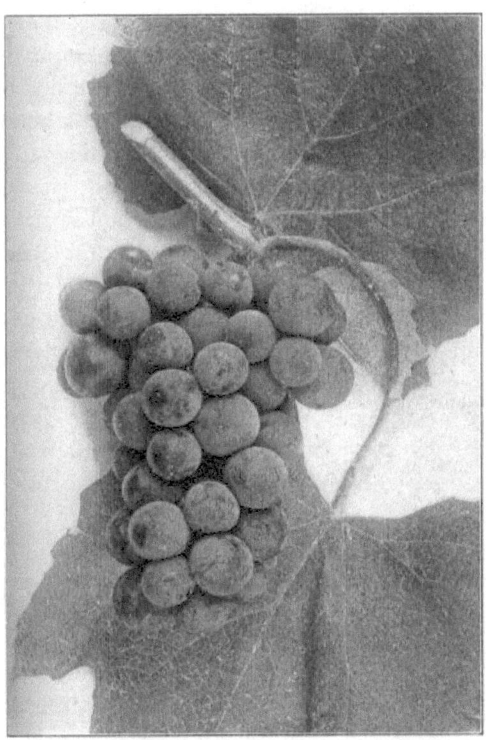

PLANCHE XV. — Éclipse (× ² / ₃).

CHAPITRE XI

RAISINS SOUS VERRE

La viticulture sous serre est en déclin en Amérique. Il y a quarante ou cinquante ans, l'industrie était considérable, le raisin étant plutôt cultivé à proximité de toutes les grandes villes pour le marché, et presque tous les grands domaines possédant une gamme de verre possédaient une cave. Mais les raisins sont cultivés de meilleure qualité et à moindre coût en Europe qu'en Amérique, et l'avènement des transports rapides permet aux viticulteurs anglais, français et belges d'envoyer leurs produits sur les marchés américains à meilleur prix que ceux cultivés chez eux. Pour le moment, la guerre mondiale a stoppé l'importation de produits de luxe en provenance d'Europe, et les jardiniers américains devraient trouver rentable la culture du raisin sous serre ; ils peuvent également espérer pouvoir tenir les marchés pendant de nombreuses années encore en raison de la destruction des maisons belges et de la pénurie de main-d'œuvre en Europe résultant de la guerre.

Les jardiniers amateurs ne devraient jamais laisser décliner la culture du raisin sous serre, car le raisin de serre est la summum du savoir-faire du jardinier. Il est certain que forcer aucun autre fruit ne rapporte des récompenses aussi généreuses. Les raisins cultivés sous verre sont plus beaux et de meilleure qualité que ceux cultivés en plein air. Les grappes atteignent souvent une taille énorme, un poids de vingt à trente livres n'étant pas rare. L'impression prévaut que pour cultiver du raisin sous serre, il faut avoir des maisons chères ; cela n'est pas nécessaire, et « raisins de serre » est un terme impropre, le fruit étant en réalité cultivé dans des maisons froides ou relativement fraîches qui ne doivent pas nécessairement être chères. Les raisins sont cultivés sous serre avec plus de facilité et de certitude que ne l'imaginent ceux qui se font une opinion en achetant les fruits à des prix élevés dans les épiceries fines. Une exploitation viticole ne doit pas nécessairement être un luxe coûteux, et la culture du raisin sous serre peut être recommandée aux personnes aux moyens modestes qui recherchent un passe-temps horticole.

LE RAISIN

Presque toutes les différentes modifications des serres peuvent être adaptées à la culture du raisin. Les entreprises qui construisent des serres ont généralement de l'expérience dans la construction de vignobles et, en règle générale, il sera payant de confier la construction de la maison à ces constructeurs professionnels. Si les travaux proprement dits ne sont pas effectués par un constructeur, il est possible d'acheter des plans et des devis à partir desquels, s'ils sont suffisamment détaillés, les constructeurs locaux peuvent travailler. Dans les petites localités, il ne fait aucun doute que les maisons en appentis sont les plus appropriées, car elles sont peu coûteuses et offrent une protection contre les vents dominants. Ces appentis doivent être orientés vers le sud et peuvent être adossés à l'écurie, au garage ou à un autre bâtiment ; ou mieux, un mur de brique ou de pierre au nord peut être érigé. Il est possible de construire une petite cave en appentis avec une serre chaude.

Dans les établissements commerciaux et pour les grands domaines, où le vignoble doit être plus ou moins ornemental, une maison à travée est plutôt mieux adaptée au vignoble qu'un appentis, surtout si la maison n'est pas destinée à la production de raisin. tôt dans la saison. Cependant, en raison de l'exposition de tous les côtés de la maison à toit en travée, il faut faire preuve de plus d'habileté dans la culture du raisin que dans les vignobles en appentis, mieux protégés. Quelle que soit la maison, elle doit être construite de manière à fournir une abondance de lumière, condition dans laquelle on gagne beaucoup à avoir des verres de grande taille pour le vitrage. Le verre doit être de la meilleure qualité, sinon le feuillage et les fruits risquent d'être cloqués par les rayons du soleil focalisés à travers des endroits défectueux.

La lumière, la chaleur, l'humidité et une bonne ventilation sont nécessaires dans la cave. La brique ou la pierre sont préférables aux boiseries, car la chaleur et l'humidité des raisins détruisent rapidement les fondations en bois. Si du bois est utilisé, seules les essences les plus durables doivent entrer dans la construction de la maison. La sous-structure en maçonnerie ou en bois doit être basse, ne dépassant pas 18 pouces ou 2 pieds avant le début de la superstructure en verre. La cave doit être bien aérée. Il doit y avoir de grands ventilateurs au sommet de la maison et des petits juste au-dessus des murs de fondation ou dans les murs de fondation eux-mêmes. La ventilation doit être telle que la maison puisse être maintenue à l'abri des courants d'air et des changements brusques de température, car le raisin sous verre est une plante sensible et sujette au mildiou. Beaucoup d'air est donc une nécessité absolue pour les raisins, surtout pendant la maturation des fruits. Les ventilateurs inférieurs des vignobles sont rarement utilisés jusqu'à ce que les raisins commencent à se colorer, moment auquel les nouvelles pousses, le feuillage et les fruits sont durcis, mais à partir de ce moment, les ventilateurs supérieurs et inférieurs doivent être manipulés de manière à ce que les maisons soient toujours généreusement aérées.

Les raisins peuvent être forcés dans des chambres froides sans l'aide de chaleur artificielle et autrefois ces raisins froids étaient très populaires ; mais dans les maisons modernes où l'on cultive ce fruit, le chauffage artificiel est maintenant considéré comme une nécessité, même si l'appareil de chauffage est rarement utilisé. Pour un produit finement fini, un peu de chaleur pour réchauffer la pièce et sécher l'atmosphère peut être absolument nécessaire à un moment critique, ce qui sauve souvent une maison de raisin. Il y a peu de choses à dire sur les appareils de chauffage. Il est désormais possible d'acheter des chaudières standard pour chauffer les serres avec de la vapeur ou de l'eau chaude, dans de nombreux modèles et pour presque tous les styles et tous les états de maison. Le raisin nécessitant rarement une chaleur élevée, l'eau chaude est plutôt à préférer à la vapeur, bien qu'il n'y ait pas d'inconvénient à la vapeur, surtout si le raisin fait partie d'une large gamme de verres.

La frontière.

La bordure dans laquelle les vignes seront plantées constitue la partie la plus importante du vignoble. Tous les efforts ultérieurs échouent si la frontière manque de deux impératifs : un bon drainage et un sol riche mais pas trop riche. Le vignoble doit être construit sur un terrain bien drainé ou surélevé au-dessus du sol pour permettre la construction d'une bordure bien drainée. « Bordure », dans le sens où il s'agit d'une bande ou d'un lit étroit juste à l'intérieur de la maison, est maintenant un terme impropre, bien que le nom vienne sans doute du fait que les lits étroits à l'intérieur de la maison étaient autrefois utilisés pour planter des vignes. . La bordure d'une exploitation viticole moderne occupe désormais toute la surface du sol à l'intérieur de la maison et peut s'étendre sur plusieurs mètres à l'extérieur de la maison.

Il faut beaucoup de compétences pour construire la frontière. Une bonne formule est la suivante : six parts de gazon limoneux provenant d'un vieux pâturage ; une partie de fumier de vache bien décomposé ; une partie de vieux plâtre et une partie d'os broyé. Ces ingrédients sont compostés et si le travail est bien fait, ils répondront très bien aux besoins pédologiques et alimentaires du raisin. Cette formule peut varier en fonction des conditions du sol et dans une certaine mesure en fonction de la variété plantée. À moins que le drainage naturel ne soit presque parfait, la bordure doit être sous-drainée avec du carrelage et dans tous les cas, une couche de vieille brique ou de pierre est nécessaire pour garantir un drainage parfait. Au moins deux pieds, mieux trois pieds, du compost de bordure doivent être placés au-dessus du matériau de drainage. Dans une bordure réalisée comme décrit, le raisin trouve suffisamment de racines, mais pas trop, car en un temps étonnamment court, des racines se trouvent dans toutes les parties de cette vaste bordure.

La gestion des frontières est une question d'une importance considérable et varie, bien entendu, selon les responsables. La procédure habituelle consiste à bêcher la bordure extérieure, si celle-ci s'étend vers l'extérieur, avant l'hiver, après quoi elle est recouverte d'une couche de fumier bien décomposé, sans qu'aucune tentative particulière n'ait été faite pour empêcher le gel d'entrer, car une certaine quantité le gel à l'extérieur de la maison est considéré comme bénéfique. La bordure intérieure doit être bêcher juste avant le démarrage des vignes au printemps, après avoir été préalablement recouverte de fumier bien décomposé. Le moment auquel la vigne doit démarrer sa croissance est déterminé par la volonté d'une récolte précoce ou tardive des raisins. Pour une récolte précoce, il faut démarrer la vigne début février ; pour une récolte tardive, un mois voire deux mois plus tard suffit. Ainsi commencée, la première récolte de raisin arrive en juin ou juillet, les dernières suivant en août ou septembre.

On raconte que Napoléon Ier, pour obtenir du salpêtre pour fabriquer de la poudre à canon, compostait « la saleté, les animaux morts, l'urine et les abats avec des couches alternées de gazon et de mortier de chaux », et affirmait qu'« un lit de nitre est le modèle même d'une vigne ». frontière » et que « lorsque les matériaux ont été retournés encore et encore pendant un an ou deux, ils sont exactement dans l'état approprié pour produire soit de la poudre à canon, soit des raisins ». Le lit de nitre de Napoléon n'est pas aujourd'hui considéré comme un bon modèle pour une bordure de raisin, car les fruits produits dans un sol si riche, bien qu'abondants, sont grossiers et peu parfumés, et les vignes achèvent leur propre destruction par excès. Les jardiniers estiment qu'une bordure de raisin peut être trop riche en nutriments végétaux, notamment trop riche en azote.

VARIÉTÉS

Sur les 2 000 raisins Vinifera ou plus, probablement pas plus d'une vingtaine sont cultivés sous serre, et parmi ceux-ci, seule une demi-douzaine est couramment cultivée. Les variétés noires ont la préférence pour l'intérieur, surtout si elles sont cultivées pour le marché, où elles rapportent les prix les plus élevés. Ils sont également généralement plus faciles à manipuler à l'intérieur que les variétés blanches. Cependant, comme nous le verrons, une ou deux espèces blanches sont indispensables dans une maison de grande taille.

Parmi les raisins noirs, le Black Hamburg remporte la palme du mérite car il est le plus facile à cultiver, résiste mieux à la négligence, est un gros producteur, donne bien ses fruits, les raisins mûrissent tôt ; et, en particulier, il répond mieux que tout autre cépage aux exigences du jardinier non qualifié. Les grappes ne sont pas aussi grosses et la saveur n'est pas aussi bonne que celle de certaines autres sortes.

Le Muscat d'Alexandrie est le meilleur des cépages blancs. C'est cependant un raisin difficile à manipuler car il nécessite une température élevée pour l'amener à la perfection, il est un peu timide dans la nouaison et les raisins ne sont pas très sûrs d'arriver à maturité ; cela nécessite aussi une longue saison. Une bonne qualité est qu'il peut être conservé longtemps après la coupe, beaucoup plus longtemps que le Black Hamburg.

Pour un cépage blanc plus précoce, Buckland Sweetwater a beaucoup à recommander ; il mûrit deux à trois semaines plus tôt que le muscat d'Alexandrie et se cultive beaucoup plus facilement. Il est de bonne qualité mais pas de grande qualité. Buckland Sweetwater peut être bien cultivé dans la même maison avec Black Hamburg, alors qu'il est presque impossible de cultiver du Muscat d'Alexandrie dans la même maison avec Black Hamburg.

Le Muscat Hamburg est un croisement entre le Black Hamburg et le Muscat d'Alexandrie et constitue un intermédiaire dans la plupart des caractères fruitiers entre ces deux sortes standards. Il n'est cependant pas très cultivé, bien qu'il mérite bien de l'être en raison de ses grandes, belles et effilées grappes de raisins noirs de la plus haute qualité.

Grizzly Frontignan ajoute de la nouveauté au luxe dans la liste des raisins d'intérieur. Les fruits sont de couleur rose marbré, allant parfois jusqu'à une nuance de rose foncé, et sont portés en grappes longues et minces. Les raisins mûrissent tôt et sont d'une qualité inégalée mais sont somme toute assez difficiles à cultiver.

Barbarossa et Gros Colman sont les deux meilleurs raisins noirs tardifs, en particulier pour ceux qui souhaitent cultiver des grappes de grande taille avec de grosses baies. Les deux sont de très bonne qualité. Aucun des deux n'est particulièrement facile à cultiver, car ils nécessitent un long temps de maturation ; mais, pour compenser cela, les deux se conservent plus longtemps que toutes les autres sortes après maturation. En raison de la grande taille des baies, l'éclaircissage doit commencer tôt et doit être un peu plus sévère que pour les autres raisins. Cette variété est maintenant largement cultivée en Angleterre pour être exportée vers ce pays au début du printemps.

Le Blanc Nice et le Syrien sont deux espèces blanches qui atteignent la plus grande taille en grappes, les spécimens pesant trente livres n'étant pas rares, mais sont grossiers et de mauvaise qualité et ne valent donc guère la peine d'être cultivés.

L'Alicante est une variété noire souvent cultivée pour des raisons de variété, car elle s'écarte assez nettement du type Vinifera en termes de saveur. Les raisins ont des peaux très épaisses et peuvent être conservés plus longtemps que ceux de tout autre cépage.

Lady Downs est un autre cépage noir de conservation tardive de la plus haute qualité, mais difficile à cultiver. Les grappes et les baies sont petites en comparaison avec d'autres variétés standards, caractères qui ne recommandent pas cette variété à la plupart des jardiniers.

Peut-être qu'une douzaine de variétés supplémentaires pourraient être nommées dignes d'être testées dans les vignobles américains, mais la liste donnée couvre les besoins des établissements commerciaux et répondra aux besoins de la plupart des producteurs amateurs.

PLANTATION ET FORMATION

Les vignes de deux ans sont le plus souvent plantées. Les vignes sont placées à l'intérieur de la maison à au moins un pied des murs et à quatre pieds l'une de l'autre. La cave doit être construite sur des pilotis espacés d'au moins deux pieds entre eux, et les vignes sont placées en face de ces ouvertures dans la fondation. A la plantation, les vignes sont taillées à deux ou trois bourgeons, et lorsque ceux-ci démarrent, les plus forts sont sélectionnés pour le palissage, les autres étant effacés. Les raisins doivent être enfilés avec des fils s'étendant dans le sens de la longueur de la maison, à environ quinze pouces du verre. Les marchands de fournitures pour serres fournissent à bas prix des supports en fonte à fixer aux chevrons pour retenir ces fils. Au fur et à mesure que les vignes en croissance atteignent un fil après l'autre, elles sont liées avec du raphia pour les maintenir en place. Habituellement, les jeunes vignes atteignent le sommet de la maison au milieu de l'été et, dès que cet objectif est atteint, il faut les pincer afin que la canne puisse s'épaissir et stocker de la nourriture dans les bourgeons latéraux pour la saison à venir. Lorsque le bois est bien mûr, la vigne est coupée à la moitié ou au tiers de sa longueur selon les cépages, posée au sol et couverte pour l'hiver. Un élément non négligeable des soins hivernaux est d'éloigner les souris, ce ravageur étant excessivement friand de bourgeons de raisin, et une fois les bourgeons détruits, les vignes sont ruinées pour la saison à venir.

Le travail de la deuxième année est en grande partie une répétition de celui de la première. Les vignes peuvent atteindre le sommet de la maison et sont à nouveau arrêtées par pincement. De chaque côté de la vigne principale naissent un nombre considérable de latérales, qu'il faut éclaircir au fur et à mesure de leur développement pour se trouver à distance des fils auxquels elles sont attachées. Cela suppose que le jardinier ait choisi la méthode de taille en dard, la méthode généralement utilisée en Amérique et celle, tout bien considéré, qui donne les meilleurs résultats. Le choix des latéraux la deuxième année est donc d'une grande importance puisque des embranchements doivent être développés à partir d'eux. Il faudra veiller à ce que ces éperons soient régulièrement répartis sur toute la longueur de la vigne. Cette deuxième année, il ne faut pas laisser les raisins se développer sur les rameaux terminaux, mais quelques grappes peuvent être prélevées sur les latérales auquel cas les latérales sont pincées deux bourgeons au-delà de la grappe, le pincement se poursuivant tout au long de la saison si les latérales persistent. rupture, comme ils le feront dans la plupart des cas. À la fin de la saison, le terminal est raccourci d'au moins la moitié et les latérales sont pincées jusqu'à former un bourgeon aussi proche que possible de la tige principale. Les vignes sont ensuite déposées pour l'hiver comme à la fin de la première saison.

Le travail de la troisième saison est une répétition de celui de la deuxième, à l'exception du fait que la vigne est autorisée à fructifier sur toute sa longueur, bien qu'il ne soit pas permis plus d'une livre de fruit par pied de vigne principale. Les plantes sont maintenant établies et la seule taille, cette année et les années suivantes, consiste à couper les branches latérales à la fin de chaque saison, près de la tige principale, laissant ainsi de forts bourgeons sains dont au moins un, généralement plus, se trouvera près de la tige. tige. Si plusieurs bourgeons naissent, seul le plus fort est choisi, même si souvent un bourgeon supplémentaire est nécessaire pour combler un vide du côté opposé. Après la troisième ou la quatrième saison, selon la variété, deux livres de fruits ou plus au pied de la tige principale peuvent être autorisés. Le novice, cependant, est susceptible de laisser ses vignes devenir envahissantes, avec pour résultat que la récolte tombe, ou que les baies tremblent, ou que les fruits tournent au vinaigre avant de mûrir. Du début à la fin de la saison, dans cette méthode de taille, il faut beaucoup de pincement des latérales. Aucune règle absolue ne peut être établie pour ce pincement, mais, en gros, toute nouvelle croissance au-delà de la deuxième articulation de la grappe doit être pincée aussi vite qu'elle le montre. Avec la plupart des variétés, cela signifie que la tige latérale est maintenue à environ dix-huit pouces de la tige principale. Après quelques années, des éperons bien développés se forment à la base des latérales d'origine, et de ces éperons le nouveau bois vient année après année.

Une autre méthode de taille consiste à permettre aux nouvelles cannes de pousser à partir d'un bourgeon près du sol chaque saison. Lorsque la vigne est bien implantée, cette nouvelle canne porte des fruits sur toute sa longueur, les latérales étant pincées comme décrit dans la méthode de l'éperon. Cette méthode de taille est connue sous le nom de « méthode de la longue canne ». Les jardiniers estiment qu'ils peuvent obtenir de meilleurs fruits avec cette méthode qu'avec la méthode en éperon, mais les difficultés sont plus grandes et la récolte n'est pas aussi importante.

ENTRETIEN DES VIGNES

Avec la culture de toutes les variétés en intérieur, il y a plus de grappes formées que les vignes ne peuvent en supporter. Cela signifie qu'une partie des grappes doit être enlevée, une opération qui dépend de la variété et qui demande de l'expérience et du jugement de la part du jardinier. Grosso modo, on prélève la moitié des grappes, laissant l'autre moitié répartie le plus uniformément possible de chaque côté de la vigne. Le moment de la récolte de ces grappes est également une question délicate, car certaines variétés sont timides à la nouaison et les grappes ne doivent pas être récoltées avant que les baies ne soient formées et que l'on puisse voir quelle sera la taille de la récolte. Toutefois, en règle générale, cet amincissement des amas peut commencer dès que la forme de l'amas est visible.

Il est très nécessaire aussi, surtout pour tous les cépages à grosses baies, que les raisins soient éclaircis en grappe. Le temps nécessaire pour éclaircir la grappe varie selon la variété. Les variétés qui donnent librement leurs fruits peuvent être éclaircies plus tôt que celles dont la nouaison est timide. D'une part, l'éclaircissage ne doit pas être fait trop tôt car on ne peut le savoir que lorsque les baies sont de bonne taille, celles qui ont germé et celles qui ne l'ont pas été ; cependant, si l'éclaircissage est négligé trop longtemps, les baies deviennent trop nombreuses et la tâche devient difficile. L'éclaircissage est effectué avec des ciseaux fins et les grappes ne doivent pas être touchées avec la main, car le toucher altère la floraison et défigure le fruit. Les grappes sont tournées et maintenues par un petit morceau de bois en forme de crayon. L'éclaircissage est pratiqué non seulement pour permettre aux baies d'atteindre leur pleine taille mais également pour permettre aux grappes d'atteindre la plus grande taille possible. Si elles sont trop éclaircies, les grappes s'aplatissent après maturité. C'est particulièrement le cas lorsque trop de baies sont prélevées au centre de la grappe. Une grosse grappe de raisin est composée de plusieurs petites grappes, ce qui nécessite de ficeler les grappes supérieures ou épaules de la grappe pour permettre aux baies de gonfler sans être trop éclaircies. Les raisins destinés à une longue garde nécessitent un éclaircissage plus important que ceux destinés à être utilisés immédiatement après la cueillette, car, lors de la conservation, les baies moisissent ou moisissent au centre de la grappe si celle-ci est trop compacte.

Les vignes du vignoble doivent être arrosées avec beaucoup de soin. La quantité d'eau à utiliser dépend de la composition des bordures et de la saison de croissance. Si la bordure est meuble et bien drainée, l'approvisionnement en eau doit être important ; s'il est proche et rétenteur, mais une petite quantité d'humidité est nécessaire. L'arrosage ne doit pas être effectué pendant la période de floraison, car l'air sec est nécessaire à une bonne pollinisation. Lorsque les raisins commencent à montrer de la couleur, les vignes sont abondamment arrosées, après quoi peu ou pas d'eau est appliquée. Certains jardiniers paillent les vignes avec du foin pour retenir l'humidité de la maison et garder l'atmosphère sèche.

L'aération du vignoble est un autre détail important du travail de saison. Une ventilation adéquate est difficile à assurer au début du printemps, lorsque la sécheresse du soleil d'une part et l'air froid de l'autre rendent difficile l'évitement des courants d'air et la régulation de la température. Un autre moment gênant est celui où les raisins commencent à se colorer, car il faut alors que la cave ait de l'air la nuit ; mais quand trop d'air entre, il y a un danger de moisissure. Vers la fin de la saison, toutes les parties de la plante deviennent plus dures et le raisin peut alors être plus généreusement aéré.

Une fois les fruits coupés, les maisons sont entièrement aérées afin que le bois puisse mûrir correctement.

RAVAGEURS

Plusieurs ravageurs contrarient le jardinier lorsqu'il cultive du raisin à l'intérieur. Parmi ceux-ci, la cochenille, l'araignée rouge, les thrips et le mildiou sont les plus gênants. Dans une vigne bien conduite, il n'y a jamais d'interruption dans la lutte contre ces ravageurs.

La cochenille est généralement un signe de paresse de la part du jardinier. Dans une cave consacrée exclusivement à la viticulture, il ne faut jamais l'observer, mais comme les jardiniers doivent souvent cultiver d'autres plantes dans la vigne, la cochenille apparaît tôt ou tard et est souvent difficile à déloger. Il est préférable de le repousser en enlevant l'écorce lâche des troncs qui hébergent le ravageur, puis en les lavant avec une émulsion de kérosène. Lorsque cela devient nécessaire, non seulement les vignes mais aussi les chevrons et toutes les parties de la maison doivent être pulvérisés avec l'émulsion.

L'araignée rouge est un autre ravageur que l'on trouve habituellement dans la vigne, mais elle ne prospère que dans une atmosphère sèche et s'élimine facilement par seringue. Dès qu'une araignée rouge apparaît dans une maison, son apparence est généralement connue par la teinte rougeâtre du feuillage ; l'utilisation des seringues doit être maintenue jusqu'à ce que l'organisme nuisible soit éliminé, en gardant la maison humide par tous les temps, sauf par temps maussade. L'injection n'est effectuée que lorsqu'il y a suffisamment d'air et qu'il peut être suivi de la lumière du soleil afin que l'eau reste le moins longtemps possible sur les vignes.

Les thrips, un autre petit insecte, sont parfois gênants mais pas souvent et sont désormais facilement contrôlés par des applications de nicotine. Il faut faire très attention à l'application de nicotine en fin de saison, sinon le fruit sera endommagé.

La seule maladie fongique du raisin gênante en serre est le mildiou. Le mildiou est généralement provoqué par un changement brusque de température ou par des courants d'air dans la cave. Les jardiniers estiment que les vents d'est, en particulier, créent des conditions défavorables au mildiou et préfèrent ouvrir les ventilateurs vers l'ouest. S'il est pris à temps, le mildiou est facilement maîtrisé en empêchant les conditions qui le favorisent et en saupoudrant les vignes de soufre au soleil sec.

PLANCHE XVI. — Elvire (× ^{2}/$_3$).

CHAPITRE XII

Ravageurs du raisin et leur contrôle

Comme d'autres fruits cultivés, le raisin est à la merci de nombreux insectes et champignons nuisibles, à moins que l'homme n'intervienne par un traitement curatif ou préventif. Heureusement pour la viticulture, la connaissance des ravageurs de la vigne a tellement progressé ces dernières années que pratiquement tous sont désormais maîtrisés par des mesures curatives ou préventives. Il est possible qu'aucun domaine de l'agriculture n'ait eu plus besoin ni n'ait reçu une plus grande aide de la science pour l'étude et le contrôle des insectes et des maladies que la culture du raisin. Il faudrait un traité à part pour traiter pleinement les troubles pathologiques du raisin ; seuls les détails sur le cycle biologique des divers organismes nuisibles à examiner qui sont essentiels à une bonne compréhension de la lutte contre les parasites peuvent être donnés ici.

INSECTES NUISIBLES

Les insectes perturbateurs du raisin sont nombreux, au moins 200 ayant été décrits en Amérique, dont la plupart ont leur habitat sur les prototypes sauvages des vignes cultivées de ce continent. Pour cette raison, à quelques exceptions près, les insectes ravageurs du raisin en Amérique sont largement répandus, abondants et, par conséquent, souvent très destructeurs pour les vignobles à moins qu'ils ne soient vigoureusement combattus. Les nombreuses espèces nuisibles varient considérablement en importance selon la localité, les conditions météorologiques et la variété. Cependant, dans tout le pays, le phylloxéra est le plus répandu et mérite la première attention.

Phylloxéra.

Ce minuscule insecte suceur (*Phylloxeravastatrix*) , blesse le raisin en se nourrissant de ses racines. La pourriture suit généralement son travail sur les racines et est souvent plus dommageable que le mal causé directement par le parasite. Cette dégradation est toujours bien plus grave sur les vignes européennes que sur celles de nos espèces indigènes. Le phylloxéra est originaire des Etats-Unis à l'est des Montagnes Rocheuses, d'où il a été introduit en France et de France en Californie, où il cause des dégâts bien plus importants qu'ailleurs aux Etats-Unis. Partout où se trouve le ravageur, il est plus nuisible dans les sols lourds que dans les sols sableux. En effet, sur des sols très sableux, les vignes sont souvent suffisamment résistantes pour être pratiquement insensibles.

FIG. 36. Galles des feuilles du phylloxéra.

L'histoire biologique du phylloxéra est très complexe là où apparaissent les différentes formes de l'insecte et il n'est pas nécessaire de l'entrer en détail ici. À l'est des Rocheuses, l'indication la plus évidente de la présence du ravageur est la présence d'un grand nombre de galles sur la face inférieure des feuilles de vigne, comme le montre la figure 36 . Ces galles, cependant, sont rarement observées en Californie et ne sont pas présentes sur les Concords et certaines autres variétés de l'Est. L'œuf d'hiver peut être considéré comme le début du cycle de vie du phylloxéra. À partir d'un seul œuf d'hiver , une colonie peut naître, le premier insecte après l'éclosion se dirigeant vers les feuilles où il devient un producteur de galles et donne naissance à une nouvelle génération d'œufs se nourrissant de racines. Sur les variétés et dans les régions où la forme gallienne n'est pas retrouvée, l'insecte passe probablement directement de l'œuf d'hiver aux racines. Une fois le ravageur établi sur les racines, les générations se succèdent tout au long de la période végétative de la vigne, jusqu'à sept ou huit se produisant au cours d'une même saison.

Du milieu de l'été jusqu'à la fin de la saison de croissance, certains des œufs déposés par les racines se nourrissent de nymphes qui acquièrent des ailes et émergent du sol pour former de nouvelles colonies à partir des œufs déposés sur la face inférieure de la feuille. Un insecte individuel dépose de trois à six œufs de deux tailles, dont les plus gros proviennent des femelles qui, après fécondation, se déplacent vers l'écorce rugueuse de la vigne et déposent l'œuf d'hiver pour le renouvellement du cycle.

Plusieurs méthodes de contrôle ont été employées en Europe et en Californie, comme le traitement par bisulfure de carbone injecté dans le sol ;

inondations dans les vignobles irrigués ; confiner les vignes sur des sols sableux ; et, plus important encore, la plantation de vignes greffées sur des ceps résistants, l'immunité des espèces de raisins américains au phylloxéra étant très variable . La question des stocks résistants à ce ravageur a été abordée au chapitre IV et n'a pas besoin d'être reprise. À l'est des Rocheuses, aucun traitement n'est nécessaire avec les raisins américains.

Le ver des racines du raisin.

FIG. 37. Le ver des racines du raisin.

Le chrysomèle des racines de la vigne est le plus nuisible des insectes ravageurs de la vigne dans la ceinture viticole située le long des rives du lac Érié dans l'Ohio, la Pennsylvanie et l'État de New York. Ce ver des racines (Fig. 37) est la larve d'un coléoptère brun grisâtre (*Fidia viticida*), représenté sur la Fig. 38 . Les vers se nourrissent d'abord des radicelles, puis de l'écorce des plus grosses racines des vignes, de sorte que les plantes blessées présentent des racines dépourvues de radicelles et d'écorce canalisées par le ravageur. Le travail du chrysomèle des racines est si évident que le cultivateur n'a jamais besoin d'être perdu quant à la cause des vignes blessées par ce ravageur. Les vers se nourrissent pendant la dernière partie de la saison de croissance, atteignant alors leur pleine croissance. Le mois de juin suivant, ils se transforment en pupes et émergent fin juin ou début juillet sous forme de coléoptères adultes.

FIG. 38. Coléoptère des racines.

La présence des coléoptères adultes est plus facilement détectée sur le feuillage que celle des larves sur les racines, car les coléoptères qui se nourrissent dévorent voracement la face supérieure des feuilles, laissant des marques en forme de chaîne, comme le montre la Fig. 39 . diminuant quelque peu quelques jours après leur première apparition. Quinze jours après que les coléoptères ont commencé leur attaque sur le feuillage, la femelle commence à pondre ses œufs, au nombre de 200, en les plaçant sous l'écorce rugueuse du tronc et de la canne. Ceux-ci éclosent fin juillet ou août et les jeunes vers cherchent immédiatement les racines.

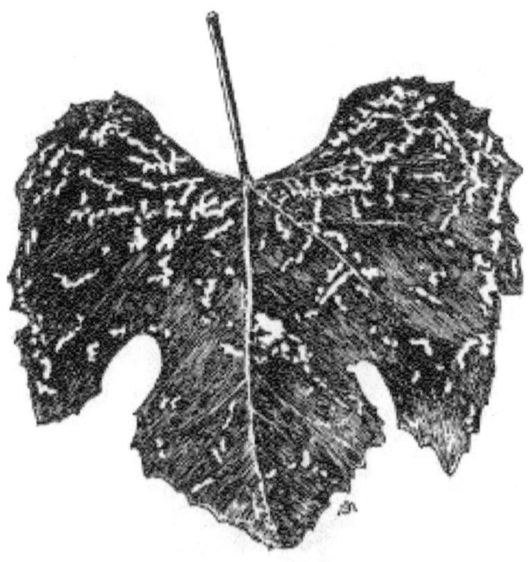

FIG. 39. Blessures causées par les chrysomèles du raisin.

Deux méthodes de lutte ont été imaginées : la destruction des coléoptères avant qu'ils ne pondent leurs œufs ; et destruction des pupes lorsqu'elles sont dans le sol. Lorsque les coléoptères sont présents en grand nombre, beaucoup d'entre eux peuvent être détruits par pulvérisation d'un mélange de mélasse bon marché et d'arséniate de plomb, en utilisant de la mélasse à raison de deux gallons pour cent gallons d'eau et de l'arséniate de plomb à raison de deux gallons d'eau. de six livres. Cela devrait être suivi d'une deuxième pulvérisation une semaine plus tard, en utilisant une bouillie bordelaise (4-4-50) et trois livres d'arséniate de plomb. Cette deuxième pulvérisation sert à repousser les coléoptères migrateurs des vignes. La pulvérisation de mélasse est inefficace à moins que plusieurs jours de beau temps ne suivent la pulvérisation, car la pluie enlève la matière du feuillage. La bouillie bordelaise n'est pas facilement affectée par la pluie. Dans les vignobles modérément infestés, la bouillie bordelaise et l'arséniate sont utilisés à la place de la mélasse et de l'arséniate de plomb, suivis après une dizaine de jours d'une seconde application du même matériel.

Une méthode efficace pour réduire le nombre de coléoptères est la destruction des pupes . Pour ce faire, il est préférable de laisser une petite crête de terre sous les vignes lors du dernier travail saisonnier jusqu'à ce que la plupart des larves se soient nymphosées, puis de la niveler avec une houe à cheval et plus tard avec une herse. La houe et la herse écrasent un grand nombre de pupes et brisent les cellules des autres, ce qui entraîne une grande destruction du ravageur. Cette dernière méthode de contrôle n'est pas adéquate en elle-même et, en cas d'infestation grave, les deux doivent être utilisées. Lorsque l'infestation n'est que modérée, cette dernière méthode n'est pas conseillée, à cause du temps tardif du binage. C'est une bonne pratique horticole de biner à cheval à la fin du mois de mai ou au début de juin. Attendre le stade nymphal du chrysomèle des racines retarde le travail jusqu'à l'apparition de nombreuses petites racines qui seraient détruites par la houe à cheval. La pulvérisation contrôlera une infestation modérée.

L'altise de la vigne.

FIG. 40. Œufs d'altise de la vigne.

Durant les journées chaudes de mai et juin, lorsque les bourgeons des raisins gonflent, on peut souvent trouver dans les vignobles d'Amérique de l'Est un coléoptère bleu acier brillant qui se nourrit des tendres bourgeons du raisin. De par sa couleur, l'insecte est souvent appelé l'altise, et de par son activité et son habitude de sauter, il est connu sous le nom d'altise (*Haltica chalybe*). La vigne est rarement gravement touchée par ce ravageur mais de nombreux bourgeons sont détruits, entraînant la perte des fruits qui auraient dû se développer à partir des bourgeons. Il est vrai que de nouveaux bourgeons se développent souvent après la blessure, mais ceux-ci ne produisent généralement que du feuillage.

Le cycle biologique de l'altise est tel que ce ravageur n'est pas difficile à contrôler, les principales étapes de son développement étant les suivantes :

Les altises déposent de petits œufs de couleur orange, de forme cylindrique, illustrés sur la Fig. 40 , à environ bourgeons et dans les crevasses de l'écorce des cannes en mai ou juin. La plupart de ces œufs éclosent à la mi-juin. Les larves se nourrissent du feuillage jusqu'au début du mois de juillet environ, puis rampent jusqu'au sol dans lequel elles forment des cellules et se nymphosent. Vers la fin du mois de juillet, les adultes émergent et recherchent des vignes sauvages dont ils se nourrissent, entrant en hibernation assez tôt à l'automne. Les coléoptères hibernent sous les feuilles, dans les détritus et à l'abri de l'écorce des arbres et des vignes, mais émergent aux beaux jours du printemps suivant à la recherche des vignes.

Deux méthodes de contrôle ont été développées pour maîtriser ce ravageur. Les vignes doivent être aspergées de trois livres d'arséniate de plomb dans cinquante gallons d'eau lorsque les larves se nourrissent du feuillage ; ou les coléoptères, lorsqu'ils se nourrissent, peuvent être jetés dans une casserole contenant une couche peu profonde de kérosène. La première est la méthode la moins coûteuse et la plus efficace, à condition que le vigneron ait la prévoyance de découvrir les larves , puisque les larves de cet été produisent les coléoptères qui détruiront les bourgeons au printemps prochain. Lorsque les adultes migrent des vignes sauvages, ou que les larves n'ont pas été détruites dans le vignoble, la collecte des adultes est la seule méthode pratique. La destruction des vignes sauvages à proximité d'un vignoble contribue à conférer une immunité contre ce ravageur.

Le hanneton des roses.

Le hanneton des roses (*Macrodactylus subspinosus*), un coléoptère à longues pattes de couleur brun jaunâtre, long d'environ un tiers de pouce, apparaît souvent dans les vignobles en vastes essaims vers la mi-juin dans les États du nord et environ deux semaines plus tôt dans les États du sud à l'est de la Montagnes Rocheuses. Souvent, ils envahissent les jardins, les vergers, les vignes et les pépinières, et généralement, après avoir causé d'énormes dégâts au cours du mois de leur présence dévastatrice, les coléoptères disparaissent aussi soudainement qu'ils sont venus. Les vignes situées sur ou à proximité de sols sableux sont le plus souvent infestées, les larves du coléoptère semblant vivre en nombre considérable uniquement dans ces sols légers. Les principaux dommages causés au raisin sont causés à la fleur ; en fait, les insectes, après s'être nourris des fleurs pendant la période de floraison, migrent généralement vers les fleurs de l'un des nombreux arbustes. Les larves se nourrissent des racines des graminées, ayant un penchant particulier pour les racines de sétaire, de fléole des prés et de pâturin.

Une certaine connaissance du cycle biologique de ces coléoptères est essentielle à un contrôle efficace. Les coléoptères émergent à l'état adulte en juin et, après s'être nourris pendant une courte période, commencent à s'accoupler, bien que la ponte n'ait lieu qu'après une quinzaine de jours ou plus. Les femelles s'enfouissent dans le sol et y déposent leurs œufs, rarement au nombre de vingt-cinq, qui commencent à éclore au bout d'une dizaine de jours. Les jeunes larves se nourrissent pendant le reste de l'été de racines de graminées. On les trouve rarement à plus de six pouces de profondeur lorsqu'ils se nourrissent, mais à l'approche du froid, ils s'enfouissent plus profondément pour éviter les changements brusques de température. Le printemps suivant , ils reviennent à la surface pour se nourrir. Les larves forment des cellules d'où émergent les pupes , comme nous l'avons vu, vers la mi-juin, en synchronisant leur apparition de très près avec la floraison des raisins Concord.

Les méthodes de lutte sont au nombre de trois, à savoir : la destruction des larves ; culture pour tuer les pupes ; et pulvérisation pour tuer les coléoptères. Puisque les larves se nourrissent des racines des graminées dans les sols sableux, il est facile de localiser l'aire d'alimentation du ravageur et de la planter dans des cultures qui détruisent les graminées et donc les larves . La deuxième méthode de destruction est similaire et consiste à cultiver pour tuer les pupes . Ceci est accompli par une culture approfondie pendant la phase de nymphose pour briser les cellules et écraser les pupes , empêchant ainsi l'émergence des coléoptères. La troisième méthode est cependant la plus efficace et consiste à pulvériser sur le vignoble un spray à base d'arsenic sucré. La pulvérisation doit être effectuée dès que les coléoptères apparaissent, en utilisant de l'arséniate de plomb six livres, de la mélasse un gallon et de l'eau cent gallons. Il est souvent nécessaire de faire une seconde application une semaine plus tard. S'il pleut dans les trente-six heures suivant la pulvérisation, l'application doit être répétée dès que le temps s'éclaircit.

La cicadelle de la vigne.

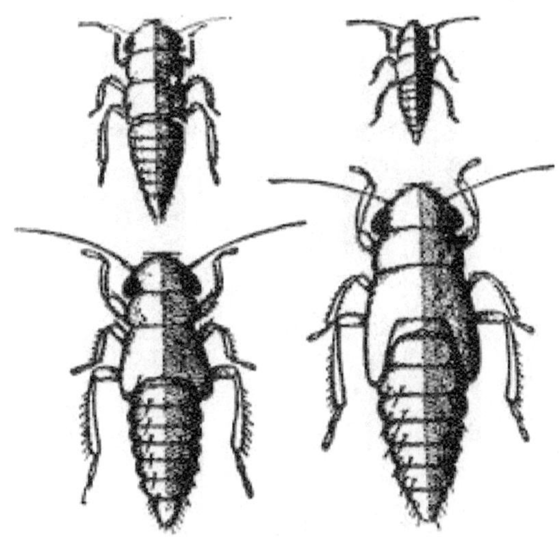

**FIG. 41. Quatre premiers stades de la cicadelle de la vigne.
(Agrandi.)**

Du Canada au Golfe et de l'Atlantique au Pacifique, partout où le raisin est cultivé, la petite cicadelle (*Typhlocyba vient*) infeste le raisin en plus ou moins grand nombre, se nourrissant de la face inférieure de la feuille. Les vignerons appellent communément ces insectes « thrips », un nom qui appartient cependant en réalité à une classe d'insectes très différente. Les dommages causés par ce ravageur varient considérablement selon la saison et la localité, dans certaines régions il est relativement inoffensif et dans d'autres extrêmement destructeur dans les saisons où il est abondant. Il existe également une grande variation selon les vignobles individuels, ceux situés à proximité de lieux d'hibernation favorables et de plantes alimentaires du début du printemps étant souvent gravement blessés saison après saison. Ces cicadelles obtiennent leur nourriture en perçant l'épiderme sur la face inférieure de la feuille et en suçant la sève, et ajoutent des dégâts supplémentaires en insérant leurs œufs sous la peau de la feuille. Les piqûres diminuent considérablement la zone de production d'amidon de la feuille, ce qui entraîne une diminution de la vigueur de la plante et une diminution de la qualité du fruit.

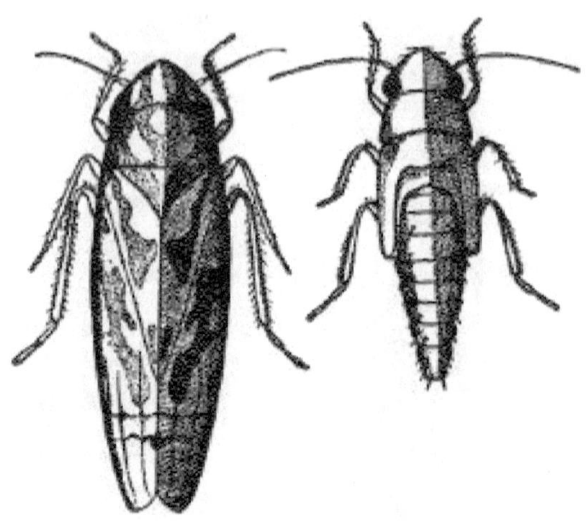

FIG. 42. Le cinquième et le stade de maturité de la cicadelle de la vigne. (Agrandi.)

Le cycle biologique de la cicadelle est très bien connu. Les œufs sont déposés en juin ou début juillet et éclosent du 15 juin au 10 juillet à New York, la saison étant plus tôt ou plus tard selon que l'on se dirige vers le sud ou le nord. Les jeunes cicadelles sont dépourvues d'ailes, au stade nymphe, mais atteignent le stade adulte à la fin juillet et en août, époque à laquelle nombre d'entre elles s'accouplent et pondent des œufs à partir desquels une deuxième couvée peut se développer, bien qu'en général une seule couvée complète soit formée. produit en une saison dans les États du nord. Les figures 41 et 42 montrent les différents stades biologiques de la cicadelle. Les insectes qui deviennent adultes à la fin du mois de juillet se nourrissent du feuillage jusqu'à l'automne, puis recherchent leurs quartiers d'hiver, passant l'hiver au stade adulte sous les feuilles mortes, dans l'herbe morte ou dans toute autre protection similaire. Le lieu d'hibernation doit être sec et c'est pour cette raison que les collines sableuses sont les plus appréciées par les insectes. Les adultes émergent pendant les journées chaudes du printemps et cherchent ensuite leur nourriture d'abord sur les fraises, puis migrent vers les framboises rouges et noires ou les mûres, si les framboises ne sont pas présentes. Ils restent sur ces hôtes jusqu'à ce que les feuilles de vigne se développent, puis migrent vers ceux-ci pour se nourrir, pondre leurs œufs et mourir.

Trois méthodes de lutte sont utilisées pour prévenir les ravages de la cicadelle : éviter de planter des framboisiers à proximité des raisins ; pulvérisation d'insecticides de contact; et la destruction des lieux d'hibernation. Puisque les cicadelles se nourrissent surtout du framboisier avant que les feuilles du raisin ne se développent au printemps, éviter de planter ces deux plantes l'une à côté de l'autre est une méthode de contrôle très efficace. Le spray de contact doit toucher le corps de l'insecte et doit donc être appliqué avant que les nymphes ne développent des ailes. Le meilleur spray est une demi-pinte de Black Leaf avec 40 à cent gallons d'eau ou de mélange bordelais . Il est appliqué sur la face inférieure du feuillage au moyen d'un tuyau traînant ou d'un pulvérisateur automatique de feuilles de vigne conçu par FZ Hartzell et décrit dans le bulletin 344 de la New York Experiment Station. La destruction des aires d'hibernation est une méthode de contrôle presque aussi efficace que la pulvérisation. Toutes les mauvaises herbes et les graminées à forte tige qui meurent à l'automne ainsi que tous les déchets présents dans la vigne doivent être détruits. Cela vaut également la peine de brûler les feuilles et les détritus dans les clôtures et les terrains vagues à proximité des vignobles infestés en automne ou au début de l'hiver. Les cultures de couverture qui restent vertes pendant l'hiver n'abritent pas les cicadelles.

La tordeuse de la vigne.

Ce ravageur est largement répandu et attaque le raisin partout où il est cultivé en Amérique du Nord. L'insecte se nourrit de toutes les variétés mais est particulièrement destructeur des raisins à peau tendre et poussant en grappes compactes. Son travail est généralement détecté dans des grappes compactes où un certain nombre de baies sont blessées par un « ver ». Le « ver » est une chenille de couleur foncée, larve de la tordeuse de la vigne (*Polychrose viteana* .) Il existe deux couvées de cette chenille, dont la première se nourrit des tiges et des parties externes des jeunes baies, tandis que la seconde attaque les baies. La perte pour le fruiticulteur est de deux sortes : la perte des fruits et la détérioration des grappes qui entraîne le coût de la cueillette des baies sans valeur. La figure 43 montre le travail de la tordeuse de la vigne. Les dégâts sont généralement plus importants à proximité des forêts, car les arbres provoquent davantage de neige dans les vignobles voisins, cette protection permettant à un plus grand pourcentage de pupes de survivre.

FIG. 43. Une grappe de raisin spoliée par la tordeuse de la vigne.

Le papillon passe l'hiver à l'état de pupe sur les feuilles situées sous la vigne, émergeant au moment où les raisins fleurissent. Les sexes s'accouplent ensuite et les œufs sont pondus sur les tiges, les grappes de fleurs et les fruits nouvellement noués. Après avoir atteint leur pleine croissance, les chenilles découpent une partie de la feuille à partir de laquelle elles fabriquent une enveloppe de pupe au moyen de fils de soie, et se nymphosent ici pour la deuxième couvée qui émerge fin juillet et août. Les œufs sont pondus immédiatement et de ceux-ci naissent les chenilles qui vivent entièrement dans la baie. Les larves quittent les baies au moment où les fruits sont mûrs, forment des cocons sur les feuilles et hibernent. Les papillons sont petits, de couleur brune, tachetés de gris et tellement de la couleur de la canne à raisin qu'ils sont difficilement détectables lorsqu'ils se posent sur le bois.

La tordeuse de la vigne est difficile à contrôler, mais il est possible de faire beaucoup pour limiter ses ravages. La pulvérisation après la nouaison est la prévention la plus efficace. Il faut utiliser de la bouillie bordelaise (4-4-50) à laquelle a été ajoutée une livre et demie de savon à base de résine, d'huile de poisson et trois livres d'arséniate de plomb. Une deuxième application du même spray est conseillée début août. Dans un petit vignoble ou avec une légère infestation, il est souvent avantageux de cueillir et de détruire les baies infestées par le couvain printanier. Labourer les vignes infestées à la fin de l'automne ou au début du printemps pour enterrer toutes les feuilles empêche l'émergence de nombreux papillons nocturnes. Pour être efficace, cette pratique doit recouvrir les feuilles profondément directement sous les vignes et cette terre doit rester jusqu'au moment de l'émergence des adultes. Le labour sous les feuilles n'est pas aussi efficace sur les sols sableux que sur les sols lourds, car les sols sableux ne deviennent pas suffisamment compacts pour empêcher la fuite des papillons.

Insectes nuisibles d'importance mineure.

Parmi les 200 espèces d'insectes qui se nourrissent plus ou moins du raisin, les entomologistes en mentionnent plusieurs autres que celles décrites qui, certaines années ou certaines localités, deviennent abondantes et causent de graves dommages. Ainsi, il existe plusieurs espèces de vers gris qui se nourrissent parfois des bourgeons en expansion des jeunes feuilles de vigne. Les dégâts causés par ces vers gris sur la vigne sont plus importants en Californie que dans d'autres régions des États-Unis, mais ils se nourrissent néanmoins occasionnellement des vignes des régions de l'Est, au détriment de la récolte. La mesure de lutte la plus satisfaisante contre les vers-gris est l'application d'appâts empoisonnés placés sur le sol, au pied des vignes.

En Californie, il existe un chrysomèle des racines de la vigne (*Adoxus obscurus*), bien distinct du chrysomèle des racines de la vigne d'Amérique orientale, qui endommage à la fois les racines et les parties aériennes de la vigne. Comme chez les espèces orientales, la meilleure preuve d'infestation par ce ravageur est constituée par les bandes étroites en forme de chaîne rongées par les feuilles, bien que l'insecte arrache également une partie des pétioles, des pédicelles, des baies et des pousses et travaille sous terre, mangeant les radicelles et écorce des plus grosses racines. Les vignes infestées présentent un retard de croissance, les cannes ne parviennent pas à atteindre une croissance normale et souvent les vignes sont carrément tuées. Comme dans le cas des espèces orientales, ce chrysomèle des racines est la larve d'un coléoptère, le cycle biologique de l'insecte n'étant pas très différent de celui du coléoptère oriental. Deux méthodes de lutte sont assez efficaces : les adultes peuvent être arrachés de la vigne et capturés sur un grillage lorsque l'infestation est limitée à de petites zones ; ou bien les coléoptères peuvent être empoisonnés avec le spray à l'arsenic recommandé pour les espèces orientales. L'arrosage et la pulvérisation doivent souvent être répétés à mesure que de nouvelles infestations apparaissent.

La chemise-feuille de vigne (*Desmia funéraire*) est un autre insecte ravageur des vignobles de Californie et occasionnellement de l'Est, qui ne travaille cependant que dans des localités restreintes et certaines années. En Californie, les insectes se détectent dans un vignoble par l'enroulement caractéristique des feuilles dans lequel se forme un tube d'un peu moins que le diamètre d'un crayon à mine pour abriter les larves . Les larves se nourrissent du bord libre de la feuille à l'intérieur du rouleau et sont ainsi protégées par les couches externes. À l'Est, la chenille replie simplement les bords des feuilles. Cette feuille hiberne comme une chrysalide, sortant au début du printemps pour pondre des œufs sur la vigne peu de temps après l'apparition du feuillage. Il existe deux couvées en Californie et dans les États du nord et trois couvées dans les États du sud. La plieuse foliaire s'élimine facilement en pulvérisant un spray à l'arsenic juste après l'éclosion des œufs et avant que la larve ne soit protégée par son rouleau de feuilles.

Un autre ravageur présent partout aux États-Unis et particulièrement destructeur en Californie est le papillon de nuit (*Pholus achemon*), dont les larves causent parfois de graves dégâts sur de petites superficies de vignes. Ces larves ressemblent beaucoup aux gros vers, familiers à tous, qui attaquent la tomate et le tabac. L'insecte hiberne à l'état de pupe dans le sol où il se distingue comme un grand objet cylindrique de couleur brun foncé. Les papillons émergent vers la mi-mai et déposent leurs œufs sur les feuilles du raisin, dont les larves, une fois écloses, commencent immédiatement à se nourrir. Il existe plusieurs espèces de ces papillons, qui ont toutes essentiellement le même cycle biologique. Ce n'est pas un ravageur difficile à contrôler puisque les larves sont facilement tuées par des pulvérisations d'arsenic ; ou s'il n'y a que des spécimens occasionnels, ils peuvent être cueillis à la main. Il existe plusieurs espèces de sphinx qui attaquent le raisin, mais celle-ci est la plus courante.

Dans les régions viticoles de l'Est, il existe deux autres insectes destructeurs de la vigne largement répandus, mais chacun d'entre eux n'est remarquable en tant que ravageur que dans la région des Appalaches de Virginie-Occidentale et dans les États voisins. L'un est le raisin-curculio (*Craponius inæqualis*), pas essentiellement différent du curculio familier de la prune et de la cerise. Ce coléoptère se nourrit librement de la surface supérieure des feuilles et de l'écorce des tiges des fruits, et la femelle en pondant des œufs dévore les tissus des raisins en creusant sa chambre à œufs. Le charançon des raisins est efficacement détruit par une pulvérisation d'arsenic au printemps, dès l'apparition des coléoptères sur les vignes et avant le début de la ponte.

Un autre insecte ravageur de cette région est le foreur des racines de la vigne (*Memythrus polistiformis*) étroitement apparenté à la pyrale du pêcher, connue de tous les fruiticulteurs et à la pyrale des courges, connue des maraîchers. Ce foreur est la larve d'un papillon de nuit et est un ver blanchâtre avec une tête brune qui, à maturité, mesure environ un pouce et trois quarts de longueur. Le corps est mince, nettement segmenté et recouvert d'une couverture clairsemée de poils courts et raides. Ces larves s'enfouissent dans la racine du raisin, se limitant d'abord aux parties les plus molles de l'écorce, encerclant souvent la racine à plusieurs reprises, mais s'enfonçant ensuite dans le fil du bois et, à la fin de la saison, détruisent les racines de manière à ne laissez intacte que la fine membrane de l'écorce externe. Ce ravageur est difficile à combattre. Les foreurs ne peuvent pas être éliminés par vermifugation comme dans le cas du pêcher, et les racines ne peuvent pas non plus être protégées par des pulvérisations ou des lavages. Aucun cépage ne semble plus à l'abri qu'un autre. Un travail du sol minutieux dans les mois de juin et juillet, pour détruire les insectes dans leurs cocons à la surface du sol, semble être le seul moyen d'arrêter leurs ravages, et cela n'est pas toujours efficace.

MALADIES FONGIQUES DU RAISIN

Le raisin est ravagé par quatre ou cinq maladies fongiques en Amérique, à moins que la plus grande vigilance ne soit exercée pour contrôler les parasites. Heureusement pour la viticulture commerciale, il existe des régions, comme nous l'avons vu dans la description des régions viticoles au chapitre I, si heureuses d'être exemptes de maladies fongiques qu'il y a peu d'incertitude dans la culture du raisin et peu de dépenses pour contrôler les maladies. La science moderne a également découvert le cycle biologique de toutes les maladies importantes et a mis au point des moyens assez efficaces pour les combattre.

Tous les parasites fongiques du raisin en Amérique sont indigènes et ont longtemps subsisté sur les vignes sauvages. Ils sont donc tous largement répandus, et comme la culture leur a donné un grand nombre de plants de vigne dans des zones continues, les maladies ont augmenté rapidement en intensité, ont parfois balayé comme une traînée de poudre les régions viticoles, dévastant et détruisant complètement de grandes superficies de vignes. . Cependant, il existe désormais des moyens de traitement curatif et préventif qui, même s'ils ne permettent pas, en raison de leur coût, de cultiver les raisins de manière rentable dans toutes les régions de l'Amérique, permettent néanmoins leur culture pour un usage domestique dans pratiquement tous les districts agricoles du pays. .

PLANCHE XVII. — Empire State ($\times\,^2/_3$).

Pourriture noire.

Il s'agit de la maladie fongique de la vigne la plus répandue et la plus destructrice dans la région à l'est des Montagnes Rocheuses. Heureusement, il est inconnu sur la côte Pacifique. La maladie est causée par un champignon parasite (*Guignardia Bidwellii*) qui pénètre dans le plant de raisin au moyen de minuscules spores distribuées principalement par le vent et la pluie. La pourriture noire passe l'hiver dans les raisins momifiés, sur les vrilles mortes ou sur de petites zones mortes des cannes. Au printemps, le champignon se propage de ces taches aux feuilles et forme des taches brunes sur les feuilles d'environ un quart de pouce de diamètre, ou des taches noires oblongues sur les pousses, les feuilles, les pétioles et les vrilles. Plus tard, la maladie se propage aux fruits, n'attirant généralement l'attention que lorsque les baies sont au moins à moitié développées. Peu de temps après que les ravages du champignon soient devenus apparents sur les baies, les fruits noircissent, se ratatinent et se couvrent de minuscules pustules noires qui contiennent les spores d'été. La figure 44 montre le travail de la pourriture noire. En hiver et au printemps, une autre forme appelée spore d'hiver ou de repos est produite sur ces vieilles baies ratatinées et momifiées, et celles-ci transmettent la maladie d'une saison à l'autre.

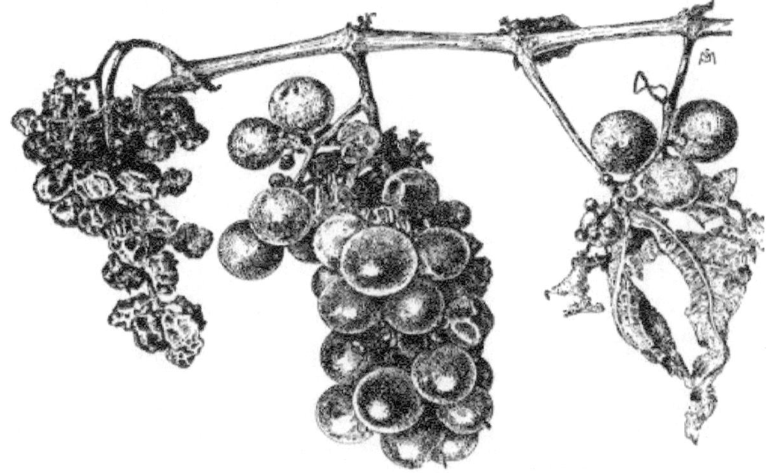

FIG. 44. Travail de la pourriture noire du raisin.

il est évident qu'il est souhaitable de détruire le plus tôt possible ces raisins momifiés ainsi que les feuilles et les tailles des vignes infectées. Ce traitement n'est cependant pas suffisant et la maladie ne peut être efficacement contrôlée que par une pulvérisation abondante de bouillie bordelaise (4-4-50). La première application doit être effectuée juste avant la floraison des raisins ; la seconde, peu après la floraison. La quantité de matériau appliqué importe moins que l'uniformité de la répartition et la finesse du spray tel qu'appliqué. Pendant la saison des pluies, il faudrait peut-être faire une troisième ou une quatrième application dans les régions où la maladie est grave ; la troisième est faite lorsque les baies ont la taille d'un pois ; le quatrième, lorsque les baies deviennent suffisamment grosses pour se toucher.

Mildiou.

Mildiou (*Plasmopara viticola*) rivalise avec la pourriture noire pour la première place parmi les maladies fongiques du raisin. On le trouve dans toutes les régions viticoles à l'est des montagnes Rocheuses, mais il est plus nocif dans les localités du nord. Comme la pourriture noire, le mildiou s'attaque à toutes les parties tendres de la vigne, mais se retrouve principalement sur le feuillage et est généralement moins destructeur que la pourriture noire. Comme on le voit pour la première fois sur le feuillage, le travail du champignon apparaît sous la forme de taches irrégulières jaune verdâtre sur la surface supérieure qui deviennent ensuite brun rougeâtre. En même temps, sur la face inférieure de la feuille, une fine excroissance duveteuse blanche apparaît. Les spores du champignon sont produites sur cette pousse duveteuse et, dans des conditions favorables, sont distribuées par le vent et l'eau dans toutes les parties tendres de la vigne, où elles germent et commencent leur travail de destruction. Le fruit est attaqué lorsqu'il est partiellement cultivé, comme le montre la Fig. 45 , et se couvre du duvet gris du champignon, la « pourriture grise » du vigneron. Si les baies échappent à la maladie jusqu'à la moitié de leur croissance, le champignon provoque une tache violet brunâtre qui recouvre bientôt tout le raisin, donnant à la maladie à ce stade le nom de « pourriture brune ». Outre les spores d'été, une autre forme d'organes reproducteurs est produite en hiver pour transporter le champignon pendant la période de repos.

FIG. 45. Raisins attaqués par le mildiou.

Le mildiou, comme la pourriture noire, se propage plus rapidement et cause le plus de dégâts par temps chaud et humide. Comme pour pratiquement toutes les maladies de la vigne, on peut faire beaucoup pour lutter contre la maladie en détruisant les feuilles, les pousses et les baies infestées qui contiennent les spores d'hiver, mais ces mesures sanitaires ne sont pas suffisamment efficaces et les vignobles doivent être pulvérisés comme recommandé. pour la pourriture noire, sauf que la première application doit être effectuée avant l'apparition des boutons floraux.

Oïdium.

Moins gênant que le mildiou à l'Est, l'oïdium (*Uncinula necator*), s'il n'est pas contrôlé, est capable de détruire toute la récolte de raisins européens sur le versant du Pacifique. Dans l'Est, elle provoque parfois de grandes pertes chez les diverses variétés connues sous le nom d'« hybrides Rogers » et, curieusement, elle constitue souvent une maladie assez grave du Concord. La maladie est causée par un champignon superficiel qui passe l'hiver sur les feuilles mortes ainsi que sur les cannes. Les spores commencent à germer quelques semaines après la floraison des raisins, mais la maladie n'est souvent détectée que lorsque les raisins ont presque atteint la moitié de leur croissance. Les fins filaments blancs du champignon, qui constituent la partie végétative du parasite, attaquent alors les feuilles, les pousses et les fruits, envoyant des branches courtes et irrégulières sur lesquelles sont portées un grand nombre de spores. Ceux-ci donnent à la surface supérieure de la feuille un aspect gris et poudré, d'où son nom. Finalement, les feuilles malades deviennent brun clair et si la maladie est grave, elles tombent rapidement. Les baies infectées prennent une apparence grise et squameuse, tachetées de brun, leur croissance est freinée et éclatent souvent d'un côté, exposant les graines. Les baies, cependant, ne deviennent pas molles et rétrécies comme lorsqu'elles sont attaquées par le mildiou. La maladie passe l'hiver dans les spores au repos produites tard dans la saison de croissance. L'oïdium diffère des autres maladies fongiques du raisin en ce sens qu'il est plus répandu pendant les saisons chaudes et sèches que pendant les saisons froides et humides.

En Amérique de l'Est, l'oïdium est contrôlé par le traitement recommandé contre la pourriture noire. Lorsque la pourriture noire n'est pas répandue, deux pulvérisations de bouillie bordelaise sont recommandées ; le premier début juillet et le second environ deux semaines plus tard. Sur la côte du Pacifique, cependant, l'oïdium ou « oïdium », comme on l'appelle souvent là-bas, nom venant d'Europe, est combattu à moindre coût et avec plus de succès en saupoudrant de fleurs de soufre. Le dépoussiérage est souvent effectué à la main ou avec des bidons perforés, mais cela est inutile et incertain, et l'un des nombreux pulvérisateurs de soufre peut être utilisé pour faire le meilleur travail.

Anthracnose.

Une autre maladie répandue est l'anthracnose (*Sphaceloma ampelinum*), appelée « pourriture à vol d'oiseau » en raison des taches particulières produites sur les fruits atteints, qui attaquent les feuilles, les sarments et les fruits de la vigne. Il apparaît d'abord sur les feuilles sous forme de petites taches irrégulières, brun foncé, enfoncées, avec une marge sombre. Plus tard, elle apparaît sur les fruits, avec à peu près le même aspect, bien que les taches soient généralement plus grandes et plus enfoncées, la maladie étant cependant plus caractéristique sur les fruits. Souvent, deux ou plusieurs taches se réunissent et couvrent ainsi la plus grande partie de la baie. Les fruits deviennent durs, plus ou moins ridés, et la zone malade se rompt souvent, exposant la graine, un peu comme dans le cas de l'oïdium. Les spores du champignon sont produites en grand nombre sur les zones malades pendant la saison de croissance et sont portées par des filaments filiformes qui vivent tout l'hiver dans les tissus de la vigne et sont prêtes à repousser au printemps. Les spores d'hiver n'ont pas encore été découvertes.

L'anthracnose est largement répandue en Amérique de l'Est mais entraîne rarement des pertes importantes ou générales, la plupart des raisins commerciaux étant relativement immunisés contre la maladie. Quelques variétés assez couramment cultivées dans les vignobles domestiques, comme Diamond, Brighton et Agawam, souffrent le plus d'anthracnose. La pulvérisation de bouillie bordelaise , recommandée contre la pourriture noire, est généralement suffisante pour maîtriser la maladie.

Maladie du bras mort.

Une maladie gênante d'apparition récente cause maintenant des dégâts considérables dans la ceinture viticole Chautauqua le long des rives du lac Érié, étant la plus courante sur le Concord. Du fait qu'on la trouve habituellement sur un bras de la vigne, on l'appelle "maladie du bras mort" (*Cryptosporella viticola* .) La maladie est causée par un champignon qui passe l'hiver dans de petites fructifications noires situées dans les parties mortes de la vigne. Au début du printemps, le champignon se propage au moyen de spores jusqu'aux jeunes pousses et, plus tard dans la saison, attaque les baies mûres, produisant de petites taches noires et oblongues de pourriture noire. Tôt ou tard, si le sarment malade n'est pas coupé, le champignon se propage aux bras ou au tronc de la vigne, provoquant une pourriture lente et sèche qui finit par tuer la partie atteinte. Heureusement, la présence de la maladie est rapidement détectée par de petites feuilles jaunâtres, très frisées sur le bord.

Le champignon est facilement contrôlé en marquant les bras malades dès l'apparition des premiers symptômes et en les coupant au moment de la taille. Si la vigne est très mutilée par une telle taille, on peut généralement faire remonter des drageons sous la surface du sol pour renouveler la vigne. Les applications de bouillie bordelaise recommandées contre la pourriture noire sont précieuses pour prévenir la maladie du bras mort. La maladie est largement évitée en renouvelant le vieux bois de la vigne dès que le tronc commence à montrer un aspect noueux.

Bombardement.

En Amérique orientale, notamment dans la région viticole de Chautauqua, il n'est pas rare que les viticulteurs perdent une grande partie de leur récolte à cause de la chute prématurée des raisins des tiges. Le problème est ancien et est désigné sous le nom de « bombardements » ou de « cliquetis ». Cette chute prématurée commence généralement à la fin d'un cluster, et les clusters les plus éloignés du tronc sont les premiers affectés. Lorsque les vignes souffrent beaucoup de ces bombardements, les vignes prennent souvent un aspect maladif, le feuillage perd de sa couleur et les bords extérieurs des feuilles se dessèchent plus ou moins. Les fruits tombés ont un goût fade et, bien entendu, ne valent rien, même s'ils peuvent être récoltés.

La cause du problème n'est pas connue. Les raisins peuvent « trembler » sur les terres hautes ou basses, sur les sols pauvres ou riches, sur les sols lourds ou légers. Un vignoble peut être touché une année et pas l'autre. Les viticulteurs attribuent généralement ces problèmes à une mauvaise nutrition, mais l'application d'engrais ne s'est pas révélée préventive. Les vignobles anciens et bien établis semblent plus à l'abri des ennuis que les plantations nouvelles et mal établies. La théorie la plus raisonnable quant à la cause du décorticage est qu'il proviendrait d'une mauvaise nutrition de la vigne, mais les conditions qui affectent la nutrition ne sont pas encore déterminées de manière satisfaisante.

Maladies d'importance mineure.

Pourriture mûre ou pourriture amère (*Glomerella rufomaculans*) est une maladie due au même champignon responsable de la pourriture amère de la pomme. Comme son nom l'indique, la maladie apparaît généralement sur les fruits au moment de la maturation et, dans des conditions favorables, se poursuit après la cueillette des raisins. Il peut également attaquer les feuilles et les tiges. La première indication de la présence du champignon est l'apparition de taches brun rougeâtre qui s'étendent et finissent par recouvrir l'ensemble du fruit. Les baies ne se ratatinent pas, mais la surface pourrie est parsemée de pustules dans lesquelles sont portées les spores. Il est difficile de déterminer l'ampleur des dégâts causés par cette maladie, mais ils ne sont généralement pas importants et les applications tardives de bouillie bordelaise contre la pourriture noire ou l'oïdium sont très efficaces pour la contrôler.

La galle du collet, aujourd'hui connue pour être une maladie bactérienne qui provoque des nœuds ou des galles sur les racines de diverses plantes sauvages et cultivées, s'attaque parfois aux racines des raisins ou même aux vignes aériennes. Parfois, la maladie est assez grave, mais elle n'est pas fréquente dans les régions viticoles d'Amérique. Les fongicides sont inutiles dans la lutte contre la maladie et tout ce que l'on peut faire est de faire preuve d'une grande prudence lors de la plantation des plants infectés. Il est peu probable que la galle du collet endommage sérieusement les vignes dans les régions du nord, bien qu'elle puisse occasionnellement le faire dans le sud.

En Californie, il existe une maladie quelque peu mystérieuse connue sous le nom de « maladie d'Anaheim », car elle a fait son apparition dans les environs d'Anaheim. Pour autant qu'on puisse le savoir, la maladie est apparue pour la première fois en 1884, puis s'est propagée rapidement de quarante à cinquante milles du point où elle a commencé ses ravages, provoquant une perte directe et indirecte de plusieurs millions de dollars et conduisant à l'abandon de la vigne. poussant dans certaines régions du sud de la Californie. Heureusement, depuis quelques années, la maladie d'Anaheim est moins agressive mais fait quand même plus ou moins de dégâts. La nature et le traitement de cette maladie ne sont pas encore complètement déterminés, bien que plusieurs expérimentateurs étudient cette maladie. Les Californiens dont les vignobles souffrent de cette maladie devraient s'adresser à la station expérimentale de Berkeley pour obtenir les dernières informations à ce sujet.

La coulure est un autre trouble de la vigne en Californie dont on sait encore peu de choses, ni quant à sa cause, ni quant à son traitement. Le terme signifie l'incapacité du fruit à nouer ou à rester sur les grappes. Le problème survient à des degrés divers, depuis la perte de quelques baies jusqu'à l'écaillage complet du fruit de la tige. La situation est pire dans certaines localités que dans d'autres et dans certaines variétés que d'autres. Diverses causes ont été attribuées à la maladie, la principale et la plus probable étant des conditions climatiques défavorables.

CONTRÔLE DES INSECTES ET DES MALADIES

D'après le nombre d'insectes et de maladies trouvés sur le raisin, il semblerait que, littéralement, « la peste marche dans les ténèbres et la destruction ravage à midi » dans les vignobles du pays. Mais les maladies dont la chair du raisin est héritière ne sont pas nombreuses dans une seule région, et le vignoble est rarement attaqué par de nombreuses maladies ou insectes au cours d'une seule saison. Il fut un temps, comme nous l'avons déjà dit, où les viticulteurs étaient tellement assaillis par des parasites qu'ils ne pouvaient pas contrôler, que la viticulture était l'un des domaines agricoles les plus incertains. Mais une brillante découverte après l'autre a mis les ravageurs du raisin sous la main de l'homme. Jusqu'à présent, il n'y en a que peu qui entraînent de grandes dépenses de traitement ou des inquiétudes quant aux résultats.

Les plantes ne peuvent être attaquées par des maladies que si l'infection est autorisée. Il s'ensuit qu'un assainissement adéquat permet d'éloigner la plupart des insectes nuisibles de la vigne.

Assainissement du vignoble.

En changeant ou en modifiant l'environnement, l'immunité peut être assurée contre de nombreux ravageurs du raisin et les dommages peuvent être réduits pour la plupart, sinon la totalité. La culture, comme cela a été observé pour plusieurs insectes nuisibles et pour une ou deux maladies de la vigne, est une méthode efficace pour éliminer les ravageurs de la vigne. Dans le cas des insectes, il détruit les insectes eux-mêmes ainsi que les lieux d'hibernation. Le vignoble ne doit jamais être enherbé, mais toujours soumis à un travail minutieux et fréquent. L'hygiène du vignoble est également grandement améliorée si des cultures de couverture qui restent vertes pendant l'hiver sont plantées après le dernier travail du sol. La culture doit généralement être précédée d'un labour profond à l'automne ou au printemps pour retourner sous les feuilles mortes et les mauvaises herbes ou l'herbe dans lesquelles les insectes hibernants peuvent passer l'hiver.

Les abords du vignoble doivent être entretenus. Les clôtures et les terrains vagues qui ne peuvent pas être cultivés sont souvent incendiés pour détruire les hibernations des insectes de la vigne. En règle générale, il n'est pas judicieux de planter des baies de ronce ou même des fraises dans les vignes ou dans les vignes voisines, car ces plantes offrent des lieux d'hibernation et des plantes nourricières à certains insectes de la vigne, en particulier la cicadelle destructrice. Enfin, il faut prendre des précautions en détruisant toutes les vignes sauvages à proximité des vignobles, car elles abritent fréquemment des insectes et des maladies, l'altise trouvant la vigne sauvage presque indispensable à son existence.

Pulvérisation.

Il n'est pas possible d'établir des règles précises pour l'épandage des vignobles sur l'ensemble du territoire. La littérature sur ce sujet est abondante dans tout État où la vigne est largement cultivée, à la portée du vigneron, et n'est pas difficile à comprendre une fois qu'elle est en main. Chaque vigneron doit se procurer et étudier les publications des stations expérimentales de l'État relatives à la lutte contre les insectes et les maladies.

Le nombre d'applications et les pulvérisations à utiliser varient considérablement selon les régions d'Amérique. Sur le versant du Pacifique, la seule application annuelle requise dans la plupart des régions viticoles est un saupoudrage de fleurs de soufre contre l'oïdium. Plusieurs autres ravageurs peuvent cependant, d'année en année ou dans une localité ou une autre, nécessiter un traitement spécial. Dans les régions viticoles de New York, de nombreux viticulteurs ne pulvérisent pas du tout, mais ce sont généralement des négligents ou des procrastinateurs dont les profits sont faibles et incertains. Dans les régions viticoles des États du nord-est, les vignerons ordonnés pulvérisent au moins une fois de la bouillie bordelaise (4-4-50) dans laquelle on met trois livres d'arséniate de plomb, quel que soit le nombre d'insectes et de champignons présents. Ce traitement est administré peu de temps après la chute des fleurs. Dans les régions plus méridionales, il peut être nécessaire d'effectuer un traitement similaire peu de temps après l'apparition des premières feuilles, de nouveau après la chute des fleurs et ensuite toutes les deux semaines jusqu'à ce que les raisins commencent à prendre couleur, en faisant jusqu'à quatre, cinq ou même six applications. dans tout. A ces applications régulières de bouillie bordelaise et d'arséniate de plomb, il faudra peut-être ajouter des insecticides de contact, comme certaines préparations nicotiniques ; ou, à des fins spéciales, comme spécifié dans la discussion sur les différents parasites, de la mélasse bon marché est ajoutée. Il est cependant douteux que le raisin puisse être cultivé avec succès commercial là où les insectes et les champignons prédominent et sont si nuisibles qu'ils nécessitent chaque année plus de deux ou trois applications de bouillies de pulvérisation.

PLANCHE XVIII. — Herbert ($\times\ ^2/_3$).

CHAPITRE XIII

COMMERCIALISATION DES RÉCOLTES ET REVENUS DU VIGNOBLE

La viticulture, comme toutes les branches de l'agriculture, est composée de deux phases d'activité bien distinctes : la culture et la commercialisation de la récolte. Les sujets qui seront traités dans ce chapitre et dans le suivant relèvent plutôt du marketing que des activités culturelles. Traitées en détail, ces opérations constituent l'objet d'un traité à part, et seul un aperçu des pratiques actuelles est en place dans un texte comme celui-ci consacré à la culture du fruit. Les différentes opérations qui seront abordées sont la cueillette, l'emballage, le stockage, l'expédition et la commercialisation.

RÉCOLTE À L'EST ET AU NORD

Comme la consommation des soins de la vigne, la récolte est célébrée dans tous les pays européens avec des réjouissances de chants, de danses et de gaieté. En Amérique, le millésime est moins un événement qu'en Europe, mais il est plus pittoresque et divertissant que la récolte de la plupart des autres cultures. C'est un travail auquel peuvent participer les jeunes et les personnes âgées, ainsi que les personnes dans la fleur de l'âge des deux sexes, et qui est réputé comme une occupation des plus saines. Pour ces raisons, les vendanges en Amérique, comme en Europe, ont un peu l'air de vacances, de sorte que l'on trouve généralement facilement des ouvriers pour les diverses opérations de récolte. Les ouvriers viennent des villes et des campagnes voisines au moment où les raisins commencent à mûrir, en si grand nombre que le soin de la récolte est rapidement accompli.

Cueilleurs.

En règle générale, les cueilleurs sont embauchés à la pièce plutôt qu'à la journée, l'expérience ayant démontré qu'ainsi payés, ils effectuent un travail plus important et de meilleure qualité. Il existe généralement une grande diversité de race, d'âge et de condition de vie des cueilleurs, de sorte qu'un travail harmonieux et efficace n'est guère possible sans un contremaître compétent qui doit souvent être assisté par un sous-contremaître. Une surveillance efficace double la capacité de cueillette d'une équipe de travailleurs et, en outre, est nécessaire pour veiller à ce que les fruits soient cueillis et emballés avec le soin approprié. Lors de l'embauche des cueilleurs, il est généralement stipulé qu'une partie du salaire doit être réservée jusqu'à la fin de la saison ; sinon, ceux qui sont disposés à prendre des vacances partent lorsque le temps devient désagréable ou cherchent des pâturages plus verts lorsque les raisins se raréfient.

Contrairement à certains fruits, les raisins ne doivent pas être cueillis avant leur pleine maturité, car les raisins non mûrs ne mûrissent pas après la cueillette. Les raisins non mûris n'ont pas le pourcentage de sucre et de matières sèches nécessaire pour bien se conserver et n'ont pas développé toute leur saveur. De nombreux producteurs font l'erreur d'envoyer les raisins sur le marché avant leur pleine maturité, une erreur facilement commise avec certaines variétés car elles acquièrent toute leur couleur avant leur pleine maturité. La couleur n'est donc pas un bon indicateur quant au moment de la sélection. Dans les États du nord et de l'est, les cépages tardifs peuvent être autorisés à s'accrocher aux vignes pendant un certain temps après maturité, les soleils de la fin de l'automne leur donnant un degré plus élevé de douceur et de perfection. Certains viticulteurs courent le risque de légères gelées pour approfondir leur maturité et bénéficier de l'avantage supplémentaire de l'élimination de nombreuses feuilles des vignes. La maturité est indiquée par une combinaison de signes difficiles à décrire mais faciles à apprendre par l'expérience. Ces signes sont : premièrement, une couleur caractéristique ; deuxièmement, le développement complet de la saveur et de l'arôme ; troisièmement, une texture plus douce de la pulpe et un léger épaississement du jus le rendant plus ou moins collant ; quatrièmement, les extrémités des tiges passent du vert au brun ; cinquièmement, les baies se détachent plus facilement de leurs tiges ; sixièmement, les graines sont libres ou presque exemptes de pulpe et passent généralement du vert au brun.

Mais peu d'appareils sont nécessaires à la cueillette du raisin. Les cisailles sont une nécessité. Ceux-ci sont de marque spéciale et peuvent être achetés auprès de revendeurs de fournitures horticoles, coûtant entre 75 cents et 1 $. Certains producteurs, après la cueillette, emballent les fruits au champ dans les récipients dans lesquels ils doivent être commercialisés. Cependant, la plupart d'entre eux les cueillent dans des plateaux qui sont apportés à l'usine de conditionnement et laissés au repos jusqu'à ce que les fruits soient flétris avant d'être emballés pour l'expédition. Les plateaux peuvent être de plusieurs tailles et formes, mais sont généralement des plats peu profonds pouvant contenir de vingt-cinq à trente-cinq livres. Les fruits cueillis sont acheminés du vignoble vers le hangar de conditionnement dans un wagon équipé de ressorts flexibles pour éviter les secousses et les secousses. Les grands producteurs disposent généralement de chariots à plate-forme à un cheval spécialement construits, dont les roues avant passent sous la plate-forme.

Ce n'est pas une mince affaire de tenir un compte de préparation auprès des préparateurs. Les producteurs professionnels utilisent l'un des nombreux types de tickets ou d'étiquettes pour tenir leurs comptes. La méthode la plus courante consiste probablement à remettre un ticket au vendangeur lors de la livraison du réceptacle de raisins, le vigneron conservant soit la moitié de l'original, soit un duplicata. Les objections aux systèmes de tickets sont que les préparateurs perdent souvent les billets, ne les rendent pas régulièrement ou les échangent avec d'autres préparateurs. Pour pallier aux inconvénients des tickets, certains producteurs utilisent des étiquettes qui portent le nom du cueilleur et sont attachées à sa personne. Ces étiquettes comportent des numéros marginaux ou des divisions qui sont annulées par un poinçon au fur et à mesure que les vendangeurs livrent les raisins. Une autre méthode encore consiste à tenir des comptes comptables avec chaque cueilleur, auquel cas le paiement est effectué à la livre, chaque récipient étant placé sur la balance au fur et à mesure qu'il est rapporté du champ, le crédit étant accordé pour le nombre de livres. Il est du devoir des responsables de veiller à ce que chaque vendangeur termine le rang ou la partie de rang qui lui est assigné et à ce qu'il ne parcoure pas le vignoble à la recherche de la meilleure vendange.

Stations de conditionnement et leurs appareils.

Le viticulteur professionnel doit disposer d'une maison pour l'emballage et le stockage. Les maisons diffèrent par leur conception et leur aménagement pour presque tous les vignobles. Parfois, la maison est une combinaison d'emballage et de stockage. Souvent, la station de conditionnement est un lieu à mi-chemin entre le vignoble et la gare d'expédition, auquel cas il s'agit d'un hangar ouvert ou d'un bâtiment de construction légère. Dans ces usines de conditionnement sur le terrain, il n'y a généralement pas de dispositions pour le stockage. Les meilleurs types de maisons combinées sont dotés d'une cave pour le stockage des raisins, le premier étage est utilisé pour l'emballage et le grenier fournit un endroit pour le stockage des paniers et des caisses. Dans toutes ces maisons, il faut prévoir une ventilation complète, en particulier pour la cave de stockage, si les raisins doivent être conservés pendant une certaine période. Correctement ventilée, la température de la cave à raisin peut être maintenue aussi basse que 50° F. en septembre et octobre. Le sol des caves de ces maisons est généralement en terre battue pour mieux réguler la teneur en humidité de la pièce. Souvent, le premier étage est divisé en deux salles, l'une destinée à l'emballage et l'autre à l'expédition. Une bonne combinaison d'emballage et de stockage de ce type peut être construite pour 1 000 à 2 000 dollars. Maintenant que les installations de stockage frigorifique peuvent être sécurisées dans la plupart des régions viticoles et que les tarifs de stockage deviennent plus raisonnables, les besoins en entrepôt se font moindres.

FIG. 46. Emballage des raisins sur une table d'emballage.

Les usines de conditionnement sont si simples dans leur construction et peuvent être si différentes dans leur conception qu'il n'est ni possible ni nécessaire de les décrire en détail. Un bâtiment qui protège les travailleurs des éléments et offre des commodités d'emballage répond à cet objectif. Une telle usine de conditionnement, souvent située dans le vignoble, doit être bien éclairée, être reliée au local de stockage des paniers et présenter des avantages pour l'acheminement des colis du local de stockage au local de conditionnement et du local de conditionnement. de la salle d'emballage à la salle d'expédition. Sa taille dépendra des quantités de raisins à conditionner. La maison doit être construite de manière à pouvoir rester propre et agréable.

Toute usine de conditionnement, quelle qu'en soit la conception, doit être munie de tables pour contenir les plateaux pendant l'emballage des fruits. Habituellement, ces tables sont fabriquées de telle sorte que les plateaux de cueillette sont placés devant les emballeurs sur une table inclinée. Le conditionneur transfère les raisins des plateaux vers les paniers dans lesquels les fruits doivent être vendus. Les plateaux de raisins issus du champ sont déposés devant l'ouvrier, qui emballe ensuite les fruits dans la corbeille de gauche. Au fur et à mesure que les paniers sont remplis, ils sont placés sur un rebord plat ou une étagère devant l'emballeur et sont ensuite retirés par un préposé. Les paniers vides sont généralement conservés en magasin sur une étagère supérieure, pratique pour l'emballeur, et sont réapprovisionnés de temps en temps par le préposé. La figure 46 montre une table d'emballage du type qui vient d'être décrit. Parfois, la table d'emballage est circulaire et tourne, les emballeurs étant assis autour de la table. Les paniers sont tenus sur les genoux et l'emballeur retire les raisins de la table qui est retournée au fur et à mesure que les fruits frais arrivent. Cette table circulaire n'est pas d'usage général ; son seul avantage est qu'il permet à l'emballeur de choisir parmi une plus grande quantité de fruits.

Les raisins sont plus facilement classés que la plupart des autres fruits ; car il n'y a généralement que deux catégories, les premières et les réformes. Il est difficile de préciser exactement ce que sont les premiers, car il faut considérer un certain nombre de facteurs qui font intervenir le jugement du correcteur. Au minimum, les premiers doivent présenter les qualités suivantes : Les grappes doivent être de grosseur approximativement uniforme ; il doit y avoir peu ou pas de baies manquantes sur les tiges ; les raisins doivent être bien mûrs, de degré de maturité uniforme et de couleur uniforme ; et le fruit doit être exempt de dommages causés par les insectes et les champignons. Il est plus facile de donner des spécifications pour les réformes, puisque tous les raisins qui ne sont pas les premiers sont des réformes.

Dans les grands vignobles, seuls les bons fruits ou les meilleurs fruits valent la peine d'être classés. Il est préférable de vendre à la tonne des fruits de mauvaise qualité, peu ou pas calibrés. Il s'ensuit également que plus le prix est élevé, plus le marché est spécial et plus la récolte est soigneusement récoltée, plus il est rentable de la trier. Le travail de calibrage s'effectue au hangar de conditionnement lorsque les fruits sont transférés des plateaux vers les réceptacles de vente. Une paire de ciseaux fins fabriqués à cet effet, que l'on peut acheter chez les revendeurs de fournitures horticoles, est utilisée pour couper les baies malades et écrasées. Il faut laisser les fruits se flétrir pendant quelques heures, une demi-journée ou toute la nuit, avant de pouvoir être classés avantageusement. Dans ce travail de calibrage, le plus grand soin doit être apporté à garder les fruits propres et frais, à trier les grappes cassées et à préserver la floraison. Moins il y a de manipulations, plus le produit est finement fini.

FIG. 47. Paniers Climax en deux tailles.

Les emballages pour les raisins sont moins variés que ceux pour tout autre fruit, les récipients de vente dans les États à l'est des Montagnes Rocheuses étant à peu près les mêmes pour toutes les régions. Les raisins de table sont universellement emballés dans des emballages cadeaux, c'est-à-dire des emballages qui sont offerts lorsque le fruit est vendu, ce qui garantit un emballage propre et délicat. Il semble impératif qu'un style d'emballage uniforme soit utilisé dans tout le pays pour le marché général, mais jusqu'à présent, bien que des lois nationales et étatiques aient été adoptées, l'uniformité n'a pas été assurée. Une loi nationale est nécessaire pour établir des emballages commerciaux standard afin que le producteur puisse expédier en toute sécurité d'un État à un autre sans enfreindre la loi. Un tel emballage devrait être basé sur la mesure cubique et non sur le poids comme cela est souvent préconisé ; car les raisins ne peuvent pas être expédiés sans certaines pertes dues à l'échantillonnage pendant le transport ; et il y a aussi des pertes de poids par évaporation, de sorte que le producteur, bien qu'essayant de se conformer à la loi, peut techniquement devenir un contrevenant si la norme est basée sur le poids.

L'emballage le plus populaire pour le raisin dans les régions viticoles de l'Est est le panier Climax, fabriqué dans différents styles et tailles. Ils sont bon marché, faciles à emballer et à manipuler, s'emboîtent bien lors du transport et sont durables. Trois tailles sont les plus couramment utilisées, le panier de cinq livres, le panier de dix livres et le panier de vingt livres. Le panier de cinq livres ne contient généralement qu'un peu plus de quatre livres ; le dix livres, environ huit livres ; et les vingt livres plutôt moins de vingt livres. Deux tailles de paniers Climax sont illustrées à <u>la Fig. 47</u>. Il est communément admis, cependant, que les emballages sont de faible poids et que, comme les raisins sont vendus au détail au panier et non à la livre, un faible poids n'est pas vraiment trompeur.

Ces paniers sont fabriqués en placage de bois fin avec une reliure en bois clair en haut et en bas. Le couvercle est en bois et est généralement fixé avec des agrafes. Le manche est soit en bois, soit en fil de fer. Lorsqu'ils sont bien faits, les paniers sont fermes et symétriques, sans éclats et propres et blancs. Les colis transportés d'année en année deviennent ternes, mais le bois peut être blanchi par fumigation dans le magasin avec du soufre. Les paniers jaunissent également et se décolorent s'ils sont laissés au soleil et doivent donc être stockés dans des pièces propres, sombres et sèches.

Lorsque les raisins sont vendus au poids aux fabricants de vin ou de jus de raisin, ils sont généralement livrés dans les plateaux de cueillette qui, si le marché est proche, sont toujours restitués. S'ils doivent être expédiés loin, ils sont livrés au marché dans des paniers de vingt livres ou des paniers de boisseaux, bien que ces derniers ne soient pas considérés avec faveur par les consommateurs.

Emballage.

Les raisins emballés à l'intérieur, comme cela a été dit, sont laissés au repos de quelques à vingt-quatre heures après avoir été cueillis pour leur permettre de flétrir. Une fois ainsi flétris, ils sont beaucoup plus faciles à emballer et ne rétrécissent pas pendant le transport, de sorte que le panier arrive généralement au marché bien rempli de fruits. Chaque grappe de raisin est placée séparément dans le panier après avoir retiré toutes les baies invendables. Les grappes sont disposées en étages concentriques, la couche supérieure étant placée avec un soin particulier. Lorsque la corbeille est remplie, les raisins remontent un peu au-dessus du niveau de la corbeille en prenant soin de ne pas trop faire saillir les fruits afin que les raisins soient écrasés lors de la mise en place du couvercle. Dans tout ce travail, les baies sont manipulées le moins possible, afin de ne pas détruire la floraison. Il faut également veiller à ce que les fruits soient exempts de produits pulvérisés et qu'ils soient par ailleurs propres et frais. Il faut beaucoup moins de peine lorsque les raisins sont emballés dans des barquettes pour être vendus au poids, mais même dans cela, il faut être méthodique pour remplir les barquettes, sinon il y aura beaucoup d'espaces et de coins ouverts entre les grappes.

Pratiquement tous les viticulteurs commerciaux utilisent désormais des étiquettes sur leurs emballages. Ceux-ci ajoutent non seulement à l'attractivité des emballages, mais constituent également une garantie du contenu, tant en ce qui concerne le nom de la variété que la qualité du fruit. Ces étiquettes constituent également un signe permettant de distinguer les fruits d'un producteur et constituent donc un support publicitaire précieux. Certains producteurs ont enregistré leurs étiquettes auprès de l'Office des brevets des États-Unis afin d'empêcher d'autres de les utiliser. De toute évidence, il n'est ni souhaitable ni utile d' étiqueter des raisins de mauvaise qualité.

Stockage des raisins.

Le viticulteur commercial stocke désormais ses raisins dans des entrepôts frigorifiques s'il les conserve un certain temps après la récolte. Il ne fait aucun doute que conserver une partie de la récolte dans des locaux refroidis artificiellement est un grand avantage pour le vigneron, car cela prolonge la saison de vente de trois ou quatre mois. Autrefois, les raisins indigènes ne pouvaient être achetés sur les marchés généraux que jusqu'à Thanksgiving ou aux alentours de cette date, mais désormais, les raisins américains sont très généralement proposés à la vente en janvier et février, tandis que les raisins européens de Californie sont sur le marché presque toute l'année. Le viticulteur n'a besoin que de peu ou pas de préparation de son produit pour le mettre en chambre froide, sauf pour s'assurer que le produit est de première qualité à tous égards. Ce serait un gaspillage d'argent et d'efforts que d'essayer de stocker des raisins autres que des raisins propres, sains, bien mûrs et bien emballés. Le viticulteur n'a cependant que rarement besoin de se soucier du stockage, puisque la récolte est généralement stockée par les acheteurs.

Peu de petits producteurs semblent avoir appris l'art de conserver les raisins dans des entrepôts communs. Il n'y a que peu de difficultés à conserver les raisins européens plusieurs mois après la récolte s'ils sont stockés dans des conditions favorables. Pas tous, mais plusieurs raisins indigènes peuvent également être conservés pratiquement tout l'hiver si les précautions appropriées sont prises. Parmi ces variétés, Catawba est la variété d'hiver standard, mais Diana, Iona, Isabella, les hybrides de Rogers et Vergennes, toutes cultivées assez couramment, peuvent être conservées par le petit cultivateur.

Pour assurer leur conservation, ces raisins indigènes doivent être manipulés avec le plus grand soin. Le fruit est cueilli quelques jours avant qu'il ne soit mûr et les grappes placées dans des plateaux contenant quarante ou cinquante livres. Il est important que la température soit réduite progressivement afin d'éviter des changements brusques. Si les nuits sont fraîches, une aide précieuse est de laisser les raisins à l'extérieur dans des cagettes la nuit qui suit leur récolte et de les placer dans un bâtiment frais ou une cave sèche tôt le lendemain matin. La cave ou le débarras doit être bien aéré et doit être tel que la température ne soit pas variable, en prenant soin de renouveler l'air dans toutes les parties du débarras. Il faut cependant éviter les courants d'air, sinon les tiges et les baies se ratatineront. Si une température de 40° à 50° peut être maintenue, les variétés citées peuvent être conservées jusqu'en mars ou avril. Un débarras coûteux n'est pas nécessaire et la glace pour refroidir la pièce est non seulement inutile mais indésirable.

Si le cellier est trop sec, les raisins flétrissent et perdent leur saveur ; si au contraire l'atmosphère est trop humide, les raisins moisissent. Il est donc essentiel de trouver un juste milieu entre une atmosphère trop sèche et une atmosphère trop humide. Il est possible qu'une légère fumigation au soufre ou au formaldéhyde puisse aider à réduire les moisissures dans ces caves à raisins de stockage communes, mais quant à la valeur de la fumigation, il ne semble y avoir aucune preuve expérimentale.

On dit que les raisins cultivés sur des terres argileuses sont plus fermes et se conservent mieux que ceux cultivés sur des sols graveleux ou plus légers. Il y a quelques années , il existait dans l'Ohio une association connue sous le nom de Clay-Growers Association qui ne s'occupait que des raisins cultivés sur des terres argileuses. Les membres de cette association pensaient que leurs raisins étaient bien plus recherchés pour la conservation que les raisins provenant de régions où le sol était plus léger.

RÉCOLTE ET MANIPULATION DES RAISINS MUSCADINE

Les raisins muscadine des États de l'Atlantique Sud et du Golfe sont uniques en termes de vigne et de fruit, sont utilisés à des fins différentes et sont destinés à des marchés différents de ceux des raisins du Nord, de sorte qu'ils peuvent être considérés presque comme un fruit distinct. Non seulement les exigences culturelles sont particulières à ce fruit, comme nous l'avons vu, mais les modes de récolte et de commercialisation sont bien distincts. Ceux-ci sont bien exposés par Husmann et Dearing [18] comme suit :

"Dans le passé, les vignes de Rotundifolia étaient presque entièrement cultivées sur des tonnelles aériennes, les fruits étant transformés en vin, et dans de telles conditions, la pratique générale consistant à secouer les raisins des vignes est peut-être la méthode de récolte la plus pratique. Si les vignes sont palissées aux treillis dressés ou si les fruits sont destinés à l'expédition ou à la table, les raisins doivent être cueillis à la main afin d'être sains et propres. En raison de la présence de feuilles, brindilles, etc., mélangées aux raisins en pot des vignes , les fabricants de vin et de jus de raisin paieront 5 à 15 cents de plus le boisseau pour les raisins cueillis à la main. Les viticulteurs qui pratiquent la cueillette à la main prétendent que le travail peut être effectué à pratiquement pas plus de frais que ce qui est nécessaire pour secouer et nettoyez une récolte, et l'augmentation du prix obtenu pour le fruit fera plus que payer la différence.

"Une description de la récolte des raisins Rotundifolia par la méthode du jarre sera intéressante pour ceux qui ne la connaissent pas. Les perches sont attachées à des feuilles de toile mesurant 6 pieds sur 12 et munies de poignées en cuir. Un homme est placé à chaque extrémité de la feuilles et quatre hommes avec deux feuilles travaillent ensemble. Les côtés larges des deux feuilles sont rapprochés sous chaque vigne, avec le tronc de la vigne au milieu. Les vignes sont ensuite mises en pot, les baies tombant dans les feuilles. Ceux qui ne le sont pas attrapés par les feuilles ou tombés à terre par le tremblement du treillis lors de la récolte des fruits des vignes voisines, etc., et qui sont habituellement de la meilleure qualité, sont cueillis à la main. coûte environ 15 cents le boisseau pour récolter les fruits au sol et 12 cents pour récolter ceux qui tombent sur les feuilles.

"Les fruits sont mis dans des caisses ou des tonneaux, et si la quantité n'est pas grande, les feuilles, bâtonnets, etc., qui se mélangent aux fruits, sont enlevés à la main. S'il y a une quantité considérable de fruits, certains moyens mécaniques, tels que Des moulins à grains ordinaires sont utilisés pour le nettoyer. Après le nettoyage, les fruits sont transportés ou expédiés à la cave. Dans les caves dotées d'équipements modernes, des souffleurs nettoient soigneusement les fruits. Ceux-ci sont situés près de l'extrémité des ascenseurs qui transportent le fruit. fruits au broyeur.

"Une pratique courante et très répréhensible suivie lors de la récolte des raisins Rotundifolia, en particulier par la méthode de mise en bocaux, consiste à récolter les fruits en une seule fois, alors qu'il devrait y avoir au moins trois périodes de récolte. Lorsqu'ils sont récoltés en une seule fois, la meilleure qualité de fruit est obtenue. mûrit, tombe au sol et est perdu avant le début de la récolte et la dernière partie de la récolte est battue des vignes à moitié mûres avec les fruits mûrs. De cette manière, non seulement le premier et le meilleur fruit est entièrement perdu, mais le fruit récolté est de qualité inférieure, ce qui entraîne nécessairement un produit médiocre sur l'ensemble du rendement.

Retours de raisins Muscadine.

"De grandes variations se produisent dans les rendements des vignes Rotundifolia. Parfois, il y a des rendements records et, encore une fois, de faibles rendements sont signalés, les faibles rendements résultant de la pourriture noire, de la coulure, du temps humide, de l'autostérilité, du manque de culture, fertilisation, manque de taille, âge des vignes et diverses autres causes. Malgré cela, les vignes de Rotundifolia sont considérées comme parmi les plantes fruitières les plus sûres et les plus prolifiques. Alors que dans l'un des plus grands vignobles de Rotundifolia, il n'y a eu que une récolte partielle au cours des trois dernières années, pour diverses causes, un autre producteur rapporte un rendement de 177 boisseaux de raisins issus de vignes James de 4 ans, en plus d'une balle de coton par acre. Un producteur de Floride a estimé sa récolte de raisins blancs Rotundifolia et Thomas pour la saison 1911 à 280 boisseaux par acre. Un rendement moyen de 27 boisseaux par acre pour des vignes de 4 ans, 100 boisseaux pour des vignes de 5 ans et 150 boisseaux par acre. lorsque les vignes sont en pleine production.

"Les prix payés pour les raisins Rotundifolia dépendent de la saison, de la qualité des fruits et du marché. Les années où la récolte est courte, de meilleurs prix sont généralement payés que lorsque la récolte est abondante. Mis à part les raisins vendus et expédiés aux caves , les raisins se vendent généralement plus cher dans les villes et les grandes villes que dans les petites localités, la demande locale étant quelque peu proportionnelle à la population. Dans de telles localités, les fruits de bonne qualité rapporteront un bien meilleur prix que les fruits de qualité inférieure. les fruits en paniers de pêches en demi-boisseau ou en caisses de baies rapportent généralement entre 1 et 2 dollars le boisseau. Les raisins récoltés par mise en jarret sont généralement envoyés aux caves et rapportent en moyenne 75 cents le boisseau de 60 livres. Le prix le plus élevé payé pour cette qualité de fruits a été atteint en 1910, lorsque 2,25 $ le boisseau (fob point d'expédition) ont été payés pour le Rotundifolia blanc.

"Dans de nombreuses localités, certains producteurs se sont bâti une solide réputation grâce à leurs fruits de choix, cueillis à la main, qu'ils expédient à des clients spéciaux sur des marchés éloignés. À cette fin , la variété James est généralement cultivée parce que les baies adhèrent bien et sont de bonne qualité. taille et saveur. Plusieurs producteurs expédient aussi loin au nord que New York et Boston, obtenant entre 2,00 $ et 2,50 $ bruts par caisse de boisseau. Lors de l'expédition, trois styles de transporteurs sont utilisés : la caisse de fraises à 24 boîtes, la caisse à pêches à 6 paniers, et le panier de 8 livres. Plus d'attention devrait être accordée à cette phase de l'industrie. Les variétés les mieux adaptées à l'expédition sont les James, Memory, Flowers et Mish.

"À l'automne 1910, des expéditions des variétés James, Thomas et Eden ont été expédiées du vignoble expérimental Rotundifolia à Willard, Caroline du Nord, à Washington DC, une partie de l'envoi étant dans des caisses de fraises et le reste dans des paniers de boisseaux. Aucune différence importante. " a pu être remarqué dans les deux lots à leur arrivée à Washington. La variété James est arrivée en parfait état dans les deux colis ; 30 % de l'Eden et 35 % de la Thomas avaient été décortiqués. Des expériences plus approfondies dans ce sens sont envisagées. "

MANIPULATION DU RAISIN EN CALIFORNIE

Les raisins sont cultivés en Californie à trois fins : le vin, les raisins secs et la table. La manipulation de la récolte des raisins secs et du vin est mieux abordée dans une discussion de ces produits dans le chapitre sur les sous-produits du raisin , ne laissant que les raisins de table être discutés à cet endroit.

L'industrie du raisin de table du versant du Pacifique dépend de la large distribution du produit sur les marchés de l'Est pour une vente rentable de la récolte, car la production est si importante qu'une petite partie de la récolte est consommée sur les marchés du Pacifique. pente. Les producteurs de cette région sont donc confrontés à des problèmes particuliers, dont le principal est celui du succès des expéditions sur de longues distances. La Californie expédie chaque année environ 10 000 wagons complets de raisins de table, qui doivent tous être manutentionnés dans un délai d'environ deux mois. À mesure que la concurrence s'intensifie, il devient de plus en plus nécessaire d'étendre la superficie sur laquelle les fruits doivent être vendus ; prolonger la saison de commercialisation grâce à l'entreposage frigorifique ; et dans ces deux buts, concevoir de nouvelles méthodes ou améliorer les méthodes actuelles de manipulation des fruits. Les deux conditions nécessaires au succès de l'expédition de cette grande quantité de raisins sont les suivantes : le fruit doit arriver sur les marchés en bon état ; et il doit avoir une qualité de tenue sur le marché suffisante pour rester solide pendant une période de temps considérable après son arrivée sur les marchés. L'expérience a largement démontré aux viticulteurs californiens que la pourriture du raisin dépend en grande partie de la présence de blessures sur les baies de raisin, sur les pédicelles ou sur les tiges des grappes. Les méthodes de manipulation des raisins et le type d'emballage utilisé doivent donc être tels que le produit soit le moins endommagé possible.

Manipulation prudente.

Lors de l'expédition de raisins européens en provenance de Californie, il a été constaté qu'il était payant de se donner beaucoup plus de mal pour manipuler la récolte. Les grappes sont cueillies avec soin pour éviter de meurtrir ou d'écraser les baies et, dans la mesure du possible, elles sont soulevées uniquement par les tiges principales. Ils sont ensuite déposés avec soin dans les bacs de cueillette qui ne sont remplis qu'en une seule couche. Lors du transport des plateaux vers l'usine de conditionnement, ils sont manipulés avec soin, les plateaux étant déplacés uniquement sur des wagons à ressorts. Lors du tri, un soin particulier est apporté à éliminer toutes les baies blessées et malades et à ne pas blesser les autres dans la grappe, en manipulant là encore les grappes par les tiges. Lors du conditionnement, les grappes sont placées fermement dans les paniers en prenant soin de ne pas écraser ou meurtrir les tiges ni blesser les pédicelles des baies. Une légère blessure de la baie ou du pédicelle permet aux spores du champignon responsable de la pourriture de pénétrer dans le fruit.

Colis d'expédition.

L'emballage le plus courant pour les raisins de table en Californie est un panier carré contenant environ cinq livres. Ces paniers sont placés pour l'expédition par quatre dans des caisses. Les grappes de certaines variétés peuvent être trop grosses pour ces petits paniers, et ces raisins en très grosses grappes sont emballés dans des paniers oblongs pesant environ huit livres, deux paniers remplissant une caisse. Aucune bonne matière de remplissage ne semble encore avoir été conçue pour emballer les raisins en Californie. La poussière de liège dans laquelle sont reçus les raisins de la Méditerranée n'est pas disponible et un bon substitut n'a pas encore été trouvé. La sciure de bois est parfois utilisée, mais elle ne s'est pas révélée satisfaisante pour retenir la pourriture et le fruit absorbe les saveurs désagréables du bois. Parfois, cependant, des raisins de Californie sont envoyés vers les marchés de l'Est emballés dans de la sciure de séquoia sèche et celles-ci semblent être en bon état et n'avoir pas absorbé une saveur désagréable. Les rapports semblent indiquer que cette sciure de séquoia spécialement sélectionnée s'avère bien meilleure que la sciure ordinaire expérimentée il y a quelques années.

Expédition.

Un travail considérable a été réalisé par le Département de l'Agriculture des États-Unis pour déterminer la meilleure façon d'expédier les raisins de table depuis l'extrême Ouest et d'atteindre les marchés de l'Est en bon état. La récolte est bien entendu expédiée dans des wagons réfrigérés et cela dépend beaucoup du refroidissement de ces wagons et surtout de la température à laquelle les raisins sont conservés pendant le transport. Pour parcourir les 3000 miles de montagne et de désert, de chaleur et de froid, il faut utiliser le meilleur type de voiture frigorifique. Il ne semble pas que le pré-refroidissement, si avantageux pour les agrumes et autres arbres fruitiers, vaille la peine et les dépenses pour les raisins de table, car il ne semble pas empêcher la pourriture. Le refroidissement ne peut pas remplacer une manipulation soigneuse, qui semble jusqu'à présent la précaution la plus nécessaire à prendre lors de la préparation de ces raisins pour une expédition vers l'Est.

COMMERCIALISATION

Les raisins de table des régions viticoles de l'Est et de l'Ouest sont désormais presque entièrement expédiés par lots complets. Comme peu de viticulteurs sont prêts à charger rapidement une voiture de raisins, une certaine forme de coopération est nécessaire, sinon la récolte doit être gérée par de gros acheteurs. Les méthodes coopératives sont de plus en plus populaires, même si une grande partie de la récolte de raisin, tant à l'Est qu'à l'Ouest, est désormais gérée par des acheteurs.

Il y a plusieurs avantages importants à vendre par l'intermédiaire d'une organisation coopérative . Ainsi, lors de la vente coopérative , les raisins sont classés et emballés conformément à une seule norme ; des tarifs de transport plus avantageux peuvent être obtenus par une association coopérative ; et, plus important encore, la production peut être distribuée sur les marchés de raisins du pays sans la concurrence désastreuse qui accompagne la commercialisation individuelle. Dans certaines de ces organisations également, les fournitures nécessaires au viticulteur pour produire une récolte sont achetées de manière plus économique que par les particuliers ; en particulier, les paquets de raisins peuvent être mieux achetés par une organisation que par un individu.

À mesure que l'industrie du raisin et la concurrence se développent dans les différentes régions du pays, la nécessité de créer des organisations de commercialisation devient de plus en plus grande. De telles organisations doivent être fondées sur les principes qui, selon de nombreuses expériences, régissent le mieux les associations de commercialisation des fruits. Il n'est pas possible de discuter longuement de ces principes, mais les principes fondamentaux suivants suffiront :

coopérative idéale est celle dans laquelle il n'y a ni bénéfices ni dividendes. Chaque membre de l'ensemble de l'association organisée est un producteur. Tous les produits cultivés par un membre sont vendus par l'intermédiaire de l'association. L'association est démocratique, tous les membres ayant une voix égale dans sa gestion et partageant tous de la même manière ses succès et ses échecs. Lorsque des bénéfices s'avèrent nécessaires, ils sont distribués aux membres de l'association proportionnellement au montant des affaires que chacun a fait. Le travail de l'organisation est effectué au coût le plus proche possible et les bénéfices ne sont déclarés qu'après déduction des dépenses, de l'amortissement et des intérêts sur le capital pour les opérations futures. On voit ainsi que le plan de l'organisation est de donner à chaque membre, autant que possible, le prix exact que ses fruits ont rapporté sur les marchés.

RETOURS DU VIGNOBLE

La culture du raisin en tant qu'entreprise est une industrie relativement nouvelle en Amérique. Il est vrai que les premières tentatives de culture de ce fruit ont été faites pour fonder une industrie, mais celles-ci ont été des échecs complets et lamentables, et le début de la culture du raisin en Amérique est finalement devenu un passe-temps agréable. En passant d'un passe-temps à une culture viticole à grande échelle, le côté commercial de l'industrie a longtemps pris du retard. À l'heure actuelle, avec une concurrence croissante, de nombreuses incertitudes dans les conditions du vignoble et une administration peu commerciale, l'intérêt pour les opérations culturelles, dont les pionniers de l'industrie se préoccupaient principalement, est éclipsé par la conception selon laquelle la viticulture est une entreprise commerciale très développée exigeant pour succès gestion d'entreprise prudente.

Malheureusement , il n'existe nulle part un ensemble de chiffres substantiels à partir desquels les viticulteurs puissent se faire une idée juste de ce que sont les dépenses et les revenus des vignobles moyens dans les régions viticoles. La valeur de ces données pour les investisseurs ou pour ceux qui s'efforcent de suivre les finances de leur entreprise est évidente, et nous essayons ici de mettre le lecteur en possession de chiffres qui devraient être utiles. Les données fournies, bien que rares et fragmentaires, montrent avec assez de précision le coût de production du raisin, les prix de vente et les bénéfices de la culture de ce fruit dans l'une des grandes régions viticoles.

La Station expérimentale agricole de New York mène des expériences pour déterminer les dépenses et les revenus des vignobles de la ceinture viticole de Chautauqua. Les travaux ne sont pas encore terminés et les résultats n'ont pas pu être publiés en détail avant d'être envoyés par la Station, mais FE Gladwin, responsable des travaux, a accepté de dresser des résumés des coûts et des revenus prélevés sur les vignobles de Fredonia, qui servira de guide aux planteurs de raisins de cette région au moins :

Première année		
Intérêts sur la valeur du terrain à 200 $ l'acre		12,00 $
Préparation du terrain		8h00
Coût des vignes à l'acre		12h00
Plantation		16h00
Cultiver		6h00
Dépenses totales pour la première année		42,00 $
Deuxième année		
Intérêts sur la valeur du vignoble à 225 $ l'acre		13,50 $

Culture, binage manuel, etc.		9h25
Taille		1h00
Dépenses totales pour la deuxième année		23,75 $
Troisième année		
Intérêts sur la valeur du vignoble à 250 $ l'acre		15,00 $
Taille		2,50
Messages (coût de) @ 0,10 240		24h00
Réglage et conduite		6h50
Fils et câblages, agrafes, etc.		11h65
Attacher et ficelles		1,45
Cultiver, labourer, herser		9h25
Pulvérisation		16h00
Nombre de paniers vendus à 0,16 par panier 500	80,00 $	
Coût des paniers à 20 $ pour mille		10h00
Cueillette à 0,01 par panier		5h00
Emballage à 0,01 par panier		5h00
Transport .003		1,50
Sortie pour la troisième année		95,85 $
Revenu	80,00 $	
Quatrième année		
Intérêts sur la valeur du vignoble à 300 $ l'acre		18,00 $
Taille		2,50
Lier		2,90

Pulvérisation et matériaux		16h00
Cultiver, labourer, herser, biner à la main et labourer un sillon		9h25
Entretien du treillis, enfoncement des poteaux, fils de serrage, etc.		2,50
Tirer et poncer la brosse		1,69
Nombre de paniers vendus à 0,16 par panier 1000	160,00 $	
Coût des paniers à 20 $ pour mille		20h00
Cueillette à 0,01 par panier		10h00
Emballage à 0,01 par panier		10h00
Transport .003		3h00
Sortie pour la quatrième année		83,84 $
Revenu	160,00 $	
Sorti pendant quatre ans	245,44 $	
Revenu pendant quatre ans	240,00	
Estimations pour les années suivantes		
Revenu brut	125 à 200 $	
Dépense	75 – 85	

PLANCHE XIX. — Iona ($\times\,^3/_5$).

CHAPITRE XIV

PRODUITS DE RAISIN

La surproduction, avec les pertes qu'elle entraîne en raison de l'engorgement des marchés, est un facteur qui, comme les gelées et les gels, est toujours présent à l'esprit du viticulteur. Il ne se passe aucune saison sans que certaines régions viticoles du pays souffrent de surproduction. Il n'est pas rare que l'industrie viticole d'une région se porte mieux pendant une saison où la récolte est faible et les prix élevés, que lorsque la récolte est abondante et les prix bas. Dans toutes les régions du pays où l'on cultive le raisin, la surproduction a eu un effet dissuasif considérable sur la viticulture ; ceci, bien que les viticulteurs aient profité de l'occasion pour fabriquer des produits à partir de ce fruit. Ainsi, le vin et les raisins secs sont fabriqués à partir du raisin en Californie, et une grande partie de la récolte à l'Est est consacrée au vin, au champagne et au jus de raisin. Mais la montée de la prohibition menace désormais les industries du vin et du champagne du pays, et on peut même dire qu'elle les a poussées au mur, rendant plus nécessaire le besoin de nouveaux débouchés pour les produits manufacturés.

Dans ces conditions, les vignerons doivent s'efforcer par tous les moyens d'élargir la vente de leur récolte aux industriels, dans l'espoir qu'ainsi, en même temps qu'une répartition plus parfaite de leurs produits, les progrès réalisés par la prohibition dans l'industrie pourront être compensés et le surplus -la production de raisins de table soit mieux empêchée. Avec ce bref accent sur l'importance des produits manufacturés du raisin, nous abordons la discussion des différents débouchés possibles de la surproduction de ce fruit.

VIN

La fabrication et l'usage du vin en Amérique, comme on l'a laissé entendre, vont probablement cesser par la prohibition. Aussi, quoi qu'on puisse dire de ce produit du raisin, intéresse de moins en moins les vignerons. Cependant, il reste probablement quelques années de grâce à l'élaboration du vin en Amérique, et comme la vinification offre encore le plus grand débouché à la culture du raisin, après le raisin de table, le vin doit être considéré comme un facteur de l'industrie du raisin.

La demande et le prix du raisin dépendant très largement du type de vin à élaborer, il est nécessaire de caractériser les vins produits en Amérique. Le vin, il faut le dire, est le produit de la fermentation alcoolique du raisin. Les fermentations alcooliques réalisées à partir d'autres fruits ne sont pas à proprement parler des vins. Les vins naturels sont divisés en trois grands groupes ; vins secs, doux et effervescents. Les vins secs sont ceux dont le sucre a été éliminé par fermentation ; les vins doux sont ceux dans lesquels il reste suffisamment de sucre pour donner un goût sucré ; et les vins mousseux sont ceux qui contiennent suffisamment de gaz carbonique pour donner une pression de plusieurs atmosphères dans la bouteille. Le gaz acide carbonique est produit dans les vins mousseux par fermentation en bouteille de vin sec.

La couleur de ces trois classes de vins peut être rouge ou blanche, selon que la couleur est extraite ou non des peaux en cours de fermentation. Pour faire du vin rouge, bien entendu, les raisins à fermenter doivent contenir une matière colorante rouge dans la peau ou dans le jus, ou les deux. Chacun de ces groupes de vins comprend un très grand nombre d'espèces se distinguant par le nom de la région, le lieu-dit ou le nom du vignoble dans lequel un vin est élaboré. Les vins se distinguent encore davantage selon l'année du millésime.

Vinification.

Il y a quatre étapes distinctes dans la fabrication du vin après la culture des raisins. La première est la récolte des raisins lorsqu'ils ont atteint le bon stade de maturité, appelé « maturité vinicole ». Ce stade de maturité est déterminé au moyen d'une balance à moût ou d'un saccharomètre. Le vigneron presse le jus de plusieurs grappes de raisin dans un récipient dans lequel il dépose la balance du moût, après quoi la teneur en sucre du jus est indiquée sur la balance, déterminant si le bon stade de maturité est atteint. . Une fois cultivés des cépages appropriés, il est nécessaire de les laisser pendre sur la vigne jusqu'à ce que le degré de maturité approprié soit atteint, après quoi ils sont livrés à la cave aussi exempts que possible de blessures ou de pourriture.

La deuxième étape est la préparation des raisins pour la fermentation. Les raisins sont pesés à leur arrivée au chai puis acheminés soit manuellement, soit le plus souvent par un convoyeur mécanique jusqu'à la trémie ou au fouloir. L'ancienne méthode de foulage, qui prévaut encore dans certaines régions d'Europe, consistait à piétiner les raisins pieds nus ou avec des sabots en bois. Le piétinement a été remplacé par des broyeurs mécaniques qui brisent la peau mais n'écrasent pas les graines. Les meilleurs concasseurs mécaniques sont constitués de cylindres rotatifs à deux rainures. Lorsque les raisins passent dans le fouloir, ils tombent dans l'égrappoir, une machine qui arrache les tiges et les évacue à une extrémité, tandis que les pépins, les pellicules, la pulpe et le jus passent par le bas vers les pressoirs généralement situés à l'étage inférieur. Il existe plusieurs types de pressoirs à vin, qui sont cependant tous des modifications de la puissance à vis, hydraulique ou à jointure. Dans les grandes caves viticoles, le pressoir hydraulique a presque supplanté les deux autres formes d'énergie et lorsque de grandes quantités de raisins doivent être manipulées, un certain nombre de pressoirs hydrauliques sont généralement utilisés. Le marc de raisin est transformé en "fromage" à l'aide de tissus et de supports disposés de manière variée. Le « fromage » est ensuite soumis à une forte pression dont le jus ou « moût » est rapidement extrait.

La troisième étape est la fermentation. Le « moût » est transporté du pressoir dans des cuves ou cuves ouvertes pouvant contenir de 500 à 5 000 gallons, voire plus. Les cellules de levure qui provoquent la fermentation peuvent être introduites naturellement sur les pellicules des raisins ; ou dans de nombreuses caves modernes, le « moût » est stérilisé pour le débarrasser des micro-organismes indésirables et un « levain » de « levure de vin » est ajouté pour démarrer la fermentation. Les organismes de levure attaquent le sucre et le moût, le décomposant en alcool et en gaz acide carbonique, ce dernier se faisant passer au fur et à mesure de sa formation. Lorsque la fermentation active cesse, le vin nouveau est extrait du marc et est mis dans des fûts ou des cuves fermés où il subit une fermentation secondaire, une grande partie des sédiments se déposant au fond du fût. Pour débarrasser le vin nouveau de ces sédiments, il faut le soutirer dans des foudres propres, opération appelée « soutirage ». Le premier soutirage a généralement lieu dans un délai d'un mois à six semaines. Un deuxième soutirage est nécessaire à la fin de l'hiver et un troisième est souhaitable en été ou en automne.

La quatrième étape est le vieillissement du vin. Cependant, avant de commencer le vieillissement, le vin doit généralement être rendu parfaitement clair et brillant par « collage ». Les matières utilisées pour le collage sont la colle de poisson, le blanc d'œuf ou la gélatine . Ceux-ci, introduits dans le vin, provoquent la précipitation des matières non dissoutes. Le vin est maintenant prêt à être mis en bouteille ou consommé. La plupart des vins acquièrent une saveur plus désirable grâce au « vieillissement », une lente oxydation dans les bouteilles.

Champagne.

Lorsque les vins de Champagne ont subi leur première fermentation, ils sont soutirés en fûts pour vieillir jusqu'à ce que leur qualité puisse être vérifiée, après quoi un assemblage de plusieurs vins différents est réalisé. Cet assemblage est appelé la « cuvée ». La cuvée est mise en bouteille et une seconde fermentation démarre. Les bouteilles sont désormais placées dans des caves fraîches, cordées en couches horizontales avec de fines bandes de bois entre chaque couche de bouteilles. Le champagne à cette étape est dit en « tirage ». Le gaz carbonique généré lors de cette seconde fermentation est confiné dans les bouteilles et absorbé par le vin. Lorsque la bouteille est débouchée, le gaz, cherchant à s'échapper, produit l'effet pétillant recherché dans les vins effervescents. Après un ou deux ans de tirage, les bouteilles sont placées dans des casiers en forme de A, le goulot de la bouteille pointant vers le bas afin que les sédiments formés lors de la fermentation tombent jusqu'au bouchon. Pour favoriser la décantation des sédiments, les ouvriers retournent ou secouent chaque bouteille quotidiennement pendant une période d'un à trois mois. Les bouteilles sont ensuite acheminées vers la salle de finition, bouchées et le vin est « dégorgé ». Le dégorgement s'effectue en congelant une petite quantité de vin dans le goulot de la bouteille contenant le sédiment, après quoi le bouchon est retiré et avec lui le sédiment gelé. La bouteille est rebouchée, rebouchée, câblée, bouchée et le champagne est prêt à être expédié.

Le millésime.

Partout dans le monde, la saison viticole est connue sous le nom de « millésime ». L'heure à laquelle commence la vendange dépend bien entendu de la région, de la variété de raisin, de la saison de végétation et de la situation du vignoble. Sa durée dépend également de ces mêmes facteurs. La saison est généralement allongée du fait que les viticulteurs ont besoin pour leurs besoins d'un certain nombre de variétés de raisins qui mûrissent à des moments différents. Avant ou pendant la vendange, les représentants des caves à vin concluent généralement des contrats pour le nombre de tonnes de raisins nécessaires à un certain prix par tonne.

L'idée prévaut selon laquelle les raisins destinés au vin et au jus de raisin ne doivent pas nécessairement être de première qualité. C'est loin d'être la vérité. Pour faire du bon vin, les raisins doivent être soigneusement récoltés, transportés avec le moins de blessures possible et doivent être protégés de la saleté, de la moisissure et de la fermentation avant d'atteindre la cave. Les vignerons européens soutiennent que les raisins cueillis au lever du soleil produisent les vins les plus légers et les plus boiteux et donnent plus de jus. On dit aussi qu'il ne faut pas récolter les raisins dans la chaleur du jour car la fermentation s'installe immédiatement. Ces subtilités ne sont pas observées en Amérique.

Prix payés pour les raisins de cuve.

L'offre et la demande régulent le prix payé pour les raisins de cuve. Il existe toujours une demande pour de bons raisins de cuve, même si un produit de mauvaise qualité finit souvent par mendier sur le marché. A l'Est, les prix les plus élevés sont payés pour les raisins utilisés dans l'élaboration du champagne. La région champenoise de l'Est est confinée à quelques localités le long du lac Érié et à l'ouest de l'État de New York, autour du lac Keuka, où l'industrie est la plus largement développée. Les cépages utilisés dans la fabrication du champagne en Orient sont le Delaware, le Catawba, l'Elvira, le Dutchess , l'Iona, le Diamond et quelques autres variétés. Les prix diffèrent en fonction des nombreuses conditions affectant les industries du raisin et du champagne, le prix moyen du Catawba, le raisin principalement utilisé dans la fabrication du champagne dans cette région, se situant peut-être entre 40 et 50 dollars la tonne. Les raisins de choix, comme le Delaware, l'Iona et le Dutchess , se vendent souvent entre 75 et 100 dollars la tonne. Les Concords sont parfois utilisés dans l'élaboration de vins secs dans les États de l'Est, le prix moyen étant de 30 ou 40 dollars la tonne. Ives et Norton sont très utilisés pour les vins rouges et se vendent aux meilleurs prix.

Les viticulteurs de l'Est sont désavantagés dans la production d'autres vins que le champagne, car le prix payé sur le versant du Pacifique pour le raisin de cuve est bien inférieur ; En Californie, les raisins pour le vin doux se vendent souvent à 6 ou 7 dollars la tonne, le prix moyen étant de 10 ou 12 dollars. Les raisins pour vins secs, comme le Zinfandel et le Burger, rapportent sur la côte Pacifique entre 10 et 12 dollars la tonne. Les cépages de choix de cette région, comme le Cabernet, le Sauvignon, la Petite Sirah et le Riesling, rapportent entre 22 et 24 dollars. Les viticulteurs de l'Est ont cependant l'avantage d'être proches des plus grands et des meilleurs marchés du pays. Les vins produits à l'Est sont très différents de ceux produits en Californie et approvisionnent un marché différent.

y a quelques années, la plupart des raisins muscadines cultivés dans le Sud étaient utilisés pour la vinification. À partir de ces raisins, le vin est produit depuis l'époque coloniale et, depuis un siècle, il existe dans le Sud de grands vignobles de raisins muscadine à partir desquels le vin était élaboré de manière commerciale. Étant donné que les raisins muscadins ne se vendent pas bien sur les marchés en concurrence avec les raisins du versant nord ou Pacifique, l'industrie du raisin muscadine est dépendante de l'industrie vitivinicole de la région dans laquelle le fruit est produit. Cependant, la montée de la prohibition dans le Sud a poussé l'industrie vitivinicole vers le Nord et l'Ouest et il y a désormais peu de vin fabriqué à partir de raisins muscadine dans le Sud, bien que certains raisins soient expédiés vers le Nord pour la vinification. Le vin issu de ces raisins a un goût très distinct et c'est pour cette raison qu'un commerce spécial a été développé pour lui. Il est possible que ce commerce spécial maintienne la demande de vin de muscadine, de sorte qu'une partie de la récolte puisse être expédiée vers les États vitivinicoles pour répondre à cette demande.

JUS DE RAISIN

Lorsqu'il est correctement préparé, le jus de raisin est le jus du raisin non dilué, non sucré et non fermenté et ne contient aucun agent de conservation, la fermentation étant empêchée par la stérilisation à la chaleur. Ce produit est aussi ancien que le vin et, par conséquent, que la culture de la vigne, car tous les peuples viticoles ont utilisé le vin nouveau ou le jus de raisin comme boisson. Pendant des siècles, les médecins des pays viticoles ont prescrit du jus de raisin provenant du pressoir pour certaines maladies, le traitement constituant une partie essentielle des remèdes à base de raisin des pays européens. Le procédé de fabrication d'un jus de raisin non fermenté qui se conserve de saison en saison comme article de commerce est cependant une invention moderne et est le résultat des découvertes du dernier demi-siècle concernant le contrôle des agents de fermentation.

La fabrication de jus de raisin commercial en Amérique, pays auquel l'industrie est confinée, a commencé comme une pratique domestique suivant les processus fondamentaux de la mise en conserve des fruits. Vers la fin du siècle dernier, plusieurs esprits inventifs ont découvert des méthodes permettant de fabriquer un produit commercial et ont commencé à développer des marchés pour leurs produits. Le début du siècle actuel a vu la nouvelle industrie en plein essor, et depuis lors sa croissance a été vraiment merveilleuse. En 1900, la quantité de jus de raisin produite aux États-Unis était si faible qu'elle était négligeable dans le rapport de recensement de cette année-là. En 1910, la production annuelle pour l'ensemble du pays atteignait plus de 1 500 000 gallons et, à l'heure actuelle, en 1918, elle est bien supérieure à 3 500 000 gallons par an. La fabrication du jus de raisin n'est plus une industrie domestique mais une grande entreprise commerciale. Il s'agit cependant d'une industrie étroitement associée à la viticulture et qui, en tant que telle, mérite une attention plus approfondie ici.

Régions productrices de jus de raisin.

La fabrication de jus de raisin est concentrée dans la ceinture viticole de Chautauqua, à New York, en Pennsylvanie et dans l'Ohio. Jusqu'à présent, la demande semble se porter presque exclusivement sur des jus fabriqués à partir de raisins indigènes, le jus des raisins européens cultivés sur le versant du Pacifique étant si sucré qu'il en est insipide. Il est possible que 80 pour cent du jus de raisin actuellement fabriqué en Amérique provienne d'un seul cépage, le Concord. Il ne fait cependant aucun doute que tôt ou tard, des jus de raisin de qualités distinctes seront fabriqués à partir de nombreuses variétés de raisins, ce qui donnera lieu à une vente plus large et à une plus grande variation du produit. Un très bon jus de raisin pétillant est désormais sur le marché et sa réception semble promettre une forte augmentation de la production d'un article qui simule étroitement le champagne en couleur et en vivacité pétillante, mais pas, bien sûr, en goût, puisqu'il ne contient pas de jus de raisin pétillant. alcool. L'industrie du jus de raisin a démarré et est florissante dans plusieurs autres régions viticoles que la ceinture Chautauqua qui en est aujourd'hui le centre. Il existe des usines à Sandusky, dans l'Ohio, qui utilisent des raisins cultivés dans le district de Kelly Island ; dans le sud-ouest du Michigan, il existe plusieurs usines ; et l'industrie survit encore à Vineland, dans le New Jersey, qu'on devrait probablement appeler le foyer originel de la fabrication du jus de raisin. Dans le Sud, on fabrique du jus de raisin à partir de raisins muscadine, mais ce produit ne semble pas encore avoir été bien accueilli sur les marchés.

Méthodes commerciales de fabrication du jus de raisin.

Il existe actuellement une grande diversité de méthodes et d'appareils employés dans les usines de fabrication de jus de raisin dans tout le pays. Étant donné que l'industrie en est à ses balbutiements et que des tentatives ont été faites pour conserver certaines méthodes comme secrets commerciaux, la diversité des méthodes et des appareils n'est pas surprenante. Il ne fait aucun doute qu'il y aura une plus grande uniformité des méthodes et des machines et, par conséquent, une plus grande efficacité à mesure que l'industrie se développera.

Husmann [19] donne le récit suivant de la fabrication du jus de raisin dans les États de l'Est et en Californie :

"On utilise des raisins sains, mûrs, mais pas trop mûrs. Ils sont d'abord foulés ou, si les tiges doivent être enlevées, passés dans un égrappoir et un broyeur combinés. Si la machinerie est placée suffisamment haut, les fruits écrasés peut être acheminé à travers des goulottes directement dans les pressoirs ou les cuves ; sinon, il doit y être pompé au moyen d'un marc ou doit être pompé ou transporté dans des chariots ou des cuves à marc.

"Si l'on désire un jus blanc ou de couleur claire , les raisins foulés sont d'abord pressés, le jus qui sort du pressoir étant chauffé à environ 165° F., écrémé, passé au pasteurisateur à une température comprise entre 175° et 200°. F. dans des récipients bien stérilisés, puis stockés.

"Si l'on désire un jus coloré, les raisins foulés sont chauffés immédiatement, généralement dans des bouilloires en aluminium à double fond, qui empêchent la vapeur d'entrer en contact avec le contenu. Ces bouilloires contiennent généralement des cylindres tournants dont les bras retiennent les raisins foulés. bien agités pendant qu'ils sont chauffés à environ 140° F. Le chauffage et l'agitation simultanés permettent d'extraire la matière colorante des peaux, de déchirer les cellules des baies, d'augmenter la quantité de jus obtenu par tonne de fruit et de donner au moût de nombreux ingrédients du vin rouge, avec substitution du sucre de raisin à l'alcool du vin.

"Les bouilloires en aluminium sont remplies et vidées en rotation, permettant ainsi une manipulation continue. Les presses doivent être situées en dessous des bouilloires, afin que le jus chaud puisse s'écouler directement dans celles-ci. Le jus exprimé est ensuite réchauffé à environ 165°F. , écumé et passé dans le pasteurisateur de la même manière que le jus blanc est manipulé. Le jus passe du pasteurisateur encore chaud (environ 160° F.) dans le récipient qui doit être fermé immédiatement. Plus la température est basse (au-dessus du point de congélation) auquel ces récipients sont ensuite stockés, moins le risque de fermentation est faible et plus le jus se clarifiera et déposera rapidement ses sédiments.

"Les récipients ordinaires dans lesquels le jus est stocké sont des bonbonnes de 5 gallons, des bonbonnes de 20 gallons ou des fûts ou punches propres et neufs, bien lavés et égouttés. Tous les récipients doivent être soigneusement stérilisés avant d'être remplis, et les couvercles, bouchons Les bondes, les chiffons, etc., utilisés pour les sceller doivent être scrupuleusement propres et soigneusement stérilisés. Si des fûts ou des poinçons sont utilisés comme récipients, ils sont placés sur des patins et fermement calés pour empêcher tout mouvement. Au fur et à mesure que le jus refroidit, l'air chargé de fermentation Les germes ont tendance à être attirés dans les fûts par la diminution du volume du liquide. Pour éviter cela, on utilise parfois des bouchons étanches filtrant l'air en coton stérilisé à la place des bondes ordinaires en bois massif.

"Le type de pasteurisateur diffère dans presque tous les établissements. Comme l'industrie est relativement récente sur le plan commercial, il existe peu de modèles sur le marché et chaque fabricant a construit le modèle le mieux adapté à ses idées ou à ses exigences particulières. Il existe deux types généraux, cependant, (1) des bouilloires ouvertes à double fond dans lesquelles le jus est chauffé à la température requise puis soutiré, et (2) des pasteurisateurs continus dans lesquels le jus est chauffé à la température requise lors de son passage dans le bain-marie.

"Les pressoirs présentent également de grandes variations selon les établissements, qu'ils soient hydrauliques, à vis ou à levier, et il existe une différence marquée entre les types de récipients à marc. Parfois, les raisins écrasés sont entassés sur des toiles de jute dont les côtés sont repliés. , et ces toiles de jute sont placées les unes sur les autres dans la presse ; parfois des paniers de presse tiennent lieu de ces toiles de jute.

"Les fabricants de Californie et ceux des régions viticoles des Montagnes Rocheuses semblent avoir adopté des méthodes totalement différentes de manipulation du jus après sa première pasteurisation et son stockage. La plupart des jus de l'Est sont rouges et sont obtenus à partir des variétés Labrusca. , généralement le Concord. Lorsque le jus sort des pressoirs, certains fabricants le filtrent pour en retirer les grosses particules puis le versent directement dans des bouteilles bien stérilisées ; d'autres le siphonnent des sédiments dans les récipients dans lesquels il est stocké après la première pasteurisation et versez-le dans des bouteilles pasteurisées. Dans les deux cas, les bouteilles sont bien bouchées puis repasteurisées . Les jus californiens, cependant, tant rouges que blancs, sont fabriqués exclusivement à partir de variétés Vinifera. Ils sont laissés à décanter dans les récipients d'origine et sont siphonnés et soigneusement filtrés pour les rendre clairs et lumineux.

"L'éclaircissement du jus est parfois facilité par un collage ou l'ajout d'une petite quantité d'une substance qui coagule et qui, lors de sa décantation, entraîne avec elle les matières solides provoquant un trouble dans le liquide. De tels collages peuvent être appliqués lors de la première pasteurisation ou juste avant la filtration finale et la mise en bouteille. Dans ce dernier cas, le jus est soutiré des décantations dans des récipients, les collages sont ajoutés et le jus est à nouveau pasteurisé dans d'autres récipients. Lorsqu'il est clair, il est soit mis en bouteille directement, soit d'abord passé dans un filtre, aspiré dans des bouteilles soigneusement stérilisées, bien bouchées, puis repasteurisées . Il faut veiller à ce que la stérilisation finale ne se fasse pas à une température plus élevée que la précédente, sinon des matières solides pourraient être précipitées et le moût se troublerait à nouveau.

"Une forme simple et efficace de stérilisateur consiste en une auge en bois munie d'une grille en bois qui est surélevée de 2 pouces du fond et sur laquelle reposent les bouteilles remplies dans des paniers métalliques. L'auge contient suffisamment d'eau pour submerger les bouteilles et est conservée à une température de 185° F. au moyen d'un serpentin de vapeur situé sous la grille. Il faut environ 15 minutes pour que le moût au fond des bouteilles atteigne cette température; pour les emballages d'autres dimensions , il est nécessaire de faire un essai avec un thermomètre afin de déterminer combien de temps il faut pour que l'ensemble du contenu atteigne 185°.

"Pour éviter que les bouchons ne soient expulsés pendant la stérilisation, ils sont soit attachés avec une ficelle solide, soit avec un dispositif tel que le porte-bouchon. Afin que les germes de moisissure ne puissent pas pénétrer dans le moût à travers les bouchons, surtout si le moût est de mauvaise qualité. du liège est utilisé, les goulots des bouteilles bouchées sont trempés dans de la paraffine chauffée avant de mettre les bouchons, ou les bouchons sont scellés avec de la cire à cacheter. Il est également bon de garder les bouteilles sur leur cavalier pour éviter que les bouchons ne se dessèchent.

Méthodes maison de fabrication du jus de raisin.

Les principes de fabrication du jus de raisin à la maison sont les mêmes que ceux utilisés en conserve. Les raisins peuvent être foulés à la main ou dans des moulins similaires ou identiques aux petites cidreries appartenant à de nombreux agriculteurs. Pour faire un jus de couleur claire, les raisins écrasés sont mis dans un sac en tissu et suspendus pour égoutter, ou le sac rempli peut être tordu par deux personnes jusqu'à ce que la plus grande partie du jus soit exprimée. Le jus est ensuite stérilisé au bain-marie en le chauffant à une température de 180° à 200° F., en prenant soin que le thermomètre ne dépasse jamais 200°. Le jus stérilisé est maintenant versé dans un récipient en verre ou émaillé et laissé au repos pendant vingt-quatre heures, après quoi il est égoutté des sédiments et filtré à travers plusieurs épaisseurs de flanelle propre. Le jus est maintenant mis dans des bouteilles propres en préparation d'une seconde stérilisation, en prenant soin de laisser au moins un pouce d'espace au sommet pour que le liquide se dilate lorsqu'il est chauffé. La seconde stérilisation peut être effectuée dans une chaudière de lavage ou un récipient similaire. Les bouteilles remplies ne doivent pas reposer sur le fond de la chaudière mais doivent en être séparées par une fine planche. La chaudière est remplie d'eau jusqu'à un pouce du haut des bouteilles et chauffée jusqu'à ce que l'eau commence à bouillir. Les bouteilles doivent ensuite être retirées et bouchées immédiatement, en utilisant uniquement des bouchons neufs. Après le bouchage, les bouteilles sont ensuite scellées en trempant les bouchons dans de la paraffine fondue. Une machine à boucher bon marché est d'une grande commodité dans ce travail, et dans tous les cas, les bouchons doivent être trempés pendant au moins une demi-heure dans de l'eau tiède mais non bouillante.

Le processus de fabrication du jus de raisin rouge varie quelque peu. Les raisins écrasés sont chauffés à une température de 200°F, puis égouttés sans pression dans un sac collecteur, après quoi le liquide est mis dans des récipients en verre ou en émail pour décanter pendant vingt-quatre heures. Hormis cette différence dans le traitement préalable du jus, les méthodes sont les mêmes pour l'élaboration du produit rouge ou du produit clair. Pour une bonne conservation, il n'est pas nécessaire de laisser le jus décanter après l'avoir filtré, mais un produit plus clair et plus brillant est obtenu si le jus est laissé décanter. Dans les deux cas, le jus de raisin doit se conserver indéfiniment si le travail a été bien fait. Dès l'ouverture des bouteilles, la fermentation démarre avec formation d'alcool.

RAISINS SECS

Le raisin se conserve mieux sous forme de raisin sec. La mise en conserve de ce fruit est rarement pratiquée. Un raisin sec est un raisin séché. Les fruits des arbres sont évaporés comme sous-produits, mais les raisins secs sont un produit primaire. C'est une différence qui mérite d'être notée ; car avec les arbres fruitiers, la crème de la récolte va au marché des fruits frais, tandis qu'avec le raisin, toute la récolte des variétés de raisins secs peut aller dans le produit séché. L'industrie du raisin dépend d'un climat ensoleillé et sans pluie et est donc confinée en Amérique aux régions viticoles de certaines parties de la Californie. Dans cet État, la production de raisins secs est une riche ressource pour le vigneron, la production annuelle moyenne étant désormais bien supérieure à 200 000 livres, cultivée sur 120 000 acres de terre et ayant une valeur marchande de 10 000 000 $. Le comté de Fresno, en Californie, produit près de 60 pour cent de la production de l'État et la ville de Fresno est le centre de l'industrie. L'industrie du raisin sec n'est pas seule en Californie, car certains raisins secs, notamment le Muscat d'Alexandrie, sont de bonnes variétés de dessert et sont également très utilisés pour le vin et le brandy. Seule la première récolte de la variété nommée est utilisée pour les raisins secs, tandis que pratiquement la totalité de la deuxième récolte de chaque saison est transformée en vin et en eau-de-vie.

Les raisins secs proprement dits sont principalement fabriqués à partir du muscat d'Alexandrie, bien que d'autres gros raisins blancs et sucrés soient parfois utilisés. Les raisins secs Sultana, naturellement sans pépins, sont fabriqués à partir de Sultanina et de Sultana. Les groseilles séchées du commerce sont fabriquées à partir de raisins, et la Californie en produit de petites quantités à partir de White Corinth.

Le récit suivant de la fabrication du raisin sec est donné par Husmann : [20]

"Dans les districts de raisins secs, les raisins sont mûrs à la mi-août, la saison s'étendant souvent jusqu'en novembre. Le temps moyen nécessaire au séchage et à l'affinage d'un plateau de raisins secs est d'environ trois semaines, selon la météo, les raisins cueillis les plus tôt séchant en dix jours et les derniers durent souvent quatre semaines ou plus.

"La méthode de séchage est très simple. Les grappes sont coupées des vignes et placées dans des plateaux peu profonds de 2 pieds de large, 3 pieds de long et 1 pouce de haut sur lesquels on laisse sécher les raisins au soleil, en les retournant de temps en temps. en plaçant simplement un plateau vide à l'envers sur le plateau plein, puis en retournant et en retirant le plateau supérieur. Une fois les raisins secs séchés, ils sont stockés jusqu'à ce qu'ils soient emballés et préparés pour l'expédition. Certains des plus grands producteurs, afin pour ne pas courir autant de risques en séchant à cause de la pluie, et aussi pour pouvoir traiter la récolte assez rapidement, ayez des salaisons, où le séchage est terminé après avoir été partiellement fait à l'extérieur.

Tremper et brûler les raisins secs.

"L'opération de trempage et d'échaudage est conçue pour atteindre plusieurs objectifs, à savoir nettoyer le fruit, accélérer son séchage et donner aux fruits séchés une couleur plus claire. Lors du trempage et du séchage, le fruit, immédiatement après avoir été coupé du vignes, est soit plongé dans de l'eau claire pour le rincer d'abord des particules de poussière et autres corps étrangers, soit il est porté directement à l'échaudeur et immergé dans un mélange alcalin bouillant appelé « legia » (lessive) jusqu'à ce que les raisins présentent une odeur presque imperceptible. fissuration de la peau, l'opération prenant peut-être d'un quart à une demi-minute. Ce trempage demande de l'habileté de la part de l'opérateur, la durée de l'émersion dépendant de la force et de la température du mélange et de l'état du fruit. La dessiccation suit le processus d'échaudage, qui est accompli sur des plateaux au soleil, de la même manière que les raisins secs non trempés et entièrement séchés par la chaleur solaire. En raison de l' échaudure , ils guérissent rapidement et le fruit est aussi souvent de couleur plus claire une fois séché.

.

"La formule suivante a été utilisée pour les raisins Sultana et Sultanina à Fresno :

"Quinze livres de « lessive à 98 pour cent de Greenbank » sont bouillies dans 100 gallons d'eau. Ce mélange est destiné aux raisins contenant 25 pour cent de sucre. Si leur teneur en sucre est inférieure, suffisamment de lessive est ajoutée pour éliminer la fleur et ouvrir le pores de la pellicule des raisins. Après trempage, les raisins sont étalés sur des claies et sulfurés pendant 1 à 1 1/2 heures . L'observation permettra de savoir s'il peut être nécessaire de varier un peu cette formule en fonction des conditions de maturité et de l'influence de la température. La durée nécessaire au trempage est déterminée par l'expérience et diffère selon la force de la lessive, la chaleur de la solution et l'épaisseur de la peau des raisins.

Emballage des raisins secs.

"Les raisins secs reçus à l'usine de conditionnement sont pesés et les raisins secs en vrac et ceux qui doivent être expédiés sous forme de raisins secs sont immédiatement passés dans un égrappoir et une calibreuse qui équeutent, nettoient et trie les raisins secs en trois ou quatre qualités différentes, après lesquels ils sont emballés et expédiés dans diverses régions du pays, certains étant également exportés. Ceux qui produisent des raisins en grappes ou en couches (s'ils n'ont pas déjà été égalisés) sont d'abord stockés dans les salles d'égalisation. Dans ces salles, les boîtes à sueur, remplies de des couches de nouveaux raisins secs, sont empilées et laissées généralement de 10 à 30 jours, ou assez longtemps pour que les baies trop séchées absorbent l'humidité des raisins sous-séchés. Cette transpiration adoucit et durcit également correctement les tiges, ce qui empêche leur rupture et leur permet pour mieux retenir les baies. En Californie, où le climat est si sec, aucun emballage de première classe ne pourrait être fabriqué sans ainsi égaliser au préalable les raisins secs. Après avoir été égalisés, les raisins secs sont retirés, triés dans les différentes qualités et placés dans des plateaux. détenant 5 livres chacun. Les plateaux des mêmes qualités sont ensuite pressés et empilés en tas prêts à être emballés.

"Presser les raisins secs pour qu'ils soient beaux et qu'aucun ne s'ouvre est un travail qui demande de l'expérience et du bon jugement. Il faut quatre plateaux pressés pour remplir une boîte de 20 livres. Les raisins secs en vrac qui sont tombés de la grappe lors de la manipulation avant d'être les égalisés sont également classés, le plus grand, bien sûr, constituant le pack le plus choisi.

Classes de raisins secs.

"Avant l'organisation consolidée des emballeurs, les trois meilleures qualités de raisins secs sur les tiges étaient connues respectivement sous les noms de "Imperial", " Dehesia " et "Fancy Clusters". La California Raisin Growers Association a établi une classification et des qualités similaires à celles de les emballeurs de raisins secs espagnols, sur lesquels sont également basées les noms commerciaux français. Les termes originaux espagnols, ainsi que les termes anglais auxquels ils correspondent, ainsi que les différents grades par ordre décroissant de qualité sont indiqués dans le tableau suivant :

TERMES ESPAGNOLS	TERMES FRANÇAIS	TERMES ANGLAIS	CONDITIONS CALIFORNIENNES
Impérial	Impériaux Extra	Cluster impérial supplémentaire	Cluster à six couronnes
Bajo Impérial	Impériaux	Amas impérial	Cluster à cinq couronnes
Royan Bajo	Royaux	Amas Royal	Cluster à quatre couronnes
Cuarta (4a)	Surchoix Extra	Le choix	Cluster à trois couronnes
Domaine (5a)	Choix Extra	Groupe de choix	Cluster à deux couronnes

"Le classement est optique, résultat de l'expérience, il n'y a pas d'étalon de mesure linéaire ou cubique. Ainsi, une belle grappe avec toutes les baies de grande taille serait une "grappe à six couronnes", étant les raisins les plus fins de la terre. Les « grappes à cinq couronnes » étaient autrefois les grappes « Dehesia », et les « grappes à quatre couronnes » étaient autrefois les « grappes de fantaisie ». Les grades inférieurs à « Quatre couronnes » sur les tiges (les « Trois couronnes » et « Deux couronnes ») sont connus sous le nom de « Couches » ou « Couches de Londres ». Ceux-ci sont placés dans des boîtes contenant 20 livres nettes ; dans des demi-boîtes de 10 livres ; et des quarts de boîtes de 5 livres ; et dans des boîtes fantaisie contenant 2 1/2 livres · Les raisins secs en vrac, ou les raisins secs de la tige, sont classés en deux couronnes. Les raisins secs à trois couronnes et à quatre couronnes sont passés à travers des tamis dont les mailles mesurent respectivement treize trente secondes, dix-sept trente secondes et vingt-deux trente secondes de pouce. La Sultanina (appelée à tort Thompson Seedless) et la Sultana sont emballées dans des cartons de 12 onces, 45 par caisse. »

Raisins secs épépinés.

"L'invention d'une machine à semer les raisins secs par George E. Pettit au début des années 70 et son utilisation ont eu un effet merveilleux sur l'industrie.

"Les raisins secs semés ont été mis sur le marché pour la première fois par feu le colonel William Forsythe, de Fresno, en Californie, qui a d'abord trouvé très difficile d'en écouler 20 tonnes. La production au cours des 15 dernières années est passée de 700 tonnes à 50 000 tonnes. tonnes par an, et leur popularité ne cesse d'augmenter. En 1900, environ 14 000 tonnes ont été mises sur le marché, en 1905 environ 21 000 tonnes, en 1910 environ 31 000 tonnes et en 1913 environ 49 000 tonnes. Les semoirs actuellement utilisés peuvent produire 300 tonnes par jour.Les raisins secs semés constituent aujourd'hui la branche la plus importante de l'industrie du raisin sec.

"Un bref aperçu de la façon dont les raisins secs épépinés sont préparés s'avérera intéressant. Les raisins secs sont d'abord exposés à une température sèche de 140° F. pendant trois à cinq heures, après quoi ils sont soumis à un processus de refroidissement afin que les pédicelles puissent être facilement retirés, puis soigneusement nettoyés par passage dans des machines de nettoyage. Ils sont ensuite transportés par des transporteurs automatiques dans une autre pièce, étalés sur des plateaux et exposés à une température humide de 130° F. pour les ramener à leur état normal. Les raisins secs passent au semoir, où ils sont transportés entre des rouleaux à revêtement en caoutchouc et le dispositif d'empalage du semoir qui récupère les graines et les retire des fruits au fur et à mesure qu'elles sont aplaties entre les surfaces des rouleaux. retirés du rouleau par un dispositif fouetteur de manière à être capturés dans un récipient séparé. Les raisins secs épépinés passent par des goulottes jusqu'aux tables d'emballage situées à l'étage inférieur.

"Les raisins secs épépinés ou en vrac sont emballés dans des boîtes de 50 livres ; dans des cartons de 1 livre, 36 par caisse ; dans des cartons de 12 onces, 45 par caisse ; et certains en vrac dans des boîtes de 25 livres.

"Des informations ont récemment été envoyées selon lesquelles la California Associated Raisin Co. prend des dispositions pour supprimer les catégories de raisins secs semés, de sorte qu'il n'y aura qu'une seule catégorie. Cela envisage d'utiliser tous les trois-couronnes, le plus petit des le Four-Crown et le meilleur des Two-Crown dans une seule qualité mélangée.

« À partir des graines, autrefois utilisées comme combustible, on fabrique désormais un certain nombre de sous-produits.

"Les graines et pédicelles retirés des raisins lors de l'ensemencement varient de 10 à 12 pour cent du poids initial des raisins secs selon leurs conditions et leur qualité.

"Le classement, l'ensemencement, le dressage et l'emballage sont devenus des branches distinctes de l'industrie, et le travail est presque entièrement effectué par des femmes spécialement formées, qui sont devenues expertes dans ce domaine. Les établissements dans lesquels ce travail est effectué fournissent de l'emploi à plus de 5 000 personnes. personnes. La masse salariale globale chaque mois pendant la saison se situe entre 200 000 $ et 350 000 $.

VINAIGRE DE RAISIN

Un très bon vinaigre peut être fabriqué à partir de raisins, bien que ce débouché pour la surproduction ne soit pas encore largement utilisé en Amérique. Les raisins qui ne conviennent pas aux raisins secs, aux desserts, à la vinification ou au jus de raisin peuvent être utilisés pour la fabrication du vinaigre. Dans les conditions les plus favorables, le vinaigre de raisin ne peut rivaliser en termes de prix avec le vinaigre fabriqué à partir de nombreux autres produits et doit donc toujours être vendu à un prix élevé. En effet, il est douteux qu'un vinaigre de raisin de haute qualité puisse être fabriqué à un prix inférieur à celui du bon vin. La production de vinaigre de raisin nécessite autant de soin, mais peut-être pas autant de connaissances spécialisées, que l'élaboration du vin. Cependant, contrairement à ce dernier, le vinaigre peut être produit à petite échelle à des fins domestiques par toute personne possédant des connaissances en vinification ou en vinaigrerie.

Le vinaigre de raisin peut être fabriqué à partir de raisins blancs ou rouges, bien que celui à partir de raisins blancs soit généralement préféré. Il peut être élaboré soit directement à partir de raisins, soit à partir de vin, le processus d'acétification étant le même pour les deux. Il y a donc deux étapes distinctes dans la fabrication de ce produit. Premièrement, il doit y avoir une fermentation alcoolique par laquelle le sucre du raisin se transforme en alcool avec dégagement de gaz carbonique. Deuxièmement, la fermentation acétique doit suivre la fermentation alcoolique par laquelle l'alcool est transformé en acide acétique.

SOUS-PRODUITS DES INDUSTRIES DU RAISIN

Il existe plusieurs sous-produits précieux dans les industries de la vinification et du jus de raisin, et même la fabrication des raisins secs donne un sous-produit dans les graines extraites des raisins secs. L'utilisation de ces déchets est devenue rentable en Europe, et il n'y a aucune raison pour que les sous-produits ne rapportent pas des bénéfices considérables en Amérique, comme le font déjà quelques-uns. De bonnes autorités déclarent que si tous les déchets de la récolte de raisin pouvaient être utilisés, la valeur de la récolte augmenterait de plus de 10 pour cent.

Marc de miel.

Le marc, résidu laissé après le pressurage du raisin, est le sous-produit le plus précieux des fabricants de vin et de jus de raisin. Si le marc est laissé fermenter et ensuite distillé, un produit appelé marc-brandy est fabriqué. Des vignerons peu scrupuleux ajoutent souvent de l'eau et du sucre au marc, après quoi il est refermenté et le produit obtenu est vendu comme vin. Bien que le mot « vin » appliqué à ce produit soit un terme abusif, la quantité totale de ce vin produite et consommée en Amérique est importante. La piquette est un autre produit dans lequel le marc est mis dans des cuves de fermentation, arrosé d'eau et le liquide est soutiré après un certain temps, emportant avec lui le vin contenu dans le marc. Ce liquide est réutilisé dans d'autres marcs, jusqu'à ce qu'il ait un titre alcoométrique suffisamment élevé, lorsqu'il est distillé en « piquette » ou « wash ».

En Europe, on dit que le marc des raisins égrappés constitue un aliment pour les moutons et les bovins de plus ou moins de valeur lorsqu'il est légèrement salé et stocké dans des silos. Le marc est également souvent utilisé comme engrais, pour lequel il est très recommandé, étant riche en potasse et en azote. L'acide acétique est fabriqué à partir du grignon en le séchant dans des locaux étanches à la vapeur, processus au cours duquel 50 à 60 pour cent du poids du grignon se transforme en vapeur, et celle-ci, condensée, donne des quantités considérables d'acide acétique.

Crème tartare.

Les lies de vin, sédiments qui se déposent dans les fûts dans lesquels est stocké le vin nouveau ou le jus de raisin, forment une croûte grisâtre ou rougeâtre à l'intérieur du récipient. C'est l'argol ou pierre à vin du vigneron, à partir de laquelle on fait de la crème de tartre, un article considérablement utilisé en médecine, dans les arts et à des fins culinaires. De 20 à 70 pour cent des lies sont constituées soit de crème de tartre, soit de tartrate de calcium, ce dernier ayant également une valeur commerciale. Les vins rouges sont beaucoup plus riches en argol que les vins blancs. Une tonne de raisin donne entre une et deux livres d'argol. Ce produit devient une source de profits considérables dans les grandes caves viticoles et dans les usines de fabrication de jus de raisin.

Graines.

En Europe, les graines sont séparées du marc et utilisées de diverses manières. Ils sont également utilisés dans une moindre mesure en Amérique, notamment lorsqu'ils sont séparés des raisins secs. Les graines sont utilisées comme aliment pour les chevaux, le bétail et la volaille, pour lesquels elles auraient une valeur considérable. Si elles sont broyées et broyées, les graines donnent une huile jaune clair qui brûle sans fumée ni odeur et qui peut également être utilisée comme substitut à l'huile d'olive. Une tonne de raisins donne de quarante à cent livres de graines, à partir desquelles on peut faire de trois à seize livres d'huile. Cette huile est également utilisée comme substitut à l'huile de lin et dans la fabrication du savon. Outre l'huile, les graines produisent du tanin. Une fois l'huile et les tanins retirés des graines, il reste une farine qui peut encore être utilisée comme aliment de base ou comme engrais.

UTILISATIONS DOMESTIQUES DU RAISIN

À l'heure actuelle, alors que la conservation des aliments est partout mise en avant, la mention de l'usage domestique du raisin est particulièrement appropriée. Dans tout le pays, aucun fruit n'est plus généralement cultivé que le raisin ; Pourtant, les produits à base de raisin ne sont pas aussi courants pour un usage domestique que ceux de plusieurs autres fruits, bien que de nombreuses conserves attrayantes et appétissantes puissent être préparées à partir de raisins sans utiliser de grandes quantités de sucre, d'épices ou d'autres ingrédients. Peu de femmes de ménage se rendent compte de la haute qualité et du faible coût des produits qui peuvent être fabriqués à partir du raisin. Ainsi, le jus de raisin, la gelée, la confiture, la marmelade, le beurre de raisin, le catsup, les raisins épicés, les raisins en conserve, les conserves dans lesquelles on utilise du raisin, les conserves et la viande hachée font partie des produits culinaires recherchés, faciles et bon marché à préparer à partir de produits cultivés sur place. raisins ou ceux achetés sur le marché. Seuls de simples ustensiles domestiques sont nécessaires à la préparation de ces produits.

Le sirop de raisin est moins facile à produire, mais peut être préparé dans n'importe quelle maison sans ajout de sucre. Ce n'est pas seulement un bon sirop de table, mais c'est aussi un substitut du sucre très utile pour la préparation d'autres produits culinaires. Les raisins muscadine du Sud, que presque tous les ménages du sud-est des États-Unis achètent en particulier, sont utiles pour ces produits nationaux. Les recettes de tous ces produits peuvent être trouvées dans des livres de cuisine, et un ou deux bulletins et circulaires du Département de l'Agriculture des États-Unis donnent des recettes pour préparer les raisins à des fins domestiques. Le Farmers' Bulletin

859 intitulé *Home Uses for Muscadine Grapes* est une publication particulièrement précieuse sur ce sujet.

Il est intéressant de noter que plusieurs grands fabricants de jus de raisin mettent sur le marché des confitures, gelées et marmelades de raisin. Il semblerait que ces produits délicieux et sains trouveraient un écoulement facile sur les marchés du pays, et que leur fabrication serait profitable au vigneron et au vigneron. Plus le raisin est utilisé pour ses produits, mieux le producteur peut résister aux coups durs des marchés défavorables et de la surproduction.

PLANCHE XX. — Isabelle ($\times \, 2 \, / \, 3$).

CHAPITRE XV

ÉLEVAGE DU RAISIN

Le hasard, pur et simple, a été le facteur le plus important dans la production des variétés de raisins américains. Parmi les millions de plantes sauvages, un raisin occasionnel d'une valeur prééminente a attiré l'attention du cultivateur et a été introduit dans le vignoble pour devenir l'ancêtre d'une nouvelle variété. Ou encore, dans les vignes, le plus souvent dans les friches voisines, à partir du nombre prodigieux de plants qui poussent, purs ou croisés, une plante de mérite devient la base d'une variété nouvelle. Un fait intéressant dans la domestication des quatre principales espèces de raisins américains est qu'aucune n'a été cultivée avant que des formes d'une valeur frappante n'aient été trouvées. Catawba, représentant les raisins Labrusca ; les Scuppernong, les Rotundifolias ; Norton, de *Vitis æstivalis* ; Delaware et Herbemont issus des cépages Bourquiniana ; et Clinton de *Vitis vulpina* , sont, après un siècle, à peine surpassés, bien que dans chaque espèce il existe maintenant de nombreuses nouvelles variétés.

Le fait que nos meilleurs raisins soient le fruit du hasard n'est pas dû au manque d'efforts humains pour produire des variétés supérieures. De tous les fruits, le raisin a reçu le plus d'attention en Amérique de la part de la génération de sélectionneurs de plantes qui vient de passer. Les vignerons ont produit plus de 2 000 cépages, un mélange des caractères hétérogènes d'une douzaine d'espèces. Le fait qu'un si grand nombre de ce grand nombre soient sans valeur est dû davantage à un manque de connaissances en matière de sélection végétale qu'à un manque d'efforts, car l'ordre et le système de sélection végétale qui prévalent aujourd'hui, révélés par de récentes brillantes découvertes, étaient inconnus des gens. vignerons du siècle dernier.

HYBRIDES DE RAISIN

Dès 1822, Nuttall, botaniste réputé, alors à Harvard, recommandait « des hybrides entre la vigne européenne et celle des États-Unis qui répondraient mieux aux climats variables de l'Amérique du Nord ». En 1830, William Robert Prince, Fig. 48 , quatrième propriétaire de la célèbre pépinière botanique Linnean à Flushing, Long Island, cultiva 10 000 plants de raisin « par mélange dans toutes sortes de circonstances ». Il s'agissait probablement de la première tentative à grande échelle d'amélioration des raisins indigènes par hybridation, même si cela ne semble pas avoir abouti. Plus tard, un certain Dr Valk , également de Flushing, cultiva des hybrides à partir desquels il obtint Ada, le premier hybride nommé, dont l'introduction permit aux hybrideurs de travailler dans toutes les régions du pays où les raisins étaient cultivés.

FIGURE 48. William Robert Prince.

Peu après l'envoi de l'hybride de Valk , ES Rogers, Fig. 49 , de Salem, Massachusetts, et JH Ricketts, de Newburgh, New York, commencèrent à donner aux viticulteurs des hybrides de Vinifera européenne et d'espèces américaines qui étaient si prometteurs que l'enthousiasme et la spéculation dans la viticulture s'est déchaînée. Jamais auparavant ni depuis, la viticulture n'a reçu en Amérique l'attention qu'elle a suscitée lors de l'introduction des hybrides de Rogers. C'était l'attente de tous ceux que nous devions cultiver en Amérique, dans ces hybrides, des raisins peu inférieurs, voire pas du tout, à ceux de l'Europe.

FIGURE 49. ES Rogers.

La différence entre les raisins européens et américains montre pourquoi les viticulteurs américains ont été si désireux de cultiver soit des variétés pures à partir du cépage étranger, soit des hybrides avec celui-ci.

Les raisins européens ont une teneur en sucre et en matières solides plus élevée que les espèces américaines ; ils donnent donc de meilleurs vins et se conservent beaucoup plus longtemps après la récolte et peuvent être transformés en raisins secs. En outre, ils ont une plus grande variété de saveurs, plus délicates, mais plus riches, avec un arôme plus agréable, rarement aussi acide, et sont toujours dépourvus de l'odeur et du goût désagréables et rances, du « foxiness » de nombreuses variétés américaines. Il existe cependant une astringence désagréable dans certains raisins étrangers, et de nombreuses variétés sont sans caractère de saveur. Les raisins de table américains, au contraire, sont plus rafraîchissants, le jus non fermenté donne une boisson plus agréable, et manquant de douceur et de richesse, ils ne coupent pas si vite l'appétit. Les grappes et les baies des raisins européens sont plus grosses, plus attrayantes et supportées en plus grande quantité. La pulpe, les graines et les peaux sont quelque peu répréhensibles chez toutes les espèces indigènes et à peine du tout chez les espèces de l' Ancien Monde . Les baies des raisins indigènes se détachent si rapidement de la tige que les grappes ne s'expédient pas bien. Les vignes des raisins de l' Ancien Monde ont un port plus compact et nécessitent moins de taille et de palissage que celles des raisins indigènes ; et, en tant qu'espèce, probablement grâce à une longue culture, ils sont adaptés à davantage de types de sols, à de plus grandes différences de milieu et se multiplient plus facilement que les espèces américaines.

FIGURE 50. TV Munson.

En raison de ces points de supériorité du raisin de l' Ancien Monde , depuis que Valk , Allen et Rogers ont montré la voie, les éleveurs américains ont cherché à unir par hybridation les bons caractères du raisin de l'Ancien Monde avec ceux de l'Américain. Près de la moitié des 2000 raisins cultivés en Amérique de l'Est contiennent du sang plus ou moins européen. Pourtant, malgré les efforts des sélectionneurs, peu de ces hybrides ont une valeur commerciale. Soit parce qu'ils sont naturellement mieux fixés, soit parce qu'une longue culture les a plus solidement établis, les caractères de la vigne de *Vitis vinifera* apparaissent plus souvent dans des variétés issues d'hybrides primaires entre celle-ci et l'espèce indigène, et les faiblesses du raisin étranger, qui empêchent leur culture en Amérique, récolte. Les hybrides dont le sang vinifera est plus atténué, comme les croisements secondaires ou tertiaires, donnent de meilleurs résultats.

Plusieurs hybrides secondaires figurent désormais parmi les meilleurs cépages cultivés. Les exemples sont Brighton et Diamond. Le premier est un croisement entre Diana-Hamburg, hybride d'une Vinifera et d'une Labrusca, croisée à son tour avec Concord, une Labrusca ; le second est un croisement entre Iona, également hybride entre une Vinifera et une Labrusca, croisée avec Concord. Tous deux ont été cultivés à partir de graines plantées par Jacob Moore, Brighton, New York, en 1870. Brighton a été le premier hybride secondaire à attirer l'attention des sélectionneurs de raisins et son apparition a marqué une étape importante dans la sélection du raisin.

Le succès retentissant obtenu par les hybrideurs du raisin européen avec des espèces indigènes a rapidement conduit à des fusions similaires entre les espèces américaines. Jacob Rommel, de Morrison, Missouri, a commencé ses travaux vers 1860, a hybridé les raisins Labrusca et Vulpina avec un tel succès qu'une douzaine ou plus de ses variétés sont encore cultivées. Tous se caractérisent par une grande vigueur et productivité ; et, bien qu'ils n'aient pas les qualités qui font de bons raisins de table, ils sont parmi les meilleurs pour la vinification. Rommel a eu de nombreux adeptes dans l'hybridation d'espèces indigènes, le principal étant feu TV Munson, Fig. 50 , Denison, Texas, qui a littéralement rendu toutes les combinaisons de raisins possibles, a fait pousser des milliers de plants et a produit de nombreuses variétés précieuses.

Amélioration par sélection.

La sélection, continuée à travers les générations successives, si importante dans l'amélioration des plantes des champs et des jardins, n'a joué qu'un faible rôle dans la domestication du raisin. La période entre la plantation et la fructification est si longue que les progrès seraient en effet lents si l'on utilisait cette méthode. De plus, la sélection, comme méthode de sélection, n'est possible que lorsque les plantes sont sélectionnées pures, et l'expérience des sélectionneurs de raisins montre que dans la sélection pure, ce fruit perd en vigueur et en productivité et que les variations sont extrêmement légères et instables. De nombreux raisins de race pure ont été cultivés sur le terrain de la New York Agricultural Experiment Station sous les yeux de l'auteur, dont très peu ont surpassé le parent ou se sont montrés prometteurs pour la pratique de la sélection.

Nouvelles variétés issues du sport.

Des bourgeons ou des mutations apparaissent de temps en temps dans les raisins. Mais sur les 2 000 variétés actuellement cultivées, seules deux ou trois sont soupçonnées d'être apparues de cette manière. Il est vrai que les mutations semblent se produire assez souvent dans le raisin, mais elles se confondent facilement avec les variations dues à l'environnement et sont généralement trop vagues pour être saisies. Jusqu'à ce que les causes de ces mutations soient connues et jusqu'à ce qu'elles puissent être produites et contrôlées, on ne peut guère espérer une amélioration des raisins par les mutations.

HYBRIDATION DU RAISIN

L'hybridation a été le principal moyen d'amélioration du raisin. À l'heure actuelle, d'après ce qui est accompli par de nombreux travailleurs, il semble que cela restera longtemps le meilleur moyen d'améliorer ce fruit. Puisque le vigneron doit dépendre de nouvelles variétés pour progresser, les anciennes variétés ne pouvant être modifiées, l'ambition des vignerons devrait être de produire des variétés meilleures que celles dont nous disposons actuellement. Dans le passé, de nombreux viticulteurs amateurs et professionnels ont trouvé dans l'élevage du raisin un passe-temps agréable et rentable, de sorte que de nombreuses connaissances se sont accumulées en ce qui concerne la manipulation des plantes lors de l'hybridation et les résultats qui en résultent dans la progéniture de l'hybridation.

Comment hybrider.

On suppose que le lecteur connaît la botanique des fleurs et les principes essentiels du croisement des plantes. S'il ne l'est pas, il doit étudier attentivement la structure des fleurs, notamment celles du raisin, afin de pouvoir distinguer les différents organes et découvrir quand le pollen et les stigmates sont prêts pour le travail de pollinisation. Il devrait également lire l'un des nombreux ouvrages actuels sur la sélection végétale.

La première tâche du croisement des raisins est d'enlever les anthères avant que la fleur ne s'ouvre, un processus connu sous le nom d'émasculation. Ceci est nécessaire pour empêcher l'autopollinisation. Cette première opération effectuée , la grappe de fleurs de vigne doit être solidement attachée dans un sac pour la protéger du pollen étranger qui autrement serait sûrement transporté jusqu'au stigmate par les insectes. Dès que le stigmate est prêt à recevoir le pollen, le sac est retiré et le pollen du parent mâle est appliqué, après quoi le sac est à nouveau posé sur la fleur pour y rester jusqu'à ce que les raisins soient bien noués. En examinant les stigmates des fleurs des raisins découverts, l'opérateur peut savoir approximativement si le stigmate couvert est prêt à recevoir du pollen. Le temps nécessaire après le recouvrement dépend bien entendu de l'âge du bourgeon au moment de l'émasculation. Il est d'ailleurs préférable de retarder l'émasculation juste avant l'ouverture des fleurs, mais il faut être certain que les anthères n'ont pas libéré leur pollen avant que la fleur ne soit émasculée.

L'émasculation est une opération simple. Les organes essentiels de la fleur de vigne sont recouverts d'un petit bonnet ; dans certains raisins, cela doit être enlevé avant que les anthères puissent être atteintes. Cependant, dans de nombreux raisins indigènes, le chapeau et les anthères peuvent être retirés d'un seul coup par l'opérateur. Le meilleur outil pour cela est une petite paire de pinces. Chacune des lames de la pince pour travailler avec des raisins indigènes doit avoir une surface de coupe tranchante, mais avec les variétés Vinifera, où le capuchon doit être retiré avant que les anthères puissent être atteintes, les lames de pince à surface plane sont préférables. Il existe bien sûr un certain danger, lorsque les bourgeons sont bien développés, que le pollen soit expulsé et atteigne ainsi le stigmate ou adhère à l'instrument et contamine ainsi les futurs croisements. Le premier danger doit être soigneusement évité par l'habileté de l'opérateur, tandis que le second est facilement surmonté en stérilisant la pince dans l'alcool. Un effort doit être fait pour fertiliser autant de fleurs de la grappe que possible, mais le succès n'est pas toujours certain ; en cas de doute, la fleur incertaine doit être retirée de la grappe.

La fleur sur laquelle le pollen doit être prélevé doit être protégée du vent et des insectes ; sinon, le pollen d'une autre fleur pourrait y rester. La protection doit être assurée en attachant les fleurs dans un sac alors qu'elles sont encore en bouton. Il existe différentes manières d'obtenir du pollen d'anthères mûres et de l'appliquer sur les stigmates des fleurs à croiser. Le plus simple consiste à écraser les anthères, en expulsant ainsi le pollen, après quoi, avec une brosse, un scalpel ou un autre instrument, il peut être placé sur le stigmate. Un pinceau est un grand gaspillage de pollen et devient souvent une source de contamination pour les futurs croisements, de sorte que le scalpel est le meilleur outil des deux. Lorsque le pollen est abondant, comme c'est généralement le cas lorsqu'un homme travaille la vigne dans son propre vignoble, la meilleure méthode est de loin de prélever la grappe de la vigne mâle et d'appliquer le pollen directement sur le stigmate de la fleur à cultiver. croisés, garantissant ainsi du pollen frais et une abondance de celui-ci. Le stigmate, si le pollen suffit, doit être recouvert de pollen.

Le pollen du raisin ne se conserve pas bien et il faut s'efforcer de le conserver le plus frais possible. Le travail de pollinisation s'effectue mieux par temps clair et ensoleillé, lorsque le pollen est très sec. Comme le montrent les affirmations qui précèdent, les outils et les méthodes sont moins importants que le soin apporté au travail. Le seul outil absolument nécessaire est une paire de pinces, bien qu'une lentille à main soit souvent utile. Les sacs pour recouvrir les fleurs doivent être juste assez grands et pas plus grands. Un sac destiné à recouvrir la fleur productrice de pollen peut très bien être un sac en manille ordinaire suffisamment grand pour couvrir amplement la grappe de fleurs. Il est cependant utile de disposer d'un léger sac huilé transparent à travers lequel on peut voir l'état des anthères. Il est souhaitable que le sac de la fleur femelle puisse rester jusqu'à ce que les fruits mûrissent pour se protéger contre les oiseaux et les champignons. Il doit donc être de plus grande taille. Pendant que les sacs sont encore plats, un trou est pratiqué près de l'ouverture à travers lequel passe une ficelle qui peut être nouée lorsque l'extrémité supérieure du sac est serrée autour de la grappe.

Choisir les parents.

Cela dépend beaucoup de la filiation immédiate des raisins hybridés. Certaines variétés, lorsqu'elles sont croisées, produisent des moyennes de progéniture dignes beaucoup plus élevées que d'autres. Il y a sous ce rapport une telle différence entre les variétés que la première tâche du sélectionneur devrait être de découvrir des parents ainsi dotés. Heureusement, un travail considérable a été accompli par plusieurs stations expérimentales en matière de sélection de raisins, et leurs connaissances accumulées, ainsi que celles de travailleurs tels que Rogers, Ricketts, Campbell et Munson, fournissent aux débutants de bons points de départ. Il n'est possible de découvrir quels sont les meilleurs géniteurs que par des enregistrements de performances. Très souvent, les cépages à haute valeur culturelle sont sans valeur en sélection car leurs caractères ne semblent pas être transmis à leur descendance et, au contraire, un cépage qui ne sert à rien au vignoble est souvent précieux en sélection.

D'après les connaissances actuelles, il ne semble pas que de nouveaux caractères soient introduits dans les plantes par hybridation. Une nouvelle variété issue d'une hybridation n'est qu'une recombinaison des caractères des parents ; la combinaison est nouvelle mais les personnages ne le sont pas. Ainsi, un parent d'un raisin hybridé peut apporter la couleur, la taille, la saveur et pratiquement tous les caractères du fruit, tandis que l'autre parent peut apporter la vigueur, la rusticité, la résistance aux maladies et les caractères de la vigne. Ou encore, ces caractères et d'autres entrant dans la composition d'un nouveau raisin peuvent être mélangés de toutes les manières mathématiques possibles. Le vigneron doit s'assurer que l'un ou l'autre des parents possède les caractères particuliers qu'il désire dans son nouveau raisin.

On sait maintenant que les caractères du raisin, comme ceux des autres plantes, sont hérités conformément à certaines lois découvertes par Mendel. Les premiers ouvriers de la viticulture ne connaissaient pas ces lois et ne savaient pas viser leur travail. L'hybridation était donc un labyrinthe dans lequel ces sélectionneurs se perdaient souvent. Les découvertes de Mendel assurent cependant une régularité des moyennes et donnent une précision et une constance d'action qui permettent au vigneron d'atteindre avec une assez certaine certitude ce qu'il veut s'il continue patiemment à sa tâche. Le vigneron doit s'informer sur les lois de Mendel et sur le travail qui a été fait sur la transmission des caractères du raisin. Un bulletin technique publié par la Station expérimentale d'État de Genève, New York, et un autre de la Station de Caroline du Nord à Raleigh donnent de nombreuses informations sur l'hérédité des caractères de certains raisins, et des informations complémentaires peuvent être obtenues en s'adressant au Département des États-Unis. Agriculture à Washington pour la littérature sur le sujet.

Le vigneron ne peut espérer progresser qu'en faisant de nombreuses combinaisons entre différents cépages et en cultivant un grand nombre de plants. Il devrait étendre son travail à toutes les variétés prometteuses pour la sélection de raisins dans le but particulier qu'il a en tête. La graine peut être conservée et plantée comme indiqué dans le chapitre sur la propagation . À moins qu'il ne souhaite faire des interprétations scientifiques de ses résultats, les plants faibles doivent être jetés la première année, et un deuxième rejet peut être effectué avant l'entrée des jeunes plants dans la vigne. Le sélectionneur découvrira bientôt qu'il peut assez bien déterminer, d'après le caractère des plants, s'ils sont suffisamment prometteurs pour être conservés. Ainsi, si le nombre de feuilles est petit ou si les feuilles elles-mêmes sont petites, la vigne a une valeur douteuse ; si les entre-nœuds sont excessivement longs, les perspectives sont médiocres ; la finesse de la canne, si elle est accentuée, ne promet rien de bon ; en revanche, une grande corpulence et des entre-nœuds très courts ne sont pas des indications souhaitables. Grâce à ces signes et à d'autres encore, l'éleveur saura rapidement quelles vignes devraient éventuellement être mises au vignoble.

RÉSULTATS DE LA SÉLECTION DU RAISIN

Il existe aujourd'hui plus de 2 000 variétés de raisins d'origine américaine, toutes produites en un siècle environ. Il est douteux qu'une autre plante cultivée, à aucun moment de l'histoire du monde, ait acquis une telle importance en si peu de temps à partir de l'état sauvage que le raisin américain. Il semblerait que presque toutes les combinaisons possibles entre espèces dignes d'intérêt aient été réalisées. Par l'hybridation, les espèces et les variétés sont devenues si mélangées que le vigneron ne peut plus travailler intelligemment avec ces formes grossières et doit travailler avec des caractères plutôt qu'avec des espèces et des variétés qui ne sont que des combinaisons de caractères. De grands progrès, il est vrai, ont été réalisés dans le passé dans la sélection du raisin en Amérique, mais ce travail a été entièrement empirique et extrêmement inutile. De nombreuses variétés ont été appelées, mais peu ont été choisies. Grâce aux nouvelles connaissances en matière d'élevage et à l'expérience des anciens travailleurs, des progrès devraient être réalisés avec plus de certitude. D'après ce qui a été fait et les travaux actuellement en cours, il n'est pas exagéré de dire que nous cultiverons bientôt du raisin partout en Amérique, et des variétés si diverses qu'elles répondront non seulement à tous les usages auxquels le raisin est actuellement destiné, mais mais aussi la demande de meilleurs raisins produits par des consommateurs plus critiques.

PLANCHE XXI. —Jefferson ($\times\,^3/_5$).

CHAPITRE XVI

DIVERS

Il reste encore plusieurs phases de la culture du raisin essentielles au succès, dont aucune ne mérite vraiment un chapitre et dont aucune ne rentre correctement dans l'un des chapitres précédents. Les sujets ne sont pas étroitement liés, ne sont en aucun cas d'égale importance, mais tous sont trop importants pour être relégués dans les limbes d'une annexe et sont donc jetés dans un chapitre de mélanges.

POLLINISATION CROISÉE

La floraison de la vigne avait peu d'importance pour le vigneron, la période de floraison étant si tardive que les raisins sont rarement pris par le gel, jusqu'à ce qu'on découvre que de nombreuses variétés de raisins sont incapables de se fertiliser elles-mêmes et que l'échec des récoltes de ces variétés étaient souvent dues à l'autostérilité de la variété. Jusqu'à cette découverte, l'incertitude entourant la mise en raisin dans ces cépages était un des découragements de la viticulture. Suite à des investigations sur l'autostérilité des arbres fruitiers, une enquête sur le raisin a montré que les vignes de ce fruit sont souvent autostériles. Ces connaissances ont modifié dans une certaine mesure la plantation de toutes les collections domestiques et ont plus ou moins affecté les plantations des espèces commerciales.

Les variétés de raisins américains présentent des différences très remarquables dans le degré d'autofertilité. Beaucoup trie parfaitement les fruits sans pollinisation croisée. D'autres ne donnent aucun fruit si la pollinisation croisée n'est pas prévue. Cependant, la plupart des variétés se trouvent dans des groupes situés entre les deux extrêmes, ni autofertiles ni autostériles. La figure 51 montre des grappes staminées et parfaites sur une vigne. Certaines variétés ne présentent aucune variation dans le degré d'autostérilité ou d'autofertilité ; d'autres se comportent différemment à l'égard de ces personnages dans un environnement différent. De temps en temps, les variations les plus importantes se retrouvent dans une variété en ce qui concerne l'autofécondité.

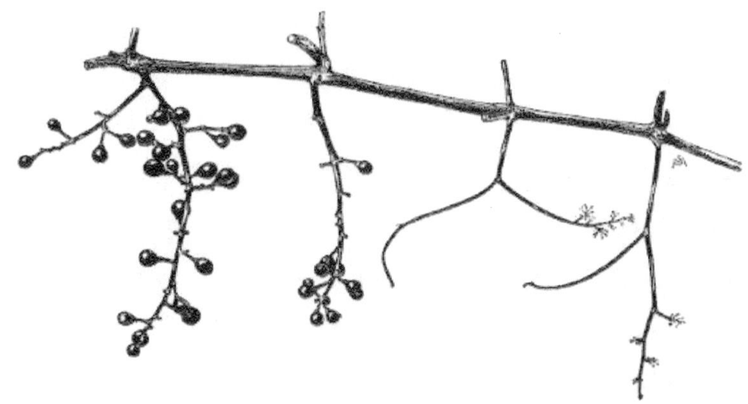

FIG. 51. Grappes staminées et parfaites sur une vigne ; *à droite* , staminé; *à gauche* , parfait.

Suivant l'exemple de Beach à la station d'expérimentation agricole de New York, plusieurs travailleurs ont effectué des études minutieuses sur l'autofertilité du raisin, et maintenant les variétés cultivées de raisins indigènes sont divisées en quatre groupes en fonction du degré d'autofertilité. . La classe I comprend les variétés autofertiles ayant des grappes parfaites ou presque parfaites ; La classe II comprend les variétés autofertiles ayant des grappes lâches mais commercialisables ; La classe III comprend des variétés si imparfaitement autofertiles que les grappes sont généralement trop lâches pour être commercialisables ; La classe IV comprend les variétés autostériles. Voici une liste de raisins couramment cultivés classés selon les divisions que nous venons de donner :

CLASSIFICATION DES RAISINS SELON L'AUTO-FERTILITÉ

CLASSE I. Grappes parfaites ou variant de parfaites à quelque peu lâches.

- Berckmans
- Berthe
- Chalet
- Crotone
- Delaware
- Diane
- Etta
- Janesville

- Dame Washington
- Lutie
- Moore tôt
- Poughkeepsie
- Pocklington
- Prentisse
- Rochester
- Sénasqua
- Winchell

CLASSE II. Clusters commercialisables ; modérément compact ou lâche.

- Agawam
- Brillant
- Brun
- Catawba
- Champion
- Chautauqua
- Clinton
- Colerain
- Concorde
- Néerlandaise
- Premier vainqueur
- Elvire
- État de l'Empire
- Fougère Munson
- Hartford
- Iona
- Isabelle
- Isabelle Semis

- Jefferson
- Jessica
- Dame
- Moulins
- Riesling du Missouri
- Perkins
- Rommel
- Triomphe
- Ulster

CLASSE III. Clusters invendables.

- Brighton
- Canada
- Dracut Ambre
- Eumélan
- Genève
- Hayes
- Lindley
- Noé
- Muscadine du Nord
- Vergennes

CLASSE IV. Autostérile. Aucun fruit ne se développe sur les grappes couvertes.

- Amérique
- Aminia
- Barry
- Aigle Noir
- Plus intelligent
- Creveling
- Eldorado

- Foi (?)

- Gaertner

- Grein Doré

- Hercule

- Bijou

- Massassoit

- Maxatawney (?)

- Merrimac

- Montefiore

- Réqua

- Salem

- Wyoming

Pour l'essentiel, la cause de l'infertilité, comme pour les autres fruits, est l'impuissance du pollen sur les pistils de la même variété. Il existe quelques cas dans lesquels le pollen ne semble pas se former en abondance, mais ils sont très peu nombreux. Il existe aussi quelques cas dans lesquels le pistil ne devient réceptif qu'après que le pollen a perdu sa vitalité ; ceux-ci sont cependant très peu nombreux. Dans un plus grand nombre de cas, le pollen se révèle défectueux. Cependant, en écartant tout cela comme une exception, la règle est que l'autostérilité est due, comme nous l'avons dit, au manque d'affinité entre le pollen et les pistils produits sur les vignes de certains cépages.

La nature aide le vigneron en lui donnant un guide d'autofécondité. La longueur des étamines est une indication assez sûre de l'autofertilité. Tous les raisins autofertiles portent des fleurs à longues étamines, même si ces dernières ne sont pas un signe certain d'autofertilité, car quelques variétés à longues étamines sont autostériles. En revanche, les étamines courtes ou recourbées sont toujours associées à une autostérilité complète ou presque complète.

Le remède à l'autostérilité est la plantation intercalaire. Seules les variétés classées dans les classes I et II de la classification qui précède doivent être plantées seules. Les espèces mentionnées dans les classes III et IV doivent être plantées à proximité d'autres espèces qui fleurissent en même temps afin que leurs fleurs puissent être pollinisées de manière croisée.

Il est évident que le viticulteur doit avoir une certaine connaissance du moment relatif de floraison des raisins s'il veut planter intelligemment et garantir une pollinisation croisée. Le tableau suivant, tiré du Bulletin 407 de la Station d'expérimentation agricole de New York, montre la période de floraison des raisins à cette Station. Il faut s'attendre à des variations dues au lieu et à la saison, mais dans les limites des régions dans lesquelles ces raisins sont cultivés, les variations seront légères. Lorsque ce tableau est utilisé pour d'autres régions que New York, il faut garder à l'esprit que plus on s'éloigne vers le sud, plus la saison de floraison est longue ; plus on va au nord, plus la saison est courte.

Dates de floraison des raisins.

D'après les relevés de trois années, la durée moyenne de la saison de floraison des raisins était de vingt jours, dix-neuf jours en 1912 et 1914 et vingt-deux jours en 1913. La première date de l'année moyenne de 1912 était le 14 juin, tandis que pour 1914, elle c'était le 7 juin :

TABLEAU IV.— MONTRANT LA PÉRIODE DE FLORAISON DES RAISINS

	TRÈS TÔT	TÔT	MI-SAISON	EN RETARD	TRÈS TARD
Agawam			*		
Amérique				*	
Géant d'août			*		
Bacchus	*				
Barry			*		
Balise				*	
Cloche		*			
Berckmans		*			
Aigle Noir			*		
Brighton			*		
Brillant			*		
Brun			*		
Campbell tôt			*		
Canada		*			
Canandaigua			*		
Carman					*

	TRÈS TÔT	TÔT	MI-SAISON	EN RETARD	TRÈS TARD
Catawba			*		
Champion		*			
Chautauqua			*		
Plus intelligent	*				
Clinton	*				
Colerain			*		
Impérial colombien			*		
Concorde			*		
Chalet		*			
Creveling			*		
Crotone				*	
Delago			*		
Delaware			*		
diamant			*		
Diane			*		
Downing			*		
Dracut Ambre		*			
Néerlandaise				*	
Premier vainqueur		*			
Eaton			*		
Éclipse			*		
Eldorado			*		
Elvire		*			
État de l'Empire			*		
Etta			*		
Eumedel			*		
Eumélan				*	
Foi		*			

	TRÈS TÔT	TÔT	MI-SAISON	EN RETARD	TRÈS TARD
Fougère Munson				*	
Gaertner			*		
Genève			*		
Goethe			*		
Pièce d'or			*		
Grein Doré		*			
Hartford			*		
Phare			*		
Helen Keller			*		
Herbert			*		
Hercule			*		
Hicks			*		
Hidalgo			*		
Hosford			*		
Iona				*	
Isabelle		*			
Janesville	*				
Jefferson					*
Jessica		*			
Bijou			*		
Kensington		*			
Roi			*		
Dame Washington				*	
Lindley			*		
Lucile			*		
Lutie			*		
McPike			*		
Manito				*	
Marthe			*		

	TRÈS TÔT	TÔT	MI-SAISON	EN RETARD	TRÈS TARD
Massassoit			*		
Maxatawney			*		
Merrimac			*		
Moulins			*		
Riesling du Missouri		*			
Montefiore			*		
Moore tôt			*		
Moyer			*		
Nectar			*		
Niagara			*		
Noé		*			
Muscadine du Nord		*			
Norton					*
Porto	*				
Ozark				*	
Peabody			*		
La perfection			*		
Perkins			*		
transpercer			*		
Pocklington			*		
Poughkeepsie				*	
Prentisse			*		
Rébecca			*		
Royal			*		
Réqua			*		
Rochester			*		
Rommel			*		
Salem			*		
secrétaire			*		

	TRÈS TÔT	TÔT	MI-SAISON	EN RETARD	TRÈS TARD
Sénasqua					*
Stark-Étoile					*
Triomphe					*
Ulster		*			
Vergennes			*		
Winchell			*		
Mot			*		
Wyoming			*		

VIGNES QUI SONNENT

Le baguage des plantes ligneuses est une pratique horticole bien connue. Trois objectifs peuvent être atteints par le baguage : les plantes improductives peuvent être mises en production par le baguage ; la taille des fruits peut être augmentée et ainsi les plantes peuvent être rendues plus productives ; et la maturité du fruit peut être accélérée. Dans les pays européens, le baguage est pratiqué depuis longtemps sur tous les arbres fruitiers et sur le raisin, mais en Amérique, l'opération n'est recommandée que pour la pomme et le raisin et est largement pratiquée sur aucun des deux fruits. Les expériences menées par Paddock à la station d'expérimentation agricole de New York, telles que rapportées dans le bulletin 151 de cette station, montrent que le baguage peut très bien être pratiqué par les viticulteurs sous certaines conditions. Depuis les expériences de Paddock, et peut-être dans une certaine mesure avant, le raisin a été bagué pour produire des fruits d'exposition ou un produit de fantaisie pour le marché.

Le baguage consiste à prélever sur la vigne une couche d'écorce entourant la vigne en passant par le cortex et le liber de la plante. La largeur de la plaie varie depuis celle d'une simple coupure faite avec un couteau jusqu'à une bande d'écorce d'un pouce de diamètre. L'opération est réalisée pendant la période de croissance où l'écorce se détache le plus facilement de la vigne, période de plus grande activité cambiale. Le terme « baguage » est préféré à « annelage », mot parfois utilisé, puisque ce dernier désigne proprement une blessure qui s'étend dans la plante et la tue généralement.

La théorie de la sonnerie est simple. La sève non assimilée passe des racines de la plante aux feuilles en passant par la couche externe du cylindre ligneux. Dans les feuilles, cette matière première est sollicitée par divers agents, après quoi elle est distribuée aux différents organes de la plante à travers les vaisseaux de l'écorce interne. Lorsque les plantes sont annelées, le flux ascendant de la sève se poursuit comme avant l'opération, mais les composés alimentaires nouvellement produits ne peuvent pas passer au-delà de la blessure, et donc le sommet de la plante reçoit une quantité supplémentaire de nourriture aux dépens des parties. en dessous de l'anneau. La nourriture supplémentaire produit les résultats notés.

Il s'avère en pratique que le baguage est généralement nocif pour la plante, comme on pourrait s'y attendre d'une opération aussi peu naturelle. Les dommages causés à la plante proviennent du fait que certaines parties de la vigne sont affamées aux dépens d'autres parties ; et parce que, lorsque l'écorce est enlevée, les couches externes du cylindre ligneux sèchent très rapidement et freinent ainsi dans une certaine mesure l'écoulement ascendant de la sève par évaporation du bois exposé. Il n'est donc pas rare que la vitalité de la plante soit sérieusement épuisée. Néanmoins, on peut trouver des vignobles dans lesquels le baguage a été largement pratiqué plusieurs saisons de suite et qui continuent à donner des récoltes rentables, les vignerons ayant appris à effectuer le travail de baguage de manière à endommager peu les vignes.

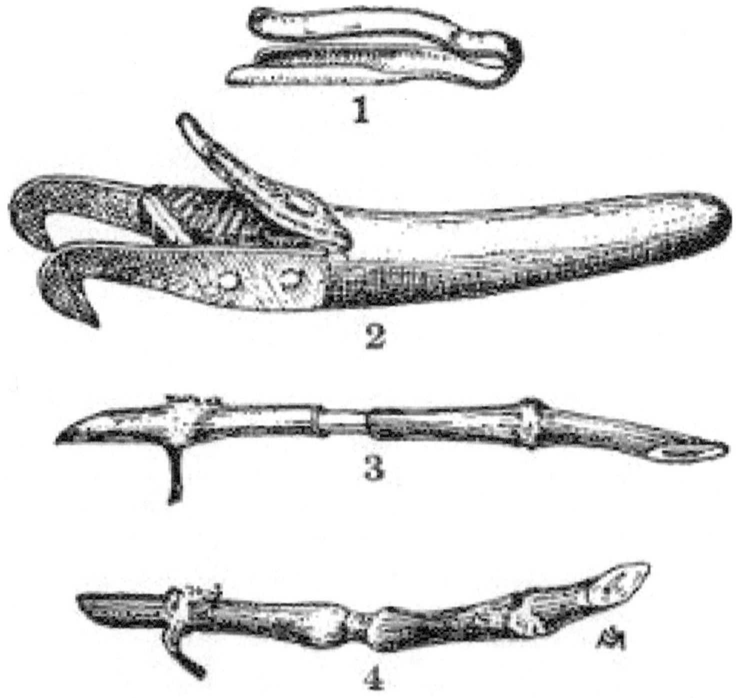

FIG. 52. Les outils utilisés pour le baguage des vignes sont illustrés en 1 et 2 ; tandis que 3 et 4 présentent des vignes annelées au début et à la fin de la saison.

Le baguage sans danger pour la plante dépend beaucoup de la manière dont les vignes ont été taillées. Par exemple, si les vignes sont taillées selon la méthode Kniffin à deux bras , le baguage de l'écorce doit être effectué à partir des deux bras juste au-delà du cinquième bourgeon. Ainsi, les dix bourgeons laissés sur la vigne produisent suffisamment de surface foliaire pour fournir la nourriture nécessaire au maintien de la vigueur de la vigne. Lorsque la méthode Kniffin à quatre bras est utilisée, seuls les deux bras supérieurs sont bagués, et même ainsi, trois ou quatre bourgeons doivent être laissés sur chacun pour les renouvellements. Quelle que soit la méthode de conduite, il ressort de ces exemples qu'il faut laisser à la vigne un peu de bois non bagué pour fournir des sarments feuillus destinés à soutenir la vigne. Certains viticulteurs ne sonnent leurs vignes que tous les deux ans, leur donnant ainsi la possibilité de se remettre de la perte de vigueur qu'ils ont pu subir pendant la saison de baguage.

Plusieurs autres considérations sont importantes lors du baguage : Premièrement, les vignes ne doivent pas pouvoir porter une récolte trop importante. Encore une fois, la quantité de fruits sur la partie annelée de la vigne doit dépendre de la superficie des feuilles non seulement de la plante mais aussi des bras annelés, chaque bras annelé agissant de manière quelque peu indépendante en ce qui concerne sa récolte. S'il reste trop de grappes sur les bras annelés, il s'ensuit toujours que le fruit est de qualité inférieure et souvent sans valeur. Enfin, tous les fruits situés entre les anneaux et le tronc doivent être retirés, car ils ne mûrissent pas correctement et ne font qu'épuiser la vitalité de la plante.

Quant aux résultats, il est certain des expériences qui ont été faites et de l'expérience des vignerons, que la maturité des fruits est accélérée et que les baies et les grappes sont plus grosses lorsque le baguage a été fait intelligemment. De nombreux producteurs estiment que les fruits produits sur des vignes annelées ne sont jamais à la hauteur en termes de qualité et de fermeté des fruits. Il semble y avoir une différence d'opinion quant à cette baisse de qualité, même si, sans aucun doute, les variétés de choix, comme Delaware, Iona et Dutchess , souffrent plus ou moins en qualité. Il est communément admis aussi que les variétés dont les fruits se fissurent beaucoup, comme le Worden, souffrent davantage de craquelures sur les vignes annelées que sur les vignes non annelées .

L'expérience et l'expérience prouvent que les meilleurs résultats du baguage sont obtenus si le travail est effectué lorsque les raisins ont atteint environ un tiers de leur maturité. Bien entendu, l'heure exacte dépend de la saison et de la variété. L'opération est exécutée de diverses manières et se fait facilement avec un couteau bien aiguisé, mais lorsqu'il s'agit de cerner de grandes vignes, le vigneron doit se munir d'un outil simple. Paddock, dans le bulletin mentionné précédemment, photographie deux de ces outils et ceux-ci sont reproduits sur la <u>Fig. 52</u>.

En conclusion, il faut dire qu'il est douteux que les gains obtenus grâce au baguage compensent les pertes. Cette pratique n'est surtout utile que lorsqu'on souhaite exposer des grappes de raisin ou lorsqu'il est nécessaire de hâter la maturité de la récolte. Cependant, le travail doit toujours être effectué avec intelligence et jugement, sinon les pertes compenseront les gains.

ENSACHAGE DES RAISINS

Dans certaines localités, l'ensachage est considéré comme un élément essentiel à la rentabilité de la viticulture. Les sacs servent à protéger les raisins contre les oiseaux. Dans certaines régions viticoles, les vignobles souffrent davantage des déprédations des merles et autres oiseaux que de tous les autres troubles. Les raisins portant de petites baies et ayant une pulpe tendre et ceux qui écalent le plus facilement de la tige souffrent le plus. Parmi les variétés standards, la Delaware est probablement plus attrayante pour les merles que toute autre variété. Il n'y a qu'un seul moyen de prévenir les dommages causés aux raisins par les oiseaux : ensacher les grappes.

L'ensachage est également un moyen efficace pour protéger le raisin de plusieurs champignons et insectes. Dans les plantations familiales ou les petits vignobles commerciaux, l'ensachage des grappes élimine souvent la nécessité de pulvériser contre les champignons et la plupart des insectes qui dérangent le raisin. En raison de la chaleur apportée par les sacs, les raisins en sac mûrissent un peu plus tôt et sont d'une qualité légèrement supérieure à ceux qui ne sont pas ensachés. Les raisins ensachés sont protégés des gelées précoces, prolongeant ainsi la saison. Les raisins qui ont été protégés des intempéries pendant l'été sont plus attrayants que ceux exposés aux intempéries, car les fruits sont exempts de traces du temps et présentent un aspect frais et brillant, ce qui les place au-dessus des raisins non ensachés. L'ensachage permet souvent au producteur de vendre sa récolte comme un produit de fantaisie.

Les raisins sont mis en sac dès que les fruits sont bien noués, le plus tôt étant le mieux si la protection contre les champignons est l'un des objectifs. Toutefois, les grappes ne doivent en aucun cas être mises en sac pendant la floraison. Un sac breveté fabriqué à cet effet peut être acheté ou, tout aussi bien, les sacs en manille courants d'une livre et demie et de deux livres utilisés par les épiciers se révèlent satisfaisants. L'un des sacs brevetés, connu sous le nom de Ideal Clasp Bag, est doté d'un fermoir métallique fixé sur le dessus pour maintenir le sac en place sur le cluster. Lors de l'utilisation du sac d'épicerie, avant de le mettre en place, les coins du haut et du bas sont coupés en plaçant plusieurs sacs sur une surface ferme et plane et en utilisant un ciseau de forme large. Couper les coins du haut permet à l'opérateur de fermer soigneusement le sac sur le cluster, tandis que couper les coins du bas fournit un moyen d'évacuation pour toute eau qui pénètre dans le sac. Lors de la mise en place du sac, le sommet est épinglé au-dessus du côté auquel la grappe est suspendue, et ne doit pas être attaché autour de la petite tige de la grappe, car le vent soufflant sur le sac brise presque invariablement la grappe de la vigne. Les plus grandes épingles achetées dans les magasins de marchandises sèches sont utilisées pour épingler les sacs. Les sacs restent jusqu'à la récolte des raisins. Le temps humide ne blesse pas les sacs et ils semblent se renforcer avec l'exposition au soleil et au vent.

Le coût des sacs et le travail nécessaire pour les mettre en place ne sont pas une mince affaire. Pour obtenir les meilleurs résultats, le travail doit être effectué entre la chute des fleurs et la formation des pépins, lorsque les raisins ont à peu près la taille d'un petit pois. C'est une période chargée pour le vigneron, ce qui augmente les coûts. Lorsque les travaux sont effectués à grande échelle, le coût est d'environ deux dollars les mille sacs, ce chiffre couvrant à la fois le coût des sacs et celui de la main d'œuvre. Les femmes accomplissent le travail plus rapidement que les hommes et deviennent vite très habiles à mettre les sacs. Malgré les difficultés et le coût de l'ensachage, les producteurs cherchant à produire un produit de luxe constatent que cette dépense s'avère rentable.

PROTECTION HIVERNALE DES RAISINS

Avec un peu de soin quant à la protection hivernale, les raisins peuvent être cultivés de manière rentable dans les régions du nord où, sans protection, les vignes sont tuées ou blessées par les basses températures. En effet, il est tout simplement étonnant de voir à quel point les raisins peuvent être cultivés dans les régions du nord où la nature a un visage des plus austères en hiver, si des variétés précoces et rustiques sont plantées dans des sols et des situations chaudes et si les vignes sont couvertes en hiver. Parfois, on trouve des raisins cultivés de manière rentable dans des vignobles commerciaux des États du nord, dans des régions où une protection doit être accordée pour éviter la destruction par l'hiver, le travail supplémentaire nécessaire à la protection étant plus que compensé par le prix élevé reçu pour le fruit sur les marchés locaux.

Dans tous les endroits où une protection hivernale doit être assurée, plusieurs autres précautions sont utiles, voire nécessaires. Ainsi, les cultures doivent être arrêtées tôt dans la saison et un couvert végétal doit être semé pour aider à durcir et à faire mûrir la vigne. Les raisins ne doivent pas non plus être plantés dans des sols riches en azote et les engrais azotés doivent être appliqués avec précaution. La taille doit être telle qu'elle ne provoque pas une grande croissance. Ces simples précautions pour hâter la maturité suffisent souvent dans les climats où le danger de destruction hivernale est faible, mais où le danger est imminent, il faut couvrir les vignes soit par enveloppement, soit par couchage. L'enrubannage avec de la paille peut suffire pour quelques vignes, mais lorsqu'il s'agit de protéger de nombreuses vignes, le couchage est moins coûteux et bien plus efficace.

Par pose, on entend que les vignes doivent être posées au sol et y être protégées par de la terre et de la neige ou autre couverture. Il est évident que pour se protéger ainsi, les vignes doivent recevoir un entraînement particulier ; sinon, les troncs pourraient être trop rigides pour être pliés. Il faut choisir une méthode de dressage dans laquelle les renouvellements peuvent être effectués assez fréquemment à partir du sol, de sorte que si les troncs deviennent gros, maladroits et peu pliables, un tronc plus maniable puisse être dressé. Si l'on garde à l'esprit les dispositions relatives au renouvellement, l'une quelconque des nombreuses méthodes de palissage des raisins expliquées au chapitre VIII sur le palissage peut être utilisée.

La pose doit être précédée d'une taille, après quoi les bras et le tronc sont détachés des fils et repliés vers le sol. Le cintrage est facilité en retirant une bêche pleine de terre du côté de la vigne dans le sens dans lequel la vigne doit être courbée. Le tronc est ensuite posé sur le sol et suffisamment de terre est placée dessus pour le maintenir en place au sol. Si le risque de destruction hivernale est grand en raison de la tendresse de la variété ou de l'austérité du climat, il devient souvent nécessaire de recouvrir légèrement la plante entière de terre. Les petits producteurs utilisent souvent du fumier grossier, de la paille, des tiges de maïs ou une couverture similaire, auquel cas les vignes sont maintenues au sol par des rails de clôture ou d'autres bois ; mais protéger avec du matériel qu'il faut apporter dans la vigne coûte cher et n'est pas plus satisfaisant que la terre.

Les vignes peuvent être abattues à tout moment après la chute des feuilles et avant que la terre ne commence à geler. Il est plus important que les vignes soient arrachées au moment opportun au printemps. Si elles sont découvertes trop tôt et que le temps froid s'ensuit, des blessures peuvent en résulter et plus de dégâts que si les vignes n'avaient pas été couvertes. Au contraire, si l'on laisse la terre rester trop longtemps, le feuillage et la vigne sont sensibles au soleil et au gel. Un viticulteur de New York, qui a beaucoup d'expérience dans la plantation de vignes sur un vignoble de trente ou quarante acres, dit que le travail peut être effectué au coût de 6 dollars l'acre, au salaire moyen payé pour le travail agricole. Il faut s'attendre dans une grande plantation, quelle que soit la qualité du travail de couverture, à ce qu'il arrive parfois qu'un tronc se brise, ce qui oblige à greffer la vigne si un sarment ne surgit pas du dessous de la cassure.

Tout vigneron doit savoir quand ses cépages sont susceptibles de mûrir et quelle est la durée de leur conservation. Le fruiticulteur commercial devrait absolument disposer de cette information. Il ne suffit pas qu'il sache approximativement à quelle saison mûrissent ses variétés ; car, pour prendre le tour du marché, il faut savoir exactement quand une variété mûrira et combien de temps elle se conservera. Il a également besoin de ces informations pour mieux répartir son travail tout au long de la saison de cueillette.

Malheureusement, les données sur le temps de maturation fournies par les créateurs et les introducteurs de variétés ne sont pas toujours fiables. Ce manque de fiabilité des données s'explique de plusieurs manières : Premièrement, les producteurs ne sont généralement pas d'accord sur le moment où les raisins sont mûrs ni sur la durée pendant laquelle ils sont bons à la consommation. Encore une fois, une grande confusion quant au moment où les variétés mûrissent et combien de temps elles se conservent vient du fait que les raisins mûrissent à des moments différents et dans des endroits différents, et il est difficile pour le viticulteur du Maine de tenir compte de la saison pour les variétés, le moment dont la maturité est donnée pour le Maryland. Il existe également d'autres causes que les différences saisonnières entre les régions viticoles pour expliquer la variabilité du temps de maturation ; ainsi, certains sols sont plus chauds et plus rapides que d'autres, et les raisins y mûrissent plus tôt. L'application d'engrais azotés peut retarder quelque peu la période de maturation. Les raisins mûrissent sensiblement plus tôt sur les vieilles plantes que sur les jeunes. Enfin, chaque vignoble d'une région particulière a son climat particulier dû à la configuration du terrain, à la proximité de l'eau, aux courants d'air et à l'altitude qui entraînent de petites différences de maturation.

Le tableau suivant tiré du Bulletin n° 408 de la Station d'expérimentation agricole de New York donne les dates de maturation des raisins à Genève, New York. Il est nécessaire que le lecteur connaisse quelque peu les conditions qui affectent la période d'affinage à Genève. La latitude est de 42° 50' 46". L'altitude est de 525 pieds au-dessus du niveau de la mer. Le vignoble se trouve à un mile à l'ouest d'un plan d'eau relativement grand. Le sol est une argile lourde et froide qui doit retarder quelque peu le temps de maturation. Le terrain est Les données sont présentées sous forme de moyenne pour trois saisons, 1913-1915.

Les chiffres indiqués pour les "semaines de stockage commun" couvrent un nombre variable d'années, mais pour toutes les variétés trois années ou plus. Les raisins, après avoir été cueillis, étaient immédiatement placés dans un entrepôt commun dans une pièce située au deuxième étage d'un immeuble.

Les conditions n'y étaient pas idéales et la saison de stockage aurait sans doute été quelque peu prolongée si les fruits avaient été conservés dans un meilleur local de stockage.

TABLEAU V.—MONTRANT LE TEMPS DE MATURATION DES RAISINS

	SEMAINES EN STOCKAGE COMMUN	TRÈS TÔT	TÔT	MI-SAISON	EN RETARD	TRÈS TARD
Agawam					*	
Amérique			*			
Barry	28			*		
Balise	7			*		
Cloche	8		*			
Berckmans	21			*		
Aigle Noir	18			*		
Brighton	20			*		
Brillant	11			*		
Brun	6			*		
Campbell tôt	12		*			
Canada	17				*	
Canandaigua	20				*	
Carman	17			*		
Catawba	21					*
Champion	6		*			
Chautauqua	dix				*	
Plus intelligent	13				*	
Clinton	21					*
Colerain	8			*		
Impérial colombien	7				*	
Concorde	8			*		
Chalet	5		*			
Creveling	16		*			
Crotone	23	*				
Delago	25					*
Delaware	15		*			
diamant	dix		*			
Diane	17					*
Downing					*	
Dracut Ambre	9		*			
Néerlandaise	23			*		
Début de l'Ohio		*				

	SEMAINES EN STOCKAGE COMMUN	TRÈS TÔT	TÔT	MI-SAISON	EN RETARD	TRÈS TARD
Premier vainqueur	11	*				
Eaton	6				*	
Éclipse	7	*				
Eldorado	17	*				
Elvire	18			*		
État de l'Empire	24				*	
Etta	15					*
Eumélan	17		*			
Foi	11			*		
Fougère Munson	11					*
Gaertner	17			*		
Genève	22		*			
Goethe	18	*				*
Pièce d'or	dix				*	
Grein Doré	12				*	
Hartford	8			*		
Phare	8	*				
Helen Keller	26				*	
Herbert	27			*		
Hercule	13				*	
Hicks	dix			*		
Hidalgo	12			*		
Hosford	6				*	
Iona	13				*	
Isabelle	11			*		
Janesville	13			*		
Jefferson	18					*
Jessica	12		*			
Bijou	12		*			
Kensington	19				*	
Roi			*			
Dame Washington	16				*	
Lindley	27			*		
Lucile	9			*		
Lutie	4	*				
McPike	7			*		
Manito	7				*	

	SEMAINES EN STOCKAGE COMMUN	TRÈS TÔT	TÔT	MI-SAISON	EN RETARD	TRÈS TARD
Marthe	dix			*		
Massassoit	16			*		
Maxatawney	12			*		
Merrimac	31			*		
Moulins	29				*	
Riesling du Missouri	6				*	
Montefiore	9			*		
Moore tôt	6	*				
Moyer	9		*			
Nectar	dix		*			
Niagara	dix		*			
Noé	dix			*		
Muscadine du Nord	9			*		
Norton	7					*
Porto	12			*		
Ozark	11				*	
Peabody					*	
La perfection	8			*		
Perkins					*	
transpercer					*	
Pocklington			*			
Poughkeepsie	15		*			
Prentisse	16				*	
Rébecca	18			*		
Royal	16				*	
Réqua	30			*		
Rochester	7			*		
Rommel	dix			*		
Salem	27				*	
secrétaire	25				*	
Sénasqua	13				*	
Stark-Étoile	dix					*
Triomphe	15					*
Ulster	21				*	
Vergennes	28				*	
Plus sauvage	11				*	
Winchell	6	*				
Mot	6		*			

	SEMAINES EN STOCKAGE COMMUN	TRÈS TÔT	TÔT	MI-SAISON	EN RETARD	TRÈS TARD
Wyoming	9		*			

PLANCHE XXII. —Lindley
$(\times\ ^1/_2)$.

Lucile $(\times\ ^1/_2)$.

CHAPITRE XVII

BOTANIQUE DU RAISIN

Le vigneron doit connaître correctement la structure générale et les habitudes de croissance des plantes pour pouvoir propager, transplanter, tailler et prendre soin du raisin. Il doit certainement connaître les différentes espèces dont proviennent les cépages s'il veut connaître les types de raisins, comprendre leurs adaptations aux sols et aux climats, leurs relations avec les insectes et les champignons, et leur valeur pour la table, le vin, le jus de raisin et d'autres fins. Heureusement, la botanique du raisin est relativement simple. Les organes de la vigne et du fruit sont distinctifs et faciles à discerner et il n'existe aucune plante presque apparentée cultivée pour ses fruits avec laquelle le raisin puisse éventuellement être confondu. Les botanistes, il est vrai, ont creusé des embûches pour ceux qui cherchent une connaissance exacte des noms et des caractères des nombreuses espèces, mais, heureusement, chacune des espèces cultivées constitue un groupe naturel si distinct que le vigneron ne peut guère s'y tromper. pour un autre en fruit ou en vigne.

CARACTÈRES VÉGÉTAUX ET HABITUDES DE CROISSANCE DU RAISIN

Un plant de raisin est un organisme complexe avec ses nombreuses parties distinctes spécialement développées pour effectuer un ou plusieurs types de travail. La partie d'une plante consacrée à une ou à un groupe de fonctions est appelée un organe. Les principaux organes de la plante sont la racine, la tige, le bourgeon, la fleur, la feuille, le fruit et la graine. Les fleurs et les feuilles, il est vrai, se développent à partir des bourgeons et les graines font partie des fruits, mais à des fins descriptives, la vigne peut très bien être divisée en parties nommées. Ces organes principaux sont répartis comme suit :

La racine.

- *Couronne-racine* : Région de la plante dans laquelle la racine et la tige s'unissent.

- *Racine pivotante* : Prolongement de la tige plongeant verticalement vers le bas.

- *Rootlets* : Divisions ultimes de la racine ; généralement de croissance d'une saison.

- *Extrémités radiculaires* : Extrémités des radicelles.

Les racines de certaines espèces de raisin sont molles et succulentes comme celles de *V. vinifera* , tandis que les mêmes organes chez d'autres espèces, comme dans la plupart des raisins américains, sont durs et fibreux. Ils peuvent également être peu nombreux ou nombreux, profonds ou peu profonds, étalés ou restreints, fibreux ou non fibreux. La structure de la racine devient ainsi importante pour distinguer les espèces.

La tige.

- *Tige ou tronc* : L'axe principal non ramifié de la plante au-dessus du sol.

- *Branches ou bras* : Principales divisions du tronc.

- *Tête* : La région d'où proviennent les branches.

- *Vieux bois* : Parties de la vigne âgées de plus d'un an.

- *Cannes* : Bois de la saison en cours.

- *Éperons* : Morceaux courts de bases de cannes ; généralement un ou deux nœuds avec chacun un bourgeon.

- *Éperons de renouvellement* : Éperons laissés à porter des cannes l'année suivante.

- *Pousses* : Tiges succulentes nouvellement développées avec leurs feuilles.

- *Rameaux fruitiers* : Rameaux fleuris et fruitiers.

- *Rameaux de bois* : Rameaux qui ne portent que des feuilles.

- *Latérales* : Pousses secondaires issues des pousses principales.

- *Germes d'eau* : Pousses issues de bourgeons adventifs.

- *Suckers* : Pousses provenant du sous-sol.

- *Nœuds* : articulations de la tige à partir desquelles les feuilles sont ou peuvent être portées.

- *Entre-nœuds* : La partie entre deux nœuds.

- *Diaphragme* : Le tissu ligneux qui interrompt la moelle au niveau du nœud.

- *Bloom* : L'enduit poudré de la canne.

- *Vrille* : Organe enroulé et filiforme par lequel la vigne saisit un objet et s'y accroche.

Les espèces de raisins ont des vignes très caractéristiques. Un coup d'œil sur une vigne permet de distinguer le raisin européen de n'importe lequel des raisins américains ; de même, on peut distinguer la plupart des espèces américaines par l'aspect de la vigne. De nombreuses variétés de toutes espèces de raisin se distinguent facilement par la taille et les habitudes de la plante. La taille de la vigne est plutôt variable que les autres caractères bruts en raison de l'influence de l'environnement, comme la nourriture, l'humidité, la lumière, l'isolement et les ravageurs ; Pourtant, la taille d'une plante ou de parties d'une plante est un caractère très fiable lorsque l'on tient compte de l'environnement.

Le degré de rusticité est un caractère diagnostique très important pour déterminer tant les espèces que les variétés de raisin et indique très largement leur valeur pour le vignoble. Ainsi, les variétés du raisin européen sont moins rustiques que la pêche, tandis que nos Labruscas et Vulpinas américaines sont aussi rustiques que la pomme. La gamme des variétés quant à leur rusticité se situe dans celle de l'espèce, et on ne trouve pas de variétés cultivées plus rustiques que le raisin sauvage. Les raisins sont désignés dans les descriptions des variétés et des espèces comme rustiques, semi-rustiques et tendres.

L'habitude de croissance varie peu en fonction des conditions changeantes et constitue donc un moyen important de distinguer les espèces et les variétés et il n'est pas rare qu'elle indique que la variété est adaptée ou non au vignoble. L'habitude de croissance donne de l'aspect à la vigne. Ainsi, une vigne peut être dressée, retombante, horizontale, trapue, éparse, étalée, dense ou ouverte. La vigne peut pousser rapidement ou lentement et avoir une durée de vie longue ou courte ; le tronc peut être court et trapu ou long et élancé. Ces différents caractères déterminent en grande partie si une vigne est gérable au vignoble. La productivité, l'âge de la production et la régularité de la production sont des caractères distinctifs du raisin cultivé. Le soin apporté à la vigne influence ces caractères ; pourtant, tous sont utiles à l'identification des espèces et des variétés et tous doivent être pris en compte par le vigneron.

L'immunité et la sensibilité aux maladies et aux insectes sont les caractères diagnostiques les plus précieux des espèces et des variétés de raisin. Ainsi, les espèces diffèrent considérablement en termes de résistance au phylloxéra, au pou de la vigne, à la cicadelle de la vigne, à l'altise, à la teigne des baies, à la chrysomèle des racines, à l'oïdium, au mildiou, à l'anthracnose et à d'autres troubles causés par les insectes et les champignons. de ce fruit.

La structure de l'écorce est un caractère distinctif important pour certaines espèces, mais elle n'a que peu d'importance pour l'identification de la variété et n'a aucune valeur économique pour le fruiticulteur. Dans la plupart des espèces de raisins, l'écorce présente des lenticelles distinctes et, sur le vieux bois, se sépare en longues bandes fines et en fibres ; mais chez deux espèces du sud-est de l'Amérique du Nord, l'écorce porte des lenticelles proéminentes et ne se déchire jamais. La douceur, la couleur et l'épaisseur sont d'autres attributs de l'écorce à noter.

Les cannes de différentes espèces varient considérablement en longueur totale et en longueur des entre-nœuds. Ils varient également en taille, en nombre et en couleur, tandis que la forme chez certaines espèces est tout à fait distinctive, étant ronde chez certaines, anguleuse chez d'autres et aplatie chez d'autres encore. Le sens de croissance des cannes, qu'elle soit sinueuse, droite ou en zigzag, est un caractère important. Les nœuds et entre-nœuds sont des caractères indicatifs chez certaines espèces, étant plus ou moins proéminents, anguleux ou aplatis, tandis que les entre-nœuds sont longs ou courts.

Le diaphragme distingue plusieurs espèces de raisins. La canne contient une grande moelle qui, chez la plupart des espèces, est interrompue par du tissu ligneux, formant un diaphragme au niveau des nœuds. Dans les raisins Rotundifolia, le diaphragme est absent, tandis que chez plusieurs autres espèces américaines, il est très fin et chez d'autres encore assez épais. Le caractère du diaphragme est mieux observé chez les cannes âgées d'un an. En étudiant le diaphragme, il faut également tenir compte de la moelle, qui est de taille très variable.

Les jeunes pousses de raisin offrent un moyen facile de distinguer les espèces et les variétés par leur couleur ainsi que par l'ampleur et le caractère de la pubescence. Les pousses peuvent être glabres, pubescentes ou velues et même épineuses.

La vrille est l'un des organes les plus utilisés pour déterminer les espèces et les variétés de raisin. Chez certaines espèces, comme *V. Labrusca*, il y a une vrille ou une inflorescence en face de presque chaque feuille, des vrilles continues. Toutes les autres espèces ont deux feuilles avec une vrille opposée chacune et une troisième feuille sans vrille, des vrilles intermittentes. Pour étudier cet organe, il est nécessaire de disposer de cannes vigoureuses, saines et typiques. Les vrilles peuvent être longues ou courtes, grosses ou minces ; simple, bifurqué ou trifurqué ; ou lisse, pubescente ou verruqueuse.

Le nombre d'inflorescences portées par espèce est un caractère important dans certains cas. Toutes les espèces, à l'exception de *V. Labrusca*, ont en moyenne deux inflorescences par canne, mais *V. Labrusca* peut porter de trois à six inflorescences, chacune à la place d'une vrille opposée à la feuille.

Le bourgeon.

- *Bourgeon* : Une pousse peu développée.

- *Fruit-bourgeon* : Bourgeon d'où prend naissance une pousse portant des fleurs.

- *Bourgeon de bois* : Bourgeon d'où naît une pousse portant uniquement des feuilles.

- *Bourgeon latent* : Un bourgeon qui reste dormant pendant une ou plusieurs saisons.

- *Bourgeon adventif* : Un bourgeon apparaissant ailleurs que la position normale au niveau d'un nœud.

- *Oeil* : Un bourgeon composé.

- *Bourgeon principal* : Le bourgeon central d'un œil.

- *Bourgeon secondaire* : Le bourgeon latéral d'un œil.

Les bourgeons des différentes espèces de raisin varient considérablement en termes de moment d'ouverture, tout comme selon les variétés, de sorte que le moment où les bourgeons commencent à gonfler est une fine marque de distinction. L'angle auquel le bourgeon se détache de la branche est d'une certaine importance pour déterminer l'espèce. Les différences de couleur, de taille, de forme, de position et de quantité de pubescence des bourgeons doivent toutes être notées lors de la description des raisins. Les écailles des bourgeons varient plus ou moins en taille et en épaisseur.

La fleur.

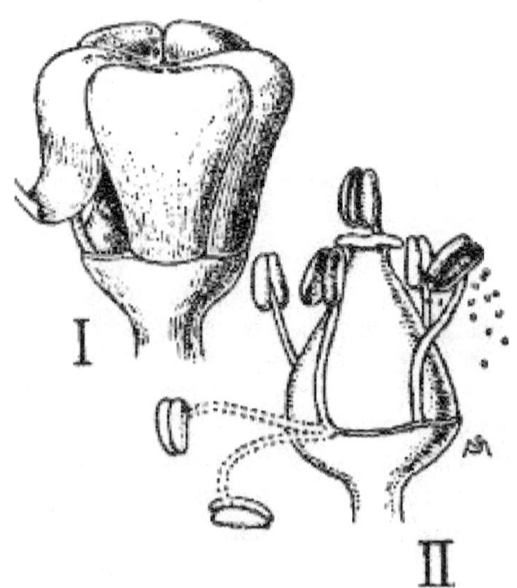

FIG. 53. La fleur de raisin. I. Bourgeon d'ouverture montrant la manière dont le capuchon se desserre à la base. II. Illustration schématique des étamines du raisin.

- *Étamine* : Possédant des étamines et non des pistils ; une fleur mâle.

- *Pistillé* : Ayant des pistils et non des étamines ; une fleur femelle.

- *Diœcious* : Se dit lorsque les étamines sont sur une plante et les pistils sur une autre.

- *Polygame* : Se dit lorsque les fleurs d'une plante sont en partie parfaites (ayant à la fois des étamines et des pistils) tandis que d'autres sont staminées ou pistillées.

- *Hermaphrodite* : Se dit d'une fleur possédant à la fois des étamines et des pistils.

- *Fertile* : Se dit d'une fleur capable de porter des graines sans pollen d'une autre fleur.

- *Stérile* : Se dit d'une fleur sans ou avec des pistils avortés.

- *Parfait* : Se dit d'une fleur possédant à la fois des étamines et des pistils.

- *Imparfait* : Se dit d'une fleur manquant soit d'étamines, soit de pistils.

- *Pédoncule* : Tige d'une grappe de fleurs.

- *Pédicelle* : La tige de chaque fleur particulière.

La période de floraison est un moyen facile de distinguer plusieurs espèces de raisins et permet également de distinguer les variétés d'une espèce. La plupart des espèces de raisins portent des fleurs fertiles sur une vigne et des fleurs stériles sur une autre et sont donc polygames- dioïques . Les vignes stériles portent des fleurs mâles avec des pistils avortés, de sorte que, même si elles ne produisent jamais de fruits elles-mêmes, elles aident généralement à en féconder d'autres. Les fleurs fertiles sont capables de faire mûrir des fruits sans pollinisation croisée. On trouve rarement des vignes à fleurs femelles uniquement. Chez la plupart des espèces de raisin, les plantes à fleurs stériles et celles à fleurs complètes se trouvent mélangées à l'état sauvage, mais généralement seules les plantes fertiles ont été sélectionnées pour la culture. Les plantes cultivées à partir de graines de n'importe quelle espèce fournissent cependant de nombreuses vignes stériles.

Le degré de fertilité des fleurs est également une fine marque de distinction entre les espèces et les variétés du raisin. Les vignes fertiles sont de deux sortes chez la plupart des espèces. Les fleurs d'une espèce sont parfaitement hermaphrodites, tandis que dans l'autre espèce, les étamines sont plus petites et plus courtes que le pistil et finissent par se courber vers le bas et se recourber vers le bas. Les deux types d'étamines sont représentés sur les Fig.

53 et 54. Ceux-ci peuvent être appelés hermaphrodites imparfaits car ils sont rarement aussi fructueux que les hermaphrodites parfaits à moins qu'ils ne soient fécondés par une autre plante. Examinées au microscope, on constate que les plantes autostériles portent généralement du pollen abortif et que le pourcentage de grains de pollen abortifs varie considérablement selon les variétés. Les étamines dressées ou déprimées n'indiquent pas toujours l'état du pollen, car il existe de nombreux cas dans lesquels les étamines dressées portent du pollen impuissant et parfois les étamines déprimées portent du pollen parfait.

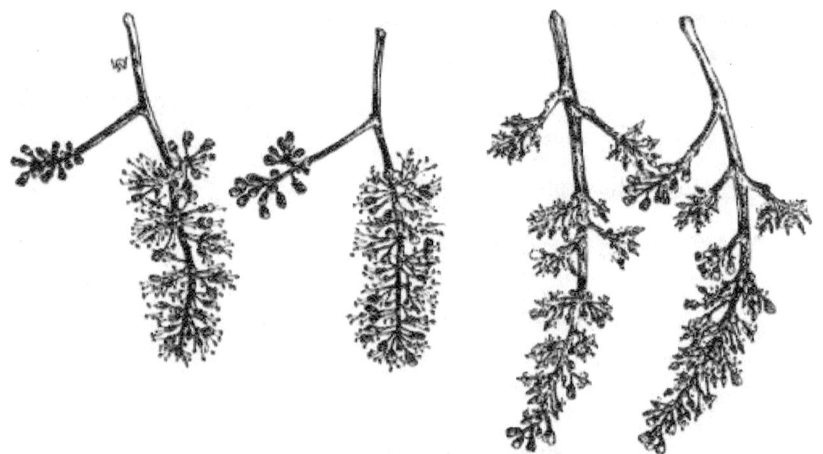

FIG. 54. Fleurs de raisin. *À gauche*, **étamines dressées du Delaware ;** *à droite*, **étamines déprimées de Brighton.**

La feuille.

- *Limbe* : La partie développée de la feuille.

- *Lobe* : Division plus ou moins arrondie de la feuille.

- *Sinus* : L'évidement ou la baie entre deux lobes.

- *Pétiole* : Le pétiole de la feuille.

- *Sinus pétiolaire* : Le sinus autour du pétiole.

- *Sinus basaux* : Les deux sinus vers la base de la lame.

- *Sinus latéraux* : Les deux sinus vers le sommet de la lame.

La taille, la forme et la couleur des feuilles sont assez distinctives selon les espèces et plus ou moins selon les variétés, si l'on tient compte des variations dues à l'environnement. Le lobage des feuilles est un caractère très uniforme chez la plupart des espèces, certaines ayant des lobes et d'autres des feuilles entières. La surface supérieure de la feuille de certaines espèces est lisse, brillante et brillante, tandis que chez d'autres, elle est rugueuse et terne. La face inférieure présente des variations similaires et présente en outre des quantités variables de pubescence, de duvet et de pruine. Chez certaines espèces, le duvet ressemble à des toiles d'araignées. Le nombre, la taille et la forme des lobes sont importants pour distinguer les variétés et les espèces, tout comme les sinus pétiolaires, basaux et latéraux. Comme chez la plupart des plantes, les bords des feuilles, qu'ils soient dentés, dentés ou crénelés, sont souvent des caractères distinctifs. Le pétiole de différentes espèces varie de court à long et de gros à mince. Enfin, l'heure à laquelle les feuilles tombent est souvent un bon signe distinctif.

Le fruit.

- *Pédoncule et pédicelle* : Défini comme en fleur.

- *Pinceau* : Extrémité du pédicelle dépassant dans le fruit.

- *Base* : Le point d'attache d'une grappe ou d'une baie.

- *Apex* : Le point opposé à la base.

- *Floraison* : L'enrobage poudreux du fruit.

- *Pigment* : Matière colorante présente dans la peau.

- *Qualité* : L'ensemble des caractères qui rendent les raisins agréables au palais, à la vue, à l'odorat et au toucher.

- *Foxiness* : Le goût et l'odeur rance de certains raisins qui s'apparentent à l'effluvium d'un renard.

De tous les organes, le fruit est le plus sensible aux changements de conditions et donc le plus variable. Pourtant, les fruits fournissent les caractères les plus précieux pour déterminer à la fois les espèces et les variétés. La taille, la forme, la compacité et le nombre de grappes sur une pousse doivent être notés. En ce qui concerne la baie, la taille, la forme, la couleur, la floraison, l'adhérence du stigmate à l'apex et l'adhésion du fruit au pédicelle sont tous des facteurs importants. La différence d'adhérence de la peau à la pulpe sépare les raisins européens de tous les raisins américains. L'épaisseur, la ténacité, la saveur et la pigmentation de la peau ont plus ou moins de valeur. La couleur, la fermeté, la jutosité, l'arôme et la saveur de la chair, ainsi que son adhérence aux pépins et à la peau, sont des indications précieuses pour décrire le raisin. Toutes les espèces et variétés se distinguent par leur époque de maturation et par leur qualité de conservation. La couleur du jus constitue une ligne de démarcation claire et certaine entre certaines espèces et de nombreuses variétés.

La graine.

- *Bec* : Base étroite et prolongée de la graine.

- *Hilum* : Cicatrice laissée là où la graine était attachée à la tige de la graine.

- *Chalaza* : L'endroit où les téguments et le noyau sont reliés.

- *Raphé* : La ligne ou crête qui va du hile à la chalaza.

Les graines sont considérées comme étant d'une grande valeur dans la détermination des espèces. La taille et le poids des graines diffèrent considérablement selon les espèces, comme c'est également le cas entre les variétés d'une même espèce. Ainsi, parmi les raisins indigènes, Labrusca possède les pépins les plus gros et les plus lourds et Vulpina possède les pépins les plus petits, tandis que ceux d' Æstivalis sont de taille et de poids moyens. La forme et la couleur des graines offrent des signes distinctifs, tandis que la taille, la forme et la position du raphé et du chalaza fournissent des signes distinctifs très certains chez certaines espèces.

LE GENRE VITIS

Le genre Vitis appartient à la famille des vignes (Vitaceæ) dans laquelle la plupart des botanistes rangent également les vignes ligneuses (Ampelopsis), dont la vigne vierge est la plante la plus connue. Le genre Cissus, auquel appartiennent de nombreux grimpeurs méridionaux, est associé à Vitis par certains botanistes. Vitis est séparé d'Ampelopsis et de Cissus par des différences marquées dans plusieurs organes, parmi lesquels, du moins sur le plan horticole, ceux du fruit servent le mieux à distinguer le groupe. Les espèces de Vitis, à une ou deux exceptions près, portent des fruits comestibles pulpeux ; les espèces d'Ampelopsis et de Cissus portent des fruits dont la pulpe est si rare que les baies ne sont pas comestibles. Vitis se distingue en outre comme suit : les plantes sont grimpantes ou traînantes, rarement arbustives, avec des tiges ligneuses et principalement avec des vrilles enroulées à pointe nue. Les feuilles sont simples, palmatilobées, rondes-dentées ou cordiformes-dentées. Les stipules sont petites et tombent tôt. Les fleurs sont polygames-dioïques (certaines plantes à fleurs parfaites, d'autres staminées avec au plus un ovaire rudimentaire), à cinq parties. Les pétales ne sont séparés qu'à la base et tombent sans s'étendre. Le disque est hypogyne avec cinq glandes nectarifères alternées avec les étamines. La baie est globuleuse ou ovoïde, peu pépinée et pulpeuse. Les graines sont piriformes et en forme de bec à la base.

ESPÈCES DE RAISINS AMÉRICAINS

Le nombre d'espèces de raisin dans le monde dépend des limites arbitraires fixées pour une espèce de ce fruit, et la connaissance du genre est encore trop maigre pour fixer ces limites avec certitude. En effet, les hommes qui ont fait des cépages ont rarement pu délimiter avec beaucoup de certitude les habitats de leurs groupes. Dans son habitat, il faut le dire, les raisins sont presque entièrement confinés aux régions tempérées et subtropicales. Cependant, le vigneron ne se soucie pas beaucoup des espèces de raisin autres que celles qui ont une valeur horticole. Parmi eux, en Amérique, il y en a aujourd'hui une dizaine plus ou moins cultivés soit pour leurs fruits, soit pour leurs réserves. Les descriptions suivantes de ces dix espèces sont adaptées de l'ouvrage de l'auteur The Grapes of New York, publié en 1908 par l'État de New York (chapitre IV, pages 107-156).

CONSPECTUS DES ESPÈCES CULTIVÉES DE VITIS

A. Peau de baie mûre se séparant librement de la pulpe.

B. Nœuds sans diaphragmes ; vrilles simples.

1. *V. rotundifolia.*
2. *V. Munsoniana .*

BB. Nœuds avec diaphragmes ; vrilles fourchues.

C. Feuilles et pousses glabres à maturité et sans floraison ; vrilles intermittentes.

D. Feuilles fines, claires, vert vif, généralement glabres en dessous à maturité sauf peut-être à l'aisselle des nervures avec une pointe longue ou au moins proéminente et généralement des dents longues et pointues ou le bord même dentelé.

E. Feuilles plus larges que longues ; sinus pétiolaire généralement large et peu profond.

3. *V. rupestris .*

EE. Feuilles ovales en contour ; sinus pétiolaire généralement moyen à étroit.

4. *V. vulpina . _*

DD. Feuilles épaisses, de couleur terne ou vert grisâtre, présentant souvent une pubescence serrée et terne en dessous à maturité, pousses et feuilles presque toujours plus ou moins pubescentes lorsqu'elles sont jeunes ; les dents sont généralement courtes.

5. *V. cordifolia.*

6. *V. Berlandieri .*

        CC. Feuilles roux ou blanches tomenteuses ou bleu glauque en dessous, épaisses ou pour le moins fermes.

                D. Feuilles floculantes ou en forme de toile d'araignée ou glauques en dessous à maturité.

7. *V. estivalis .*

8. *V. bicolore.*

                DD. Feuilles densément tomenteuses ou feutrées en dessous tout au long de la saison ; couvrant blanc ou blanc rouille.

                        E. Vrilles intermittentes.

9. *V. candidats .*

                        EE. Vrilles pour la plupart continues.

10. *V. Labrusca.*

        AA. Peau et pulpe des baies mûres cohérentes. (Vieux monde.)

11. *V. vinifera.*

1. *Vitis rotundifolia* , Michx . Raisin muscadin. Raisin taureau. Raisin balle. Raisin touffu. Raisin Bullace. Scuppernong. Raisin Renard du Sud.

Vigne très vigoureuse, parfois, lorsqu'elle est sans support, arbustive et seulement de trois ou quatre pieds de haut ; lorsqu'il pousse à l'ombre, il envoie souvent des racines aériennes . Bois dur, écorce lisse, non écaillée, à lenticelles verruqueuses proéminentes ; pousses courtes, anguleuses, à pubescence fine et squameuse ; diaphragmes absents ; vrilles intermittentes, simples. Feuilles petites, largement cordées ou arrondies ; sinus pétiolaire large, peu profond ; marge avec des dents obtuses et larges ; non lobé; de texture dense, de couleur vert clair, glabre sur le dessus, parfois pubescent le long des nervures en dessous. Petite grappe (6–24 baies), lâche ; pédoncule court ; pédicelles courts, épais. Baies grosses, globuleuses ou quelque peu aplaties, noires ou jaune verdâtre ; peau épaisse, dure et avec une odeur musquée ; pulpe dure; mûrissant de manière inégale et tombant dès qu'ils sont mûrs. Graines aplaties, peu profondes et largement entaillées ; bec très court ; chalaza étroite, légèrement déprimée avec des crêtes et des sillons rayonnants ; raphé une rainure étroite. Feuillage, floraison et maturation des fruits très tardifs.

L'habitat de cette espèce s'étend du sud du Delaware, à l'ouest en passant par le Tennessee, le sud de l'Illinois, le sud-est du Missouri, l'Arkansas (à l'exception des parties nord-ouest), jusqu'au comté de Grayson, au Texas, comme limite nord et ouest, jusqu'à l'océan Atlantique et le golfe à l'est. et au sud. Il devient rare à mesure que l'on s'approche de la limite ouest, mais il est commun dans de nombreuses sections de la grande région décrite ci-dessus, étant plus abondant sur les fonds sablonneux et bien drainés et le long des berges des rivières et dans les forêts et fourrés marécageux et épais. Le climat le plus approprié pour Rotundifolia est celui dans lequel pousse le coton, et il prospère le mieux dans les parties inférieures de la ceinture cotonnière des États-Unis.

Le fruit de Rotundifolia est très caractéristique. La peau est épaisse, d'aspect coriace, adhère fortement à la chair sous-jacente et est marquée de points roussâtres en forme de lenticelles. La chair est plus ou moins coriace mais la ténacité n'est pas localisée autour de la graine comme dans le cas du Labrusca. Les fruits et la plupart des variétés de l'espèce se caractérisent par un fort arôme musqué et manquent de sucre et d'acide. Certaines variétés donnent plus de quatre gallons de moût par boisseau. Les vignerons sont partagés quant à sa valeur pour la vinification, mais à l'heure actuelle, les perspectives les plus prometteuses pour les variétés Rotundifolia sont celles du vin, du jus de raisin et des raisins culinaires. Rotundifolia ne produit pas de fruits adaptés à l'expédition comme raisins de dessert, principalement parce que les baies mûrissent de manière inégale et, lorsqu'elles sont mûres, tombent de la grappe. La méthode courante de cueillette des fruits de cette espèce consiste à secouer les vignes à intervalles réguliers afin que les baies mûres tombent sur des feuilles étalées sous les vignes. Le jus qui s'écoule à l'endroit où la tige est cassée tache les baies et leur donne un aspect peu attrayant. Cependant, en raison de leur peau dure, les baies ne se fissurent pas aussi fortement que d'autres raisins le feraient dans les mêmes conditions, mais elles ne sont néanmoins pas adaptées aux expéditions longue distance. Dans des conditions raisonnablement favorables, les vignes atteignent un âge et une taille élevés et, cultivées sous tonnelles, comme c'est souvent le cas, et sans taille, elles couvrent une grande superficie.

Le Rotundifolia est remarquablement résistant aux attaques de tous les insectes et aux maladies fongiques. Le phylloxéra n'attaque pas ses racines et il est considéré comme aussi résistant que toutes les autres, sinon la plus résistante de toutes les espèces américaines. Les vignes sont cultivées difficilement à partir de boutures, ce qui empêche l'utilisation de cette espèce comme cep résistant. Cependant, dans des circonstances favorables et avec une manipulation habile, cette méthode de propagation est efficace. Dans des circonstances défavorables, ou lorsque l'on souhaite seulement quelques vignes, il est préférable de recourir au marcottage. En tant que cep sur lequel greffer d'autres vignes, cette espèce n'a pas connu de succès. Il est très difficile de croiser Rotundifolia avec d'autres espèces, mais plusieurs hybrides de Rotundifolia sont désormais répertoriés.

2. *Vitis Munsoniana* , Simpson. Raisin de Floride. Raisin persistant. Raisin d'oiseau. Raisin Mustang de Floride.

Vigne élancée, courant généralement au sol ou sur des buissons bas. Cannes anguleuses ; entre-nœuds courts ; vrilles intermittentes, simples. Feuilles plus petites et plus fines que Rotundifolia et de contour plutôt plus circulaire ; non lobé; dents ouvertes et écartées; sinus pétiolaire en forme de V ; les deux surfaces sont lisses, vert plutôt clair. Grappe avec plus de baies mais à peu près de la même taille que chez Rotundifolia. Baie d'un tiers à la moitié du diamètre, avec une peau plus fine et plus tendre ; noir, brillant; pulpe moins solide, plus acide et sans musc. Graines environ la moitié de la taille de celles de Rotundifolia, semblables à d'autres égards. Feuillage, floraison et maturation des fruits très tardifs.

L'habitat de *V. Munsoniana* se situe dans le centre et le sud de la Floride et dans les Florida Keys. Il s'étend au sud de l'habitat de Rotundifolia et se fond dans cette espèce à leur point de rencontre. Munsoniana semble être une variante de Rotundifolia, adaptée aux conditions subtropicales. Il est tendre et ne supporte pas une température inférieure à zéro. En matière de multiplication, il diffère de *V. rotundifolia* en ce sens qu'il peut se multiplier facilement à partir de boutures. Comme Rotundifolia, il est résistant au phylloxéra.

3. *Vitis rupestris* , Scheele. Raisin de montagne. Raisin de roche. Raisin de brousse. Raisin de sable. Raisin à sucre. Raisin de plage.

Petit arbuste très ramifié ou, dans des circonstances favorables, grimpant. Diaphragme fin ; vrilles peu nombreuses, ou si elles sont présentes, faibles, généralement caduques. Feuilles petites ; jeunes feuilles fréquemment repliées sur la nervure médiane ; largement cordés ou réniformes, plus larges que longs, rarement lobés, lisses, glabres sur les deux faces à maturité ; sinus pétiolaire large, peu profond ; marge grossièrement dentée, souvent une pointe pointue et abrupte à l'extrémité. Petit groupe. Baies petites, noires ou violet-noir. Graines petites, non entaillées ; bec court, émoussé ; raphé distinct à indistinct, se présentant généralement sous la forme d'un sillon étroit ; chalaza en forme de poire, parfois distincte, mais généralement une dépression seulement. Feuillage, floraison et maturation précoce.

Cette espèce est un habitant du sud-ouest du Texas, s'étendant vers l'est et le nord jusqu'au Nouveau-Mexique, le sud du Missouri, l'Indiana et le Tennessee jusqu'au sud de la Pennsylvanie et le district de Columbia. Ses endroits de prédilection sont les berges graveleuses et les barres des ruisseaux de montagne ou les lits rocheux des cours d'eau asséchés. Cette espèce est plutôt variable tant en type qu'en croissance. Il a été introduit en France à peu près en même temps que Vulpina , et les vignerons français ont sélectionné les formes les plus vigoureuses et les plus saines pour le greffage.

Ceux-ci passent sous les différents noms de Rupestris Mission, Rupestris du Lot, Rupestris Ganzin , Rupestris Martin, Rupestris St. George et autres. En France, ces variétés ont donné des résultats particulièrement bons sur des sols nus et rocailleux, exposés à des températures chaudes et sèches. En Californie, Rupestris ne prospère pas dans les endroits secs, et comme il drageonne abondamment et ne prend pas le greffon aussi facilement que Vulpina et Æstivalis , il ne se propage pas largement.

Les grappes de fruits sont petites, avec des baies de la taille d'une groseille et variant du doux au acide. La baie se caractérise par une grande quantité de pigment sous la peau. Le fruit a un goût vif, totalement exempt de toute note désagréable. On dit que le Rupestris en culture est très résistant à la pourriture et au mildiou du feuillage. La vigne est considérée comme rustique dans le Sud-Ouest. L'attention des hybrideurs a été attirée sur cette espèce il y a plus de trente ans, et divers hybrides très prometteurs pour la sélection de la vigne ont été produits. Le système racinaire du Rupestris est particulier en ce sens que les racines pénètrent immédiatement profondément dans le sol au lieu de s'étendre latéralement comme chez les autres espèces. Comme celles de Vulpina , les racines sont fines, dures et résistantes au phylloxéra. L'espèce se multiplie facilement par bouturage. Les vignes se greffent facilement en banc mais sont difficiles à manipuler en greffage au champ.

4. *Vitis vulpina* , Linn. (*V. riparia* , Michx .). Raisin d'hiver. Raisin de rivière. Raisin au bord de la rivière. Raisin de berge. Raisin au doux parfum.

Vigne très vigoureuse, grimpante. Pousses cylindriques ou inclinées, généralement lisses, minces ; diaphragmes fins; vrilles intermittentes, minces, généralement bifides. Feuilles à grandes stipules ; limbe des feuilles grand, mince, entier, à trois ou moins, souvent à cinq lobes ; sinus peu profonds, anguleux ; sinus pétiolaire large, généralement peu profond ; marge avec des dents incisées et fortement dentelées de taille variable ; vert clair, glabre dessus, glabre mais parfois pubescent sur les côtes et les nervures dessous. Grappe petite, compacte, épaulée ; pédoncule court. Baies petites, noires avec une épaisse floraison bleue. Graines deux à quatre, petites, échancrées, courtes, dodues, à bec très court ; chalaza étroitement ovale, déprimée, indistincte ; raphé généralement un sillon, parfois distinct. Très variable en saveur et en temps de maturation.

Vulpina est l'espèce de raisin américaine la plus répandue. Il a été découvert dans certaines régions du Canada au nord du Québec et de là vers le sud jusqu'au golfe du Mexique. On le trouve depuis la côte atlantique vers l'ouest, disent la plupart des botanistes, jusqu'aux montagnes Rocheuses. Il pousse généralement sur les berges des rivières, sur les îles ou dans les ravins des hautes terres. Vulpina a toujours été considérée comme très prometteuse dans l'évolution des raisins américains. On peut difficilement dire qu'elle a répondu aux attentes, car il n'existe probablement pas de variété pure de cette espèce ayant une importance autre que locale, et les résultats de son hybridation avec d'autres espèces n'ont pas été entièrement réussis. L'attention s'est très tôt portée sur Vulpina en raison des qualités présentées par la vigne plutôt que celles du fruit, notamment sa rusticité et sa vigueur. Cependant, ces deux qualités sont assez variables, bien qu'il soit raisonnable de supposer que dans une espèce aussi largement répandue, les plantes trouvées dans une certaine région se seraient adaptées aux conditions qui y sont présentes ; ainsi, il faut s'attendre à ce que les plantes du nord soient plus rustiques que celles du sud, et que les formes des prairies de l'ouest soient plus capables de résister à la sécheresse que celles des régions humides. Il est donc impossible de dire quelles sont les conditions qui conviennent le mieux à cette espèce. On peut cependant dire que Vulpina est adaptée à une grande variété de sols et de lieux ; les vignes ont résisté à une température de 40 à 60 degrés en dessous de zéro et montrent la même capacité à résister aux effets néfastes des températures élevées en été. En raison de sa floraison précoce, les fleurs souffrent parfois de gelées tardives au printemps.

Bien que Vulpina ne soit pas un raisin des marais et ne pousse pas dans des conditions marécageuses, il aime l'eau. Dans les régions semi-arides toujours, et généralement dans les régions humides, on le trouve poussant le long des berges des ruisseaux, dans les ravins, sur les îles des rivières et dans les endroits humides. Il est loin d'être aussi capable de résister à la sécheresse que Rupestris . La Vulpina aime les sols plutôt riches, mais en France, elle se porte mal sur les terrains calcaires et les marnes calcaires. Les Français nous disent cependant que c'est une caractéristique de tous nos raisins américains et que le Vulpina est plus résistant aux effets néfastes d'un excès de chaux que le Rupestris ou l'Æstivalis .

Le fruit de Vulpina est généralement petit, il existe parfois des variétés de taille moyenne ou supérieure. Les grappes sont de taille moyenne et, si on les juge du point de vue du nombre de baies, elles peuvent souvent être qualifiées de grandes. La saveur est généralement fortement acide mais exempte de caractère rusé ou de tout goût sauvage désagréable. Si elle est consommée en grande quantité, l'acidité est susceptible d'affecter les lèvres et le bout de la langue. Lorsque l'acidité est quelque peu améliorée, comme dans le cas de fruits bien mûrs ou même trop mûrs et ratatinés, la saveur est très appréciée. La chair n'est ni pulpeuse ni solide, elle se dissout dans la bouche et se sépare facilement de la graine. Le moût de Vulpina se caractérise par une quantité moyenne de sucre, variant considérablement selon les fruits des différentes vignes, et par un excès d'acide.

Vulpina est très résistante au phylloxéra, les racines sont petites, dures, nombreuses et se ramifient librement. Les racines se nourrissent près de la surface et ne semblent pas bien adaptées pour se frayer un chemin à travers les argiles lourdes. Vulpina pousse facilement à partir de boutures et constitue un bon stock pour le greffage, son union avec d'autres espèces étant généralement permanente. Lorsque les Vulpinas ont été envoyées pour la première fois en France pour être utilisées comme cep dans la reconstitution des vignobles français, il a été constaté que de nombreuses vignes extraites des bois avaient une croissance trop faible pour supporter les Viniferas à croissance plus forte. C'est pour cette raison que les producteurs français ont sélectionné les formes les plus vigoureuses des Vulpinas , auxquelles ils ont donné des noms variétaux, comme Vulpina Gloire, Vulpina Grand Glabre , Vulpina Schribner , Vulpina Martin et autres. Avec ces Vulpinas sélectionnées , le greffon ne dépasse pas le stock. Vulpina est moins résistante à la pourriture noire qu'Æstivalis mais un peu plus résistante que Labrusca. Le feuillage est rarement attaqué par le mildiou. L'un des principaux défauts de cette espèce est la sensibilité des feuilles à l'attaque de la cicadelle. Les Vulpinas sont généralement tardives à maturité ; les fruits sont de meilleure qualité dans les saisons longues et doivent être laissés sur les vignes le plus tard possible.

5. *Vitis cordifolia* , Michx . Raisin d'hiver. Raisin givré. Raisin de renard. Poulet Raisin. Vitis à feuilles cardiaques. Raisin Possum. Raisin d'hiver aigre.

Vigne très vigoureuse, grimpante. Tire mince; entre-nœuds longs, anguleux, généralement glabres, parfois pubescents ; diaphragmes épais; vrilles intermittentes, longues, généralement bifides. Feuilles à stipules courtes et larges ; limbe des feuilles moyen à grand, cordé, entier ou indistinctement trilobé ; sinus pétiolaire profond, généralement étroit, aigu ; marge avec des dents angulaires grossières ; pointe de la feuille acuminée ; face supérieure vert clair, brillante, glabre ; dessous glabre ou peu pubescent. Grappes moyennes à grandes, lâches, à long pédoncule. Baies nombreuses et petites, noires, brillantes, peu ou pas fleuries. Graines de taille moyenne, larges, à bec court ; chalaza ovale ou arrondie, élevée, très distincte ; raphé une crête distincte en forme de cordon. Fruit aigre et astringent et souvent composé de peu de peaux et de graines. Feuillage, floraison et maturation des fruits très tardifs.

En raison de la grande confusion entre Cordifolia et Vulpina , les limites de l'habitat de cette espèce sont difficiles à déterminer. Les meilleures autorités donnent la limite nord à New York ou aux Grands Lacs. La limite orientale est l'océan Atlantique et la limite sud, le golfe du Mexique. Il s'étend vers l'ouest, selon Engelmann, jusqu'aux limites ouest de la partie boisée de la vallée du Mississippi au nord et, selon Munson, jusqu'à la rivière Brazos, au Texas, au sud. On le trouve le long des ruisseaux et des berges des rivières, parfois mélangé à Vulpina , ayant à peu près les mêmes adaptations au sol que cette espèce. C'est une espèce très commune dans les États du milieu et pousse fréquemment sur des sols calcaires, mais n'est pas indigène sur ces sols.

Cordifolia constitue un bon cep pour le greffage, étant vigoureux et formant une bonne union avec la plupart de nos raisins cultivés. Il est cependant rarement utilisé à cette fin, en raison de la difficulté de le propager par bouturage. Pour la même raison, on en trouve rarement des vignes en culture.

6. *Vitis Berlandieri* , Planch. Raisin de montagne. Raisin espagnol. Raisin d'automne. Raisin d'hiver. Petit raisin de montagne.

Vigne vigoureuse, grimpante ; pousses plus ou moins anguleuses et pubescentes ; pubescence ne restant que par endroits sur le bois mature ; cannes pour la plupart avec des entre-nœuds courts ; diaphragmes épais; vrilles intermittentes, longues, fortes, bifides ou trifides. Feuilles à petites stipules ; limbe des feuilles grand, largement cordé, échancré ou brièvement trilobé ; sinus pétiolaire plutôt ouvert, en forme de V ou de U, bord à dents larges mais peu profondes, vert brillant plutôt foncé dessus, pubescence grisâtre dessous lorsqu'il est jeune ; devenant glabre et même brillant sauf sur les côtes et les nervures, à maturité. Grappes grandes, compactes, composées, à long pédoncule. Baies petites, noires, à fine floraison, juteuses, plutôt acidulées mais au goût agréable à pleine maturité. Graines peu nombreuses, petites, courtes, dodues, ovales ou arrondies, à bec court ; chalaza ovale ou arrondie, distincte ; raphé étroit, légèrement distinct à indistinct. Feuillage, floraison et maturation des fruits très tardifs.

Berlandieri est originaire des collines calcaires du sud-ouest du Texas et du Mexique adjacent. Il pousse dans la même région que *V. monticola* , mais est moins restreint localement, poussant du sommet des collines vers le bas et le long du fond des ruisseaux de ces régions. Sa grande vertu est de résister à un sol largement composé de chaux, étant supérieur à toutes les autres espèces américaines à cet égard. Ceci et son degré de vigueur modéré l'ont recommandé aux producteurs français comme souche pour leurs sols calcaires. Les racines sont fortes, épaisses et très résistantes au phylloxéra. Il se multiplie par bouturage avec une relative facilité, mais ses variétés sont variables, certaines ne s'enracinant pas du tout facilement. Bien que le fruit de cette espèce présente une grande grappe, les baies sont petites et aigres, et Berlandieri n'est pas considéré comme prometteur pour la culture en Amérique.

7. *Vitis æstivalis* , Michx . Raisin bleu. Bouquet de raisin. Raisin d'été. Petit Raisin. Raisin à tir de canard. Raisin des marais. Poulet Raisin. Raisin Pigeon.

Vigne très vigoureuse, rameaux pubescents ou lisses lorsqu'ils sont jeunes ; diaphragmes épais; vrilles intermittentes, généralement bifides. Feuilles à stipules courtes et larges ; limbe des feuilles grand, mince lorsqu'il est jeune mais devenant épais ; sinus pétiolaire profond, généralement étroit, se chevauchant fréquemment ; marge rarement entière, généralement de trois à cinq lobes ; dents dentées, peu profondes, larges ; face supérieure vert foncé; face inférieure avec une pubescence plus ou moins rougeâtre ou rouille qui, sur les feuilles matures, apparaît généralement en taches sur les côtes et les nervures ; pétioles fréquemment pubescents. Grappes longues, peu ramifiées, à long pédoncule. Baies petites, avec une floraison modérée, généralement astringentes. Graines deux à trois, de grosseur moyenne, dodues, lisses, non échancrées ; chalaza ovale, distincte ; raphé une crête distincte en forme de cordon. Fruit à feuillage et à maturation tardifs à très tardifs.

La division de l'espèce d'origine a considérablement réduit l'habitat, le confinant à la partie sud-est des États-Unis, du sud de New York à la Floride et vers l'ouest jusqu'au fleuve Mississippi. Æstivalis pousse dans les fourrés et les ouvertures des bois et ne montre pas un tel penchant pour les ruisseaux comme Vulpina , ou pour le bois épais comme Labrusca, mais est généralement confiné aux hautes terres. Dans des circonstances favorables, les vignes deviennent très grandes. Æstivalis est avant tout un raisin de cuve. Le fruit a généralement un goût acidulé et âcre, en raison de la présence d'un pourcentage élevé d'acide, mais il contient également une grande quantité de sucre, l'échelle montrant que le jus de cette espèce a un pourcentage de sucre beaucoup plus élevé que le plus sucré. dégustation de Labruscas. Le vin issu des variétés d' Æstivalis est très riche en matière colorante et est utilisé par certains viticulteurs européens pour le mélanger avec le moût des variétés européennes afin de donner une couleur plus élevée au produit combiné. Les baies sont dépourvues de pulpe, ont une peau relativement fine et dure et une saveur épicée particulière. Les baies accrochent bien mieux à la grappe une fois mûres que celles de Labrusca.

Cette espèce prospère dans un sol plus léger et moins profond que Labrusca et semble mieux supporter la sécheresse, bien qu'elle n'égale à cet égard ni Vulpina ni Rupestris . Les producteurs français rapportent qu'Æstivalis est très sensible à la chlorose sur les sols très calcaires. Les feuilles ne sont jamais endommagées par le soleil et résistent mieux aux attaques d'insectes, telles que les cicadelles, que toute autre espèce américaine cultivée. Æstivalis est rarement touché par la pourriture noire ou le mildiou, selon l'expérience américaine, mais les producteurs français disent qu'il est sensible aux deux. Les racines dures d' Æstivalis lui permettent de résister au phylloxéra, et les variétés contenant une grande quantité de sang de cette espèce sont rarement gravement blessées par cet insecte. Une objection à l'Æstivalis , d'un point de vue horticole, est qu'il ne s'enracine pas bien à partir de boutures. De nombreuses autorités affirment qu'elle ne s'enracine pas du tout par bouturage, mais c'est une exagération des faits, car de nombreuses variétés sauvages et cultivées sont parfois multipliées de cette manière, et certaines pépinières du sud, situées dans des situations particulièrement favorables, prenez l'habitude de le propager par cette méthode. Les variétés de cette espèce supportent bien le greffage, notamment à la vigne.

Vitis estivalis Lincecumii , Munson. Raisin post-chêne. Raisin de pin. Raisin de dinde.

Vigne vigoureuse, grimpant parfois haut sur les arbres, formant parfois une touffe touffue de deux à six pieds de haut ; cannes cylindriques, avec beaucoup de laine rouillée sur les pousses ; vrilles intermittentes. Feuilles très grandes, presque aussi larges que longues ; entières ou à trois, cinq ou rarement sept lobes ; lobes fréquemment divisés ; sinus, y compris sinus pétiolaire, profonds ; dessus lisse, et à pubescence plus ou moins rouille dessous. (La forme du nord du Texas, du sud-ouest du Missouri et du nord de l'Arkansas présente peu ou pas de pubescence, mais présente de fines épines épineuses à la base des pousses et présente beaucoup de fleurs bleues sur les pousses, les cannes et le dessous des feuilles.) Fruits petits à grands, généralement plus grand que l'Æstivalis typique , généralement noir, avec une floraison abondante. Graines plus grosses qu'Æstivalis , en forme de poire ; chalaza arrondie.

Lincecumii habite la moitié est du Texas, l'ouest de la Louisiane, l'Oklahoma, l'Arkansas et le sud du Missouri sur des terres sablonneuses élevées, grimpant fréquemment aux arbres post-chêne, d'où le nom de raisin post-chêne, sous lequel il est connu localement.

Lincecumii a attiré une attention considérable grâce aux travaux de domestication de H. Jaeger et TV Munson, qui le considéraient tous deux comme l'une des formes les plus, sinon la plus prometteuses, permettant d'obtenir des variétés cultivées pour le Sud-Ouest. Les qualités qui le recommandent sont : Premièrement, la vigueur ; deuxièmement, la capacité à résister à la pourriture et au mildiou ; troisièmement, la robustesse et la capacité à supporter des étés chauds et secs sans se blesser ; quatrièmement, les grosses grappes et les baies que l'on a trouvées sur certaines vignes sauvages. Le fruit se caractérise par sa floraison dense, sa texture ferme mais tendre et sa saveur particulière. Les variétés cultivées ont donné satisfaction dans de nombreuses régions des États du Centre-Ouest et du Sud. Comme Æstivalis , il est difficile de se multiplier à partir de boutures.

La forme glauque du nord du Texas de cette variété mentionnée dans la description technique ci-dessus est la *V. æstivalis glauca* de Bailey. C'est le type de Lincecumii que Munson a utilisé dans ses travaux de sélection.

Vitis estivalis Bourquiniana , Bailey. Estivalis du Sud .

Bourquiniana diffère principalement du type par ses feuilles plus fines ; les pousses et le dessous des feuilles ne sont que légèrement brun rougeâtre ; la pubescence disparaît généralement à maturité ; les feuilles sont plus profondément lobées que ce qui est courant chez Æstivalis ; et le fruit est plus gros, plus sucré et plus juteux . La Bourquiniana n'est connue qu'en culture. Le nom a été donné par Munson, qui classe le groupe comme une espèce. Il y inclut de nombreuses variétés méridionales dont les plus importantes sont : Herbemont , Bertrand, Cunningham et Lenoir, regroupées dans la section Herbemont ; et Devereaux, Louisiane et Warren, dans la section Devereaux. Munson a retracé l'histoire de ce groupe intéressant et déclare qu'il a été importé du sud de la France en Amérique il y a plus de cent cinquante ans par la famille Bourquin de Savannah, en Géorgie. De nombreux botanistes estiment que la Bourquiniana est un hybride. La supposition hybride est corroborée dans une certaine mesure par les caractères plus ou moins intermédiaires entre les espèces parentales supposées, et aussi par le fait qu'à ce jour aucune forme sauvage de Bourquiniana n'a été trouvée. La seule variété nordique de quelque importance censée avoir du sang Bourquiniana est la Delaware, et dans cette variété, seule une fraction du sang Bourquiniana est vraisemblablement présente. Bourquiniana peut se multiplier à partir de boutures plus facilement que l' Æstivalis typique , mais pas aussi facilement que Labrusca, Vulpina ou Vinifera. De nombreuses variétés de Bourquiniana présentent une sensibilité marquée au mildiou et à la pourriture noire ; en fait, l'ensemble du groupe Herbemont est bien inférieur à cet égard au groupe Norton d' Æstivalis . Les racines sont un peu dures, se ramifient assez librement et sont assez résistantes au phylloxéra.

8. *Vitis bicolore* , Le Conte. Raisin bleu. Raisin d'été du Nord. Estivalis du Nord .

Vigne vigoureuse, grimpante ; pousses cylindriques ou anguleuses, avec de longs entre-nœuds, généralement glabres, présentant généralement de nombreuses pruines bleues, parfois épineuses à la base ; diaphragmes épais; vrilles intermittentes, longues, généralement bifides. Feuilles à stipules courtes et larges ; limbe grand; arrondi-cordé, généralement trilobé, parfois sur les pousses plus âgées, peu profond à cinq lobes, rarement entier ; sinus pétiolaire de profondeur variable, généralement étroit ; marge irrégulièrement dentée; les dents sont acuminées; glabre dessus, généralement glabre dessous et présentant une pruine bleue abondante qui disparaît parfois tard dans la saison ; jeunes feuilles parfois pubescentes ; pétioles très longs. Grappe de taille moyenne, compacte, simple ; pédoncule long. Baies petites, noires, très fleuries, acides mais au goût agréable à maturité. Graines petites, dodues, largement ovales, bec très court ; chalaza ovale, surélevée, distincte ; raphé distinct, se présentant comme une crête en forme de cordon.

Bicolor se distingue facilement d' Æstivalis par l'absence de pubescence rougeâtre et par une floraison légèrement plus tardive. L'habitat de Bicolor est au nord de celui d' Æstivalis , occupant le nord-est, tandis qu'Æstivalis occupe le quart sud-est des États-Unis. Comme Æstivalis , cette espèce ne se limite pas aux ruisseaux et aux berges des rivières mais pousse également fréquemment sur des terres plus élevées. On le trouve dans le nord du Missouri, l'Illinois, le sud-ouest du Wisconsin, l'Indiana, le sud du Michigan, l'Ohio, le Kentucky, la Pennsylvanie, l'État de New York, le sud-ouest de l'Ontario, le New Jersey et le Maryland et, selon certains botanistes, il est signalé aussi loin au sud que l'ouest de la Caroline du Nord et l'ouest du Tennessee.

Les caractères horticoles de Bicolor sont sensiblement les mêmes que ceux d' Æstivalis . Les seuls points de différence sont qu'il est beaucoup plus rustique (certaines vignes du Wisconsin supportent une température aussi basse que 20 degrés en dessous de zéro) ; on le dit légèrement moins résistant au mildiou et plus résistant au phylloxéra. Comme Æstivalis , Bicolor ne prospère pas sur les sols calcaires et il est difficile de se multiplier par bouturage. Les possibilités horticoles de Bicolor sont probablement à peu près les mêmes que celles d' Æstivalis , même si beaucoup pensent qu'elle est plus prometteuse pour le Nord. Il est encore peu cultivé. Son principal défaut pour la domestication est la petite taille du fruit.

9. *Vitis candicans* , Englem . Raisin Mustang.

Vigne très vigoureuse, grimpante ; pousses et pétioles densément laineux, blanchâtres ou rouillés ; diaphragme épais; vrilles intermittentes. Feuilles à grandes stipules ; limbe petit, largement cordé à réniforme-ovale, entier ou en jeunes pousses et sur les jeunes vignes et pousses généralement profondément à trois à cinq, voire sept lobes ; dents peu profondes, sinueuses ; sinus pétiolaire peu profond, large, parfois absent ; terne, légèrement rugueuse dessus, pubescence blanchâtre dense dessous. Grappes petites. Baies moyennes à grosses, noires, violettes, vertes ou même blanchâtres, à fines fleurs bleues ou sans fleurs. Graines généralement trois ou quatre, grosses, courtes, dodues, émoussées, échancrées ; chalaza ovale, déprimée, indistincte ; raphé un large sillon.

L'habitat de ce raisin s'étend du sud de l'Oklahoma, comme limite nord, vers le sud-ouest jusqu'au Mexique. La limite ouest est la rivière Pecos. On le trouve sur les fonds secs, alluviaux, sableux ou calcaires ou sur les falaises calcaires et on dit qu'il est particulièrement abondant le long des ravins des hautes terres. Candicans pousse bien sur les terres calcaires, supportant jusqu'à 60 pour cent de carbonate de chaux dans le sol. L'espèce fleurit peu avant Labrusca et une semaine plus tard que Vulpina . Il nécessite les longs étés chauds de son pays d'origine et résiste à une sécheresse extrême, mais n'est pas résistant au froid, 10 ou 15 degrés en dessous de zéro tuant carrément la vigne à moins qu'il ne soit protégé ; et un moindre degré de froid le blessant gravement. Les baies, grosses pour les vignes sauvages, ont des pellicules fines sous lesquelles se trouve un pigment qui leur confère, à première maturité, un goût ardent et piquant mais qui disparaît en partie avec la maturité. Les baies sont très persistantes et s'accrochent au pédicelle longtemps après maturité. Candicans est difficile à propager à partir de boutures. Ses racines résistent assez bien au phylloxéra. Il constitue un bon cep pour les vignes Vinifera dans son pays d'origine, mais en raison de la difficulté de propagation, il est rarement utilisé à cette fin. Dans les premiers temps du Texas, il était très utilisé pour la fabrication du vin, mais comme il manque de sucre et que le moût conserve sa saveur âcre et piquante, il ne semble pas bien adapté à cet usage. Elle n'est pas considérée comme très prometteuse pour l'horticulture du Sud et n'en a certainement aucune pour le Nord.

10. *Vitis Labrusca* , Linn. Raisin-Renard.

Vigne vigoureuse, trapue, grimpante ; pousses cylindriques, densément pubescentes ; diaphragmes moyens à épais; vrilles continues, fortes, bifides ou trifides. Feuilles à stipules longues et cordées ; limbe des feuilles grand, épais, largement cordé ou rond ; entières ou trilobées, fréquemment échancrées ; sinus arrondis ; sinus pétiolaire variable en profondeur et en largeur, en forme de V ; marge avec des dents festonnées peu profondes, pointues et festonnées ; face supérieure rugueuse, vert foncé, sur les jeunes feuilles pubescentes, devenant glabres à maturité ; face inférieure couverte d'une pubescence dense, plus ou moins blanchâtre sur les jeunes feuilles, devenant brun roux à maturité. Grappes plus ou moins composées, généralement épaulées, compactes ; pédicelles épais; pédoncule court. Baies rondes ; peau épaisse, couverte de pruine, avec un fort arôme musqué ou rusé. Graines deux à quatre, grandes, nettement échancrées, bec court ; chalaza de forme ovale, indistincte, se présentant comme une dépression ; raphé, un sillon.

Labrusca est originaire de la partie orientale de l'Amérique du Nord, y compris la région située entre l'océan Atlantique et les montagnes Alleghany. On le trouve parfois dans les vallées et le long des versants ouest des Alleghanies. De nombreux botanistes affirment que cette espèce n'est jamais présente dans la vallée du Mississippi. Dans la première zone nommée, elle s'étend du Maine à la Géorgie. Il possède l'habitat le plus restreint de toutes les espèces américaines d'importance horticole, étant largement dépassé en étendue de territoire par *V. rotundifolia* , *V. æstivalis* et *V. vulpina* .

Labrusca a fourni plus de variétés cultivées, soit de race pure, soit d'hybrides, que toutes les autres espèces américaines réunies. La raison en est sans aucun doute en partie qu'il est originaire de la partie des États-Unis qui a été colonisée pour la première fois et qu'il est le cépage le plus répandu dans la région où l'agriculture a atteint pour la première fois l'état dans lequel les fruits étaient désirés. Cela n'explique cependant pas entièrement son importance, qu'il faut chercher ailleurs. À l'état sauvage, le Labrusca est probablement le plus attrayant à l'œil de tous nos raisins américains en raison de la taille de son fruit, ce qui a sans aucun doute attiré l'attention de ceux qui se sont intéressés très tôt aux possibilités de la viticulture américaine vers cette espèce plutôt qu'à une autre.

La Labrusca méridionale est très différente de la forme septentrionale et exige des conditions différentes pour sa croissance réussie ; dans le Nord, on distingue au moins deux types de l'espèce. On trouve des vignes dans les bois de la Nouvelle-Angleterre qui ressemblent beaucoup à Concord tant en termes de vigne que de fruits, sauf que les raisins sont beaucoup plus petits et plus grainés . Il existe également la Labrusca foxy à gros fruits, généralement avec des baies rougeâtres, représentée par des variétés cultivées telles que Northern Muscadine, Dracut Amber, Lutie et d'autres. Labrusca est particulier parmi les raisins américains en ce qu'il présente des formes de vignes sauvages à fruits noirs, blancs et rouges poussant dans les bois. En raison de cette variabilité, il est impossible de donner les conditions climatiques et pédologiques exactes les mieux adaptées à l'espèce. Il est raisonnable de supposer, cependant, que les conditions idéales pour cette espèce cultivée ne sont pas très différentes de celles qui prévalent là où l'espèce est indigène. Dans le cas du Labrusca, cela signifie qu'il est le mieux adapté aux climats humides, et que la température souhaitée varie selon que la variété provient de la forme méridionale ou septentrionale de l'espèce.

Le système racinaire du Labrusca ne pénètre pas profondément dans le sol, mais on dit que la vigne réussit mieux dans les sols profonds et argileux que l'Æstivalis . Il supporte un excès d'eau dans le sol et, d'autre part, nécessite moins d'eau pour une croissance réussie qu'Æstivalis ou Vulpina . Malgré sa capacité à résister aux sols argileux, il semble préférer à tous les autres les terrains sablonneux meubles, chauds et bien drainés. Les vignerons français signalent que toutes les variétés de cette espèce manifestent une antipathie marquée pour un sol calcaire, les vignes étant bientôt atteintes de chlorose lorsqu'elles sont plantées dans des sols de cette nature. Pour corroborer cela, on peut dire que la Labrusca ne se trouve pas souvent à l'état sauvage dans les sols calcaires. Les Labruscas réussissent très bien dans le Nord et assez bien dans le Moyen-Ouest jusqu'au sud jusqu'en Arkansas, où ils sont élevés en raison de leurs qualités fruitières, car ici les vignes sont loin d'être aussi vigoureuses et saines que celles des autres espèces. En Alabama, ils seraient généralement insatisfaisants, et au Texas, les vignes seraient de courte durée, malsaines et généralement insatisfaisantes, en particulier dans les régions sèches. Il y a quelques exceptions à cela, comme par exemple dans la région piémontaise des Carolines, où, en raison de l'élévation ou d'autres causes, le climat d'une région méridionale est de caractère semi-nordique.

Les raisins du Labrusca sont gros et généralement joliment colorés. La peau est épaisse, recouvrant une couche de chair adhérente, qui donne l'impression qu'elle est plus épaisse qu'elle ne l'est réellement ; la baie est de tendreté variable, parfois dure, mais dans de nombreuses variétés cultivées, elle est si tendre qu'elle se fissure pendant le transport. La peau de cette espèce a généralement un arôme particulier, généralement qualifié de renard, et un goût légèrement acide et astringent. Sous la peau se trouve une couche de pulpe juteuse, assez sucrée et ne montrant jamais beaucoup d'acidité dans les fruits mûrs. Le centre de la baie est occupé par une pulpe assez dense, plus ou moins filandreuse, avec une acidité importante proche des graines. Beaucoup s'opposent à l'arôme rusé de cette espèce, mais néanmoins, les variétés américaines les plus populaires sont plus ou moins rusées. Les analyses montrent que le fruit se caractérise généralement par un faible pourcentage de sucre et d'acide, les raisins de renard au goût très sucré ne présentant pas une teneur en sucre aussi élevée que certaines variétés désagréablement acidulées d' Æstivalis et de Vulpina . Ceci, en plus du caractère rusé qui donne un excès d'arôme au vin, a empêché les variétés Labrusca de devenir les préférées des vignerons, mais la plupart du jus de raisin actuellement fabriqué est fabriqué à partir de ces variétés.

Outre les caractères énumérés, on peut dire que Labrusca se prête bien à la culture de la vigne, est assez vigoureuse et généralement assez productive. Il pousse facilement à partir de boutures et sa rusticité est intermédiaire entre Vulpina , la plus rustique de nos espèces américaines, et Æstivalis . Les racines sont molles et charnues (pour un cépage américain) et dans certaines localités sujettes aux attaques du phylloxéra. Aucune des variétés de Labrusca n'a jamais été populaire en France pour cette raison. Dans les vignes sauvages, le fruit a tendance à tomber à maturité. Ce défaut, appelé « égrenage » ou « égrenage » chez les viticulteurs, constitue une faiblesse importante de certains cépages. On dit que Labrusca est plus sensible à l'état sauvage au mildiou et à la pourriture noire que toute autre espèce américaine, mais les preuves sur ce point ne semblent pas entièrement concluantes. Dans le Sud et dans certaines régions du Moyen-Ouest, les feuilles de toutes les variétés de Labrusca brûlent par le soleil et se ratatinent à la fin de l'été. Les vignes ne supportent pas la sécheresse aussi bien qu'Æstivalis ou Vulpina et pas aussi bien que Rupestris .

11. *Vitis vinifera* , Linn.

Vigne de vigueur variable, grimpant pas aussi haut que la plupart des espèces américaines ; vrilles intermittentes. Feuilles rondes-cordées, fines, lisses, et lorsqu'elles sont jeunes, brillantes, souvent plus ou moins profondément à trois, cinq ou même sept lobes ; généralement glabres mais chez certaines variétés les feuilles et les jeunes pousses sont velues et même duveteuses lorsqu'elles sont jeunes ; lobes arrondis ou pointus ; dents variables; sinus pétiolaire profond, étroit, généralement chevauchant. Baies de taille et de couleur très variables, généralement ovales mais globuleuses. Graines de taille et de forme variables, généralement entaillées à l'extrémité supérieure et toujours caractérisées par un bec allongé et à col de bouteille ; chalaza large, généralement rugueuse, distincte ; raphé indistinct. Racines grosses, molles et spongieuses.

L'habitat d'origine de l'espèce n'est pas connu avec certitude. De Candolle, comme indiqué dans la première partie de cet ouvrage, considérait la région autour de la mer Caspienne comme l'habitat probable du raisin de l' Ancien Monde . Il ne fait aucun doute que l'origine de *V. vinifera* se trouve quelque part en Asie occidentale.

Ni les auteurs américains ni les auteurs européens ne s'accordent sur le climat souhaité par Vinifera, pour la raison, probablement, que toutes les variétés de cette espèce variable ne nécessitent pas les mêmes conditions climatiques. Il existe cependant certaines phases climatiques qui font l'objet d'un consensus : l'espèce nécessite un climat chaud et sec et est plus sensible aux changements de température que les espèces américaines. Les variétés de cette espèce peuvent être cultivées avec succès dans une grande variété de sols, étant beaucoup moins particulières quant aux sols que les variétés américaines.

Certains caractères du fruit de cette espèce ne se retrouvent dans aucune forme américaine : d'abord, la peau, très attachée à la chair et qui n'est jamais astringente ni acide, peut être mangée avec le fruit ; deuxièmement, la chair est ferme, mais tendre et uniforme partout, différant à cet égard de tous les raisins américains qui ont une pulpe douce, aqueuse et tendre proche de la peau avec un noyau coriace et plus ou moins acide au centre ; troisièmement, la saveur a une qualité particulièrement vive connue sous le nom de vineux ; quatrièmement, la baie adhère fermement au pédicelle, le fruit se « brisant » ou « s'écaillant » rarement de la grappe.

Dans les divers hybrides qui ont été réalisés entre les variétés américaines et Vinifera, on constate généralement que les qualités souhaitables de Vinifera sont héritées à peu près dans la même proportion que les qualités indésirables. Le fruit est amélioré chez l'hybride mais la vigne est fragilisée ; la qualité est généralement achetée au détriment de la rusticité et de la résistance aux maladies. Vinifera peut être cultivé très facilement à partir de boutures.

PLANCHE XXIII. — Lutie (× ¹/₂).

Pocklington (× ¹/₂).

CHAPITRE XVIII

CÉPAGES DE RAISINS

La nature a dépensé au maximum ses bienfaits pour le vignoble. Plus de 2000 variétés de raisins sont décrites dans la littérature viticole américaine, et deux fois plus sont mentionnées dans les traités européens sur la vigne. Peu d'autres fruits offrent les nouveautés offertes par le raisin en termes de saveurs, d'arômes, de tailles, de couleurs et d'utilisations. Le vignoble, donc, pour réaliser ses potentialités commerciales, doit fournir des raisins tout au long de la saison, de différentes couleurs et saveurs et pour tous les usages. Une condition essentielle pour qu'un vignoble soit des variétés bien sélectionnées, un assortiment de toutes sortes et pour tous les endroits d'Amérique est décrit ici.

ACTONI

(Vinifère)

Actoni est un raisin de table du type Malaga qui mûrit à Genève, New York, fin octobre, trop tard pour la saison moyenne de l'Est mais qui mérite d'être essayé dans des endroits favorables. Il est cultivé en Californie mais n'est pas une variété appréciée. La brève description suivante est faite à partir de fruits cultivés à Genève :

Grappes grandes, épaulées, effilées, lâches ; baies moyennes à très grosses, ovales longues à ovales, jaune vert clair ; chair croustillante, ferme; saveur sucrée; qualité bonne.

AGAWAM

(Labrusca, Vinifera)

Randall, Rogers n ° 15

Les qualités qui louent l'Agawam sont la grande taille et l'apparence attrayante des grappes et des baies ; saveur aromatique riche et sucrée; vigueur de la vigne ; et la capacité d'autofécondation. Pour un raisin ayant sa part d'origine européenne, la vigne est vigoureuse, rustique et productive. Les principaux défauts du fruit sont une peau épaisse et rugueuse, une texture de pulpe grossière et solide et une saveur de renard. La vigne est sensible au mildiou et donne de mauvais rendements dans de nombreuses localités. Bien que l'Agawam mûrisse peu après Concord, il peut être conservé beaucoup plus longtemps et sa saveur s'améliore même après la cueillette. Les vignes préfèrent les sols lourds, se portant mieux sur l'argile que sur le sable ou les graviers. C'est l'un des raisins cultivés par ES Rogers, Salem, Massachusetts.

Il a été présenté sous le numéro 15 mais a reçu en 1861 le nom qu'il porte aujourd'hui.

Vigne vigoureuse, rustique, productive. Cannes épaisses, brun foncé ; nœuds élargis, aplatis ; entre-nœuds courts ; vrilles intermittentes, bifides à trifides. Feuilles épaisses ; face supérieure vert clair, terne, lisse ; face inférieure vert pâle, pubescente, floculente ; lobes manquants ; extrémité aiguë ; sinus pétiolaire profond, étroit ; sinus latéral très peu profond ; dents peu profondes, larges. Fleurs disposées en six, presque autofertiles, s'ouvrant tardivement ; étamines dressées.

Fruit de mi-saison, se conserve jusqu'au milieu de l'hiver. Grappes moyennes à grandes, courtes, larges, effilées, lâches ; pédicelle court ; pinceau très court, vert pâle. Baies grosses, ovales, rouge violacé foncé à fine pruine, très persistantes ; peau épaisse, coriace, adhérente, astringente ; chair vert pâle, translucide, coriace, filandreuse, solide, rusée ; bien. Graines adhérentes, deux à cinq, grosses, longues, brunes.

ALMÉRIA

(Vinifère)

C'est l'une des variétés que l'on trouve couramment sur les marchés de l'Est d'Almeria et de Malaga, en Espagne, bien qu'elle puisse parfois provenir de Californie où la variété, ou des variétés similaires confondues avec elle, sont maintenant cultivées. Cette espèce est remarquable par ses merveilleuses qualités de conservation ; il n'est adapté qu'aux régions chaudes de l'intérieur. L'Almeria cultivée par la California Experiment Station est décrite comme suit :

"Vigne vigoureuse ; feuilles de taille moyenne, rondes et peu ou pas du tout lobées, assez glabres des deux côtés, dents obtuses et alternativement grandes et petites ; grappes grosses, lâches ou compactes, coniques irrégulières ; baies petites à grandes, cylindriques, aplati aux extrémités, très dur et sans goût."

AMÉRIQUE

(Lincecumii , Rupestris)

Les qualités notables de l'Amérique sont la vigueur de croissance et la santé du feuillage de la vigne, et la persistance des baies, qui ont un jus rouge fortement coloré, une teneur élevée en sucre et une excellente saveur. Les raisins n'ont absolument pas le goût et l'arôme de renard du Labrusca et la variété offre donc des possibilités de sélection de variétés dépourvues de la saveur de renard de Concord et de Niagara. L'Amérique possède une grande résistance à la chaleur et au froid. On dit également que c'est un stock approprié sur lequel greffer des variétés de Vinifera résistantes au phylloxéra.

La vigueur de la vigne et la luxuriance du feuillage en font un excellent cépage pour les tonnelles. L'Amérique a été cultivée par TV Munson, Denison, Texas, à partir de graines de Jaeger No. 43 pollinisées par un Rupestris mâle . Il a été introduit vers 1892.

Vigne vigoureuse, rustique, productive. Cannes longues, nombreuses, brun rougeâtre foncé avec une floraison abondante ; nœuds élargis, aplatis ; vrilles intermittentes, longues, bifides. Feuilles petites, fines ; surface supérieure brillante, lisse ; face inférieure vert clair, poilue ; lobes manquants ou faibles, terminal aigu ; sinus pétiolaire profond et large ; dents de profondeur et de largeur moyennes. Fleurs autostériles, généralement disposées en six, s'ouvrant tardivement ; étamines réfléchies.

Fruit de mi-saison ou plus tard, se conserve bien. Grappes grandes, longues, larges, effilées, irrégulières, à une seule épaule, compactes ; pédicelle court, mince avec de petites verrues ; pinceau court, épais avec une teinte rouge. Baies petites, de taille variable, rondes, noir violacé, brillantes de pigment rouge violacé, astringentes ; chair blanc terne avec une légère teinte rouge, translucide, tendre, fondante, épicée, vineuse, sucrée ; bien. Graines libres, deux à cinq, longues, pointues, brun jaunâtre.

AMINIA

(Labrusca, Vinifera)

Aminia est l'un des meilleurs raisins précoces, sa saison étant avec ou peu après Moore Early. Les raisins sont de grande qualité et d'aspect attrayant, mais les grappes sont petites, de taille variable, peu formées et les baies mûrissent de manière inégale. La vigne est vigoureuse mais n'est ni aussi rustique ni aussi productive qu'une variété commerciale devrait l'être. En 1867, Isadora Bush, une Missourienne, planta des vignes de Rogers n° 39 provenant de plusieurs sources différentes. Lorsque ceux-ci apparurent, il distingua trois variétés. Bush a sélectionné le meilleur des trois et, avec le consentement de Rogers, l'a nommé Aminia . Malgré les soins de Bush, deux cépages distincts sont cultivés sous ce nom.

Vigne vigoureuse, de rusticité précaire, peu productive. Cannes rugueuses, longues, épaisses, brun foncé ; nœuds agrandis ; entre-nœuds longs ; vrilles intermittentes, longues, trifides ou bifides, persistantes. Feuilles grandes ; face supérieure terne, lisse ; face inférieure vert clair, pubescente ; trois lobes ; lobe terminal aigu ; sinus pétiolaire profond, étroit, souvent fermé et chevauchant ; sinus basal généralement absent ; sinus latéral peu profond, étroit ; dents peu profondes, larges. Fleurs ouvertes à mi-saison, autostériles ; étamines réfléchies.

Fruit précoce, se conserve bien. Grappes petites, larges, irrégulières, coniques, parfois avec une longue épaule, lâches ; pédicelle long avec quelques verrues ; pinceau court, épais, rouge brunâtre. Baies variables, rondes, noir terne à fine floraison, persistantes, fermes ; peau épaisse, tendre, adhérente à pigment rouge violacé, astringente ; chair verdâtre, translucide, tendre, solide, grossière, rusée ; bien. Graines adhérentes, une à six, très grosses.

GÉANT D'AOÛT

(Labrusca, Vinifera)

August Giant est un hybride entre Labrusca et Vinifera dont les caractères fruitiers sont ceux de cette dernière espèce. En apparence et en goût de baie, la variété ressemble à Black Hamburg. La vigne est généralement vigoureuse et, compte tenu de sa filiation, est très rustique. Le feuillage est épais et luxuriant mais sujet au mildiou. La vigueur de la vigne, la beauté du feuillage et la qualité du fruit rendent ce cépage recherché par l'amateur. Il lui faut une longue saison de maturation. August Giant a été cultivé par NB White, Norwood, Massachusetts, en 1861, à partir de graines d'un Labrusca rouge précoce à gros grains pollinisé par Black Hamburg.

Vigne très vigoureuse, rustique, sujette au mildiou. Cannes longues, nombreuses, épaisses, brun foncé ; nœuds élargis, aplatis ; entre-nœuds courts ; vrilles continues, longues, bifides ou trifides. Feuilles grandes, épaisses ; face supérieure vert foncé, brillante, lisse ; face inférieure vert pâle ou bronzée, pubescente ; lobes trois, terminal un aigu ; sinus pétiolaire profond, étroit, fréquemment fermé et chevauchant ; sinus latéral peu profond ou une encoche ; dents peu profondes, étroites. Fleurs ouvertes à mi-saison, autostériles ; étamines réfléchies.

Fruit de mi-saison, se conserve bien. Grappes de taille moyenne, courtes, larges, irrégulièrement effilées, à une seule épaule, lâches ; pédicelle long, épais avec de grosses verrues ; pinceau court, épais, vert ou avec une teinte brune. Baies grosses, ovales, rouge violacé ou noires, ternes à floraison épaisse, fermes ; peau dure, adhérente, astringente ; chair verte, translucide, coriace, filandreuse ; bien. Graines adhérentes, une à quatre, grosses, obtuses, brun clair.

BACCHUS

(Vulpine , Labrusca)

Bacchus est un descendant de Clinton auquel il ressemble par les caractères de la vigne et des feuilles, mais le surpasse en qualité de fruit et en productivité de la vigne. Les points particuliers de mérite de la variété sont : la résistance au froid, la résistance au phylloxéra, l'absence de champignons et d'insectes, la productivité, la facilité de multiplication et la capacité à porter des greffons. Ses limites sont : une mauvaise qualité pour la table, une incapacité à résister aux sols secs ou aux sécheresses et une non-adaptabilité aux sols contenant beaucoup de chaux. La variété est originaire de JH Ricketts, Newburgh, New York, et a été exposée pour la première fois par lui en 1879.

Vigne très vigoureuse, rustique, saine, productive. Cannes nombreuses, brun foncé avec des pruines aux nœuds qui sont élargies et aplaties ; vrilles bifides. Feuilles petites ; face supérieure vert foncé, brillante, lisse ; face inférieure vert terne, lisse ; lobes trois, un terminal acuminé ; sinus pétiolaire peu profond, étroit, parfois chevauchant ; absence de sinus basal ; sinus latéral peu profond, large. Les fleurs s'ouvrent tôt, autostériles ; étamines dressées.

Fruit tardif, se conserve bien, reste longtemps. Grappes petites, minces, uniformes, cylindriques, à une épaule, compactes ; pédicelle court, mince avec quelques petites verrues ; pinceau court, couleur vin. Baies petites, rondes, noires, luisantes, couvertes d'une fine pruine, bien accrochées aux pédicelles, fermes ; peau fine, adhérente, contenant beaucoup de pigments couleur vin, légèrement astringents ; chair vert foncé, translucide, à grain fin, coriace, vineuse, épicée ; qualité équitable. Graines accrochées, une à quatre, dont beaucoup avortées, grosses, courtes et larges, dodues, pointues, brunes.

BAKATOR

(Vinifère)

Il s'agit d'un cépage hongrois, mais sa haute qualité et sa précocité en font un cépage de table recherché en Orient. Il semble être peu cultivé sur le versant du Pacifique. La description suivante est faite à partir de fruits cultivés à Genève, New York :

Vigne de vigueur moyenne, productive. Jeunes feuilles teintées de rouge sur les bords, face supérieure brillante ; feuilles matures grandes, rondes, face supérieure terne, face inférieure duveteuse ; lobes cinq, lobe terminal acuminé ; sinus basal profond, moyen à étroit, fermé ou chevauchant ; sinus latéral inférieur profond, de largeur variable ; sinus latéral supérieur profond, généralement rétréci ; bords dentés, dents peu profondes à moyennement profondes. Les fleurs apparaissent tardivement ; étamines réfléchies.

Les fruits mûrissent à Genève la première ou la deuxième semaine d'octobre et se conservent bien en stockage ; grappes de taille supérieure à moyenne, de longueur moyenne, larges, souvent à double épaule, effilées, moyennes à lâches ; baies moyennes à petites, ovales, rouge clair devenant foncées à pleine maturité, à floraison épaisse ; peau fine, tendre, adhérente à la pulpe ; chair verdâtre, juteuse, tendre, fondante, vineuse, sucrée ; qualité très bonne.

BARRY

(Labrusca, Vinifera)

Barry (Planche VII) est l'un des meilleurs raisins noirs américains, ressemblant en termes de baies, de saveur et de qualité de fruit à son parent européen, Black Hamburg. L'apparence des baies et des grappes est attrayante. La vigne est vigoureuse, rustique et productive mais sensible au mildiou. La saison de maturation se situe juste après celle du Concord. Pour la table, pour l'hivernage et pour l'amateur, cette variété peut être fortement recommandée. Barry a été dédié en 1869, par ES Rogers, qui en est l'auteur, à Patrick Barry, pépiniériste et pomologue distingué. La variété est cultivée dans les jardins de toutes les régions viticoles d'Amérique de l'Est.

Vigne vigoureuse, rustique, productive, sensible au mildiou. Cannes longues, nombreuses, épaisses, brun foncé avec une floraison abondante ; nœuds aplatis ; pousses glabres; vrilles intermittentes, bifides ou trifides. Feuilles grandes ; face supérieure vert clair, brillante, lisse ; face inférieure vert pâle, pubescente ; lobes un à trois, extrémité aiguë ; sinus pétiolaire profond, étroit, parfois fermé et chevauchant ; sinus basal généralement absent ; sinus latéral peu profond, étroit ; dents peu profondes. Fleurs ouvertes à mi-saison, autostériles ; étamines réfléchies.

Fruit de mi-saison, se conserve bien. Grappes courtes, très larges, effilées, se subdivisant souvent en plusieurs parties, compactes ; pédicelle avec de petites verrues. Baies grosses, ovales, noir violacé foncé, brillantes, couvertes d'une forte pruine, adhérentes ; peau fine, dure, adhérente ; chair vert pâle, translucide, tendre, filandreuse, vineuse, au goût agréable ; bien. Graines adhérentes, une à cinq, grosses, profondément échancrées, à col élargi, brunes.

BALISE

(Lincecumii , Labrusca)

Un autre hybride de TV Munson est le Beacon. Il est peu adapté aux régions du nord mais se porte très bien dans le sud. La vigne est vigoureuse et porte une belle masse de feuillage compact qui conserve sa couleur et sa fraîcheur malgré la sécheresse et la chaleur. Munson a cultivé Beacon en 1887 à partir de graines de Big Berry (une variété de Lincecumii) pollinisées par Concord, la vigne portant pour la première fois en 1889.

Vigne vigoureuse, de rusticité précaire, productive. Cannes courtes, fines, brun clair. Feuilles saines, épaisses, vert foncé, parfois rugueuses ; nervures apparaissant indistinctement à travers la légère pubescence de la face inférieure. Les fleurs s'ouvrent à la mi-saison, par plan de cinq ou six, autofertiles.

Fruit de mi-saison, se conserve bien. Grappes grandes, longues, minces, cylindriques, généralement à épaules hautes, compactes. Baies de taille variable, rondes, noir violacé, ternes à floraison abondante, fermes ; peau dure, adhérente avec une grande quantité de pigment rouge violacé, astringente ; chair tendre, aromatique, épicée, vineuse, légèrement acidulée; bien. Graines libres, grosses, larges, émoussées, échancrées.

BERCKMANS

(Vulpina , Labrusca, Bourquiniana)

Chez Berckmans, nous avons le fruit du Delaware sur la vigne de Clinton. La forme de la baie et du bouquet ressemble à celle du Delaware ; le fruit est de la même couleur ; le bouquet et les baies sont plus gros ; les raisins se conservent plus longtemps ; la chair est plus ferme mais la qualité n'est pas très bonne, la chair manque de tendresse et de richesse en comparaison avec le Delaware. La vigne de Berckmans est non seulement plus vigoureuse, mais elle est moins sujette au mildiou que celle de Delaware. Les personnages de la vigne ne sont cependant pas aussi bons que ceux de Clinton. Le cépage est mal adapté à certains sols et sur ceux-ci les raisins se colorent mal. Malgré de nombreuses qualités, le Berckmans n'est qu'un cépage amateur. Le nom commémore les travaux viticoles de PJ Berckmans , contemporain et ami de AP Wylie, de Chester, Caroline du Sud, à l'origine de la variété. Les Berckmans provenaient du Delaware avec des graines fécondées par Clinton, les graines ayant été semées en 1868.

Vigne vigoureuse, rustique, productive. Cannes longues, nombreuses, minces, brun foncé ; nœuds proéminents, aplatis ; entre-nœuds courts ; pousses glabres; vrilles intermittentes, longues, bifides. Feuilles petites, fines ; face supérieure vert clair, lisse ; face inférieure vert pâle, glabre ; lobes un à trois, terminal un aigu ; sinus pétiolaire peu profond, large ; sinus basal généralement absent ; sinus latéral peu profond. Les fleurs s'ouvrent tôt, autofertiles ; étamines dressées.

Les fruits mûrissent avec le Delaware. Grappes épaulées, compactes, élancées ; pédicelle long, mince avec quelques verrues ; pinceau court, vert clair. Baies petites, ovales, rouge Delaware, plus foncées à bonne maturité, couvertes d'une fine pruine, persistantes ; peau fine, dure, adhérente, astringente ; chair vert jaunâtre pâle, translucide, à grain fin, tendre, fondante, vineuse, sucrée, vive ; très bien. Graines libres, une à quatre, petites, larges, émoussées, brunes.

AIGLE NOIR

(Labrusca, Vinifera)

Le fruit du Black Eagle est parmi les meilleurs, mais la vigne manque de vigueur, de rusticité et de productivité et est autostérile. Le bouquet et les baies sont gros et attrayants. La saison est terminée avec Concord. Black Eagle a totalement échoué en tant que variété commerciale, et ses

nombreuses faiblesses empêchent les amateurs de la cultiver à grande échelle.
La variété est originaire de Stephen W. Underhill, Croton-on-Hudson, New
York, à partir de graines de Concord pollinisées par Black Prince. Il a porté
ses premiers fruits en 1866.

Vigne vigoureuse, de rusticité précaire, peu productive. Cannes rugueuses,
épaisses, brun rougeâtre avec une légère floraison ; nœuds élargis, entre-
nœuds aplatis longs ; vrilles continues, longues, bifides ou trifides. Feuilles
épaisses ; face supérieure vert foncé, brillante, lisse à rugueuse ; cinq lobes ;
lobe terminal aigu ; sinus pétiolaire profond ; sinus latéral large, se
rétrécissant vers le haut, profond. Fleurs ouvertes à mi-saison, autostériles ;
étamines réfléchies.

Fruit de mi-saison, se conserve bien. Grappes grandes, longues, effilées, à
une ou deux épaules, compactes ; pédicelle long, mince avec quelques
verrues ; pinceau court, vert pâle. Baies de taille variable, ovales, noires,
brillantes à floraison épaisse ; peau tendre, fine, adhérente avec un pigment
couleur vin ; chair vert pâle, translucide, tendre, vineuse ; bien. Sans graines,
une à quatre, grosses.

HAMBOURG NOIR

(Vinifère)

Le Black Hamburg (<u>planche VI</u>) est une ancienne sorte européenne,
longtemps le pilier des forçages en Belgique, en Angleterre et en Amérique
et maintenant populaire à l'extérieur en Californie. C'est un excellent raisin
de table mais, s'il se conserve bien, sa peau tendre ne permet pas de l'expédier
loin, surtout lorsqu'il est cultivé en plein air. La vigne est sujette aux maladies.
La description suivante du fruit est faite à partir de raisins cultivés en serre :

Bouquets très gros, souvent longs d'un pied et pesant plusieurs livres ; très
large à l'épaule et se rétrécissant progressivement jusqu'à atteindre une
pointe ; compact, souvent trop compact ; baies très grosses, rondes ou
légèrement rondes-ovales ; peau plutôt épaisse ; violet foncé devenant noir à
pleine maturité ; chair ferme, juteuse, sucrée et riche ; qualité très bonne ou
meilleure. Assaisonner tôt au forçage mais assez tard en extérieur.

MALVOISE NOIRE

(Vinifère)

Cette variété est assez largement cultivée en Californie comme raisin de table
précoce et pourrait valoir la peine d'être essayée dans les régions viticoles de
l'Est. Même si les fruits ne sont pas de la meilleure qualité, ils sont bons. La
description suivante est compilée :

Vigne vigoureuse, saine et productive ; bois à longues articulations, plutôt élancé, brun clair. Feuilles de taille moyenne, ovales, uniformément et profondément à cinq lobes ; sinus basal ouvert, à côtés presque parallèles ; face supérieure lisse, presque glabre ; face inférieure légèrement tomenteuse au niveau des nervures et des veinules. Grappes grandes, lâches, ramifiées ; baies grosses, oblongues, noir rougeâtre avec une faible floraison ; chair ferme, juteuse, croustillante ; saveur manquant de richesse et de caractère; qualité pas élevée. Assaisonner tôt, conservation et expédition mais mal.

MAROC NOIR

(Vinifère)

Le Maroc noir rencontre très généralement l'approbation des viticulteurs du versant Pacifique sans être un favori privilégié ni pour l'usage domestique ni pour le commerce. Les raisins ne sont pas de qualité suffisamment élevée pour un vignoble domestique et, bien qu'ils soient bien expédiés, ils sont difficiles à manipuler en raison de la grande taille et de la rigidité des grappes. Un autre défaut est que les vignes sont sujettes au gale. Le principal atout de cette variété est la belle apparence du fruit. Cette variété est remarquable par le nombre de grappes de seconde récolte qu'elle produit sur les latérales. La description suivante est compilée :

Vigne très vigoureuse, productive ; cannes étalées, peu nombreuses. Feuilles moyennes à petites, à cinq lobes très profonds ; les feuilles les plus jeunes sont tronquées à la base, leur donnant un contour semi-circulaire, avec des dents longues et pointues alternant avec de très petites dents ; glabre, ou presque, des deux côtés. Grappes très grandes, courtes, épaulées, compactes et rigides ; baies très grosses, rondes, souvent déformées à cause de la compression ; violet terne, manquant de couleur au centre de la grappe ; chair ferme, croquante, de saveur neutre, manquant de richesse ; qualité plutôt faible. Saison tardive, bonne conservation et expédition.

BRIGHTON

(Labrusca, Vinifera)

Brighton (Planche VIII) est l'un des rares hybrides Labrusca-Vinifera à avoir pris de l'importance dans les vignobles commerciaux. Il se classe parmi les principaux cépages amateurs d'Amérique de l'Est et fait partie des dix ou douze principaux cépages commerciaux de cette région. Ses points forts sont : pour le fruit, une grande qualité ; pour la vigne, une croissance vigoureuse, une productivité, une adaptabilité aux différents sols et une résistance aux champignons. Brighton présente deux défauts sérieux qui l'empêchent de prendre un rang plus élevé en tant que variété commerciale : sa qualité se détériore très rapidement après maturité, de sorte qu'elle ne peut pas être conservée plus de quelques jours à son meilleur et ne peut donc pas être expédiée vers des marchés éloignés. ; et il est autostérile à un degré plus marqué que tout autre raisin couramment cultivé. Brighton est un plant de Diana Hamburg pollinisé par Concord, élevé par Jacob Moore, Brighton, New York. La vigne originale a porté ses premiers fruits en 1870.

Vigne vigoureuse, rustique, productive, sujette au mildiou. Cannes longues, nombreuses, brun clair ; nœuds élargis, généralement aplatis ; entre-nœuds longs ; vrilles continues, longues, bifides. Feuilles grandes, épaisses ; face supérieure vert foncé, terne, lisse ; face inférieure vert pâle, pubescente ; lobes trois lorsqu'ils sont présents, terminal un aigu ; sinus pétiolaire intermédiaire en profondeur et en largeur ; sinus latéral peu profond ; dents étroites. Les fleurs s'ouvrent tardivement, autostériles ; étamines réfléchies.

Fruits de mi-saison. Grappes grandes, longues, larges, effilées, fortement épaulées, lâches ; pédicelle épais; pinceau vert pâle avec une teinte brune, épais, court. Baies irrégulières, grosses, ovales, rouge clair, brillantes à floraison abondante, persistantes, molles ; peau épaisse, tendre, adhérente, astringente ; chair verte, transparente, tendre, filandreuse, fondante, aromatique, vineuse, sucrée ; très bien. Graines libres, une à cinq, larges, brun clair.

BRILLANT

(Labrusca, Vinifera, Bourquiniana)

Brilliant est un croisement entre Lindley et Delaware. En grappe et en taille de baie, il ressemble à Lindley ; par la couleur et la qualité du fruit, il est à peu près le même que celui du Delaware, s'en différenciant principalement par une peau plus astringente. Sa saison est terminée avec le Delaware. Les raisins ne se fissurent pas, ne se décortiquent pas, ils sont donc bien expédiés et ont de très bonnes qualités de conservation, notamment à la vigne où ils pendent souvent des semaines. La vigne est vigoureuse et rustique. Les défauts qui ont empêché Brilliant de devenir l'une des variétés commerciales standards sont : une sensibilité marquée aux champignons, la variabilité de la taille des grappes, une maturation inégale et une improductivité. Dans des situations favorables, cette variété plaît à l'amateur et le producteur commercial la trouve souvent rentable. La graine qui a produit Brilliant a été plantée par TV Munson, Denison, Texas, en 1883 et la variété a été introduite en 1887.

Vigne vigoureuse, rustique, plutôt peu productive. Cannes longues, nombreuses, épaisses, brun foncé ; nœuds élargis, aplatis ; entre-nœuds longs ; vrilles intermittentes, longues, bifides. Feuilles grandes, épaisses ; face supérieure vert foncé, terne, rugueuse ; face inférieure gris-vert, duveteuse ; obscurément trilobé avec lobe terminal aigu ; sinus pétiolaire profond, étroit ; sinus basaux et latéraux obscurs et peu profonds lorsqu'ils sont présents ; dents intermédiaires en profondeur et en largeur. Les fleurs s'ouvrent tardivement, autofertiles ; étamines dressées.

Fruit précoce à mi-saison, se conserve bien. Grappes moyennes, émoussées, cylindriques, généralement épaulées, compactes ; pédicelle court, épais avec quelques petites verrues ; pinceau court, épais, vert pâle avec une teinte rougeâtre. Baies rondes, rouge foncé, brillantes à fine pruine, fortement adhérentes, fermes ; peau fine, dure, adhérente ; chair vert pâle, transparente, juteuse, filandreuse, à grain fin, vineuse, sucrée ; bien. Graines accrochées, une à quatre, grosses, larges, allongées, dodues, brun clair.

BRUN

(Labrusque)

Malgré de nombreux éloges au cours du dernier quart de siècle, Brown n'a pas reçu une reconnaissance favorable de la part des fruiticulteurs. La qualité n'est pas grande, les baies se brisent beaucoup et la vigne manque de vigueur. Brown est un semis d'Isabella qui a poussé dans un jardin à Newburgh, New York, vers 1884.

Vigne rustique, productive. Cannes courtes, minces, brun foncé ; vrilles continues. Feuilles saines, vert clair, brillantes ; veines bien définies, visibles distinctement à travers le bronze épais de la surface inférieure. Les fleurs s'ouvrent tôt, les étamines autofertiles sont dressées.

Fruit gros, se conserve bien. Grappes petites à moyennes, minces, cylindriques ou effilées, généralement à une seule épaule. Baies de taille intermédiaire, ovales, noires à pruine épaisse, tombant peu après maturation ; adhérent à la peau; chair juteuse, coriace, à grain fin, un peu roussâtre, douce près de la peau mais acidulée au centre ; bien. Graines courtes, obtuses, brun clair.

CAMPBELL TÔT

(Labrusca, Vinifera)

Les qualités méritoires de Campbell Early (Planche IX) sont les suivantes : Les raisins sont de grande qualité à maturité ; exempt de renard et d'acidité autour des graines ; ont de petites graines qui se détachent facilement de la chair ; sont précoces, mûrissant près de quinze jours avant Concord ; le bouquet et les baies sont gros et beaux ; et les vignes sont exceptionnellement rustiques. Campbell Early n'est pas adapté à de nombreux sols ; la variété manque de productivité ; les raisins atteignent leur pleine couleur avant d'être mûrs et sont donc souvent commercialisés non mûrs ; le régime est de taille variable ; et la couleur de la baie n'est pas attrayante. George W. Campbell, Delaware, Ohio, a cultivé cette variété à partir d'un semis de Moore Early pollinisé par un hybride Labrusca-Vinifera. Il a vu le jour pour la première fois en 1892.

Vigne vigoureuse, rustique, productive. Cannes épaisses, brun rougeâtre foncé, surface rugueuse avec de petites verrues ; nœuds aplatis ; entre-nœuds courts ; pousses pubescentes ; vrilles intermittentes, courtes, bifides ou trifides. Feuilles grandes, épaisses ; face supérieure verte, brillante ; face inférieure bronze, fortement pubescente ; lobes trois, généralement entiers, un terminal aigu ; sinus pétiolaire peu profond, large ; sinus basal pubescent ; sinus latéral large ou une échancrure ; dents peu profondes, étroites. Fleurs autofertiles, ouvertes à mi-saison ; étamines dressées.

Fruit précoce, se conserve et s'expédie bien. Grappes généralement grandes, longues, larges, effilées, à une seule épaule ; pédicelle court, mince avec de petites verrues ; pinceau long, couleur vin clair. Baies généralement grosses, rondes, ovales, noir violacé foncé, ternes avec une floraison abondante, persistantes, fermes ; peau dure, fine, adhérente à pigment rouge foncé, astringente ; chair verte, translucide, juteuse, grossière, vineuse, sucrée de la peau au centre ; bien. Graines libres, une à quatre, brun clair, souvent à pointes jaunes.

CANADA

(Vulpina , Labrusca, Vinifera)

Le Canada est considéré comme l'hybride le plus recherché entre Vulpina et Vinifera. La variété montre plus de filiation Vinifera que Vulpina ; ainsi, dans la sensibilité aux maladies fongiques, dans la forme, la couleur et la texture du feuillage, dans la saveur du fruit et dans les graines, il existe des indications marquées de Vinifera ; tandis que la vigne, surtout dans la finesse de ses sarments et dans la grappe et les baies, montre Vulpina . Le Canada a peu de valeur comme fruit de dessert mais donne un très bon vin rouge ou jus de raisin. Canada est un semis de Clinton, un hybride Labrusca- Vulpina , fécondé par Black St. Peters, une variété de Vinifera. Charles Arnold, de Paris, en Ontario, a semé la graine qui a donné naissance au Canada en 1860.

Vigne très vigoureuse, rustique, productive. Cannes longues, nombreuses, minces, gris cendré, brun rougeâtre aux nœuds à forte floraison ; nœuds agrandis ; entre-nœuds courts ; vrilles intermittentes, courtes, trifides ou bifides. Feuilles fines ; face supérieure vert clair, lisse ; face inférieure vert pâle, poilue ; lobe terminal aigu ; sinus pétiolaire profond, étroit ; sinus basal variable en profondeur et en largeur ; sinus latéral profond et étroit ; dents profondes et larges. Fleurs autostériles, précoces ; étamines dressées.

Fruit de mi-saison, se conserve bien. Grappes longues, minces, uniformes, cylindriques, compactes ; pédicelle long, mince, lisse ; pinceau court, brun clair. Baies petites, rondes, noir violacé, brillantes à floraison abondante, persistantes, fermes ; peau fine, dure, adhérente ; chair vert foncé, très juteuse, fine, tendre, épicée, agréable saveur vineuse, agréablement acidulée ; bien. Sans graines, une à trois, émoussées, brun clair.

CANANDAIGUA

(Labrusca, Vinifera)

Canandaigua mérite l'attention en raison de la conservation exceptionnelle de ses raisins. La saveur est très bonne au moment de la cueillette mais semble plutôt s'améliorer au cours du stockage. Les caractères de la vigne sont ceux des hybrides Labrusca-Vinifera, et chez ceux-ci la variété est égale à celle de l'hybride cultivé moyen de ces deux espèces. Les caractères du fruit montrent également clairement un mélange de Vinifera et de Labrusca combinés de manière à rendre les raisins très semblables aux meilleurs de ces hybrides. Canandaigua est un semis fortuit trouvé par EL Van Wormer, Canandaigua, New York, poussant parmi des raisins sauvages. Il a été distribué vers 1897.

Vigne vigoureuse, rustique douteuse, productive. Cannes longues, peu nombreuses, brun rougeâtre, à floraison faible ; nœuds élargis, aplatis ; vrilles semi-continues, bifides, déhiscentes précocement. Feuilles grandes, fines ;

face supérieure vert clair; face inférieure gris-vert. Fleurs stériles ou parfois partiellement autofertiles, ouvertes à mi-saison ; étamines réfléchies.

Fruit tardif à mi-saison, se conserve exceptionnellement bien. Grappes de taille variable, généralement fortement mono-épaulées, lâches à moyennes. Baies grosses, ovales, noires, couvertes d'une épaisse floraison, persistantes ; peau adhérente, fine, dure ; chair ferme, douce et riche; bon, s'améliore à mesure que la saison avance. Graines longues avec un col élargi.

CARMAN

(Lincecumii , Vinifera , Labrusca)

Le Carman est un raisin présentant les caractères de trois espèces et présente donc un intérêt pour les améliorateurs de raisin. Il n'est pas devenu populaire auprès des viticulteurs, principalement parce que les raisins mûrissent très tard et ne sont pas de grande qualité. Le caractère le plus précieux du cépage est celui de sa longue conservation, que ce soit accroché à la vigne ou après récolte. TV Munson, Denison, Texas, a élevé Carman à partir de graines d'un raisin sauvage de chêne prélevé dans les bois, pollinisé avec un mélange de pollen de Triumph et d'Herbemont . Il a été introduit en 1892.

Vigne très vigoureuse, rustique, plutôt productive. Cannes longues, nombreuses, épaisses, brun rougeâtre ; nœuds élargis, aplatis ; entre-nœuds longs ; vrilles intermittentes, longues, trifides. Feuilles grandes, épaisses ; face supérieure vert clair, brillante, feuilles plus âgées rugueuses ; face inférieure vert pâle, pubescente ; lobe terminal aigu ; sinus pétiolaire profond ; sinus basal absent ou peu profond ; sinus latéral peu profond lorsqu'il est présent. Fleurs autofertiles ou presque, s'ouvrant très tard ; étamines dressées.

Fruit tardif, se conserve bien. Grappes de taille variable, effilées, à une seule épaule, compactes ; pédicelle court, mince, lisse ; pinceau court, mince, de couleur lie de vin. Baies petites, rondes, légèrement aplaties, noir violacé, brillantes, couvertes d'une forte pruine, persistantes, fermes ; peau fine, dure, libre ; chair vert jaunâtre, tendre, saveur post-boisée, vineuse, épicée; bon à très bon. Graines libres, une à quatre, petites, émoussées, brunes.

CATAWBA

(Labrusca, Vinifera)

Arkansas, Catawba Tokay, Cherokee, Fancher, Keller's White, Lebanon, Lincoln, Mammoth Catawba, Mead's Seedling, Merceron, Michigan, Muncy, Omega, Rose of Tennessee, Saratoga, Singleton, Tekomah, Tokay, Virginia Amber .

Le Catawba est depuis longtemps le cépage rouge standard sur les marchés d'Amérique de l'Est, principalement parce que son fruit se conserve bien et est de haute qualité. La vigne est vigoureuse, rustique et productive, mais le feuillage et les fruits sont sensibles aux champignons. Ces deux défauts expliquent le déclin du Catawba dans les régions viticoles des États-Unis et son impopularité croissante. En caractères botaniques et en adaptations et susceptibilités, la variété suggère Vinifera croisé avec Labrusca. Les caractères du Catawba semblent facilement transmissibles à sa progéniture et, en plus d'avoir un certain nombre de descendants de race pure qui lui ressemblent plus ou moins, il est le parent d'un nombre encore plus grand de races croisées. Comme pour Catawba, la plupart de sa descendance présente des caractères Vinifera, comme des vrilles intermittentes, une couleur de feuillage Vinifera, une saveur vineuse totalement ou presque exempte de renard et la sensibilité des hybrides Labrusca-Vinifera à certaines maladies et insectes. Catawba a été introduit par John Adlum , District de Columbia, vers 1823. Adlum a obtenu des boutures d'une Mme Scholl, Clarksburgh , comté de Montgomery, Maryland, au printemps 1819. Son histoire ultérieure n'est pas connue.

Vigne vigoureuse, rustique, productive. Cannes nombreuses, épaisses, brun foncé ; nœuds agrandis ; vrilles continues, bifides ou trifides. Feuilles grandes ; face supérieure vert clair, terne, lisse ; face inférieure blanc grisâtre, fortement pubescente ; lobes parfois trois, terminal un aigu ; sinus pétiolaire profond, étroit ; sinus basal souvent absent ; sinus latéral étroit ; dents peu profondes, étroites. Fleurs autofertiles, ouvertes tardivement, étamines dressées.

Fruit tardif, se conserve bien. Grappes grandes, longues, larges, effilées, à une ou parfois double épaule, lâches ; pédicelle avec quelques verrues peu visibles ; pinceau court, vert pâle. Baies de taille moyenne, ovales, rouge violacé terne à floraison épaisse, fermes ; peau épaisse, adhérente, astringente ; chair verte, translucide, juteuse, à grain fin, vineuse, vive, douce et riche ; très bien. Graines libres, souvent avortées, deux, à col large, nettement échancrées, émoussées, brunes.

CHAMPION

(Labrusque)

Beaconsfield, Champion précoce, Semis de Talman

Champion est un cépage précoce préféré de certains producteurs, même si la mauvaise qualité du fruit aurait dû le chasser de la culture depuis longtemps. Les caractères qui l'ont maintenu sur le marché sont la précocité, de bonnes qualités de transport, un bel aspect du fruit et une vigne vigoureuse, productive et rustique. La rusticité de la vigne et la courte saison de développement des fruits en font une bonne variété pour les climats nordiques. Ce raisin se révèle meilleur en apparence de fruit, en qualité et en quantité produite, sur des sols légers et sableux. L'origine de Champion est inconnue. Il a été cultivé pour la première fois vers 1870 à New York.

Vigne très vigoureuse, rustique et productive. Cannes de taille moyenne, brun foncé ; nœuds élargis, aplatis ; entre-nœuds courts ; pousses pubescentes ; vrilles continues, longues, bifides. Feuilles grandes ; face supérieure vert foncé, terne, rugueuse ; face inférieure gris terne, duveteuse ; lobes généralement trois, souvent obscurément cinq, terminal un aigu ; sinus pétiolaire profond ; dents peu profondes. Fleurs autofertiles, précoces ; étamines dressées.

Fruits précoces, trois semaines avant Concord, saison courte. Grappes de taille moyenne, émoussées, cylindriques, généralement non épaulées, compactes ; pédicelle court avec des verrues peu visibles ; pinceau blanc teinté de bronze. Baies de taille moyenne, rondes, noir terne recouvertes d'une épaisse floraison, molles ; peau épaisse, tendre, adhérente, astringente ; chair vert clair, translucide, juteuse, à grain fin, tendre, rusée ; de mauvaise qualité. Graines adhérentes, une à cinq, larges, longues, obtuses, brun clair.

CHASSELAS DORÉ

(Vinifère)

Chasselas Doré, Fontainebleau, Sweetwater

Plusieurs qualités ont fait du Chasselas Golden un cépage privilégié partout où il peut être cultivé. La variété est adaptée à des environnements très différents ; la saison de maturation est précoce ; bien qu'ils ne soient pas très élevés, la qualité des raisins est bonne et ils sont beaux, vert clair teinté de beau bronze doré lorsqu'ils sont exposés au soleil. Le Chasselas Golden est un cépage apprécié sur le versant Pacifique et devrait être l'un des premiers Viniferas à être essayé à l'Est. La description suivante a été faite à partir de fruits cultivés à Genève, New York :

Vigne de vigueur moyenne, très productive ; les bourgeons s'ouvrent à la mi-saison. Jeunes feuilles teintées de rouge sur les faces supérieure et inférieure, finement pubescentes à glabres ; feuilles matures de taille moyenne à supérieure, légèrement cordées ; face supérieure glabre, face inférieure légèrement pubescente le long des nervures ; lobes au nombre de cinq, lobe terminal acuminé ; sinus basal large et plutôt profond ; sinus latéral inférieur variable, généralement large et parfois profond ; sinus latéral supérieur large et souvent profond ; dents grandes, obtuses à arrondies. Fleurs tardives ; étamines dressées.

Les fruits mûrissent tôt et se conservent bien; grappes grandes, longues, larges, effilées, parfois avec une seule épaule, de compacité moyenne ; baies moyennes à hautes, légèrement ovales, vert pâle à jaune clair, à fine pruine ;

peau fine, dure, adhérente, légèrement astringente ; chair verdâtre, translucide, ferme, juteuse, tendre, sucrée ; bien.

CHASSELAS ROSÉ

(Vinifère)

Le Chasselas Rose est très similaire au Chasselas Golden, se différenciant principalement par des grappes et des baies plus petites et une saveur légèrement différente, peut-être meilleure. C'est une variété standard en Californie et devrait être plantée dans l'Est où l'on tente la culture des Viniferas. La description est faite à partir de fruits cultivés à Genève, New York :

Vigne de vigueur moyenne, productive. Feuilles ouvertes teintées de rouge sur les deux faces, feuilles matures petites, rondes ; face supérieure vert moyen, un peu terne, lisse ; face inférieure glabre ; trois lobes ; sinus basal de profondeur moyenne et de largeur variable ; sinus latéral profond, étroit ; dents peu profondes, larges, dentées. Les fleurs apparaissent tardivement ; étamines dressées.

Le fruit mûrit la deuxième semaine d'octobre et se conserve bien bien qu'il perde sa saveur en stockage ; grappes au-dessus et au-dessous de la moyenne, longues, effilées à cylindriques, compactes ; baies de taille moyenne, ovales-arrondies, rouge clair viré au rouge violet par la floraison ; peau fine, astringente, juteuse, tendre, sucrée, douce ; qualité bonne.

CHAUTAUQUA

(Labrusque)

En apparence de fruit, Chautauqua est très similaire à Concord, son parent, mais les raisins mûrissent quelques jours plus tôt et sont de meilleure qualité, bien qu'ils ne diffèrent pas suffisamment à ces égards pour que la variété soit bien plus qu'une souche de fruit facilement reconnaissable. Concorde. Chautauqua est un semis spontané de Concord, trouvé près de Brocton, New York, par HT Bashtite vers 1890.

Vigne vigoureuse, rustique douteuse, peu productive. Cannes longues, épaisses, cylindriques ; entre-nœuds longs ; vrilles continues, trifides. Feuilles grandes, irrégulièrement rondes, vert foncé ; face supérieure vert foncé; face inférieure teintée de bronze ; feuille entière ou légèrement trilobée. Fleurs semi-fertiles, ouvertes à la mi-saison ou plus tôt ; étamines dressées.

Fruits précoces à mi-saison. Grappes moyennes à grandes, larges, parfois à une seule épaule, compactes. Baies grosses, rondes ou légèrement ovales, noir violacé, à floraison abondante, se brisent mal ; peau fine, très astringente

; chair dure, vineuse, douce au niveau de la peau, acide au centre ; bon à très bon. Graines peu nombreuses, libres, larges et dodues.

PLUS INTELLIGENT

(Vulpine , Labrusca)

Cette variété est cultivée depuis longtemps dans le New Jersey et à New York, et dans les deux États, elle est très appréciée comme raisin de cuve. Le fruit est remarquable par sa coloration très précoce et sa maturation tardive. La vigne est rustique, très vigoureuse, réussit dans divers sols, et comme elle porte bien les greffes, c'est une excellente variété sur laquelle greffer des variétés qui ne prospèrent pas sur leurs propres racines. Clevener est autostérile et doit être planté avec une autre variété pour bien donner ses fruits. Malgré ses bonnes qualités, le Clevener ne tient guère sa place dans les vignobles commerciaux, et ce n'est pas un fruit recherché pour l'amateur qui veut un raisin de table. Clevener a été élevé à proximité d'Egg Harbor, dans le New Jersey, depuis environ 1870, mais son lieu et son heure d'origine sont inconnus.

Vigne au cultivateur effréné, rustique, productive. Cannes longues, nombreuses, épaisses, brun rougeâtre foncé avec une floraison abondante ; nœuds agrandis ; vrilles continues, bifides. Feuilles inhabituellement grandes, vert foncé avec des côtes bien définies visibles à travers la fine pubescence de la face inférieure ; lobes manquant ou faibles ; dents profondes, larges. Fleurs autostériles, ouvertes très tôt ; étamines réfléchies.

Fruit tardif, se conserve bien. Les grappes ne se remplissent pas toujours bien, petites, courtes, minces, irrégulièrement effilées, souvent avec une seule épaule. Baies petites, rondes ou légèrement aplaties, noires, brillantes, couvertes d'une forte pruine, persistantes, fermes ; peau dure, fine, sujette aux craquelures, adhérente avec beaucoup de pigment rouge violacé ; chair vert rougeâtre, juteuse, tendre, molle, à grain fin, aromatique, épicée ; bien. Graines libres, échancrées, pointues, brun foncé.

CLINTON

(Vulpine , Labrusca)

Worthington

Clinton (Planche X) s'est fait connaître en raison de sa vigueur, de sa rusticité, de sa fécondité et de son immunité contre le phylloxéra. Un défaut sérieux est que les vignes fleurissent si tôt que les fleurs sont souvent attrapées par les gelées tardives des climats nordiques. Autres défauts : le fruit est petit et aigre, et les graines et la peau sont proéminentes. Le fruit se colore tôt dans la saison mais ne mûrit que tardivement, une légère touche de gel améliorant la saveur. Clinton porte bien les greffons, formant une union rapide et ferme avec Labrusca et Vinifera, et les vignes se multiplient facilement à partir de boutures. Ce cépage a été largement utilisé dans la sélection du raisin et son sang peut être retrouvé dans de nombreuses variétés précieuses. La progéniture de Clinton est généralement très rustique, ce qui, ajouté à ses autres caractères souhaitables, en fait un point de départ exceptionnellement bon pour la sélection de raisins pour les latitudes septentrionales. Clinton est une sorte ancienne, la Worthington, connue dès 1815, renommée ; il commença à attirer l'attention vers 1840.

Vigne vigoureuse, rustique, saine, productive. Cannes longues, nombreuses, minces, brun rougeâtre ; nœuds élargis, aplatis ; tire en douceur; vrilles intermittentes, parfois continues, bifides. Les feuilles pendent jusque tard dans la saison, petites et fines ; face supérieure vert foncé, lisse ; face inférieure vert pâle, glabre ; sinus pétiolaire profond, étroit, en forme d'urne ; sinus basaux et latéraux peu profonds ; dents larges. Fleurs autofertiles, ouvertes tôt ; étamines dressées.

Fruits de mi-saison. Grappes petites, minces, cylindriques, uniformes, à une seule épaule, compactes ; pédicelle court, très mince, lisse ; pinceau teinté de rouge. Baies petites, rondes, ovales, noir violacé, luisantes, couvertes d'une épaisse pruine, adhérentes, fermes ; peau très fine, dure, exempte de pulpe avec beaucoup de pigment couleur vin, astringente ; chair vert foncé, juteuse, fine, coriace, solide, épicée, aigre, vineuse. Graines adhérentes, deux, courtes, obtuses, brunâtres.

PLANCHE XXV. — Mascate Hambourg ($\times\,^2/_3$).

COLERAIN

(Labrusque)

C'est l'un des nombreux plants blancs de Concord et l'un des rares à avoir suffisamment de mérite pour être conservé en culture. La vigne a le feuillage et l'habitude de croissance caractéristiques de son parent, mais le fruit est plus précoce d'une semaine, est de bien meilleure qualité et n'a pas le côté rusé de la plupart des Labruscas. Les raisins sont vifs et vineux, et ni les pépins ni la peau ne sont aussi désagréables que chez le parent. Le fruit s'accroche à la vigne et se conserve bien, mais en raison de sa pulpe tendre, il ne s'expédie pas bien. La variété est improductive dans certaines localités. Colerain mérite une place dans les vignobles locaux. David Bundy, de Colerain, Ohio, a cultivé cette variété à partir de graines de Concord plantées en 1880.

Vigne vigoureuse, rustique, saine, peu productive. Cannes minces, brun rougeâtre foncé ; nœuds aplatis ; entre-nœuds courts, bifides. Feuilles épaisses ; face supérieure vert clair, terne, lisse ; face inférieure bronze, duveteuse ; feuille non lobée, extrémité aiguë ; sinus pétiolaire large ; sinus basal et latéral très superficiels lorsqu'ils sont présents ; dents peu profondes. Fleurs autofertiles, s'ouvrant à mi-saison ; étamines dressées.

Fruits précoces. Grappes de taille et de longueur moyennes, minces, émoussées, effilées, irrégulières, fortement épaulées, compactes ; pédicelle mince, lisse ; pinceau vert. Baies rondes, vert clair, brillantes à fine floraison, persistantes ; peau inhabituellement fine, sensible, adhérente, non pigmentée, astringente ; chair vert pâle, translucide, juteuse, à grain fin, tendre, molle, vineuse, sucrée ; bien. Graines libres, une à trois, petites, larges, échancrées, courtes, dodues, brunes.

IMPÉRIAL COLOMBIEN

(Labrusca, Vulpina)

Colombien, Jumbo

Columbian Imperial est un hybride Labrusca- Vulpina remarquable principalement par la grande taille de ses baies rouge-noir, bien que la vigne soit si exceptionnellement saine et vigoureuse qu'elle lui donne également de l'importance pour ces caractères. La variété a des feuilles coriaces remarquablement épaisses qui semblent presque résistantes aux insectes ou aux champignons. La qualité du fruit, cependant, est inférieure et les petites grappes varient en nombre de baies et celles-ci se décortiquent facilement. La seule valeur de la variété est à des fins d'exposition et de sélection afin d'obtenir les caractères souhaitables nommés. La filiation de Columbian Imperial est inconnue. Il est né de JS McKinley, Orient, Ohio, en 1885.

Vigne vigoureuse, rustique, saine, peu productive. Cannes longues, nombreuses, épaisses, brun rougeâtre foncé, fortement pubescentes, épineuses ; nœuds proéminents ; entre-nœuds courts ; vrilles continues, longues, bifides. Feuilles vertes, très épaisses ; face inférieure vert pâle virant au bronze sur les feuilles plus âgées peu pubescentes ; lobes trois, indistincts ; dents pointues, peu profondes, larges. Fleurs autofertiles ; étamines dressées.

Fruits tardifs. Grappes de taille moyenne, parfois épaulées ; pédoncule mince ; pédicelle long ; pinceau long, mince, vert. Baies très grosses, rondes, légèrement ovales, noir rougeâtre terne avec une faible floraison, fermes ; peau épaisse, dure, non pigmentée ; chair juteuse, coriace, douce au niveau de la peau mais acide au centre ; juste en qualité. Graines adhérentes, grosses, dodues, larges, émoussées.

CONCORDE

(Labrusque)

Le Concord (Planche XI) est le cépage le plus connu de ce continent et, avec ses descendants, de race pure et croisée, fournit 75 pour cent des raisins de l'Amérique de l'Est. Le caractère éminemment méritoire de Concord est qu'il s'adapte à des conditions variables ; ainsi, le Concord est cultivé avec profit dans tous les États viticoles de l'Union et dans une mesure impossible avec aucun autre cépage. Un deuxième caractère qui fait l'éloge de Concord est la fécondité : la vigne produit de grandes récoltes année après année. A ces points de supériorité s'ajoutent : la rusticité ; capacité à résister aux ravages des maladies et des insectes; précocité relative; certitude de maturité dans les régions du nord ; et de bonne taille et une belle apparence de grappe et de baie. Concord fleurit également tard au printemps et ne souffre pas souvent des gelées printanières, et le fruit n'est pas souvent endommagé par les gelées tardives. La récolte accroche bien à la vigne.

Le cépage n'est cependant pas sans défauts : la qualité n'est pas élevée, les raisins manquent de richesse, de délicatesse de saveur et d'arôme, et ont un goût de renard désagréable pour beaucoup ; les graines et la peau sont désagréables, les graines étant grosses et abondantes et difficiles à séparer de la chair, et la peau étant dure et désagréablement astringente ; les raisins ne se conservent pas bien, ne s'expédient pas bien et perdent rapidement leur saveur après maturation ; la peau se fissure et les baies se détachent des tiges après la cueillette ; et la vigne n'est que peu résistante au phylloxéra. Bien que le Concord soit cultivé dans le Sud, il s'agit essentiellement d'un raisin du Nord, devenant sensible aux champignons dans les climats du Sud et souffrant du phylloxéra dans les sols secs et chauds.

Les caractères botaniques du Concord indiquent qu'il s'agit d'un Labrusca de race pure. Des graines d'un raisin sauvage ont été plantées à l'automne 1843 par EW Bull, Concord, Massachusetts, plantes qui ont donné des fruits en 1849. L'un de ces plants a été nommé Concord.

Vigne vigoureuse, rustique, saine, productive. Cannes longues, épaisses, brun rougeâtre foncé ; nœuds élargis, aplatis ; entre-nœuds longs ; pousses pubescentes ; vrilles continues, longues, bifides, parfois trifides. Feuilles grandes, épaisses ; face supérieure vert foncé, brillante, lisse ; face inférieure bronze clair, fortement pubescente ; lobes trois lorsqu'ils sont présents, terminal un aigu ; variable du sinus pétiolaire ; sinus basal généralement absent ; sinus latéral obscur et fréquemment entaillé ; dents peu profondes, étroites. Fleurs autofertiles, ouvertes à mi-saison ; étamines dressées.

Fruit de mi-saison, se conserve un à deux mois. Grappes uniformes, grandes, larges, largement effilées, généralement à une seule épaule, parfois à deux épaules, compactes ; pédicelle épais, lisse ; pinceau vert pâle. Baies grosses, rondes, brillantes, noires à forte floraison, fermes ; peau dure, adhérente avec une petite quantité de pigment couleur vin, astringente ; chair vert pâle, translucide, juteuse, à grain fin, coriace, solide, rusée ; bien. Graines adhérentes, une à quatre, grosses, larges, nettement échancrées, dodues, émoussées, brunâtres.

CHALET

(Labrusque)

En vigne et en fruit, Cottage ressemble à son parent, Concord, ayant cependant des feuilles remarquablement grandes, épaisses et coriaces. Il est également connu pour son système racinaire fort et ramifié et ses tiges si rugueuses qu'elles sont presque épineuses. Le fruit est de meilleure qualité que celui de son parent, ayant moins de caractère et une saveur plus riche et plus délicate. La récolte mûrit une à deux semaines plus tôt que Concord. Les bonnes qualités de la variété sont compensées par une improductivité relative et une maturation inégale. Le Cottage est recommandé comme cépage précoce du type Concord pour le jardin. Cette variété a été cultivée à partir de graines de Concord par EW Bull, Concord, Massachusetts. Il a été introduit en 1869.

Vigne vigoureuse, saine, rustique. Cannes rugueuses, poilues, longues, nombreuses, brun foncé ; nœuds agrandis ; pousses très pubescentes ; vrilles continues, bifides. Feuilles grandes, épaisses ; face supérieure vert foncé, brillante, lisse ou rugueuse ; face inférieure teintée de bronze, pubescente ; feuille entière avec terminal aigu ; sinus pétiolaire profond et large ; dents peu profondes, larges. Fleurs autofertiles, ouvertes tôt ; étamines dressées.

Les fruits ne se conservent pas bien. Grappes de taille moyenne, larges, cylindriques, parfois mono-épaulées, compactes ; pédicelle court, épais avec quelques petites verrues ; pinceau rouge foncé. Baies de taille moyenne, rondes, noir terne, à forte floraison, tombant mal du pédicelle, fermes ; peau épaisse, tendre, adhérente avec pigment rouge violacé foncé, astringente ; chair juteuse, coriace, solide, rusée ; bien. Graines libres, une à quatre, grosses, larges, émoussées, brun clair.

CREVELING

(Labrusca, Vinifera)

Bloom, Bloomburg , Catawissa, Columbia Bloom

Le Creveling a longtemps été un raisin noir préféré pour le jardin, où, s'il est planté dans un bon sol, il produit de belles grappes de gros, beaux et très bons raisins. Cependant, sauf avec les meilleurs soins, la vigne est improductive et produit des grappes lâches et éparses. La variété est nettement autostérile. L'origine de Creveling est incertaine. Il a été introduit vers 1857 par FF Merceron, Catawissa, Pennsylvanie.

Vigne vigoureuse, peu rustique, souvent peu productive. Cannes longues, nombreuses, épaisses, brun rougeâtre ; nœuds élargis, aplatis ; entre-nœuds longs ; pousses glabres; vrilles continues, longues, trifides ou bifides. Feuilles grandes, épaisses ; face supérieure vert foncé, terne, rugueuse ; face inférieure vert pâle, pubescente ; lobes trois, ou obscurément cinq, terminal un aigu ; sinus pétiolaire profond, fermé, chevauchant ; sinus basal très peu profond ; sinus latéral peu profond, étroit ; dents peu profondes. Fleurs sur plan par six, autostériles, ouvertes en mi-saison ; étamines réfléchies.

Fruit précoce, ne se conserve pas bien. Grappes longues, larges, irrégulièrement effilées, à une seule épaule, l'épaule étant souvent reliée à la grappe par une longue tige, lâche ; pinceau épais, couleur vin foncé. Baies grosses, ovales, noir terne, couvertes d'une forte pruine, persistantes, fermes ; peau épaisse, coriace, adhérente au pigment lie-de-vin, astringente ; chair vert pâle, translucide, juteuse, filandreuse, tendre, grossière, rusée ; bien. Graines libres, une à cinq, larges, échancrées, émoussées, brun clair.

CROTONE

(Vinifera, Labrusca, Bourquiniana)

Le fruit de Croton est un régal tant pour les yeux que pour le palais. Malheureusement, la vigne est difficile à cultiver, car elle s'adapte à peu de sols et se révèle infructueuse, de faible croissance, précairement tendre et sujette au mildiou et à la pourriture dans des situations défavorables. Les raisins ont une saveur délicate et sucrée de Vinifera avec une chair fondante qui se sépare facilement des quelques pépins. La récolte s'accroche aux vignes jusqu'au gel et se conserve jusqu'à l'hiver. Malgré la haute qualité de ses fruits, Croton n'a jamais été largement distribué, échouant totalement en tant que variété commerciale. Il est originaire du sud-ouest d'Underhill, Croton Point, New York, à partir d'une graine du Delaware pollinisée par un raisin européen. Les fruits ont été exposés pour la première fois en 1868.

Vigne vigoureuse, tendre, productive. Cannes longues, nombreuses, épaisses, brun rougeâtre foncé ; nœuds agrandis ; entre-nœuds courts ; pousses glabres; vrilles intermittentes, longues, bifides. Feuilles de taille moyenne, pendent tard ; face supérieure vert clair, terne, lisse ; face inférieure vert pâle, pubescente ; cinq lobes, un terminal émoussé ; sinus basal étroit ; sinus latéral profond et étroit ; sinus pétiolaire étroit, souvent fermé et chevauchant ; dents peu profondes, larges. Fleurs autofertiles, ouvertes tardivement ; étamines dressées.

Fruit de mi-saison, se conserve bien. Grappes uniformes, très grandes, longues, minces, irrégulièrement effilées avec une épaule lourde, très lâches ; pédicelle long, épais avec des verrues peu visibles ; pinceau vert. Baies de taille irrégulière, rondes-allongées, vert jaunâtre à fine floraison, persistantes, molles ; peau fine, dure, adhérente, non pigmentée ; chair verte, transparente, très juteuse, fondante, vineuse, agréable, agréablement sucrée ; très bien. Graines libres, une à trois, allongées, échancrées, très pointues.

CUNNINGHAM

(Bourquinienne)

Long, Prince Édouard

Le Cunningham est très peu cultivé en Amérique, mais en France, il fut autrefois l'un des cépages les plus connus, à la fois comme producteur direct et comme stock de cépages européens. Il était très recherché par les Français comme porte-greffe pour les grandes Vinifera cions, la taille de la vigne permettant de faire un bon greffon. Dans le Sud, d'où la variété est originaire, le Cunningham n'est pas largement cultivé, car il existe plusieurs autres variétés de ce type supérieures en fruits et en vigne. La vigne est un cultivateur capricieux et particulière quant au sol et au climat. Les raisins donnent un vin jaune foncé de très bonne qualité mais ont peu de valeur comme raisin de table. Cunningham est originaire de Jacob Cunningham, comté de Prince Edward, Virginie, vers 1812.

Vigne vigoureuse, étalée, productive. Cannes grandes, longues avec des poils raides rougeâtres à la base ; pousses présentant une floraison considérable ; vrilles intermittentes, généralement trifides. Feuilles grandes, épaisses, rondes, entières ou lobées ; dessus lisse et vert foncé, vert jaunâtre dessous, pubescent ; sinus pétiolaire étroit, se chevauchant fréquemment.

Grappes de taille moyenne, longues, parfois épaulées, très compactes ; pédicelle long, mince avec de petites verrues ; pinceau court, brun clair. Baies petites, noir violacé avec une fine floraison ; peau fine, dure, avec beaucoup de pigments sous-jacents ; chair tendre, juteuse, vive ; qualité médiocre ou mais passable. Graines deux à cinq, ovales.

CYNTHIANE

(Æstivalis , Labrusca)

Arkansas, rivière Rouge

Il existe une controverse quant à savoir si cette variété diffère de Norton. Les deux mûrissent à des époques différentes, et les fruits diffèrent un peu, de sorte qu'il faut les considérer comme distincts. Cynthiana est particulière quant au sol et à l'emplacement, préférant les loams sableux et ne prospère pas sur les argiles ou les calcaires. Bien que très résistante au phylloxéra, cette variété est peu utilisée comme souche résistante car elle ne se multiplie pas facilement. Les vignes résistent au mildiou, à la pourriture noire et à l'anthracnose et sont des producteurs forts et vigoureux. Le cycle de végétation du Cynthiana est long, les bourgeons éclatent tôt et les fruits mûrissent très tard. Le cépage n'a aucune valeur comme raisin de table mais, dans le Sud, c'est l'un des meilleurs raisins pour le vin rouge. Il ne fait aucun doute qu'il s'avérera l'une des meilleures variétés méridionales pour le jus de raisin. Cynthiana a été reçue vers 1850 par Prince, de Flushing, Long Island, de l'Arkansas, où elle a été trouvée poussant dans les bois.

Vigne vigoureuse, rustique, saine, productive. Cannes de longueur moyenne, nombreuses, brun rougeâtre à floraison épaisse ; nœuds agrandis ; entre-nœuds courts ; pousses glabres; vrilles intermittentes ou continues, bifides. Feuilles épaisses, fermes ; face supérieure vert foncé, terne, rugueuse ; face inférieure teintée de bleu, légèrement pubescente, en toile d'araignée ; lobes en nombre variable, terminal un aigu ; sinus pétiolaire profond, étroit, fermé, parfois chevauchant ; sinus basal peu profond ; sinus latéral peu profond, étroit ; dents peu profondes ; étamines dressées.

Fruit très tardif, se conserve bien. Grappes moyennes à petites, longues, effilées, souvent à une seule épaule, compactes ; pédicelle court, mince, avec de nombreuses verrues ; pinceau court, épais, couleur vin. Baies petites, rondes, noires, couvertes d'une forte pruine, persistantes, fermes ; peau fine, dure, adhérente au pigment violet, astringente ; chair vert foncé, translucide, juteuse, coriace, ferme, épicée, acidulée ; de mauvaise qualité. Graines adhérentes, une à six, petites, courtes, obtuses, brun foncé.

DELAWARE

(Labrusca, Bourquiniana , Vinifera)

Raisin français, Grey Delaware, Ladies' Choice, Powell, Ruff

Le Delaware (Planche VII) est utilisé partout où des raisins américains sont cultivés comme norme pour évaluer la qualité des autres raisins. En plus de la haute qualité de ses fruits, la variété résiste aux conditions climatiques auxquelles succombent toutes les variétés, sauf les plus rustiques , est adaptée à de nombreux sols et conditions et donne dans la plupart des situations une récolte abondante. Ces qualités en font, après le Concord, le cépage le plus populaire pour les jardins et les vignobles actuellement cultivés aux États-Unis. Outre les qualités mentionnées, les raisins mûrissent suffisamment tôt pour garantir la récolte, sont attrayants en apparence, se conservent et s'expédient bien et sont plus immunisés que les autres variétés commerciales contre la pourriture noire. Les défauts du cépage sont : petite vigne, croissance lente, sensibilité au mildiou, caprices de certains sols et petites baies. Les deux premiers défauts obligent à planter les vignes plus serrées que celles des autres cépages commerciaux. Le Delaware réussit mieux dans les sols profonds, riches, bien drainés et chauds, mais même sur ceux-ci, il doit avoir une bonne culture, une taille serrée et la récolte doit être éclaircie.

Le Delaware est cultivé au nord et au sud, vers l'ouest jusqu'aux montagnes Rocheuses. Il s'avère désormais rentable dans de nombreuses régions du sud comme raisin précoce destiné à être expédié vers les marchés du nord. C'est un raisin particulièrement recherché à cultiver dans les petits jardins en raison de ses fruits délicieux et beaux, de son port compact et de ses feuilles vertes amples et brillantes, délicatement formées qui en font l'un des raisins les plus ornementaux. Le Delaware remonte au jardin de Paul H. Provost, à Frenchtown, New Jersey, où il poussait au début du XIXe siècle, et d'où il fut transporté au Delaware, Ohio, en 1849 et de là distribué aux fruiticulteurs.

Vigne faible, rustique, productive. Cannes courtes, nombreuses, minces, brun foncé ; nœuds agrandis ; entre-nœuds courts ; vrilles intermittentes, courtes, bifides. Feuilles petites ; face supérieure vert foncé, terne, lisse ; face inférieure vert pâle, pubescente ; lobes au nombre de trois à cinq, terminal un aigu ; sinus pétiolaire étroit ; sinus basal étroit et peu profond lorsqu'il est présent ; sinus latéral profond, étroit ; dents peu profondes. Fleurs autofertiles, ouvertes tardivement ; étamines dressées.

Fruit précoce, se conserve bien. Grappes petites, minces, émoussées, cylindriques, régulières, épaulées, compactes ; pédicelle court, mince, lisse ; pinceau marron clair. Baies uniformes en taille et en forme, petites, rondes, rouge clair, couvertes d'une fine pruine, persistantes, fermes ; peau fine, dure, adhérente, non pigmentée, astringente ; chair vert clair, translucide, juteuse, tendre, aromatique, vineuse, rafraîchissante, sucrée ; meilleure qualité. Graines libres, une à quatre, larges, échancrées, courtes, obtuses, brun clair.

DIAMANT

(Labrusca, Vinifera)

Peu d'autres raisins surpassent le Diamond en termes de qualité et de beauté du fruit. Lorsqu'à ses caractéristiques fruitées désirables s'ajoutent la rusticité, la productivité et la vigueur de la vigne, le cépage n'est surpassé par aucun autre cépage vert. Diamond est un hybride dilué entre Labrusca et Vinifera et la touche du raisin exotique est juste suffisante pour donner au fruit la richesse en saveur du raisin de l' Ancien Monde et ne pas vaincre la vivacité rafraîchissante des raisins de renard indigènes. Les caractères de Vinifera sont entièrement récessifs dans la vigne et le feuillage, la plante ressemblant beaucoup à son parent américain, Concord. Diamond est bien implanté au Nord et au Sud et peut être cultivé dans des latitudes aussi étendues que Concord. Jacob Moore, Brighton, New York, a cultivé Diamond vers 1870 à partir de graines Concord fécondées par Iona.

Vigne vigoureuse, rustique, productive. Cannes courtes, brunes avec une légère teinte rouge ; nœuds agrandis ; entre-nœuds courts ; vrilles intermittentes, bifides. Feuilles épaisses ; face supérieure vert clair, terne, lisse ; face inférieure bronze clair, duveteuse ; lobes au nombre de trois, indistincts

; sinus pétiolaire très superficiel ; dents peu profondes. Fleurs autofertiles, ouvertes tôt ; étamines dressées.

Fruit précoce, se conserve bien. Grappes moyennes à courtes, larges, émoussées, cylindriques, souvent à une seule épaule, compactes ; pédicelle court, épais avec quelques verrues peu visibles ; pinceau fin, vert pâle. Baies grosses, ovales, vertes teintées de jaune, brillantes, couvertes d'une fine pruine, persistantes, fermes ; peau fine, dure, adhérente, astringente ; chair vert pâle, transparente, juteuse, tendre, fondante, fine, aromatique, vive ; très bien. Graines libres, une à quatre, larges et longues, pointues, brun jaunâtre.

DIANE

(Labrusca, Vinifera)

Diana (Planche XII) est un plant de Catawba auquel son fruit ressemble fortement, s'en différenciant principalement par sa couleur plus claire, par le fait qu'il est moins pulpeux et plus juteux . La saveur ressemble à celle du Catawba mais a moins le goût sauvage. Le principal point de supériorité de Diana sur Catawba réside dans la précocité, la récolte mûrissant dix jours plus tôt, ce qui rend possible sa culture loin au nord. Les défauts de Diana sont : la vigne est tendre lors des hivers froids ; les raisins mûrissent de manière inégale ; les baies et le feuillage sont sensibles aux champignons ; et la vigne est timide. Diana exige un sol pauvre, sec et graveleux, sans beaucoup d'humus ni d'azote. Sur des argiles, des limons ou des sols riches, la vigne pousse de manière abondante, et les fruits sont peu nombreux, tardifs et de mauvaise qualité. La vigne doit être taillée longuement et débarrassée de toutes les grappes excédentaires pour laisser mûrir une petite récolte. Diana est un cépage satisfaisant pour l'amateur, et là où il se porte particulièrement bien, il s'avère rentable pour le marché local. Mme Diana Crehore , de Milton, Massachusetts, a cultivé Diana à partir de graines de Catawba, plantées vers 1834.

Vigne vigoureuse, d'une rusticité douteuse, souvent improductive. Cannes pubescentes, longues, brun rougeâtre, couvertes d'une fine pruine ; nœuds élargis, aplatis ; entre-nœuds longs ; vrilles intermittentes, longues, bifides. Feuilles grandes, épaisses ; face supérieure vert clair, fortement pubescente ; lobes trois à cinq, terminal un aigu ; sinus pétiolaire profond, large, souvent fermé et chevauchant ; sinus basal peu profond ; sinus latéral étroit ; dents peu profondes. Fleurs autofertiles, ouvertes à mi-saison ; étamines dressées.

Fruit tardif, se conserve bien. Grappes grandes, larges, effilées, parfois épaulées, compactes ; pédicelle couvert de petites verrues ; pinceau fin, vert pâle. Baies de taille moyenne, légèrement ovales, rouge clair recouvertes d'une fine pruine, persistantes, fermes ; peau épaisse, dure, légèrement

adhérente ; chair vert pâle, translucide, juteuse, coriace, fine, vineuse, bonne.
Graines adhérentes, une à trois, brun clair.

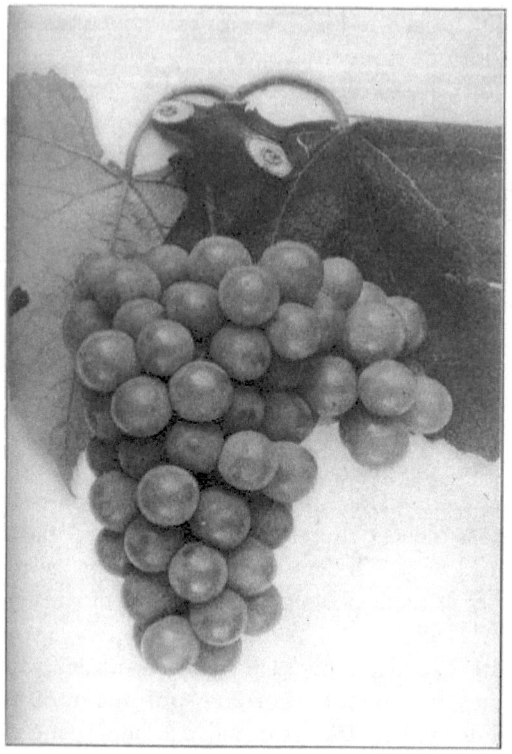

PLANCHE XXVI. —Niagara ($\times 2 / 3$).

DOWNING

(Vinifera, Æstivalis , Labrusca)

Downing mérite bien une place dans le jardin en raison de la haute qualité,
du bel aspect et de la bonne conservation des raisins. A ces qualités des fruits
s'ajoutent une bonne vigueur et un état sanitaire de la vigne. Lorsqu'elle est
cultivée aussi loin au nord que New York, la vigne doit être déposée en hiver
ou recevoir une autre protection. Dans la plupart des saisons, une guerre
incessante doit être maintenue pour contrôler la moisissure. L'apparence de
la grappe et des baies du Downing est distincte, les grappes étant grandes et
bien formées et les baies ayant la forme ovale d'un Malaga. La chair présente
également *du Vitis vinifera* en termes de texture et de qualité, tandis que ni les
graines ni les peaux ne sont aussi répréhensibles que dans les variétés
américaines de race pure. JH Ricketts, Newburgh, New York, a cultivé
Downing pour la première fois vers 1865.

Vigne tendre à froide, peu productive. Cannes courtes, peu nombreuses, élancées, vert foncé avec une teinte gris cendré, surface recouverte d'une fine pruine, souvent rugueuse de quelques petites verrues ; nœuds très élargis, fortement aplatis ; entre-nœuds courts ; vrilles intermittentes, bifides ou trifides. Feuilles petites, rondes, épaisses ; face supérieure vert foncé, brillante, rugueuse ; face inférieure vert foncé, glabre ; lobes un à cinq, lobe terminal aigu ; sinus pétiolaire étroit, fermé et chevauchant ; sinus basal peu profond et étroit lorsqu'il est présent ; sinus latéral peu profond, étroit ; dents larges, profondes. Les fleurs s'ouvrent tard ; étamines dressées.

Fruit tardif, se conserve jusqu'au printemps. Grappes grandes, longues, minces, cylindriques, parfois légèrement épaulées ; pédicelle mince, couvert de nombreuses verrues ; pinceau long, mince, vert. Baies grosses, nettement ovales, noir violacé foncé, brillantes, couvertes d'une légère pruine, fortement persistantes, fermes ; peau épaisse, tendre, adhérente ; chair verte avec une teinte jaune, translucide, très juteuse, tendre, fine, vineuse, douce ; très bonne qualité. Graines libres, une à trois, dentelées, longues, brunes.

DRACUT AMBRE

(Labrusque)

Dracut Amber est représentatif du type rouge de Labrusca. Le fruit n'a aucun mérite particulier, sa peau épaisse, sa pulpe grossière, ses graines et son goût de renard étant tous répréhensibles. Cependant, la vigne est très rustique, productive et mûrit ses fruits tôt, de sorte que ce cépage devient précieux dans les endroits où un raisin vigoureux, rustique et précoce est recherché. Asa Clement, Dracut, Massachusetts, a cultivé Dracut Amber à partir de graines plantées vers 1855.

Vigne vigoureuse, rustique, productive. Cannes longues, nombreuses, brun foncé ; nœuds élargis, aplatis ; vrilles continues, longues, bifides ou trifides. Feuilles grandes, épaisses ; face supérieure vert foncé, terne, lisse ; face inférieure vert pâle, recouverte de toile d'araignée ; lobes trois à cinq avec un terminal obtus ; sinus pétiolaire profond, étroit ; sinus basal peu profond, large ; dents peu profondes. Fleurs en plan par six, semi-fertiles, de mi-saison.

Fruit précoce, saison courte. Grappes courtes, larges, cylindriques, irrégulières, rarement épaulées, compactes ; pédicelle court, couvert de verrues ; pinceau long, vert jaunâtre clair. Baies moyennes à grosses, ovales, rouge pâle terne ou ambre foncé, couvertes d'une fine pruine, molles ; peau très épaisse, tendre, adhérente, astringente ; chair verte, translucide, juteuse, coriace, très rusée ; qualité inférieure. Graines adhérentes, deux à cinq, grosses, larges, brun clair.

NÉERLANDAISE

(Vinifera, Labrusca, Bourquiniana ? Æstivalis ?)

Le Dutchess (<u>Planche XIII</u>) n'est pas largement cultivé dans les vignobles commerciaux en raison de plusieurs défauts, notamment : la vigne est tendre au froid ; les baies ne mûrissent pas uniformément ; les baies et le feuillage sont sensibles aux champignons ; et dans les sols auxquels il n'est pas adapté, les baies et les grappes sont petites. Malgré ces défauts, Dutchess ne doit pas être jeté par l'amateur de raisin, car il existe peu de raisins de meilleure qualité. Les raisins sont doux et riches, mais ne coupent pas l'appétit ; bien que de taille moyenne, ils sont attrayants, étant d'une belle couleur ambrée avec des points distinctifs ; la chair est translucide, pétillante, fine et tendre ; les graines sont petites, peu nombreuses et se détachent facilement de la pulpe ; la peau est fine, mais suffisamment résistante pour une bonne conservation ; et les grappes sont grosses et compactes lorsqu'elles sont bien développées. Le cépage est autofertile et est donc souhaitable lorsque l'on ne souhaite que quelques vignes. Les grappes sont particulièrement fines lorsqu'elles sont mises en sac. AJ Caywood , Marlboro, New York, a cultivé Dutchess à partir de la graine d'un semis Concord blanc pollinisé par un mélange de pollen du Delaware et de Walter. La graine a été plantée en 1868.

Vigne vigoureuse, au porteur incertain. Cannes brun foncé avec une légère pruine, surface rugueuse ; nœuds élargis, aplatis ; entre-nœuds courts ; vrilles intermittentes, courtes, bifides ou trifides. Feuilles de contour irrégulier ; face supérieure vert pâle, pubescente ; feuille entière avec extrémité aiguë ; sinus pétiolaire étroit ; sinus basal peu profond lorsqu'il est présent ; sinus latéral moyen en profondeur ou une simple encoche. Fleurs autofertiles, ouvertes tardivement ; étamines dressées.

Fruit de mi-saison, se conserve et s'expédie bien. Grappes grandes, longues, minces, effilées avec une seule épaule proéminente ; pédicelle mince, lisse ; pinceau de couleur ambre. Baies de calibre moyen, rondes, jaune-vert pâle tirant sur l'ambre, certaines présentant une teinte bronze à fine pruine, persistantes, fermes ; peau parsemée de petits points sombres, fins, coriaces, adhérents ; chair vert pâle, translucide, juteuse, fine, tendre, vineuse, sucrée, de saveur agréable ; haute qualité. Graines libres, une, deux ou parfois trois, petites, courtes, pointues, brunes.

MARGUERITE PRÉCOCE

(Labrusque)

Les qualités de Early Daisy rendent la variété plus que banale. Sa précocité le félicite, la période de maturation étant huit à dix jours plus précoce que Champion ou Moore Early, ce qui en fait l'une des variétés les plus précoces. Pour un raisin qui mûrit à sa saison, il se conserve et s'expédie bien. Early

Daisy semble être aussi désirable que Hartford ou Champion. La variété est originaire de John Kready , Mount Joy, Pennsylvanie, en 1874, en tant que semis de Hartford.

Vigne vigoureuse, rustique, donne des récoltes équitables. Cannes de longueur moyenne, nombreuses, minces, brun rougeâtre ; nœuds élargis, aplatis ; vrilles continues, bifides. Feuilles petites, vert clair ; face supérieure rugueuse; face inférieure légèrement pubescente, recouverte de toile d'araignée ; lobes manquant ou légèrement trois ; sinus pétiolaire profond, étroit ; dents peu profondes, étroites. Fleurs presque autostériles.

Fruits précoces. Grappes petites à moyennes, souvent émoussées aux extrémités, cylindriques, parfois mono-épaulées, compactes ; pédicelle court, mince, lisse ; pinceau rougeâtre, mince. Baies de taille moyenne, rondes, noir terne, couvertes d'une forte pruine, persistantes ; peau dure, pigment rouge violacé; chair coriace, solide, aromatique, acidulée à la peau, acide au centre ; inférieure en saveur et en qualité. Graines nombreuses, adhérentes, de taille moyenne, brun foncé.

DÉBUT DE L'OHIO

(Labrusque)

Le début de l'Ohio est remarquable, principalement parce qu'il est l'un des premiers raisins commerciaux. Le fruit ressemble à celui du Concord, dont il s'agit probablement d'un plant. Malgré de nombreux défauts, le Early Ohio est cultivé assez couramment, bien que sa culture soit en déclin. La variété a été trouvée en 1882 par RA Hunt, Euclid, Ohio, entre les rangées de Delaware et Concord.

Vigne faible, tendre, généralement improductive. Cannes courtes, fines, brunes avec une teinte rouge ; nœuds élargis, aplatis ; entre-nœuds courts ; vrilles continues, courtes, bifides. Feuilles de taille intermédiaire ; face supérieure vert clair, terne, lisse ; face inférieure vert pâle teinté de bronze, pubescente ; lobes manquant ou un à trois, terminal un aigu ; sinus pétiolaire peu profond, large ; sinus basal généralement absent ; sinus latéral peu profond, étroit ; dents peu profondes. Fleurs autofertiles, ouvertes à mi-saison ; étamines dressées.

Fruit très précoce, se conserve mal. Grappes de taille moyenne, effilées ; pédicelle mince avec quelques petites verrues ; pinceau fin, teinté de rouge. Baies de taille variable, rondes, noir violacé, brillantes à floraison abondante, persistantes, fermes ; adhérent à la peau, astringent ; chair verte, translucide, juteuse, coriace, aromatique ; de mauvaise qualité. Graines adhérentes, une à quatre, dentelées, brunes à pointes brun jaunâtre.

PREMIER VAINQUEUR

(Labrusca, Bourquinienne ?)

Early Victor est de la plus haute qualité parmi les premiers raisins noirs. Cela plaît particulièrement à ceux qui s'opposent au caractère rusé si marqué chez Hartford et Champion. Si la saison était quelques jours plus tôt et si les grappes et les baies étaient un peu plus grosses, Early Victor serait le meilleur raisin pour démarrer la saison des raisins. Les vignes sont rustiques, saines, vigoureuses et productives, avec une croissance et un feuillage ressemblant à Hartford, qui est probablement l'un de ses parents, le Delaware étant l'autre. Les grappes sont petites, compactes, de forme variable et les baies ont à peu près la taille et la forme de celles du Delaware. Sa saison est celle du Moore Early ou un peu plus tard, même si, comme beaucoup de raisins noirs, le fruit se colore avant qu'il ne soit mûr et est souvent cueilli trop vert. Malheureusement, le fruit est sensible à la pourriture noire et se ratatine après maturation. John Burr, Leavenworth, Kansas, a cultivé pour la première fois Early Victor vers 1871.

Vigne vigoureuse, rustique, saine, productive. Cannes longues, nombreuses, minces, brun foncé, pubescentes en surface ; nœuds agrandis ; entre-nœuds longs ; vrilles continues, bifides, parfois trifides. Feuilles épaisses ; face supérieure vert foncé, lisse ; face inférieure blanche, fortement pubescente ; lobes trois à cinq, terminal un aigu ; sinus pétiolaire intermédiaire en profondeur et en largeur ; sinus basal peu profond et large lorsqu'il est présent ; sinus latéral étroit. Fleurs semi-stériles, ouvertes à mi-saison ; étamines dressées.

Fruit très précoce, se conserve mal. Grappes petites, de forme variable, cylindriques, souvent à une seule épaule, compactes ; pédicelle court, couvert de nombreuses petites verrues ; pinceau couleur vin ou rouge rosé. Baies petites, rondes, noir violacé foncé, ternes à floraison abondante, persistantes ; peau fine, dure, adhérente, contient beaucoup de pigment rouge, astringente ; chair blanc verdâtre, opaque, à grain fin, aromatique, vineuse ; bien. Graines adhérentes, une à quatre, larges, échancrées, obtuses, brun foncé.

EATON

(Labrusque)

Eaton (<u>Planche XIV</u>) est un semis de race pure de Concord qu'il surpasse en apparence mais n'égale pas en qualité de fruit. La chair est dure et filandreuse, et bien que douce au niveau de la peau, elle est acide au niveau des graines et a le même côté rusé qui caractérise le Concord, mais avec plus de jus et moins de richesse, de sorte qu'elle est bien décrite comme un Concord « dilué ». La peau du raisin est très similaire à celle du Concord, et les fruits sont emballés, expédiés et conservés à peu près de la même manière, peut-être pas aussi bien en raison de la plus grande quantité de jus. La saison est quelques jours plus tôt que Concord. La vigne est semblable en tous points à celle de son parent. Les raisins mûrissent de manière inégale, les fleurs sont autostériles et, dans certaines régions, la vigne est timide. La variété n'a trouvé la faveur ni du producteur ni du consommateur. Eaton est né avec Calvin Eaton, Concord, New Hampshire, vers 1868.

Vigne vigoureuse, rustique, saine, productive. Cannes épaisses, brun clair à pruine bleue ; nœuds élargis, aplatis ; entre-nœuds courts ; vrilles continues, longues, bifides ou trifides. Feuilles grandes, rondes, épaisses ; face supérieure vert foncé; face inférieure teintée de bronze, fortement pubescente ; lobes trois, terminal un aigu ; sinus pétiolaire peu profond, large ; sinus basal généralement absent ; sinus latéral peu profond, étroit, souvent échancré ; dents peu profondes. Fleurs semi-stériles, précoces ; étamines dressées.

Fruits de mi-saison. Grappes grandes, courtes, larges, émoussées, parfois à double épaule, compactes ; pédicelle long, épais, lisse ; pinceau fin, vert pâle. Baies grosses, rondes, noires à floraison abondante, persistantes, fermes ; peau dure, adhérente, pigmentée rouge violacé, astringente ; chair verte, translucide, juteuse, coriace, filandreuse, rusée ; juste en qualité. Graines adhérentes, une à quatre, larges, échancrées, dodues, émoussées.

ÉCLIPSE

(Labrusque)

Eclipse (Planche XV) est un semis de Niagara et, par conséquent, un descendant de Concord auquel il ressemble, différant principalement par ses fruits plus précoces et de meilleure qualité. Malheureusement, les grappes et les baies sont petites. Les vignes sont à peine surpassées par celles de tout autre cépage, étant rustiques, saines et productives, des qualités qui devraient les recommander pour les vignobles commerciaux. Les fruits mûrs restent accrochés aux vignes pendant un certain temps sans se détériorer et les raisins ne se fissurent pas par temps humide. La récolte mûrit plusieurs jours plus tôt que celle de Concord. Eclipse est originaire de EA Riehl, Alton, Illinois, à partir de graines plantées vers 1890.

Vigne vigoureuse, rustique, productive. Cannes de longueur moyenne, brun rougeâtre foncé ; nœuds agrandis ; vrilles continues, longues, bifides. Feuilles grandes ; face supérieure vert foncé; face inférieure blanche avec une teinte bronze, fortement pubescente ; lobes manquants ou trois avec un terminal aigu ; sinus pétiolaire profond, étroit ; sinus basal généralement absent ; sinus latéral étroit, souvent échancré ; dents peu profondes, étroites. Fleurs autostériles, ouvertes à mi-saison ; étamines réfléchies.

Fruit précoce, se conserve bien. Grappes de taille moyenne, larges, effilées, souvent à une seule épaule, compactes ; pédicelle court, épais, couvert de petites verrues ; pinceau long, vert pâle. Baies, grosses, ovales, noir terne, à floraison abondante, persistantes, fermes ; peau tendre, légèrement adhérente, astringente ; chair vert pâle, translucide, juteuse, tendre, à grain fin, rusée, sucrée ; bien. Graines libres, une à quatre, courtes, larges, nettement échancrées, émoussées, brunes.

EDEN

(Rotundifolia, Munsoniana ?)

Eden est intéressant comme cépage polyvalent pour le Sud et est intéressant comme l'un des rares hybrides supposés avec *V. rotundifolia* . Il s'agit probablement d'un hybride entre l'espèce nommée et *le V. Munsoniana* , un autre cépage sauvage du sud. La vigne est extrêmement vigoureuse et productive et prospère sur des sols argileux, alors que la plupart des autres Rotundifolias ne peuvent être cultivées avec succès que sur des terres sableuses. Eden a été retrouvée il y a quelques années dans les locaux du Dr Guild, près d'Atlanta, en Géorgie.

Vigne très vigoureuse, productive, saine et portant un feuillage dense. Cannes de couleur plus foncée que la plupart des autres Rotundifolias . Feuilles de taille et d'épaisseur moyennes, plus longues que larges ; sinus pétiolaire large ; dents marginales arrondies ; extrémité des feuilles émoussée. Fleurs parfaites.

Fruit précoce, première et deuxième récolte distinctes, mûrissant uniformément. Grappes grosses, lâches, portant de cinq à vingt-cinq baies qui adhèrent assez bien aux pédicelles. Baies rondes, d'un demi-pouce de diamètre, noir terne, légèrement mouchetées ; peau fine et tendre; chair douce, juteuse, vert pâle, vive ; bonne qualité.

ELDORADO

(Labrusca, Vinifera)

Le fruit de l'Eldorado est délicatement parfumé, avec un arôme et un goût distincts et mûrit à peu près avec celui du Moore Early, une époque où il existe peu d'autres bons raisins blancs. Les vignes héritent de la plupart des qualités du Concord, l'un de ses parents, à l'exception de sa capacité à produire de grandes récoltes. Même avec une pollinisation croisée, l'Eldorado ne supporte parfois pas et ne vaut pas la peine d'être cultivé à moins d'être planté dans un vignoble mixte. Les grappes sont si souvent petites et dispersées dans les meilleures conditions que la variété ne peut être fortement recommandée à l'amateur ; pourtant sa saveur délicieuse et sa précocité le recommandent. JH Ricketts, Newburgh, New York, a cultivé l'Eldorado vers 1870 à partir de graines de Concord fécondées par l'Allen's Hybrid.

Vigne vigoureuse, rustique, au porteur incertain. Cannes longues, peu nombreuses, épaisses, aplaties, brun rougeâtre brillant ; nœuds élargis, aplatis ; vrilles intermittentes, rarement continues, bifides ou trifides. Feuilles grandes à moyennes, irrégulièrement rondes, vert foncé ; face supérieure rugueuse sur les feuilles plus âgées ; face inférieure teintée de brun, pubescente ; lobes manquant ou légèrement trois ; sinus pétiolaire profond ; dents peu profondes. Fleurs autostériles, ouvertes tardivement ; étamines réfléchies.

Fruit précoce, se conserve bien. Les grappes ne se fixent pas toujours parfaitement et sont de taille variable, souvent à une seule épaule ; pédicelle court, mince, lisse ; pinceau court, jaune. Baies grosses, rondes, vert jaunâtre virant au jaune doré, couvertes d'une fine pruine ; chair tendre, rusée, sucrée, douce et très savoureuse; bonne à très bonne qualité. Graines de taille et de longueur intermédiaires, émoussées, brun jaunâtre.

ELVIRE

(Vulpine , Labrusca)

Bien qu'il n'ait jamais atteint la popularité dans le Nord, l'Elvira (<u>Planche XVI</u>), après son introduction dans le Missouri il y a une quarantaine d'années, a atteint le sommet de sa popularité en tant que raisin de cuve dans le Sud. Les qualités qui le louaient étaient : une grande productivité ; précocité, maturation au Nord avec Concord ; extrêmement bonne santé, étant presque indemne de maladies fongiques ; grande vigueur, comme en témoigne une croissance forte et trapue et un feuillage abondant ; et une rusticité presque parfaite même aussi loin au nord que le Canada. Ses bonnes qualités sont contrebalancées par deux défauts : une peau fine qui éclate facilement, l'excluant ainsi totalement des marchés lointains ; et la saveur et l'apparence ne sont pas suffisamment bonnes pour en faire un raisin de table. Elvira est originaire de Jacob Rommel, Morrison, Missouri, d'une graine de Taylor.

Vigne vigoureuse, rustique, saine, productive. Cannes nombreuses, brun foncé ; nœuds aplatis ; entre-nœuds courts ; vrilles continues, trifides ou bifides. Feuilles grandes, fines ; face supérieure vert clair, pubescente, poilue ; lobes manquants ou un à trois avec extrémité aiguë ; sinus pétiolaire profond, étroit, parfois fermé et chevauchant ; sinus basal généralement absent ; sinus latéral peu profond, souvent entaillé ; dents profondes, larges. Fleurs autofertiles, ouvertes tôt ; étamines dressées.

Fruit de mi-saison, se conserve mal. Grappes courtes, cylindriques, généralement à une seule épaule, compactes ; pédicelle lisse ; pinceau court, jaune verdâtre avec une teinte brune. Baies de taille moyenne, rondes, vertes avec une teinte jaune, ternes avec une fine floraison, fermes ; peau très fine, tendre, adhérente, astringente ; chair verte, juteuse, à grain fin, tendre, rusée, sucrée ; juste en qualité. Graines libres, une à quatre, moyennes à grosses, émoussées, dodues, brun foncé.

EMPEREUR

(Vinifère)

L'Empereur est l'un des cépages standards du versant du Pacifique, étant l'un des piliers des vallées intérieures. Sur la côte et dans le sud de la Californie, son port est irrégulier et sur la côte, les fruits ne mûrissent souvent pas. Il est principalement cultivé dans la vallée de San Joaquin. On ne pouvait guère s'attendre à ce qu'il mûrisse, même dans les régions viticoles les plus favorisées de l'Est. La brève description suivante est compilée :

Vigne forte, saine et productive. Feuilles très grandes, à cinq lobes peu profonds ; dents courtes et obtuses ; de couleur vert clair; glabre dessus, laineux dessous. Grappes très grandes, lâches, parfois enclines à être éparses, longuement coniques. Baies grosses, violet terne, ovales ; chair ferme et croustillante; peau épaisse; saveur et qualité bonnes. Mûrit tardivement, se conserve et s'expédie bien.

ÉTAT DE L'EMPIRE

(Vulpina , Labrusca, Vinifera)

L'Empire State (planche XVII) rivalise avec Niagara et Diamond pour la suprématie parmi les raisins verts. Le cépage est aussi vigoureux en croissance, aussi exempt de parasites, et sur des vignes du même âge, il est aussi productif, mais il est moins rustique, et les raisins ne sont pas aussi attrayants en apparence que ceux des autres cépages nommés. En particulier, les grappes sont petites dans certaines localités, défaut qui ne peut être comblé que par une taille sévère ou par un éclaircissage. La qualité est très bonne, se rapprochant de la saveur des raisins de l' Ancien Monde , son léger goût sauvage évoquant celui des Muscats. L'Empire State mûrit tôt, reste longtemps sur la vigne et se conserve bien après la cueillette sans perdre sa saveur. Ce raisin est originaire de James H. Ricketts, Newburgh, New York, et a porté ses premiers fruits en 1879.

Vigne vigoureuse, un peu tendre. Cannes courtes, peu nombreuses, minces, brunâtres ; nœuds agrandis ; entre-nœuds courts ; vrilles intermittentes, bifides. Feuilles petites ; face supérieure vert clair, brillante, lisse ou quelque peu rugueuse ; face inférieure teintée de bronze, fortement pubescente ; lobes trois à cinq lorsqu'ils sont présents, un terminal acuminé ; sinus pétiolaire profond, étroit, souvent fermé et chevauchant ; sinus basal variable en profondeur et en largeur ; sinus latéral profond, étroit, souvent élargi à la base ; dents profondes, larges. Fleurs autofertiles, ouvertes tardivement ; étamines dressées.

Fruit de mi-saison, se conserve bien. Grappes grandes, longues, minces, cylindriques, souvent à une seule épaule, compactes ; pédicelle mince avec de petites verrues ; pinceau court, vert clair. Baies moyennes ou petites, rondes, vert jaunâtre pâle, couvertes d'une fine pruine, persistantes, fermes ; peau épaisse, adhérente à la pulpe, légèrement astringente ; chair vert jaunâtre pâle, translucide, juteuse, à grain fin, tendre, agréablement parfumée ; bon à très bon. Graines adhérentes, une à quatre, petites, larges, échancrées, courtes, obtuses, dodues, brunes.

PLANCHE XXVII. — Salem ($\times\,2\,/\,3$).

Etta

(Vulpine , Labrusca)

En apparence, goût et texture du fruit, Etta ressemble beaucoup à Elvira, dont elle est un plant. Les petites grappes jaunes qui caractérisent Elvira sont reproduites dans Etta, qui diffère principalement par une épaule aussi grande que la grappe principale elle-même et par une meilleure saveur, dépourvue du léger côté roussâtre d'Elvira. La vigne est très vigoureuse, rustique et très productive. Le fruit mûrit avec celui de Catawba. La tendance d'Elvira à craquer et à devenir envahissante a incité le créateur de cette variété, Jacob Rommel, Morrison, Missouri, à essayer un raisin sans ces défauts, et le résultat a été Etta à partir de graines d'Elvira. Le fruit a été exposé pour la première fois en 1879.

Vigne très vigoureuse, rustique, productive. Cannes longues, nombreuses, brun clair à foncé ; vrilles continues, bifides. Feuilles grandes, épaisses ; face supérieure vert foncé, brillante, lisse ; face inférieure vert pâle, légèrement toile d'araignée. Fleurs autofertiles, précoces ; étamines dressées.

Fruit tardif, se conserve bien. Grappes petites, courtes, larges, irrégulièrement cylindriques, généralement avec une épaule courte et unique mais parfois si fortement épaulée qu'elle forme une double grappe, très compacte. Baies petites, rondes, vert pâle, ternes avec une fine floraison, se brisant lorsqu'elles sont trop mûres, fermes ; peau fine et tendre; chair juteuse, à grain fin, coriace, filandreuse, légèrement rusée, douce ; juste en qualité. Sans graines, longues, obtuses, brunes.

EUMÉLAN

(Labrusca, Vinifera, Æstivalis)

Washington

Les bonnes qualités d' Eumelan sont : des vignes au-dessus de la moyenne en vigueur, en rusticité et en productivité ; grappes et baies bien formées, de bonne taille et de belle couleur ; chair tendre, se dissolvant sous une légère pression dans un jus semblable à du vin; et une saveur pure, riche, sucrée, vineuse. La saison est précoce, mais le fruit se conserve bien mieux que celui de la plupart des autres raisins qui mûrissent avec lui et devient donc un raisin de mi-saison et tardif. Les défauts de la variété sont la sensibilité au mildiou, les fleurs autostériles et la difficulté de propagation. Ce dernier caractère a grandement gêné sa culture, car les vignes ne peuvent être sécurisées qu'à un coût supplémentaire et les pépiniéristes sont réticents à cultiver ce cépage. Eumelan peut être recommandé aux cultivateurs amateurs. Il s'agit d'un semis fortuit qui a poussé à partir d'une graine, vers 1847, dans la cour de M. Thorne, à Fishkill Landing, New York.

Vigne vigoureuse, rustique, productive. Cannes nombreuses, couvertes de fleurs ; nœuds agrandis ; entre-nœuds courts ; vrilles intermittentes, longues, trifides ou bifides. Feuilles grandes ; face supérieure vert foncé, brillante, lisse ; face inférieure vert pâle, lisse ; lobes généralement trois avec un terminal aigu ; sinus pétiolaire profond, de largeur variable ; sinus basal généralement absent ; sinus latéral peu profond, étroit ; dents peu profondes. Fleurs autostériles, ouvertes à mi-saison ; étamines réfléchies.

Fruit précoce, se conserve jusqu'à la fin de l'hiver. Grappes longues, minces, effilées, souvent avec une épaule unique, longue et lâche ; pédicelle court, mince avec quelques petites verrues ; pinceau court, trapu, vert pâle. Baies de taille moyenne, rondes, noires, brillantes à fine floraison, persistantes, fermes ; peau dure, adhérente au pigment lie-de-vin, astringente ; chair vert foncé, juteuse, fine, tendre, filandreuse, épicée et aromatique, sucrée ; bien. Graines adhérentes, une à quatre, grosses, larges, obtuses, dodues, brunes.

FOI

(Vulpine , Labrusca)

Bien que considérée comme un raisin recherché dans certaines régions, la foi a peu de valeur dans la plupart des localités. Le fruit est d'apparence peu attrayante et la qualité n'est pas élevée. Si la variété a un caractère particulièrement bon, c'est bien celui de la productivité. Les fleurs poussent si tôt qu'elles souffrent souvent des gelées printanières. Faith est de la même race qu'Etta et du même auteur, Jacob Rommel, Morrison, Missouri, tous deux issus de la semence d'Elvira.

Vigne vigoureuse, rustique, saine, productive. Cannes longues, nombreuses, épaisses, cylindriques ; nœuds proéminents ; entre-nœuds longs ; vrilles continues, bifides. Feuilles grandes, vert foncé ; face supérieure vert foncé, terne ; face inférieure vert grisâtre, finement pubescente ; lobes manquant ou faibles ; dents peu profondes, larges. Fleurs autostériles à partiellement autofertiles, s'ouvrant tôt ; étamines dressées.

Fruit précoce, ne se conserve pas bien. Grappes de taille moyenne, de longueur variable, généralement minces, souvent fortement mono-épaulées, lâches ; pédicelle court, mince, verruqueux ; pinceau vert pâle, mince. Baies petites, rondes, vert terne, souvent teintées de jaune virant à l'ambre pâle, à floraison abondante, persistantes, molles ; peau fine, adhérente, astringente ; chair juteuse, tendre, agréablement parfumée ; de qualité passable à bonne. Graines nombreuses, larges, brun foncé.

FEHER SZAGOS

(Vinifère)

Cette variété réussit plutôt bien à Genève, New York, donnant des fruits d'excellente qualité. Il présente deux défauts, une couleur terne des baies et des grappes irrégulières. Cela vaut la peine d'essayer à l'Est. On dit que Feher Szagos produit un très bon raisin sec en Californie et apparaît généralement dans les listes de raisins de table de cet État.

Vignes vigoureuses, à porteurs quelque peu incertains. Feuilles ouvertes pubescentes, rouges sur les bords et teintées de rouge sur la face supérieure. Les fleurs ont des étamines dressées. Les fruits mûrissent généralement la première semaine d'octobre et ne se conservent pas bien en stockage ; grappes grandes à moyennes, larges, lâches, souvent irrégulières en raison d'une mauvaise nouaison ; baies grosses, ovales à elliptiques, vert plutôt terne, à fine pruine ; peau épaisse, tendre, neutre ; chair verdâtre, translucide, juteuse, charnue, tendre, sucrée ; qualité du meilleur; sans graines.

FOUGÈRE MUNSON

(Lincecumii , Vinifera , Labrusca)

Admirable, Fougère, Hilgarde , Munson's No. 76

La Fern Munson est un cépage méridional non adapté aux régions septentrionales, 40° de latitude nord étant sa limite d'adaptation. Les fruits présentent de très bons caractères, comme une apparence attrayante, une qualité agréable et des graines et une peau irréprochables. Les vignes sont vigoureuses et productives, mais le feuillage n'est pas sain bien que très abondant. Cette variété est originaire de TV Munson, Denison, Texas, à partir de graines de Post-oak avec un mélange de pollen. La graine a été plantée en 1885 et la variété a été introduite par le créateur en 1893.

Vigne vigoureuse, d'une rusticité douteuse. Cannes longues, nombreuses, épaisses, brun foncé avec une légère teinte rouge ; vrilles intermittentes, bifides. Feuilles grandes, épaisses ; face supérieure rugueuse et fortement ridée ; face inférieure terne, vert pâle avec une teinte bronze, légèrement pubescente. Fleurs semi-fertiles, ouvertes très tard ; étamines dressées.

Fruit tardif, se conserve bien. Grappes grandes, irrégulièrement effilées, généralement à une seule épaule, souvent avec de nombreux fruits avortés. Baies grosses, rondes, légèrement aplaties, noir violacé foncé, brillantes, couvertes d'une fine pruine, fortement persistantes, fermes ; peau fine, dure, astringente ; chair juteuse, coriace, ferme, à grain fin, vineuse, vivement subacide ; bien. Graines adhérentes, larges.

FLAMME TOKAY

(Vinifère)

C'est le principal cépage maritime du versant du Pacifique où il est partout cultivé sous le nom de « Tokay », avec plusieurs termes modificateurs, comme « Flamme », « Flamme-colored » et « Flaming ». Le fruit n'est pas particulièrement de haute qualité ni d'apparence attrayante, mais il est expédié et se conserve bien, qualités qui le rendent populaire dans les vignobles commerciaux. La description est compilée.

Vigne très vigoureuse, à croissance luxuriante de cannes, de pousses et de feuilles ; très productif; bois brun foncé, droit avec de longs joints. Feuilles vert foncé avec une teinte brune ; légèrement lobé. Bouquets très gros, pesant parfois huit ou neuf livres, moyennement compacts ; épaulé. Baies grosses, oblongues, rouges à maturité, couvertes de fleurs lilas ; chair ferme, croquante, sucrée ; qualité bonne. Saison tardive, se conserve et est bien expédié.

FLEURS

(Rotundifolia)

Flowers est une Rotundifolia tardive de couleur foncée très populaire dans les Carolines. Le cépage se distingue par ses vignes vigoureuses et productives, ses grosses grappes de fruits et ses raisins qui s'accrochent exceptionnellement bien à la grappe pour une variété de cette espèce. La récolte mûrit en Caroline du Nord en octobre et novembre. Le fruit n'a de valeur que pour le vin et le jus de raisin, et n'est guère recommandé pour les desserts. Des fleurs ont été trouvées dans un marais près de Lamberton, en Caroline du Nord, il y a plus de cent ans par William Flowers. Des fleurs améliorées, probablement un semis de fleurs, ont été trouvées près de Whiteville, en Caroline du Nord, vers 1869. Elles diffèrent de leur supposé parent par une vigne plus vigoureuse et plus productive et des grappes plus grandes, dont les baies s'accrochent encore plus tenacement.

Vigne vigoureuse, saine, dressée, ouverte, très productive. Cannes longues, fines, nombreuses. Feuilles variables mais de taille moyenne moyenne, plus longues que larges, pointues, cordées, épaisses, vert foncé, lisses, coriaces ; marges fortement dentelées; fleurs parfaites.

Fruit très tardif, se conserve bien. Grappes, grandes, composées de dix à vingt-cinq baies. Baies grosses, rondes-oblongues, violettes ou noir violacé, bien accrochées à la tige de la grappe ; peau épaisse, dure, légèrement marquée de points ; pulpe blanche, dépourvue de jus, dure, sucrée, de saveur austère ; médiocre pour un raisin de table mais excellent pour le jus de raisin.

GAERTNER

(Vinifère, Labrusca)

Les baies et les grappes du Gaertner sont grosses et joliment colorées, ce qui en fait un raisin très voyant. La plante est vigoureuse, productive et aussi rustique que n'importe quel hybride entre Labrusca et Vinifera. Au vu de ces qualités, le Gaertner n'a pas reçu l'attention qu'il mérite, probablement parce qu'il est plus capricieux quant aux sols que certains autres de ses hybrides apparentés. En tant que raisin de marché, le cépage présente les défauts d'une maturation inégale et d'une mauvaise expédition. Le fruit se conserve bien et cela, avec les qualités souhaitables notées, en fait un excellent raisin pour le vignoble local. Le Gaertner est souvent comparé au Massasoit, les deux variétés étant très similaires en termes de caractères fruitiers, mais le Gaertner est de qualité nettement meilleure que le Massasoit. La variété est originaire d'ES Rogers, Salem, Massachusetts. Sa première mention remonte à 1865.

Vigne vigoureuse, rustique sauf hivers rigoureux, productive. Cannes longues, brun rougeâtre foncé, surface recouverte d'une fine pruine ; vrilles continues, bifides ou trifides. Feuilles de taille moyenne, rondes ; face supérieure vert foncé; face inférieure vert pâle, pubescente. Fleurs autostériles, ouvertes tardivement ; étamines réfléchies.

Fruit de mi-saison, à maturité inégale, se conserve assez bien. Grappes de taille moyenne, courtes, cylindriques, généralement à une seule épaule mais parfois à double épaule, lâches avec de nombreux fruits avortés. Baies grosses, rondes-ovales, rouge clair à foncé, brillantes, couvertes de pruine, persistantes ; peau fine et tendre; chair vert pâle, juteuse, à grain fin, coriace, filandreuse, agréablement vineuse ; bon à très bon. Graines libres, grosses, larges, nettement échancrées, brunes.

GENÈVE

(Vinifère, Labrusca)

Genève est surpassé en qualité par tant d'autres raisins de sa saison qu'il n'est jamais devenu populaire, bien qu'il ait beaucoup à recommander. La vigne est vigoureuse et productive, quoique peu rustique, et les baies et grappes sont attrayantes ; le fruit est presque transparent et il y a si peu de floraison que les raisins sont d'un vert brillant ou irisés au soleil ; les baies adhèrent bien à la tige et le fruit se conserve exceptionnellement bien. Genève est originaire de Jacob Moore, Brighton, New York, à partir de graines plantées en 1874 à partir d'une vigne hybride fécondée par Iona.

Vigne vigoureuse, saine, productive. Cannes couvertes d'une fine pruine ; vrilles intermittentes ou continues, bifides ou trifides. Feuilles de taille moyenne ; face supérieure vert clair, terne ; face inférieure blanc grisâtre, pubescente ; lobes trois à cinq, aigus ; sinus pétiolaire, peu profond, large ; dents peu profondes, étroites. Fleurs autostériles ou partiellement fertiles, ouvertes tardivement ; étamines dressées.

Fruit de mi-saison, s'expédie bien et se conserve jusqu'à l'hiver. Grappes grosses, émoussées aux extrémités, généralement non épaulées, avec de nombreux fruits avortés ; pédicelle long, mince, lisse ; pinceau long, vert. Baies grosses, ovales, vert terne virant au jaune pâle avec une fine floraison ; peau épaisse, dure, non pigmentée ; chair vert pâle, tendre, moelleuse, vineuse, sucrée à la peau mais acidulée au centre ; passable à bon. Graines de taille et de longueur moyennes.

GOETHE

(Vinifère, Labrusca)

De tous les hybrides de Rogers, Goethe présente le plus les caractères Vinifera, ressemblant en apparence au Malaga blanc d'Europe, et n'étant pas loin des meilleurs raisins de l'Ancien Monde en termes de qualité. Mais la variété est difficile à cultiver, surtout là où les saisons ne sont pas assez longues pour atteindre sa pleine maturité. La vigne est vigoureuse à l'excès ; il est assez immunisé contre la moisissure, la pourriture et d'autres maladies ; et là où cela réussit, les vignes portent si librement que l'éclaircissage devient une nécessité. Ajouté à une qualité élevée, ce qui en fait un excellent raisin de table, Goethe se conserve bien. Goethe a été mentionné pour la première fois en 1858 sous le nom de Rogers n°1.

Vigne vigoureuse, rustique. Cannes courtes, brun foncé ; nœuds élargis, aplatis ; entre-nœuds courts ; vrilles continues ou intermittentes, longues, bifides à trifides. Feuilles irrégulièrement rondes, fines ; face supérieure vert clair, brillante ; face inférieure vert pâle, pubescente ; feuille généralement non lobée, extrémité largement aiguë ; sinus pétiolaire étroit, fermé et chevauchant ; sinus basal généralement absent ; sinus latéral peu profond, souvent une encoche ; dents peu profondes, étroites. Fleurs en partie autofertiles, ouvertes à mi-saison ; étamines dressées.

Fruit tardif, se conserve bien. Grappes courtes, larges, effilées, souvent à une seule épaule, généralement deux grappes à tirer ; pédicelle long, épais avec de nombreuses verrues bien visibles ; pinceau long, mince, brun jaunâtre. Baies très grosses, ovales, rouge pâle recouvertes d'une fine pruine, persistantes ; peau fine, tendre, adhérente, légèrement astringente ; chair vert pâle, translucide, tendre au goût de Vinifera ; très bien. Graines adhérentes, une à trois, grosses, longues, dentées, émoussées, brunes.

PIÈCE D'OR

(Æstivalis , Labrusca)

Dans le Sud, où seul il prospère, le Gold Coin est une belle variété marchande de très bonne qualité. Les vignes sont productives et exceptionnellement exemptes d'attaques de maladies fongiques. La variété est originaire de TV Munson, Denison, Texas, à partir de graines de Cynthiana ou Norton pollinisées par Martha et a été introduite par l'auteur en 1894.

Vigne vigoureuse, rustique, productive. Cannes minces, nombreuses ; vrilles continues, parfois intermittentes, trifides ou bifides. Feuilles de taille moyenne ; face supérieure vert clair, légèrement rugueuse ; face inférieure vert pâle, teintée de bronze, fortement pubescente. Fleurs autofertiles ; étamines dressées.

Fruit tardif à mi-saison, se conserve longtemps. Grappes moyennes à petites, généralement à une seule épaule. Baies grandes, rondes-ovales, vert jaunâtre avec une trace distincte d'ambre rougeâtre, à fine floraison, généralement persistantes ; peau couverte de petits points bruns épars, fins, coriaces ; chair légèrement aromatique, acidulée de la peau au centre ; bien. Graines libres, nombreuses, de taille moyenne.

VERT PRÉCOCE

(Labrusca, Vinifera)

Green Early est un cépage blanc venant en saison avec Winchell, qui le surpasse dans la plupart des caractères, en particulier en termes de qualité. Green Early a été découvert en 1885, poussant au bord d'un fossé près d'un vignoble de Concord, sur un terrain appartenant à OJ Green, Portland, New York.

Vigne vigoureuse, rustique, productive. Cannes variables en longueur et en épaisseur, brun rougeâtre foncé ; nœuds élargis, aplatis ; entre-nœuds courts ; vrilles continues, parfois intermittentes, bifides ou trifides. Feuilles de taille variable, vert moyen ; face supérieure vert foncé, brillante ; face inférieure vert pâle, pubescente ; lobes manquant ou légèrement cinq ; dents peu profondes, étroites ; étamines dressées.

Fruit précoce, ne se conserve pas bien. Grappes variables en taille, longueur et largeur, parfois à une seule épaule, variable en compacité. Baies grosses, ovales, vert clair teinté de jaune, à fine floraison, persistantes, molles ; peau fine, tendre, sujette aux gerçures ; chair dure et aromatique, douce au niveau de la peau mais acide au centre ; juste en qualité. Graines de taille moyenne, de longueur et de largeur, pointues.

GREIN DORÉ

(Vulpine , Labrusca)

Le Grein Golden ressemble beaucoup au Riesling, mais la vigne est beaucoup plus forte en croissance. Pour une variété du groupe Taylor, les grappes et les baies sont grandes et uniformes, ce qui, avec la couleur attrayante des baies, en fait un fruit des plus beaux. La saveur, cependant, n'est pas du tout agréable, étant un mélange inhabituel de douceur et d'acidité très désagréable pour la plupart des palais. La qualité du fruit le condamne à la consommation, même s'il est réputé donner un très bon vin blanc. Nicholas Grein , Hermann, Missouri, a cultivé pour la première fois Grein Golden vers 1875.

Vigne vigoureuse, rustique, productive. Cannes longues, nombreuses, minces, brun rougeâtre foncé ; nœuds élargis, aplatis ; entre-nœuds longs ; vrilles intermittentes, trifides ou bifides. Feuilles grandes, épaisses ; face supérieure vert foncé, terne, lisse ; face inférieure vert pâle, légèrement pubescente ; lobes manquants ou un à trois avec extrémité aiguë ; sinus pétiolaire profond, étroit ; sinus basal généralement absent ; sinus latéral peu profond, large, obscur ; les dents profondes. Fleurs autostériles, ouvertes à mi-saison ; étamines réfléchies.

Fruits de mi-saison. Grappes grandes, longues, larges, effilées, irrégulières, souvent fortement mono-épaulées, lâches ; pédicelle avec quelques verrues peu visibles ; pinceau fin, vert pâle. Baies de taille uniforme, grosses, rondes, jaune doré, brillantes avec une fine floraison, persistantes ; peau très fine, tendre ; chair verte, translucide, très juteuse, tendre, vineuse ; bien. Graines libres, une à quatre, larges, dodues, brun clair.

GROS COLMAN

(Vinifère)

Dodrelabi

Le Gros Colman a la réputation d'être le plus beau raisin de table noir cultivé. C'est l'un des raisins de serre préférés en Angleterre et en Amérique de l'Est et il est couramment cultivé en extérieur en Californie. Le cépage est remarquable par ses baies les plus grosses de tous les raisins ronds, portées en grappes immenses, et par sa longue conservation, bien que les peaux tendres se fissurent parfois. La description suivante est compilée :

Vigne vigoureuse, saine et productive ; bois brun foncé. Feuilles très grandes, rondes, épaisses, mais légèrement lobées ; dents courtes et émoussées ; glabre dessus, laineux dessous. Grappes très grandes, courtes, bien remplies mais plutôt lâches ; baies très grosses, rondes, bleu foncé ; peau épaisse mais tendre ; chair ferme, croquante, sucrée et bonne ; qualité pas de la plus haute. Assaisonnez tardivement et les fruits se conservent longtemps.

HARTFORD

(Labrusque)

La vigne de Hartford peut être bien caractérisée par ses bonnes qualités, mais le fruit est mieux décrit par ses défauts, à cause desquels la variété est abandonnée. Les plantes sont vigoureuses, prolifiques, saines et les fruits sont portés tôt dans la saison. Les cannes sont remarquables par leur robustesse et par les courbures au niveau des articulations. Les grappes ne sont pas désagréables, mais la qualité du fruit est faible, la chair étant pulpeuse et la saveur fade et rusée. Les baies s'écaillent mal sur la vigne et lorsqu'elles sont emballées pour l'expédition, de sorte que le fruit ne s'expédie pas, ne s'emballe pas ou ne se conserve pas bien. Les raisins se colorent bien avant d'être mûrs et les fleurs ne sont que partiellement autofertiles, de sorte que dans les saisons où le temps est mauvais pendant la période de floraison, les grappes sont lâches et éparses. La vigne originale de Hartford était un semis fortuit dans le jardin de Paphro Steele, West Hartford, Connecticut. Il a porté ses premiers fruits en 1849.

Vigne vigoureuse, très productive. Cannes longues, brun foncé, couvertes de pubescence ; nœuds élargis, aplatis ; entre-nœuds courts ; vrilles continues, longues, bifides. Feuilles grandes, épaisses ; face supérieure vert foncé, terne, rugueuse ; face inférieure vert pâle, finement pubescente ; lobes variables ; sinus pétiolaire profond, étroit ; sinus basal généralement absent ; sinus latéral peu profond, étroit ; dents peu profondes. Fleurs en partie autofertiles, ouvertes à mi-saison ; étamines dressées.

Fruits précoces. Grappes de taille moyenne, longues, minces, effilées, irrégulières, souvent avec une épaule longue, grande, unique, lâche ; pédicelle court avec quelques petites verrues ; pinceau verdâtre. Baies de taille moyenne, rondes-ovales, noires, couvertes de pruine, tombent mal ; peau épaisse, coriace, adhérente, contenant beaucoup de pigment rouge violacé, astringente ; chair verte, translucide, juteuse, ferme, filandreuse, rusée ; de mauvaise qualité. Graines libres, une à quatre, larges, brun foncé.

PLANCHE XXVIII. — Triomphe ($\times\, {}^3/{}_5$).

HAYES

(Labrusca, Vinifera)

En 1880, la Massachusetts Horticultural Society a décerné un certificat de mérite à Hayes pour la haute qualité de ses fruits. Cela l'a mis en évidence auprès des viticulteurs et pendant un certain temps, il a été populaire, mais une fois mieux connu, plusieurs défauts sont devenus apparents. La vigne est rustique et vigoureuse, mais la croissance est lente et le cépage est timide. Les grappes et les baies sont petites et la récolte mûrit à un moment, une semaine ou dix jours plus tôt que Concord, alors qu'il y a beaucoup d'autres bons raisins verts. Même si sa qualité est excellente, ce cépage ne mérite guère sa place dans un vignoble. John B. Moore, de Concord, Massachusetts, est à l'origine de Hayes. Il s'agit d'un semis de Concord issu du même lot de semis que Moore Early. Sa première production date de 1872.

Vigne variable en vigueur et en productivité, rustique et saine. Cannes nombreuses, minces ; nœuds élargis, aplatis ; entre-nœuds courts ; vrilles intermittentes, bifides ou trifides. Feuilles de taille uniforme ; face supérieure vert foncé; face inférieure pubescente ; lobes un à trois ; dents peu profondes, petites. Fleurs presque autostériles, ouvertes mi-tardivement ; étamines dressées.

Fruit précoce, se conserve bien. Grappes de taille et de longueur variables, souvent à une seule épaule ; pédicelle long, mince ; pinceau petit, vert pâle. Baies de taille moyenne, rondes, jaune verdâtre, couvertes d'une fine pruine, persistantes ; peau fine, tendre avec quelques petits points brun rougeâtre ; chair fine, tendre, vineuse, douce à la peau, agréablement acidulée au centre, douce ; bien. Graines peu nombreuses, de taille moyenne, courtes, dodues, brunes.

PHARE

(Vinifera, Labrusca, Bourquiniana)

Le phare est plus souhaitable pour les vignobles du sud que pour ceux du nord, mais il mérite d'être testé dans le nord. Ses caractères méritoires sont : la productivité, dépassant le Delaware, avec lequel il est en concurrence ; feuillage et vignes résistants aux maladies; vigueur de la vigne supérieure à la moyenne ; fruit de haute qualité, presque égal à celui du Delaware en saveur et ayant une pulpe tendre et fondante qui se sépare facilement des graines ; et de précocité, mûrissant avant le Delaware et accrochés aux vignes ou conservés après avoir été vendangés pendant un certain temps sans altération. Le créateur de Phare, TV Munson, déclare que la variété provenait de graines de Moyer fécondées par Brilliant. La graine a été plantée en 1895 et le raisin introduit en 1901.

Vigne vigoureuse, rustique, très productive. Cannes courtes, peu nombreuses, minces, brun rougeâtre ; nœuds agrandis ; entre-nœuds courts

; vrilles continues, courtes, bifides, très persistantes. Feuilles petites, épaisses ; face supérieure vert clair, terne, lisse ; face inférieure vert pâle, pubescente ; lobes un à trois avec extrémité obtuse ; sinus pétiolaire intermédiaire en profondeur et en largeur ; sinus basal généralement absent ; sinus latéral peu profond, étroit ; dents peu profondes. Fleurs autostériles, ouvertes à mi-saison ; étamines réfléchies.

Fruit précoce, se conserve bien. Grappes petites, courtes, effilées, souvent à une seule épaule, compactes ; pédicelle court, élancé, couvert de quelques petites verrues ; pinceau brun jaunâtre. Baies petites, rondes, rouge foncé à fine floraison, persistantes, fermes ; peau dure, adhérente, astringente ; chair verte, translucide, très juteuse, tendre, fine, vineuse, sucrée ; très bien. Graines libres, une à trois, petites, brun clair.

HERBEMONT

(Bourquinienne)

Bottsi , Brown French, Dunn, Herbemont's Madeira, Hunt, Kay's Seedling, McKee, Neal, Warren, Warrenton

Au Sud, Herbemont occupe le même rang que Concord au Nord. La vigne est exigeante quant au sol, exigeant un sol chaud, bien drainé et abondamment alimenté en humus. Malgré ces limitations, cette variété est cultivée sur un immense territoire, s'étendant de la Virginie et du Tennessee jusqu'au Golfe et vers l'ouest en passant par le Texas. La vigne est remarquablement vigoureuse et n'est guère surpassée dans ce caractère par aucun autre de nos raisins indigènes. Les fruits sont attrayants en raison du gros régime et du noir brillant des petites baies, et sont portés en abondance et avec certitude dans les localités appropriées. Les caractères charnus du fruit sont bons pour un petit raisin, ni la chair, ni la peau, ni les pépins n'étant inacceptables à la consommation ; la pulpe est tendre, juteuse, riche, sucrée et très parfumée. Le feuillage vert ample et brillant fait de cette variété l'une des plantes ornementales attrayantes du Sud. On sait que Herbemont était cultivé en Géorgie avant la guerre d'indépendance, alors qu'il était généralement appelé Warren et Warrenton. Au début du siècle dernier, il tomba entre les mains de Nicholas Herbemont , de Columbia, en Caroline du Sud, dont il prit finalement le nom.

Vigne très vigoureuse. Cannes longues, fortes, vert vif, à floraison plus ou moins violette et abondante ; entre-nœuds courts ; vrilles intermittentes, bifides ou trifides. Feuilles grandes, rondes, entières ou trilobées à sept lobes, presque glabres dessus et dessous ; face supérieure vert clair; face inférieure vert plus clair, glauque. Fleurs autofertiles.

Fruit très tardif. Grappes grandes, longues, effilées, bien épaulées, compactes ; pédicelles courts avec quelques grosses verrues ; pinceau rose.

Baies rondes, petites, uniformes, noir rougeâtre ou brunes, à floraison abondante ; peau fine, dure; chair tendre, juteuse ; jus incolore ou légèrement rosé, sucré, vif. Graines deux à quatre, petites, brun rougeâtre, brillantes.

HERBERT

(Labrusca, Vinifera)

Dans tout ce qui constitue un beau raisin de table, Herbert (<u>Planche XVIII</u>) est aussi proche de la perfection que n'importe quelle variété américaine. Pour un hybride Vinifera-Labrusca, la vigne est vigoureuse, rustique et fructueuse, se classant à ces égards au-dessus de nombreux Labruscas de race pure. Bien que le fruit mûrisse avec Concord, il se conserve beaucoup plus tard et s'emballe et s'expédie mieux. La variété est autostérile et doit être placée à proximité d'autres variétés. Herbert mérite l'attention des producteurs commerciaux qui approvisionnent un marché exigeant, et ses nombreuses qualités lui confèrent une place élevée en tant que raisin de jardin. La variété est l'un des hybrides de Rogers, nommé Herbert en 1869.

Vigne très vigoureuse, productive. Cannes longues, nombreuses, épaisses, brun foncé ; nœuds élargis, aplatis ; entre-nœuds longs ; vrilles intermittentes, longues, bifides ou trifides. Feuilles grandes, rondes ; face supérieure vert foncé, terne, lisse ; face inférieure vert pâle avec un peu de pubescence ; feuille entière, extrémité obtuse ; sinus pétiolaire profond, étroit, fermé, chevauchant ; absence de sinus basaux et latéraux ; dents peu profondes. Fleurs autostériles, ouvertes à mi-saison ; étamines réfléchies.

Fruit de mi-saison, se conserve bien. Grappes grandes, larges, effilées, deux à trois grappes par pousse, fortement mono-épaulées, lâches ; pédicelle épais avec de petites verrues rousses ; pinceau vert jaunâtre. Baies grosses, rondes-ovales, aplaties, noires ternes, couvertes d'une épaisse pruine, persistantes, fermes ; peau épaisse, coriace, adhérente, astringente ; chair vert clair, translucide, juteuse, tendre, à grain fin ; très bien. Graines adhérentes, trois à six, grosses, larges, échancrées, longues à col renflé, émoussées, brunes à pointes jaunes.

HERCULE

(Labrusca, Vinifera)

Hercules se caractérise par de très grosses baies, des fruits joliment colorés et des grappes grandes et bien formées. La saveur, même si elle n'est pas la meilleure, est bonne. Aux qualités recherchées du fruit s'ajoutent des vignes rustiques, vigoureuses et productives. Ces bons caractères ne peuvent cependant pas compenser les nombreux défauts de la variété. Les raisins tombent et se fissurent gravement et la pulpe est dure et adhère trop fermement au pépin pour un raisin de table, de sorte que le cépage ne vaut rien, sauf à des fins de sélection. Hercules a été introduit par GA Ensenberger , Bloomington, Illinois, vers 1890 ; sa filiation est inconnue.

Vigne très vigoureuse, rustique, très productive. Cannes longues, brun rougeâtre foncé ; nœuds élargis, aplatis ; entre-nœuds longs ; vrilles continues, bifides. Feuilles grandes ; face supérieure vert clair, brillante, lisse ; face inférieure vert grisâtre, pubescente ; lobes un à trois, extrémité aiguë ; sinus pétiolaire profond, étroit ; sinus basal généralement absent ; sinus latéral peu profond ; dents peu profondes. Fleurs autostériles, ouvertes à mi-saison ; étamines réfléchies.

Fruit de mi-saison, se conserve bien. Grappes très grandes, larges, effilées, une à trois grappes par pousse, compactes ; pinceau vert pâle. Baies très grosses, rondes, noires, brillantes à forte floraison, fermes ; adhérent à la peau, astringent ; chair verte, translucide, juteuse, très coriace, grossière, filandreuse, rusée ; juste en qualité. Graines adhérentes, une à cinq, grosses, larges, profondément échancrées, émoussées, brunes.

HICKS

(Labrusque)

Le Hicks est un cépage remarquablement bon et si le fruit n'était pas presque identique à celui du Concord, mûrissant avec lui ou un peu plus tôt, il aurait sa place dans la viticulture du pays. Cependant, comme il a été introduit il y a quelques années et qu'il n'a pas trouvé beaucoup de faveur auprès des producteurs, il semble qu'il ne puisse pas progresser face au Concord, avec lequel il doit concurrencer. Dans de nombreuses localités, les vignes sont plus prolifiques que celles de Concord et d'une croissance plus forte. Hicks a été introduit en 1898 par Henry Wallis, Wellston, Missouri, qui déclare qu'il s'agit d'un semis fortuit envoyé de Californie vers 1870 à Richard Berry, pépiniériste du comté de St. Louis, Missouri.

Vigne très vigoureuse, rustique, très productive. Cannes moyennes à longues, nombreuses, brun rougeâtre, couvertes d'une fine pruine ; vrilles continues, bifides ou trifides. Feuilles grandes, épaisses ; face supérieure vert foncé, brillante ; face inférieure blanche, se transformant en bronze épais, fortement pubescente. Fleurs autofertiles, ouvertes tôt ; étamines dressées.

Fruit de mi-saison, se conserve bien. Grappes grandes, longues, larges, effilées, souvent à une seule épaule. Baies grosses, rondes, noir violacé, à forte floraison, se brisent lorsqu'elles sont trop mûres, fermes ; peau tendre avec pigment couleur vin foncé; chair verte, juteuse, coriace, à grain fin, légèrement rusée ; bien. Graines adhérentes, grosses, courtes, larges, obtuses, brunes.

HIDALGO

(Vinifera, Labrusca, Bourquiniana)

Les raisins d'Hidalgo sont riches, sucrés, délicatement parfumés et avec une couleur, une taille et une forme de baie et de grappe si bien combinées qu'ils rendent les fruits singulièrement beaux. La peau est fine mais ferme et la variété se conserve et s'expédie bien. Les vignes sont cependant douteuses, rustiques, de vigueur variable et pas toujours fructueuses. Bien que Hidalgo puisse ne pas s'avérer utile pour le vignoble commercial, dans des situations favorables, il peut fournir une réserve de fruits de choix pour l'amateur. La filiation d'Hidalgo, telle que donnée par son créateur, TV Munson, est Delaware, Goethe et Lindley. La variété a été introduite par son créateur en 1902.

Vigne variable en vigueur, en rusticité et en productivité. Cannes épaisses, brun rougeâtre foncé ; nœuds élargis, aplatis ; vrilles intermittentes ou continues, bifides ou trifides. Feuilles grandes, irrégulièrement rondes, épaisses ; face supérieure vert clair, terne, rugueuse ; face inférieure vert pâle, bronzée, fortement pubescente ; lobes trois lorsqu'ils sont présents ; sinus pétiolaire étroit, parfois fermé et chevauchant ; sinus basal manquant ; sinus latéral peu profond, étroit ; dents très superficielles, étroites. Fleurs semifertiles, ouvertes après la mi-saison ; étamines dressées.

Fruit de mi-saison, se conserve et s'expédie bien. Grappes grosses, longues, grêles, cylindriques, souvent émoussées, non épaulées, une à deux grappes par pousse, compactes ; pédicelle long, mince avec de petites verrues ; pinceau vert jaunâtre avec une teinte brune. Baies grosses, ovales, jaune verdâtre, brillantes à fine pruine, persistantes, fermes ; peau fine, dure, adhérente, astringente ; chair verte, transparente, juteuse, tendre, fondante, aromatique, sucrée ; très bon au meilleur. Sans graines, deux à quatre, grosses, dodues, brun clair.

MONTAGNES

(Vinifère, Labrusca)

Peu de variétés de raisins noirs égalent les Highlands en apparence et en qualité de fruit. Lorsqu'elles sont bien entretenues et dans des conditions favorables, les grappes sont inhabituellement grandes et d'apparence belle, atteignant parfois un poids de deux livres, et portent de belles baies noir bleuâtre à la saveur fine et à la texture tendre du muscat du Jura, l'un de ses parents. La chair est solide, ferme et le fruit se conserve et s'expédie bien. La vigne est vigoureuse, productive à l'excès mais d'une rusticité douteuse. Là où le climat est tempéré et la saison suffisamment longue pour que la vigne et les fruits du Highland se développent, c'est l'un des raisins les plus prisés pour l'amateur. La variété est née vers la fin de la guerre civile avec JH

Ricketts, Newburgh, New York, à partir de graines de Concord fécondées par Jura Muscat.

Vigne de vigueur variable, productive, saine. Cannes longues, nombreuses, brun foncé avec une fine floraison ; nœuds agrandis ; entre-nœuds longs ; vrilles intermittentes, bifides ou trifides. Feuilles grandes ; face supérieure vert foncé, terne, rugueuse ; face inférieure vert grisâtre, pubescente ; lobes un à cinq, terminal un aigu ; sinus pétiolaire profond, de largeur variable ; sinus basal peu profond, étroit ; sinus latéral une encoche ; dents profondes, larges. Fleurs autofertiles, ouvertes à mi-saison ; étamines dressées.

Fruit tardif, se conserve bien. Grappes grandes, longues, larges, effilées, généralement à une seule épaule, généralement deux grappes par pousse ; pédicelle long, épais, lisse ; pinceau vert avec une teinte jaune. Baies grosses, rondes-ovales, noir violacé, ternes à floraison abondante, persistantes, fermes ; peau dure, libre; chair verte, translucide, juteuse, tendre, vineuse ; bien. Graines libres, une à six, grosses, longues, échancrées, brunes.

HOPKINS

(Rotundifolia)

Hopkins est désigné par les viticulteurs des États de l'Atlantique Sud comme le meilleur cépage Rotundifolia précoce. Sa saison en Caroline du Nord commence début août, près d'un mois avant les autres. C'est également l'un des meilleurs en termes de qualité et de qualité et de précocité qui devrait être présente dans tous les vignobles de la région dans laquelle il pousse. Hopkins a été découvert près de Wilmington, en Caroline du Nord, vers 1845, par John Hopkins.

Vigne très vigoureuse, rustique, productive. Cannes longues, fines, dressées. Feuilles de taille moyenne, variables, cordées, plus longues que larges, épaisses, coriaces, lisses, vert foncé ; marges nettement dentelées. Fleurs autofertiles.

Fruits très précoces. Grosses grappes contenant de quatre à dix baies. Baies grosses, violet foncé ou presque noires, rondes-oblongues, mal décortiquées ; peau épaisse, dure, légèrement marquée de points ; pulpe blanche, tendre, juteuse avec une saveur douce et agréable ; l'un des meilleurs Rotundifolias en termes de qualité.

HOSFORD

(Labrusque)

Hosford est une progéniture de Concord, qui diffère du parent principalement par la plus grande taille des grappes et des baies et par le fait qu'elle est moins fructueuse. Cette variété est surpassée par Worden et Eaton, du même type, et ne vaut probablement pas la peine d'être cultivée. Certains prétendent que Hosford est identique à Eaton, mais il existe des différences notables dans les caractères de la vigne et du fruit. La vigne ressemble beaucoup à celle de Concord sauf que les empreintes le long des bords des feuilles sont plus profondes. Hosford est né dans le jardin de George Hosford, Ionia, Michigan, vers 1876, comme semis fortuit poussant entre deux vignes Concord.

Vignes peu vigoureuses, rustiques, peu productives. Cannes courtes, peu nombreuses, minces ; nœuds agrandis ; entre-nœuds très courts ; vrilles continues, bifides ou trifides. Feuilles de taille moyenne ; face supérieure vert clair, rugueuse ; face inférieure blanc grisâtre à bronze, fortement pubescente ; lobes faibles; sinus pétiolaire large ; dents petites, pointues. Fleurs peu profondes, semi-fertiles, ouvertes à mi-saison ; étamines dressées.

Fruit de mi-saison, se conserve mal. Grappes grandes, effilées, légèrement épaulées, compactes ; pédicelle court avec de petites verrues ; pinceau mince, vert. Baies grosses, rondes-ovales, noir terne, à floraison abondante, persistantes ; peau épaisse, tendre ; chair vert pâle, juteuse, fine, tendre, vineuse, sucrée ; bien. Graines peu nombreuses, grosses, larges, émoussées, dodues, brunes.

FRANC HYBRIDE

(Vinifera, Rupestris)

L'hybride Franc est le croisement le plus connu entre Rupestris et Vinifera. C'est l'une des rares variétés utilisées en Europe comme souche résistante désormais recommandée pour un producteur direct. Les vignes sont rustiques, vigoureuses et très productives. Le fruit ne convient qu'au vin ou au jus de raisin, étant trop acide pour être mangé d'emblée. La matière colorante du fruit est très intense et peut être utilisée pour donner de la couleur aux produits à base de raisin. La variété est d'origine française.

Vigne vigoureuse, rustique, productive. Cannes nombreuses, épaisses, brun clair à floraison bleue ; nœuds agrandis ; entre-nœuds courts ; vrilles intermittentes, longues, bifides ou trifides. Feuilles petites, fines ; face supérieure vert clair, brillante, lisse ; face inférieure verte, poilue le long des côtes et des grosses nervures ; lobes trois à cinq avec un terminal aigu ; sinus pétiolaire étroit, parfois fermé et chevauchant ; sinus latéral une encoche. Fleurs semi-fertiles, ouvertes tôt ; étamines dressées.

Fruit de mi-saison, se conserve mal. Grappes de taille moyenne, courtes, cylindriques, à une épaule, compactes ; pédicelle long, mince avec quelques petites verrues ; pinceau court, couleur vin. Baies petites, aplaties, noires, brillantes à floraison épaisse, persistantes, fermes ; peau fine, tendre avec un pigment couleur vin très foncé ; chair verte avec une teinte rougeâtre, translucide, juteuse, à grain fin, tendre, épicée, acidulée ; juste en qualité. Graines libres, une à cinq, petites, courtes, brun clair.

IDÉAL

(Labrusca, Vinifera, Bourquiniana)

Ideal est un beau semis du Delaware, dont il diffère principalement par sa plus grande grappe et ses baies, atteignant dans ces deux caractères presque la taille de Catawba. Au Kansas et au Missouri, cette variété est fortement recommandée, non seulement pour la haute qualité de son fruit, se classant avec le Delaware en qualité, mais aussi pour ses vignes vigoureuses, saines et productives. Mais plus au nord, les vignes sont d'une rusticité précaire et ne sont pas suffisamment fructueuses, saines ni vigoureuses pour justifier une haute recommandation. Idéal est né de John Burr, Leavenworth, Kansas, d'une graine du Delaware, vers 1885.

Vigne vigoureuse, peu rustique, productive ; vrilles intermittentes, bifides ou trifides. Cannes longues, nombreuses, minces, brun foncé ; nœuds élargis, aplatis ; entre-nœuds longs. Feuilles grandes, de couleur variable ; lobes trois à cinq ; sinus pétiolaire profond, large ; dents profondes, étroites ; face supérieure vert clair, terne ; face inférieure vert pâle, pubescente.

Fruit précoce à mi-saison, se conserve bien. Grappes grandes, larges, fortement épaulées ; pédicelle épais; pinceau vert. Baies grosses, rondes, rouge foncé à fine floraison, généralement persistantes, fermes ; peau épaisse, dure, adhérente ; chair verte, tendre, aromatique, douce près de la peau, acide au centre ; bon à très bon. Graines adhérentes, grosses, dodues, brunes.

IONA

(Labrusca, Vinifera)

En saveur, le fruit d'Iona (<u>Planche XIX</u>) possède une rare combinaison de douceur et d'acidité, pure, délicate et vineuse. La chair est transparente, fondante, tendre, juteuse et de consistance uniforme jusqu'au centre. Les graines sont peu nombreuses et petites et se détachent facilement de la chair. La couleur est un vin rouge foncé particulier avec une teinte améthyste, variable et pas toujours attractive. La grappe est grosse mais lâche, avec des baies de taille variable et de maturation inégale. Les fruits peuvent être conservés jusqu'à la fin de l'hiver. Les caractères de la vigne d'Iona ne sont pas aussi bons que ceux du fruit. Pour réussir, la vigne doit disposer d'un sol parfaitement adapté à ses besoins, qui semble s'épanouir mieux dans les argiles profondes, sèches, sableuses ou graveleuses. Iona réagit particulièrement bien lorsqu'elle est entraînée contre des murs ou des bâtiments, atteignant dans de telles conditions une rare perfection. Les vignes sont sans doute rustiques et, dans de nombreuses régions du Nord, doivent bénéficier d'une protection hivernale ; ils ne sont pas vigoureux et ont tendance à être dominateurs, pour y remédier ils doivent avoir une taille serrée. Dans les localités où prospèrent le mildiou et la pourriture, la variété est gravement attaquée par ces maladies. Iona est originaire de CW Grant, Iona Island, New York, à partir de graines de Diana plantées en 1885.

Vigne faible, douteuse, peu productive. Cannes courtes, brun clair ; nœuds agrandis ; entre-nœuds courts ; vrilles intermittentes, bifides. Feuilles épaisses ; face supérieure vert clair, terne, lisse ; face inférieure vert grisâtre, fortement pubescente ; lobes trois à cinq avec un terminal aigu ; sinus pétiolaire de profondeur et de largeur moyennes ; sinus basal peu profond ; sinus latéral peu profond, large ; dents peu profondes. Fleurs autofertiles, ouvertes tardivement ; étamines dressées.

Fruit tardif, se conserve bien. Grappes de taille moyenne, parfois doubles, minces, effilées, lâches ; pinceau vert pâle. Baies uniformes, ovales, rondes, ternes, rouge clair et foncé à fine pruine, persistantes, fermes ; peau dure, adhérente, légèrement astringente ; chair verte, translucide, juteuse, fine, tendre, fondante, vineuse ; très bien. Graines libres, une à quatre, petites, larges, dodues, brunes.

PLANCHE XXIX. — **Vergennes** ($\times\, ^2/_3$).

ISABELLE

(Labrusca, Vinifera)

Alexander, Black Cape, Christie's améliorée Isabella, Conckling's Wilding, Constantia, Dorchester, Gibb's Grape, Hensell's Long Island, Payne's Early, Helene, Woodward

Isabella (Planche XX) n'a aujourd'hui plus qu'un intérêt historique, car elle a été l'un des piliers de la viticulture américaine. En apparence, le fruit d'Isabella est tout aussi attrayant que celui de n'importe quel raisin noir, les grappes étant grandes et bien formées et les baies noires brillantes avec une floraison épaisse. La saveur est bonne, mais la peau épaisse et le goût musqué sont répréhensibles. Les raisins se conservent et s'expédient bien. Isabella est surpassée en caractères de vigne par de nombreuses autres espèces, notamment Concord, qui a pris sa place. Le feuillage vert brillant et abondant qui persiste tard dans la saison et la vigueur de la vigne font de cette variété une plante ornementale attrayante, bien adaptée à la culture sur les tonnelles,

les porches et les treillis. L'origine d'Isabelle n'est pas connue. Il a été obtenu par William Prince, Flushing, Long Island, vers 1816 auprès de Mme Isabella Gibbs, Brooklyn, New York.

Vigne vigoureuse, rustique, productive. Cannes courtes, nombreuses, à forte pubescence, épaisses, brun clair ; nœuds élargis, aplatis ; entre-nœuds courts ; vrilles continues, longues, bifides ou trifides. Feuilles épaisses ; face supérieure vert foncé, lisse, brillante ; face inférieure vert blanchâtre, fortement pubescente ; lobes trois lorsqu'ils sont présents avec lobe terminal obtus ; sinus pétiolaire peu profond, étroit, souvent fermé, se chevauchant ; sinus basal manquant généralement ; sinus latéral peu profond, étroit, fréquemment entaillé ; dents peu profondes, larges. Fleurs autofertiles, ouvertes à mi-saison ; étamines dressées.

Fruit tardif, se conserve et s'expédie bien. Grappes grandes, cylindriques, souvent à une seule épaule ; pédicelle mince, lisse ; pinceau long, vert jaunâtre. Baies moyennes à grosses, ovales, noires à floraison abondante, persistantes, molles ; peau épaisse, coriace, adhérente, astringente ; chair vert pâle, translucide, juteuse, à grain fin, tendre, charnue, un peu roussâtre, sucrée ; bien. Graines une à trois, grosses, larges, nettement échancrées, courtes, brunes avec des pointes jaunes.

ISABELLE SEMIS

(Labrusca, Vinifera)

Isabella Seedling est une progéniture précoce, vigoureuse et productive d'Isabella. En termes de caractères fruitiers, il ressemble beaucoup à son parent, mais mûrit sa récolte plus tôt et a une grappe plus compacte. Comme celui de son géniteur, le fruit est de bonne qualité et se conserve remarquablement bien. Ce plant est maintenant plus cultivé qu'Isabella et, bien que n'ayant pas une importance commerciale considérable, il mérite bien plus d'attention en tant que raisin de marché que certaines des variétés peu aromatisées plus généralement cultivées. Il existe plusieurs variétés sous ce nom. Warder en mentionne deux ; un de l'Ohio et un d'origine new-yorkaise. Le semis d'Isabella décrit ici provient de GA Ensenberger , Bloomington, Illinois, en 1889.

Vigne vigoureuse, saine, rustique, productive. Cannes longues, épaisses, brun foncé, souvent teintées de rouge, à fine floraison ; nœuds proéminents, aplatis ; entre-nœuds longs ; vrilles intermittentes ou continues, bifides. Feuilles saines, grandes, épaisses ; face supérieure verte, terne ; face inférieure vert pâle ou vert grisâtre, parfois teintée de bronze, pubescente. Fleurs autofertiles ; étamines dressées.

Fruit précoce, se conserve bien. Grappes grandes, longues, minces, cylindriques, généralement à une seule épaule, lâches, compactes. Baies grosses, ovales, souvent en forme de poire, noir terne à floraison épaisse, persistantes, molles ; peau épaisse avec un peu de pigment rouge ; chair vert pâle, juteuse, tendre, grossière, vineuse ; bien. Graines nombreuses, libres, grosses, larges, dentelées, brun foncé.

ISRAËLLA

(Labrusca, Vinifera)

Israella est venu de CW Grant en même temps qu'Iona et a été présenté comme le premier bon raisin cultivé. Pendant plusieurs années après son introduction, il a été largement essayé mais a été presque partout abandonné en raison de la mauvaise qualité et de l'aspect peu attrayant du fruit et du manque de vigueur, de rusticité et de productivité de la vigne. Grant a cultivé Israella à partir de graines d'Isabella plantées en 1885.

Vigne manquant de vigueur, peu productive. Cannes minces, brun foncé ; nœuds élargis, aplatis ; entre-nœuds courts ; vrilles continues, bifides. Feuilles grandes ; face supérieure vert clair, terne, rugueuse ; face inférieure vert pâle, pubescente ; lobes un à cinq, faibles ; sinus pétiolaire profond, étroit ; dents peu profondes, pointues ; étamines dressées.

Fruit tardif, se conserve bien. Grappes grandes, de longueur et de largeur moyennes, effilées, souvent à une seule épaule, compactes, portant fréquemment de nombreux fruits avortés. Baies de taille moyenne, rondes-ovales, noires ou noir violacé à fine floraison, inclinées à tomber, molles ; peau épaisse, dure, avec une grande quantité de pigment rouge violacé ; chair vert pâle, juteuse, filandreuse, douce, sucrée de la peau au centre ; juste en qualité. Graines libres, de taille moyenne, échancrées, émoussées, brun clair, souvent couvertes de verrues grisâtres.

IVES

(Labrusca, Estivalis)

Madère d'Ives, semis d'Ives, Kittredge

Ives jouit d'une grande réputation en tant que cépage pour la production de vin rouge, n'étant surpassé que par Norton à cet effet. La vigne est rustique, saine, vigoureuse et fructueuse. Le fruit est de mauvaise qualité, se colore bien avant d'être mûr, a une odeur de renard et la chair est dure et pulpeuse. Les grappes sont compactes, avec des raisins bien formés, d'un noir de jais, qui les rendent attractives. La vigne se multiplie facilement et s'adapte à tout bon sol viticole, mais sa croissance est si effrénée qu'elle est difficile à gérer. La variété n'est pas largement cultivée. Ives a été cultivé par Henry Ives à partir de graines plantées en 1840 dans son jardin de Cincinnati, Ohio.

Vigne vigoureuse, rustique, saine, productive. Cannes longues, épaisses, brun rougeâtre avec une fine floraison ; nœuds élargis, aplatis ; entre-nœuds courts ; vrilles continues, bifides ou trifides. Feuilles grandes ; face supérieure vert foncé, terne, rugueuse ; face inférieure vert pâle, pubescente ; lobes trois à cinq lorsqu'ils sont présents avec un terminal aigu ; sinus pétiolaire profond, étroit, parfois fermé et chevauchant ; sinus basal peu profond ; sinus latéral étroit ; dents peu profondes.

Fruit tardif de mi-saison, se conserve bien. Grappes grandes, effilées, souvent à une seule épaule, compactes, souvent avec de nombreuses baies avortées ; pédicelle mince avec de nombreuses petites verrues ; pinceau court, mince, pâle avec une teinte brun rougeâtre. Baies ovales, noir de jais, à floraison abondante, très persistantes, fermes ; peau dure, adhérente, pigmentée couleur vin, astringente ; chair vert pâle, translucide, juteuse, à grain fin, coriace, rusée ; bien. Graines adhérentes, une à quatre, petites, souvent avortées, larges, courtes, obtuses, dodues, brunes.

JAMES

(Rotundifolia)

James est l'un des plus grands cépages Rotundifolia et probablement la meilleure variété à usage général de cette espèce. La vigne se distingue par sa vigueur et sa productivité. Il ne peut pas être cultivé au nord du Maryland. Il prospère dans les sols limoneux sableux avec sous-sol argileux. La variété a été trouvée par BWM James, comté de Pitt, Caroline du Nord. Il a été introduit vers 1890 et a été inscrit sur la liste des raisins du catalogue de fruits de l'American Pomological Society en 1899.

Vigne vigoureuse, saine, productive. Cannes fines, nombreuses, longues, légèrement traînantes. Feuilles de taille moyenne, épaisses, lisses, coriaces, cordées, aussi larges que longues, à marge dentée. Les fleurs s'ouvrent tard ; étamines réfléchies.

Le fruit mûrit tardivement, reste accroché à la vigne pendant trois semaines et se conserve bien. Grappes petites, contenant de quatre à douze baies, irrégulières, lâches. Baies grosses, de trois quarts à un pouce et quart de diamètre, rondes, bleu-noir, marquées de taches ; peau épaisse, dure. Pulpe juteuse, sucrée ; bonne qualité.

JANESVILLE

(Labrusca, Vulpina)

Doté d'une constitution lui permettant de résister au froid auquel succombent la plupart des autres cépages, Janesville s'est fait une place dans les localités de l'extrême nord. De plus, les raisins mûrissent tôt, étant à peu près les premiers à se colorer, bien qu'ils ne soient mûrs que quelque temps après la coloration. La vigne est également saine, vigoureuse et productive. Le fruit, cependant, ne vaut rien lorsqu'on peut en cultiver de meilleures variétés. Les grappes et les baies sont petites, les raisins sont pulpeux, coriaces, pénibles, ont une peau épaisse et un goût acide désagréable. Janesville a été cultivée par FW Loudon, Janesville, Wisconsin, à partir de graines plantées par hasard en 1858.

Vigne vigoureuse, rustique, saine, productive. Cannes épineuses, nombreuses, brun foncé ; nœuds aplatis ; entre-nœuds longs ; vrilles intermittentes ou continues, longues, bifides ou trifides. Feuilles petites, fines ; surface supérieure brillante, lisse ; face inférieure vert pâle, légèrement pubescente ; feuille généralement non lobée avec extrémité aiguë ; sinus pétiolaire étroit, souvent fermé et chevauchant ; absence de sinus basaux et latéraux ; dents peu profondes. Fleurs autofertiles, s'ouvrant très tôt ; étamines dressées.

Fruit précoce, se conserve bien. Grappes petites, courtes, cylindriques, généralement à une seule épaule, compactes ; pédicelle court, mince, couvert de petites verrues éparses ; pinceau couleur vin foncé. Baies rondes, noir terne, à floraison abondante, persistantes, fermes ; peau épaisse, dure, adhérente avec un pigment couleur vin foncé, astringente ; chair vert rougeâtre pâle, translucide, juteuse, coriace, grossière, vineuse, acide ; juste en qualité. Graines adhérentes, une à six, grosses, larges, anguleuses, obtuses, brun foncé.

JEFFERSON

(Labrusca, Vinifera)

Jefferson (<u>Planche XXI</u>) est un descendant de Concord croisé avec Iona et ressemble à Concord par la vigueur, la productivité et la salubrité de la vigne, et à Iona par la couleur et la qualité des fruits. La vigne produit ses fruits deux semaines plus tard que le Concord et n'est pas aussi rustique, défauts qui l'empêchent de prendre un rang élevé en tant que cépage commercial. Heureusement , les vignes cèdent facilement à la protection hivernale, de sorte que même dans les plantations commerciales, il n'est pas difficile de prévenir les dommages hivernaux. Les grappes de Jefferson sont grosses, bien formées, compactes avec des baies de taille et de couleur uniformes. La chair est ferme mais tendre, juteuse avec une saveur riche et vineuse et un arôme délicat qui persiste même après que les baies aient séché en raisins secs. Les fruits s'expédient et se conservent bien, les baies adhérant à la grappe et les fruits conservant leur fraîcheur jusqu'à la fin de l'hiver. Jefferson est largement distribué et est bien connu des viticulteurs d'Amérique de l'Est. Il n'est pas particulier quant aux localités, si la saison est longue et le climat tempéré, et prospère dans tous les sols. La variété est originaire de JH Ricketts, Newburgh, New York ; il a porté ses premiers fruits en 1874.

Vigne vigoureuse, saine, rustique douteuse, productive. Cannes courtes, nombreuses, brun clair à foncé ; nœuds élargis, ronds ; entre-nœuds courts ; vrilles intermittentes, courtes, bifides ou trifides. Feuilles saines ; face supérieure vert clair, feuilles plus âgées rugueuses ; face inférieure vert pâle, fortement pubescente ; feuille généralement non lobée avec extrémité aiguë ; sinus pétiolaire étroit, parfois fermé et chevauchant ; sinus basal généralement absent ; sinus latéral peu profond, souvent une simple encoche ; dents régulières, peu profondes. Fleurs autofertiles, ouvertes tardivement ; étamines dressées.

Fruit tardif, se conserve et s'expédie bien. Grappes grandes, cylindriques, généralement à une seule épaule, parfois à deux épaules, compactes ; pédicelle court, mince avec quelques verrues peu visibles ; pinceau long, mince, vert jaunâtre pâle. Baies de taille moyenne, ovales, rouge clair et foncé, brillantes à fine pruine, persistantes, très fermes ; peau épaisse, coriace, libre, légèrement astringente ; chair vert clair, translucide, juteuse, à gros grains, tendre, vineuse ; du bon au meilleur. Graines libres, une à quatre, larges, courtes, émoussées, dodues, brunes.

JESSICA

(Labrusca, Vinifera)

Jessica est un raisin vert précoce, rustique. Le fruit est sucré, riche, vif et presque exempt de rousseurs, mais il est peu attrayant et ne se conserve pas bien. Les grappes et les baies sont petites et les grappes sont trop lâches pour un bon raisin. Jessica peut être félicitée pour sa précocité et sa rusticité et est donc souhaitable, voire pas du tout, dans les régions du nord. William H. Read, de Port Dalhousie, en Ontario, a fait pousser Jessica à partir de graines plantées entre 1870 et 1880.

Vigne de vigueur moyenne, saine, rustique, productive. Cannes longues, épaisses, brun foncé avec une teinte rouge ; nœuds élargis, aplatis ; entre-nœuds courts ; vrilles continues ou intermittentes, bifides ou trifides. Feuilles petites ; face supérieure vert foncé, brillante, souvent rugueuse ; face inférieure vert pâle, très pubescente ; trois lobes ; sinus pétiolaire étroit ; dents peu profondes, étroites. Fleurs autofertiles, ouvertes à mi-saison ; étamines dressées.

Fruits très précoces. Grappes petites, minces, effilées, généralement à une seule épaule. Baies petites, rondes, vert clair, souvent teintées de jaune, couvertes d'une fine pruine, persistantes, molles ; peau fine, adhérente, légèrement astringente ; chair vert pâle, transparente, juteuse, tendre, douce, vive, sucrée ; bien. Graines adhérentes, moyennes à larges, dentelées, brunes.

BIJOU

(Labrusca, Bourquiniana , Vinifera)

Les caractères notables de Jewel sont la précocité et la haute qualité des fruits ; bien que, comparée au Delaware, son parent, la vigne soit vigoureuse, saine et rustique. Par la forme et la taille des grappes et des baies, Jewel ressemble beaucoup au Delaware, mais les raisins sont de couleur noir profond. Les caractères de la chair et la saveur du fruit ressemblent beaucoup à ceux du Delaware, la pulpe étant tendre mais ferme, et la saveur ayant le même goût riche, vif et vineux que celui du parent. Les graines sont peu nombreuses et petites. La peau est fine mais dure, et les raisins s'expédient bien, se conservent longtemps, ne s'écalent pas et, bien qu'ils soient précoces, pendent jusqu'au gel. Jewel est un raisin des plus excellents, digne de la place parmi les raisins noirs que le Delaware possède parmi les cépages rouges. Il est notamment recommandé pour la précocité et pour les localités du Nord où les variétés standards ne mûrissent pas. John Burr, Leavenworth, Kansas, a cultivé Jewel à partir de graines de Delaware plantées vers 1874.

Vigne vigoureuse, saine, rustique, productive. Cannes minces, brun rougeâtre clair ; nœuds élargis, aplatis ; entre-nœuds courts ; vrilles continues, bifides. Feuilles rares, épaisses ; face supérieure vert clair, terne, rugueuse ; face inférieure teintée de bronze, fortement pubescente ; lobes trois lorsqu'ils sont présents avec extrémité aiguë ; sinus pétiolaire étroit ; sinus basal généralement absent ; sinus latéral peu profond, large ; dents peu profondes. Fleurs autostériles, ouvertes à mi-saison ; étamines réfléchies.

Fruits précoces. Grappes petites, minces, cylindriques, à une seule épaule, compactes ; pédicelle court, mince ; pinceau court, couleur vin. Baies de taille moyenne, rondes, noir violacé foncé, ternes à floraison abondante, persistantes, fermes ; peau fine, dure, adhérente, pigment de couleur vin ; chair vert pâle, translucide, juteuse, à grain fin, tendre, vive, vineuse, sucrée ; très bien. Graines adhérentes, une à quatre, souvent unilatérales, obtuses, brun clair.

KENSINGTON

(Vinifera, Vulpina)

Kensington possède plusieurs personnages très méritants en matière de fruits et de vignes. La vigne ressemble à celle de Clinton, son parent Vulpina , en termes de vigueur, de rusticité, de croissance et de productivité, mais le fruit présente de nombreux caractères du parent européen, Buckland Sweetwater. Les raisins sont vert jaunâtre, grands, ovales et portés en grappes lâches de taille moyenne. En qualité, le fruit de Kensington n'est pas égal à celui de Buckland Sweetwater mais est bien meilleur que celui de Clinton. La chair est tendre et juteuse avec une saveur riche, sucrée et vineuse. La rusticité de la vigne et la grande qualité du fruit devraient faire de Kensington un cépage vert préféré dans les jardins du nord. Cette variété a été cultivée par William Saunders, de London, en Ontario. Il a été envoyé entre 1870 et 1880.

Vigne vigoureuse, rustique, productive. Cannes longues, minces, brun clair ; nœuds élargis, aplatis ; entre-nœuds courts ; vrilles persistantes, intermittentes ou continues, longues, bifides ou trifides. Feuilles fines ; face supérieure vert clair, brillante, lisse ; face inférieure vert pâle, pubescente, poilue ; lobes manquants ou un à trois avec extrémité obtuse ; sinus pétiolaire étroit ; sinus basal peu profond lorsqu'il est présent ; sinus latéral peu profond, généralement une encoche ; dents profondes et larges. Fleurs autofertiles, ouvertes précocement, étamines dressées.

Fruits de mi-saison. Grappes grandes, cylindriques, souvent fortement mono-épaulées, lâches, comportant fréquemment de nombreuses baies non développées ; pédicelle long et mince avec de petites verrues peu visibles ; pinceau court, vert pâle. Baies de taille variable, ovales, vert jaunâtre, brillantes à fine floraison, persistantes, fermes ; peau fine, dure, adhérente, légèrement astringente ; chair verte, transparente, juteuse, tendre, vineuse, sucrée ; bien. Graines libres, deux à quatre, ridées, grosses, longues, larges, pointues, brun jaunâtre.

ROI

(Labrusque)

King est semblable à Concord, en comparaison duquel la vigne est plus vigoureuse et prolifique, le temps de maturation et la durée de la saison sont les mêmes, les grappes sont un quart plus grosses, les raisins sont plus persistants, la pulpe est plus tendre, la saveur presque le même mais plus vif , les graines moins nombreuses, le bois plus dur et aux articulations plus courtes et les pédicelles plus gros. King a été trouvé dans le vignoble Concord de WK Munson, à Grand Rapids, Michigan, en 1892. La vigne a été plantée pour Concord et est censée être un bourgeon de cette variété.

Vigne très vigoureuse, rustique, productive. Cannes grandes, brun rougeâtre foncé ; nœuds élargis, légèrement aplatis ; entre-nœuds courts ; vrilles continues ou intermittentes, trifides ou bifides. Feuilles inhabituellement grandes et épaisses ; face supérieure verte, terne ; face inférieure blanc grisâtre devenant légèrement bronze, pubescente ; lobes trois lorsqu'ils sont présents, terminal un aigu ; dents peu profondes, étroites. Fleurs autofertiles, ouvertes à mi-saison ; étamines dressées.

Fruit de mi-saison, se conserve bien. Grappes grandes, longues, larges, irrégulièrement effilées, généralement à une seule épaule, compactes. Baies grosses, rondes, noires à fine floraison, persistantes, fermes ; peau épaisse, coriace, adhérente, astringente ; chair vert pâle, très juteuse, coriace, filandreuse et avec un peu de renard ; bien. Graines adhérentes, peu nombreuses, grosses, courtes, larges, légèrement entaillées voire pas du tout, émoussées, dodues, brun clair.

DAME

(Labrusca, Vinifera)

La vigne de Lady ressemble beaucoup à celle de Concord, son parent, bien qu'elle ne soit pas aussi vigoureuse ni productive, mais mûrit pleinement ses fruits deux semaines plus tôt. Le fruit est bien supérieur à celui de Concord en qualité, étant plus riche, plus sucré et moins rusé. Les raisins accrochent bien aux vignes mais se dégradent rapidement après la récolte. Le terme « à toute épreuve », utilisé par les viticulteurs pour exprimer la rusticité et l'absence de maladie, s'applique probablement aussi bien au Lady qu'à tout autre cépage Labrusca. Le feuillage est dense et d'un vert profond et brillant, ne brûlant pas sous un soleil brûlant et ne gelant pas jusqu'à de fortes gelées, ce qui en fait un ornement attrayant dans le jardin. Lady est à juste titre populaire comme cépage amateur et devrait être plantée pour les marchés à proximité. Il réussit partout où le Concord est cultivé et, en raison de sa maturation précoce, il est particulièrement adapté aux latitudes septentrionales où le Concord ne mûrit pas toujours. Bien que les fruits mûrissent tôt, les bourgeons démarrent tardivement, échappant souvent aux gelées printanières tardives. Lorsque Lady a été entendue pour la première fois, elle était entre les mains d'un certain M. Imlay, du comté de Muskingum, Ohio. George W. Campbell, Delaware, Ohio, l'a introduit en 1874.

Vigne vigoureuse, rustique, de productivité moyenne, saine. Cannes courtes, minces, brun rougeâtre foncé ; nœuds aplatis ; entre-nœuds courts ; vrilles intermittentes, bifides ou trifides. Feuilles de taille moyenne ; face supérieure vert clair, brillante, rugueuse ; face inférieure vert pâle, pubescente ; lobes un à cinq avec un terminal acuminé ; sinus pétiolaire peu profond, large ; sinus latéral variable en profondeur et en largeur ; dents peu profondes. Fleurs autofertiles, ouvertes à mi-saison ; étamines dressées.

Fruit précoce, ne se conserve pas bien. Grappes petites, courtes, minces, cylindriques, parfois à une seule épaule, compactes ; pédicelle épais, lisse ; pinceau mince, long, blanc verdâtre. Baies grosses, rondes, vert clair, souvent teintées de jaune, brillantes à fine pruine, persistantes, fermes ; peau couverte de petits points sombres, épars, fins, tendres, adhérents, astringents ; chair blanc verdâtre, translucide, juteuse, tendre, aromatique ; très bien. Sans graines, peu nombreuses, larges, brun clair.

DAME WASHINGTON

(Labrusca, Vinifera)

Lady Washington est à bien des égards un raisin des plus excellents, mais il manque de qualité et n'excelle pas dans les caractères de la vigne. Les raisins ont une belle apparence, se conservent et s'expédient bien et sont tendres, juteux et sucrés. Les vignes sont luxuriantes, rustiques pour un raisin de sang Vinifera, saines bien que légèrement sensibles au mildiou. En tant que raisin d'exposition, peu de variétés vertes se montrent mieux lorsqu'elles sont cultivées avec soin que le Lady Washington. Dans l'Ouest et le Sud-Ouest, on dit que la variété réussit mieux que n'importe quel autre plant Concord. Lady Washington est un autre des beaux plants de JH Ricketts, cette variété provenant de graines de Concord fécondées par Allen's Hybrid. Il a été introduit en 1878.

Vigne vigoureuse, productive. Cannes longues, peu nombreuses, épaisses, brun foncé ; nœuds très élargis, de forme variable ; entre-nœuds longs ; vrilles continues, longues, bifides ou trifides. Feuilles grandes, épaisses ; face supérieure vert foncé, feuilles plus âgées fortement rugueuses, brillantes ; face inférieure vert pâle, pubescente ; feuille entière avec terminal aigu ; sinus pétiolaire profond, étroit, fréquemment fermé et chevauchant ; sinus basal manquant généralement ; sinus latéral peu profond ; dents peu profondes, étroites. Fleurs autofertiles, ouvertes à mi-saison ; étamines dressées.

Fruit tard à mi-saison, se conserve et s'expédie bien. Grappes grandes, larges, irrégulièrement cylindriques, à une seule épaule, souvent à deux épaules, lâches ; pédicelle court avec de nombreuses verrues bien visibles ; pinceau très court, verdâtre. Baies de taille variable, rondes-oblates, jaune-ambrées, brillantes à fine floraison, persistantes ; peau fine, tendre, adhérente ; chair vert pâle, transparente, juteuse et tendre, filandreuse, aromatique, sucrée ; très bien. Graines libres, une à quatre, larges, brunes.

PLANCHE XXX. — Winchell (× $^2/_3$).

LENOIR

(Bourquinienne)

Alabama, Black El Paso, Black July, Black Spanish, Blue French, Burgundy, Cigar Box Grape, Devereaux, Jack, Jacques, July Sherry, Longworth's Ohio, MacCandless , Ohio, Springstein , Warren

Le Lenoir est un cépage tendre du sud qui a été largement utilisé en France et en Californie comme cépage résistant et producteur direct. Le fruit est très apprécié pour son vin rouge foncé et est très bon pour la table. La vigne est très résistante au phylloxéra et supporte bien la sécheresse. L'origine de

Lenoir est inconnue. Il était cultivé dans le Sud dès le début du siècle dernier. Nicholas Herbemont déclare en 1829 que son nom lui a été donné d'un homme nommé Lenoir qui le cultivait près de Stateburg, en Caroline du Sud.

Vigne vigoureuse, économe, semi-rustique, productive. Cannes nombreuses, avec quelques fleurs aux nœuds ; vrilles intermittentes. Feuilles de deux à sept lobes, généralement cinq, avec une couleur vert bleuâtre caractéristique dessus et vert pâle dessous.

Grappes variables, moyennes à très grandes, effilées, généralement épaulées. Baies petites, rondes, violet bleuâtre foncé, presque noires avec une floraison lilas ; peau épaisse, dure; chair juteuse, tendre, sucrée, très riche en matière colorante.

LIGNAN BLANC

(Vinifère)

Juillet Blanc, Luglienga , Joannenc

A Genève, New York, le Lignan Blanc mûrit d'abord des raisins, indigènes ou européens. Il n'est pas de la plus haute qualité mais il est meilleur que tout autre raisin précoce et constitue un ajout précieux au vignoble local. C'est un cépage préféré en Europe et il est plutôt cultivé en Californie. Ce cépage offre un excellent matériel pour l'hybridation avec des raisins indigènes.

Vigne vigoureuse, moyennement productive ; les bourgeons s'ouvrent tôt; feuilles s'ouvrant vert clair, luisantes, teintées de rouge sur les bords, finement pubescentes. Feuilles de taille moyenne, arrondies, vert un peu terne, légèrement rugueuses ; face inférieure glabre ; lame épaisse; lobes généralement cinq mais parfois trois ; sinus pétiolaire moyen de profondeur, large ; Sinus latéral inférieur de profondeur moyenne, étroit ; sinus latéral supérieur peu profond, étroit ; marge dentée; dents longues, étroites. Les fleurs apparaissent tôt pour un Vinifera ; étamines dressées.

Le fruit mûrit le premier septembre et se conserve bien ; grappes de taille supérieure à moyenne, effilées, moyennement compactes ; baies moyennes à grosses, ovales, vert jaunâtre, à fine pruine ; peau fine, tendre, neutre ; chair blanc verdâtre, ferme, juteuse, charnue, sucrée ; qualité bonne.

LINDLEY

(Labrusca, Vinifera)

D'un commun accord, Lindley (Planche XXII) est le meilleur des raisins rouges issus de Rogers dans ses croisements entre Labrusca et Vinifera. Les grappes sont de taille moyenne et lâches, mais les baies sont bien formées, de taille uniforme et d'une jolie couleur rouge foncé. La chair est ferme, fine, juteuse, tendre avec une saveur aromatique particulièrement riche. La peau est épaisse et dure mais n'est pas désagréable chez les fruits bien mûrs. Le fruit se conserve et s'expédie bien, et les baies ne se fissurent ni ne se brisent. La vigne est vigoureuse, rustique pour un hybride Vinifera, saine mais, comme la plupart de ses espèces, sensible au mildiou. Les principaux défauts du Lindley sont l'autostérilité, la précarité de la production et le manque d'adaptation à de nombreux sols. Lindley est un favori général dans le jardin. En 1869, Rogers donna son nom à ce cépage en l'honneur de John Lindley, le botaniste anglais.

Vigne vigoureuse, généralement rustique, sensible au mildiou. Cannes très longues, brun rougeâtre foncé avec une fine floraison ; nœuds élargis, généralement aplatis ; entre-nœuds longs et épais ; vrilles continues, longues, bifides ou trifides. Feuilles grandes, épaisses ; face supérieure vert clair, terne, légèrement rugueuse ; face inférieure blanc grisâtre, pubescente ; obscurément trilobé avec extrémité aiguë ; sinus pétiolaire profond, étroit, souvent fermé et chevauchant ; dents peu profondes. Fleurs autostériles, ouvertes à mi-saison ; étamines réfléchies.

Fruit de mi-saison, se conserve et s'expédie bien. Grappes longues, larges, cylindriques, souvent mono-épaulées, l'épaule étant reliée à la grappe par une longue tige lâche ; pédicelle court, mince, lisse ; pinceau court, vert pâle. Baies grosses, rondes-ovales, rouge foncé avec une légère floraison ; peau dure, adhérente, non pigmentée, fortement astringente ; chair vert pâle, translucide, juteuse, fine, tendre, vineuse ; du bon au meilleur. Graines adhérentes, deux à cinq, dentelées, brunes.

LUCILE

(Labrusque)

En termes de vigueur, de santé, de rusticité et de productivité, le Lucile (Planche XXII) n'est surpassé par aucun cépage indigène. Malheureusement, les caractères fruités ne sont pas si désirables. La taille, la forme et la couleur des grappes et des baies sont bonnes, ce qui en fait un fruit très attrayant, mais les raisins ont un goût et une odeur désagréables et rusés et sont pulpeux et pénibles. Lucile est plus précoce que Concord, la récolte mûrissant avec celle de Worden ou la précédant de quelques jours. Pour une variété précoce, le fruit se conserve bien et malgré sa peau fine, il s'expédie bien. La vigne s'épanouit dans tous les terroirs viticoles. Lucile peut être recommandée là où un cépage rustique est recherché et pour les localités où la saison est courte. JA Putnam, Fredonia, New York, a grandi Lucile. La vigne a donné ses premiers fruits en 1890. C'est un semis du Wyoming, auquel il ressemble en fruits et en vigne et surpasse dans les deux.

Vigne vigoureuse, rustique, très productive. Cannes longues, brun clair ; nœuds élargis, aplatis ; entre-nœuds courts ; vrilles continues, bifides ou trifides. Feuilles grandes, fermes ; face supérieure vert clair, brillante, lisse ; face inférieure vert pâle, pubescente ; feuille à extrémité aiguë ; sinus pétiolaire peu profond, étroit, parfois fermé et chevauchant ; sinus basal généralement absent ; sinus latéral une encoche lorsqu'il est présent ; dents peu profondes. Fleurs autofertiles, ouvertes tôt ; étamines dressées.

Fruit précoce, se conserve bien. Grappes grandes, longues, minces, cylindriques, généralement à une seule épaule, très compactes ; pédicelle court, épais avec quelques petites verrues peu visibles ; pinceau marron clair. Baies grosses, rondes, rouge foncé à fine floraison, persistantes, fermes ; peau fine, tendre, astringente ; chair vert pâle, translucide, juteuse, coriace, filandreuse, rusée ; juste en qualité. Graines adhérentes, une à quatre, petites, larges, courtes, obtuses, brun foncé.

LUTIE

(Labrusque)

Lutie (Planche XXIII) est surtout précieux pour ses caractères viticoles. Les vignes sont vigoureuses, rustiques, saines et fructueuses, bien qu'elles n'égalent guère Lucile dans aucun de ces caractères. Les pomologistes diffèrent considérablement quant aux mérites du fruit, certains prétendant qu'il est de grande qualité et d'autres déclarant qu'il ne vaut pas mieux qu'un Labrusca sauvage. La divergence d'opinion est due à une particularité du fruit ; s'il est consommé frais, la qualité, bien que loin d'être des meilleures, n'est pas mauvaise, mais après avoir été cueilli pendant plusieurs jours , il développe une saveur et un arôme tellement épicés qu'il est à peine comestible. Lutie est un semis trouvé par LC Chisholm, Spring Hill, Tennessee. Il a été introduit en 1885.

Vigne vigoureuse, rustique, saine, productive. Cannes courtes, minces, brun rougeâtre foncé ; nœuds agrandis ; entre-nœuds courts ; vrilles continues, courtes, bifides. Feuilles de taille moyenne ; face supérieure vert foncé, rugueuse ; face inférieure bronze ou vert blanchâtre, pubescente ; feuille généralement non lobée avec extrémité aiguë ; sinus pétiolaire profond, large ; absence de sinus basal ; sinus latéral peu profond et étroit lorsqu'il est présent ; dents peu profondes, étroites. Fleurs autofertiles, précoces ; étamines dressées.

Fruit précoce, ne se conserve pas bien. Grappes de taille moyenne, courtes, larges, émoussées, cylindriques, généralement non épaulées, compactes ; pédicelle court avec de petites verrues éparses ; pinceau fin, vert pâle. Baies grosses, rondes, rouge foncé, ternes avec une fine floraison, tombant mal du pédicelle, fermes ; peau tendre, adhérente, astringente ; chair vert pâle, translucide, juteuse, coriace, rusée ; juste en qualité. Graines adhérentes, une à quatre, grosses, larges, courtes et obtuses, brun foncé.

MÁLAGA

(Vinifère)

Malaga est l'un des raisins de table préférés en Californie et également un cépage populaire à expédier vers les marchés de l'Est. Dans certaines régions du sud de la Californie, où les muscats ne prospèrent pas, on le cultive beaucoup, et dans la vallée de San Joaquin, on l'utilise assez largement pour faire des raisins secs. Il nécessite une longue saison et ne pourrait probablement être cultivé dans les régions orientales que dans les localités les plus favorisées. La description est compilée.

Vigne très vigoureuse, saine et productive ; bois brun rougeâtre, à articulations courtes. Feuilles de taille moyenne, lisses, coriaces ; vert clair brillant dessus, plus clair dessous ; profondément lobé. Grappes très grandes, longues, lâches, épaulées, parfois déchiquetées ; tige longue et flexible ; baies très grosses, ovales, vert jaunâtre, couvertes d'une légère pruine ; peau épaisse; chair ferme, croquante, sucrée et riche; qualité bonne. Saison tardive, se conserve et est bien expédié.

McPike

(Labrusque)

McPike se distingue par la grande taille de ses baies et de ses grappes. Il est très similaire à son parent, Worden, à la différence qu'il a des baies moins nombreuses mais plus grosses, des raisins moins savoureux et des graines moins nombreuses et plus petites. En raison de leur peau fine et tendre, les baies craquent beaucoup. Les raisins écalent plus ou moins, et les vignes sont moins productives que celles de Worden. Les défauts mentionnés l'empêchent de devenir un raisin commercial et sa qualité n'est pas suffisamment élevée pour le rendre intéressant pour l'amateur. Cette variété est originaire de HG McPike, Alton, Illinois, à partir de graines de Worden plantées en 1890.

Vigne vigoureuse, rustique, très productive. Cannes de longueur moyenne, brun rougeâtre terne ; nœuds élargis, aplatis ; entre-nœuds très courts ; vrilles continues, bifides ou trifides. Feuilles grandes, épaisses ; face supérieure vert clair, terne, rugueuse ; face inférieure blanc grisâtre, fortement pubescente ; feuille entière avec extrémité aiguë ; sinus pétiolaire profond ; absence de sinus basaux et latéraux. Fleurs presque autofertiles.

Fruit de mi-saison, se conserve bien. Grappes de taille variable, larges, irrégulièrement effilées, généralement non épaulées ; pédicelle long, épais, lisse ; pinceau long, mince, vert avec une teinte brune. Baies inhabituellement grosses, rondes, noir violacé avec une floraison abondante, fermes ; crevasses cutanées, adhérentes à la pulpe, astringentes ; chair vert pâle, translucide, juteuse, tendre, filandreuse, vineuse ; passable à bon. Graines adhérentes, une à quatre, courtes, larges, obtuses, dodues, brun clair.

MARION

(Vulpine , Labrusca)

Allemand noir, Marion Port

Marion ressemble tellement à Clinton en termes de caractères botaniques et horticoles qu'elle est clairement du même type. La vigne est vigoureuse et rustique, mais peu productive et sensible au mildiou et aux cicadelles. Le fruit est agréablement sucré et épicé, bien que de qualité insuffisante pour un raisin de table, mais donne un très bon vin rouge foncé. Le fruit se colore tôt mais mûrit tardivement, accroche bien aux vignes et se bonifie avec une touche de gel. Marion a été remarquée par un certain M. Shepherd, Marion, Ohio, vers 1850.

Vigne vigoureuse, rustique, productive. Cannes très longues, brun rougeâtre foncé, couvertes de pruines ; nœuds élargis, aplatis ; entre-nœuds très longs ; vrilles continues, parfois intermittentes, longues, bifides. Feuilles très grandes ; face supérieure vert foncé, brillante ; face inférieure vert pâle, lisse ; feuille entière, extrémité acuminée ; sinus pétiolaire très profond, étroit, souvent fermé et chevauchant ; les sinus basaux et latéraux sont généralement absents ; dents peu profondes, larges. Fleurs autostériles, ouvertes très tôt ; étamines réfléchies.

Fruit de mi-saison, se conserve bien. Grappes de taille moyenne, courtes, minces, cylindriques, à une épaule, compactes ; pédicelle court, mince avec quelques verrues peu visibles ; pinceau très court, couleur vin. Baies petites, rondes, noires, brillantes à floraison abondante, persistantes, fermes ; peau fine, dure, adhérente, avec beaucoup de pigments couleur vin, astringente ; chair vert foncé, translucide, juteuse, à grain fin, coriace, vive, épicée, acidulée ; juste en qualité. Graines adhérentes, une à cinq, de taille moyenne, larges, courtes, très charnues, brunes.

MARTHE

(Labrusca, Vinifera)

Martha était autrefois un cépage vert populaire, mais l'introduction de variétés supérieures a réduit sa popularité jusqu'à ce qu'il soit aujourd'hui peu cultivé. C'est un semis de Concord et ressemble à son parent, se différenciant principalement comme suit : fruit vert, une semaine plus tôt, grappe et baie plus petites, saveur bien meilleure, étant plus douce, plus délicate et moins rusée. La vigne de Martha est d'une teinte verte plus claire, est moins robuste et les fleurs s'ouvrent quelques jours plus tôt que celles de Concord. L'un des défauts de Martha, et la principale cause de sa disgrâce, est qu'il ne se conserve pas bien et qu'il n'est pas bien expédié. La variété est encore plantée dans le Sud mais est généralement abandonnée dans le Nord. Samuel Miller, Calmdale , Pennsylvanie, a fait pousser Martha à partir de graines de Concord ; il a été introduit vers 1868.

Vigne rustique, productive, sensible aux attaques de mildiou. Cannes longues, brun rougeâtre foncé, surface à fine pruine, rugueuse ; nœuds élargis, légèrement aplatis ; vrilles continues ou intermittentes, bifides. Feuilles grandes, épaisses ; face supérieure vert clair; face inférieure bronze clair, fortement pubescente ; lobes manquant ou faibles ; sinus pétiolaire peu profond, très large ; dents irrégulières. Fleurs autofertiles, ouvertes à mi-saison ; étamines dressées.

Fruits précoces à mi-saison. Grappes de taille moyenne, effilées, à une seule épaule, lâches ; pédicelle court, mince ; pinceau très court, vert. Baies de taille moyenne, rondes, vert clair à fine floraison, persistantes ; peau fine, très tendre, adhérente ; chair vert pâle, juteuse, coriace, à grain fin, légèrement rusée ; très bien. Graines peu nombreuses, adhérentes, larges, obtuses, brun foncé.

MASSASSOIT

(Labrusca, Vinifera)

Massasoit se distingue comme le premier des hybrides de Rogers, mûrissant avec le Delaware. Les raisins ont la particularité d'être meilleurs avant leur pleine maturité, développant après maturation un degré de rousseur qui altère la qualité. Par la forme et la taille des baies et du bouquet, il y a une ressemblance frappante avec Isabella, mais la couleur est celle de Catawba. La texture du fruit est particulièrement bonne, ferme mais tendre et juteuse, tandis que la saveur est riche et sucrée. La vigne est vigoureuse, rustique et productive mais sujette au mildiou et à la pourriture. Le Massasoit mérite une place dans le vignoble local et comme raisin précoce de belle qualité pour les marchés locaux.

Vigne très vigoureuse, rustique, très productive, sujette à la pourriture et au mildiou. Cannes longues, épaisses, brun foncé avec une teinte rougeâtre ; nœuds élargis, aplatis ; vrilles continues, longues, trifides ou bifides. Feuilles de taille variable ; face supérieure vert clair, terne, lisse ; face inférieure vert pâle, pubescente ; lobes trois à cinq avec extrémité aiguë ; sinus pétiolaire profond, étroit ; sinus basal peu profond, étroit, obscur ; dents peu profondes. Fleurs autostériles, ouvertes tardivement ; étamines réfléchies.

Fruit précoce, se conserve bien. Grappes de taille variable, larges, cylindriques, souvent à une seule épaule ; pédicelle mince avec quelques verrues indistinctes ; pinceau vert pâle. Baies grosses, rondes-ovales, rouge brunâtre foncé, ternes avec une fine floraison, très persistantes, fermes ; peau fine, tendre, adhérente, astringente ; chair vert pâle, translucide, juteuse, à grain fin, douce, filandreuse, rusée ; bon à très bon. Graines adhérentes, une à cinq, grosses, larges, nettement échancrées, dodues, émoussées.

MAXATAWNEY

(Labrusca, Vinifera)

Bien qu'à une époque très populaire, les viticulteurs entendent rarement parler de Maxatawney . C'est un cépage méridional dont les fruits ne mûrissent qu'occasionnellement dans le Nord. Le cépage est historiquement intéressant car il s'agit du premier bon raisin vert et il présente les caractères indubitables du Vinifera, un autre exemple de l'hybridation fortuite qui a donné tant de variétés précieuses avant que l'hybridation artificielle du Vinifera avec des raisins indigènes ne soit tentée. En 1843, un homme vivant à Eagleville, en Pennsylvanie, reçut plusieurs grappes de raisin de Maxatawney . Les graines de ces raisins ont été plantées et une a poussé, la plante résultante étant la vigne originale de Maxatawney .

Vigne vigoureuse, d'une rusticité douteuse, de productivité variable. Cannes de longueur moyenne, minces, rougeâtres ; nœuds élargis, aplatis ; entre-nœuds courts ; vrilles continues, bifides. Feuilles grandes, vert foncé, épaisses ; face inférieure blanc grisâtre avec une teinte bronze, fortement pubescente ; lobes trois à cinq ; sinus pétiolaire étroit ; dents peu profondes. Fleurs autostériles, ouvertes à mi-saison ; étamines dressées.

Fruit tardif, se conserve bien. Grappes petites à moyennes, courtes, minces, cylindriques, parfois avec une petite épaule unique, compactes ; pédicelle long, mince, verruqueux ; pinceau long, jaune. Baies de taille variable, ovales, rouge pâle ou vert terne avec une teinte ambrée, à fine floraison, persistantes ; peau dure, astringente; chair tendre, rusée; bon à très bon. Graines libres, peu nombreuses, grosses, très larges, émoussées.

MÉMOIRE

(Rotundifolia)

Memory est l'un des meilleurs raisins Rotundifolia pour le jardin et les marchés locaux, ses fruits étant particulièrement bons pour le dessert. Cependant, jusqu'à présent, la variété n'a pas été largement distribuée, même en Caroline du Nord, d'où elle est originaire. La vigne est reconnue pour être la vigne la plus vigoureuse et la plus productive des raisins de son espèce. Memory est probablement un plant de Thomas, auquel il ressemble beaucoup, ayant été trouvé dans un vignoble de raisins Thomas près de Whiteville, en Caroline du Nord, par TS Memory, vers 1868.

Vigne très vigoureuse, saine, productive. Feuilles grandes, plus longues que larges, épaisses, lisses avec des bords grossièrement dentés. Fleurs parfaites.

Les fruits mûrissent en septembre en Caroline du Nord ; grandes grappes, avec de quatre à douze baies qui pendent exceptionnellement bien pour une variété de V. Rotundifolia. Baies très grosses, rondes-oblongues, d'un noir brunâtre foncé, presque noir de jais ; peau épaisse; chair tendre, juteuse, sucrée ; du bon au meilleur.

MERRIMAC

(Labrusca, Vinifera)

Le Merrimac est souvent reconnu comme le meilleur raisin noir parmi les hybrides de Rogers, mais une analyse des caractères des plusieurs variétés noires cultivées par Rogers montre qu'il est surpassé par Wilder, Herbert et peut-être Barry. La vigne est forte en croissance, productive, rustique et exempte de maladies fongiques ; mais les raisins ne sont pas de grande qualité et les caractères de la chair, de la peau et des pépins sont tels que le fruit n'est pas aussi agréable à manger que les autres cépages noirs mentionnés. Merrimac mérite une place dans les collections pour des raisons de variété. Rogers a donné à cette variété le nom de Merrimac en 1869.

Vigne vigoureuse, généralement rustique, productive. Cannes minces, brun foncé, surface rugueuse ; nœuds élargis, aplatis ; entre-nœuds courts ; vrilles intermittentes, courtes, bifides. Feuilles grandes, fines ; face supérieure vert très clair, brillante, lisse ; face inférieure vert pâle, pubescente et toile d'araignée ; lobes trois avec un terminal obtus ; sinus pétiolaire profond, étroit, parfois fermé et chevauchant ; sinus basal généralement absent ; sinus latéral peu profond, étroit ; dents peu profondes. Fleurs autostériles, ouvertes à mi-saison ; étamines réfléchies.

Fruit de mi-saison, se conserve et s'expédie bien. Grappes de taille variable, larges, effilées ; pédicelle mince, couvert de nombreuses verrues peu visibles ; pinceau couleur vin. Baies grosses, rondes, noires, brillantes à floraison abondante, persistantes, fermes ; peau épaisse, coriace, adhérente, astringente ; chair vert clair, translucide, juteuse, à grain fin, tendre, filandreuse ; bien. Graines adhérentes, une à cinq, larges, longues, à col élargi, brunes.

MOULINS

(Labrusca, Vinifera)

Les grappes et les baies de Mills sont grosses et bien formées ; les baies sont fermes et solides, avec la peau adhérente comme chez les Viniferas ; la chair est juteuse et se sépare facilement des graines ; la saveur est riche, douce et vineuse ; et les raisins sont à peine surpassés en termes de conservation. Mais quand les caractères fruités de Mills ont été loués, rien de plus ne peut être dit en sa faveur. Les vignes ne sont ni vigoureuses, ni rustiques, ni fructueuses et sont très sujettes au mildiou ; ni le bois ni les racines ne mûrissent bien dans le Nord dans les saisons moyennes ; et cette variété est très difficile à cultiver pour les pépiniéristes. Mills a une valeur commerciale douteuse, mais pour le jardin, il est possible que le cultivateur puisse le greffer avantageusement sur une variété ayant de meilleurs caractères de vigne. William H. Mills, de Hamilton, en Ontario, a cultivé Mills vers 1870 à partir de graines de Muscat Hamburg fertilisées par Creveling .

Vigne moyenne en vigueur, rusticité et productivité. Cannes longues, épaisses, brun clair ; nœuds élargis, aplatis ; vrilles intermittentes, bifides ou trifides. Feuilles grandes, épaisses ; face supérieure vert foncé, terne, rugueuse ; face inférieure vert pâle, recouverte de toile d'araignée ; lobes trois à cinq avec extrémité aiguë ; sinus pétiolaire intermédiaire en profondeur et en largeur ; sinus basaux et latéraux profonds et larges ; les dents profondes. Fleurs autofertiles, ouvertes à mi-saison ; étamines dressées.

Fruit de mi-saison, se conserve bien. Grappes grandes, longues, minces, cylindriques, souvent à double épaule, compactes ; pédicelle mince avec de nombreuses petites verrues ; pinceau long, couleur vin. Baies grosses, ovales, noir de jais, à floraison abondante, persistantes, fermes ; peau épaisse, dure, adhérente ; chair vert clair, translucide, juteuse, riche, tendre, vive, vineuse, sucrée ; très bon au meilleur. Graines libres, une à trois, grosses, brunes.

MISH

(Rotundifolia)

Mish est un Rotundifolia préféré en Caroline du Nord, largement planté dans certaines parties de cet État. Ses caractères remarquables sont la vigueur et la productivité de la vigne et la grande qualité du fruit. Mish est désigné par beaucoup comme le meilleur Rotundifolia polyvalent, étant précieux pour le dessert, le vin et le jus de raisin. La variété a été découverte par WM Mish, vers 1846, près de Washington, en Caroline du Nord.

Vigne très vigoureuse, productive, saine, de port ouvert ; cannes quelque peu traînantes. Feuilles grandes, rondes, épaisses, lisses, coriaces avec marge grossièrement dentée. Fleurs parfaites.

Fruit tardif, ne mûrit pas uniformément, se conserve et s'expédie bien. Grappes de taille moyenne comportant de six à quinze baies bien accrochées au pédicelle. Baies de taille moyenne, rondes-ovales, d'un noir rougeâtre foncé avec de nombreux points bien visibles ; peau fine, craquelée par temps humide ; chair tendre, juteuse, sucrée, exceptionnellement parfumée ; très bon au meilleur.

MISSION

(Vinifère)

De tous les cépages, le Mission a probablement joué le rôle le plus important dans les vignobles de Californie. Cultivée dès les premiers temps dans les anciennes missions, sa source ni son nom n'ont jamais été déterminés. Sa valeur viticole pour la table et le pressoir a été très tôt appréciée par les viticulteurs californiens, et sa culture s'est rapidement répandue dans tous les comtés de l'État adaptés à la culture du raisin. Avec des vignes vigoureuses, saines et productives, portant des raisins d'une qualité délicieuse, Mission est un pilier sur le versant du Pacifique, surpassé par quelques cépages de vignoble d'utilité générale. La description est compilée.

Vigne vigoureuse, saine, productive ; bois à joints courts, brun grisâtre, terne, foncé. Feuille moyenne à grande, légèrement oblongue, avec de grandes dents composées profondément découpées ; sinus basal largement ouvert, sinus primaires étroits et peu profonds ; lisse des deux côtés avec un tomentum épars en dessous, vert vif dessus, plus clair dessous. Bouquet divisé en nombreuses petites grappes latérales distinctes, épaulées, lâches, parfois très lâches ; baies de taille moyenne, violettes ou presque noires, à forte floraison ; peau fine; chair ferme, croquante, juteuse, sucrée, riche et délicieuse. Graines plutôt grosses et proéminentes ; saison en retard.

RIESLING DU MISSOURI

(Vulpine , Labrusca)

Le Missouri Riesling n'atteint la perfection que dans le Sud. Les vignes sont rustiques, vigoureuses, productives et saines dans le Nord en général, mais les fruits manquent de qualité. Dans le Sud, le Riesling du Missouri est un beau fruit lorsqu'il est bien cultivé et possède de nombreuses bonnes qualités de fruit et de vigne. Il est originaire de Nicholas Grein , Hermann, Missouri, vers 1870, probablement à partir de graines de Taylor.

Vigne vigoureuse, rustique, productive. Cannes très longues, nombreuses, épaisses, brun foncé ; nœuds agrandis ; entre-nœuds longs ; vrilles continues, longues, trifides ou bifides. Feuilles grandes, épaisses ; face supérieure vert foncé, brillante, lisse ; face inférieure vert pâle, finement pubescente ; lobes cinq avec un terminal acuminé ; sinus pétiolaire profond, étroit ; sinus basal peu profond, large ; sinus latéral profond, large ; dents profondes, larges. Fleurs autofertiles, ouvertes à mi-saison ; étamines dressées.

Fruit tardif, ne se conserve pas bien et ne s'expédie pas bien. Grappes courtes, cylindriques, à une seule épaule ; pédicelle long avec quelques petites verrues ; pinceau vert. Baies de taille moyenne, rondes, vert jaunâtre virant au rouge clair à fine floraison, persistantes, fermes ; peau parsemée de petits points bruns, fine, coriace, adhérente, astringente ; chair vert pâle, translucide, juteuse, tendre, à grain fin, sans arôme, douce ; juste en qualité. Graines adhérentes, une à quatre, surface rugueuse, brun foncé.

MONTEFIORE

(Vulpine , Labrusca)

Montefiore est largement cultivé dans le Missouri et dans le sud-ouest, mais est presque inconnu dans le nord et l'est. On rapporte qu'il réussit dans la région des Lacs de l'Ohio et, à l'exception du fait qu'il est incertain en production et pas toujours productif, il pousse bien dans certaines parties de New York. Bien qu'il s'agisse essentiellement d'un raisin de cuve, il est néanmoins agréable en goût et en texture de fruit et est de bien meilleure qualité que la plupart des Labruscas plus grossiers couramment cultivés. Il se conserve et s'expédie bien et présente une apparence attrayante. Jacob Rommel, Morrison, Missouri, a cultivé cette variété vers 1875 à partir de graines de Taylor fécondées par Ives.

Vigne vigoureuse et rustique. Cannes longues, épaisses, brun foncé avec une fine floraison ; nœuds élargis, aplatis ; entre-nœuds longs ; vrilles continues, longues, bifides. Feuilles épaisses ; face supérieure vert clair, terne, lisse ; face inférieure blanc grisâtre, pubescente ; lobes trois lorsqu'ils sont présents avec extrémité aiguë ; sinus pétiolaire large ; absence de sinus basal ; sinus latéral peu profond lorsqu'il est présent ; les dents profondes. Fleurs semi-fertiles, ouvertes à mi-saison ; étamines dressées.

Fruit de mi-saison, se conserve bien. Grappes petites, courtes, effilées, à une seule épaule, l'épaule étant reliée au régime par une longue tige, compacte ; pédicelle court, mince, lisse ; pinceau rouge. Baies petites, ovales, souvent comprimées, noires, brillantes à floraison abondante, persistantes, fermes ; peau fine, dure, adhérente, astringente ; chair verte, translucide, juteuse, fine, tendre , fondante, vineuse, sucrée ; passable à bon. Graines libres, une à cinq, petites, larges, légèrement échancrées, courtes, dodues, brunes.

MOORE TÔT

(Labrusque)

Moore Early (<u>Planche XXIV</u>) est le cépage standard de sa saison. Son fruit ne peut être mieux décrit que comme un Concord précoce. Les vignes se distinguent facilement de celles de Concord, s'en différenciant principalement par leur moins productivité. Pour que le cépage soit cultivé de manière satisfaisante, le sol doit être riche, bien drainé et meuble, il doit être fréquemment cultivé et les vignes doivent être taillées sévèrement. Les grappes de Moore Early ne sont pas aussi grosses que celles de Concord et sont moins compactes ; les baies écalent un peu plus facilement et la peau se fissure plus facilement. Les caractères de la chair et la saveur sont essentiellement ceux de la Concord, même si la qualité n'est pas aussi élevée que celle de la variété plus ancienne. La qualité est cependant bien supérieure à celle de Champion et Hartford, ses principaux concurrents, et aux variétés qu'elle devrait remplacer. Moore Early n'est en aucun cas un raisin idéal pour sa saison, mais jusqu'à ce que quelque chose de meilleur soit introduit, il restera probablement le meilleur cépage commercial précoce. Le capitaine John B. Moore, de Concord, Massachusetts, a créé cette variété à partir de graines de Concord, plantées vers 1868.

Vigne vigoureuse, rustique, peu productive. Cannes courtes, brun rougeâtre foncé ; nœuds élargis, aplatis ; entre-nœuds courts ; vrilles continues, bifides ou trifides. Feuilles grandes, épaisses ; face supérieure vert foncé, terne ; face inférieure teintée de bronze, fortement pubescente ; feuille généralement non lobée, extrémité aiguë ; sinus pétiolaire large ; absence de sinus basal ; sinus latéral une encoche lorsqu'il est présent ; dents peu profondes, étroites. Fleurs fertiles, ouvertes à mi-saison ; étamines dressées.

Fruit précoce, ne se conserve pas bien. Grappes de taille, de longueur et de largeur moyennes, cylindriques, parfois à une seule épaule, lâches ; pédicelle court, épais, lisse ; pinceau court, vert pâle. Baies grosses, rondes, noir violacé, fermes ; peau tendre, adhérente ; chair verte, translucide, juteuse, à grain fin, coriace avec un léger côté renard ; passable à bon. Graines une à quatre, grosses, larges, dodues, émoussées, brunes avec une teinte jaune aux extrémités.

MOSCATELLO

(Vinifère)

Moscatello Néron. Muscat Noir

D'une belle apparence et doté d'un goût et d'un arôme délicats de muscat, ce cépage est l'un des bons raisins de table du versant Pacifique. Malheureusement , il mûrit si tard qu'il ne vaut guère la peine de l'essayer en Orient. La variété a la réputation d'être très productive. La description est compilée.

Vigne vigoureuse, saine, très productive. Feuilles de taille moyenne, avec des sinus supérieurs profonds et inférieurs peu profonds ; glabre dessus, légèrement duveteux dessous, très poilu sur les nervures, avec des dents longues et pointues. Bouquet grand à très grand, long, lâche, conico - cylindrique, ailé ; baies très grosses, portées par de longs pédicelles minces, violet foncé, presque noires ; peau fine mais dure; chair plutôt molle, juteuse ; saveur douce, riche, aromatique, musquée ; qualité très bonne. Saison tardive, ne se conserve pas bien.

MOYER

(Labrusca, Bourquinienne)

Jordan, le premier rouge de Moyer

Moyer est presque le pendant de sa société mère, le Delaware. Si ce cépage n'était pas une à deux semaines plus précoce que le Delaware, et un peu plus rustique, donc mieux adapté aux régions froides, il n'aurait pas sa place en viticulture. Comparée au Delaware, la vigne est à peine aussi vigoureuse et moins productive, mais elle est plus exempte de pourriture et de mildiou. Les grappes ressemblent beaucoup à celles du Delaware mais ont le défaut de fructifier imparfaitement même lorsque la pollinisation croisée est assurée ; les baies sont un peu plus grosses, de la même couleur et de même saveur, riches, sucrées, avec un vin pur et sans trace de renard. Le fruit se conserve bien, s'expédie bien et ne se fissure ni ne se décortique. Moyer est bien établi au Canada, se révélant parfaitement rustique partout où Concord est cultivé, voire même plus froid. WH Read, de Port Dalhousie, en Ontario, a élevé la vigne originale de Moyer, vers 1880, à partir de graines de Delaware fertilisées par Miller's Burgundy.

Vigne vigoureuse, rustique, saine, peu productive. Cannes nombreuses, minces, ternes, brun rougeâtre foncé ; nœuds élargis, aplatis ; entre-nœuds courts ; vrilles continues, longues, bifides ou trifides. Feuilles petites ; face supérieure vert foncé, terne, lisse ; face inférieure vert pâle ou légèrement teintée de bleu, fortement pubescente ; lobes deux à cinq avec extrémité aiguë ; sinus pétiolaire peu profond ; sinus basal peu profond lorsqu'il est présent ; sinus latéral peu profond, étroit ; dents très superficielles, étroites. Fleurs autostériles, ouvertes tôt ; étamines réfléchies.

Fruit précoce, se conserve bien mais perd sa couleur s'il est conservé trop longtemps. Grappes petites, courtes, minces, effilées, parfois à une seule épaule ; pédicelle court avec de petites verrues ; pinceau vert jaunâtre. Baies petites, aplaties, rouge foncé à faible floraison, persistantes, fermes ; peau dure, libre, astringente ; chair translucide, juteuse, tendre, à grain fin, vineuse ; bon à très bon. Graines libres, une à quatre, larges, courtes, très obtuses, brunes avec une teinte jaune aux extrémités.

MUSCAT

(Vinifère)

Frontignan Blanc

Ce cépage ancien et standard est assez couramment cultivé dans certaines régions viticoles de Californie, à la suite du Chasselas Golden. Il pourrait être essayé avec un certain succès dans les régions viticoles privilégiées de l'Est. La description est compilée.

Vigne de taille moyenne, vigoureuse, saine ; cannes fortes, étalées, brun rougeâtre avec des entre-nœuds courts. Feuilles de taille moyenne, fines, à cinq lobes ; glabre sauf sur les côtés inférieurs des côtes bien marqués où apparaissent quelques poils. Grappes longues, cylindriques, régulières, compactes ; baies rondes, jaune d'or devenant ambrées ; saveur douce, riche, aromatique, particulière ; qualité très bonne. Saison tardive, mi-saison, se conserve et s'expédie bien.

PLANCHE XXXI. — Mots (× 2 / 3).

MASCATE HAMBOURG

(Vinifère)

Le muscat de Hambourg (planche XXV) est un vieux cépage européen bien connu dans certaines régions d'Amérique dans les vignobles de serre, car c'est l'un des meilleurs pour le forçage. Tous ceux qui connaissent les beaux fruits de cette variété cultivée dans des forçages voudront la tester à l'extérieur, où à la station expérimentale de Genève, New York, ils ont bien fait, de nombreuses grappes atteignant un poids d'une livre et demie. à deux livres. L'assiette d'accompagnement, dont le fruit est bien inférieur à la moitié de sa taille naturelle, montre à quel point le muscat de Hambourg est un bon raisin. On est frappé d'admiration devant une vigne chargée de ces raisins qui poussent aux côtés de Concord, Niagara ou Delaware. La qualité est délicieuse, la quintessence des saveurs et des arômes qui font du raisin un fruit de prédilection. Les raisins se conservent longtemps et conservent leur forme, leur taille, leur couleur et leur saveur riche et délicate presque jusqu'à la fin. Cette variété est un trésor pour l'amateur ; et le professionnel qui désire un autre cépage pour les marchés locaux devrait essayer de greffer sur quelques vignes des variétés indigènes de ce cépage, en suivant les instructions données au chapitre X pour l'entretien des vignes.

Les vignes vigoureuses, tendres, ont besoin de protection durant l'hiver ; cannes longues, nombreuses, fines à moyennes, brun clair, plus foncées aux nœuds élargis et aplatis. Feuilles moyennes à grandes, d'épaisseur intermédiaire ; face supérieure vert clair, terne ; face inférieure vert pâle, légèrement pubescente, densément poilue.

Les fruits mûrissent en octobre, sont expédiés et se conservent bien ; grappes très grandes, longues, larges, effilées, simples ou doubles. Baies grosses, fermes, ovales, rouge violacé très foncé, couvertes de pruine lilas, très persistantes ; peau épaisse, adhère fortement à la pulpe ; chair vert pâle, translucide, charnue, très juteuse, tendre, vineuse, musquée, sucrée, riche ; très bon à meilleur ; graines se séparant facilement de la pulpe, grosses.

MASCATE D'ALEXANDRIE

C'est peut-être le principal cépage de table et raisin sec du versant du Pacifique. À partir de la littérature ou d'une visite de vignobles, on ne peut pas déterminer si une ou plusieurs variétés sont cultivées sous ce nom. Il existe probablement plusieurs variétés cultivées sous le nom distinctif "Muscat" qui s'applique à ces raisins doux, jaune clair et musqués. C'est l'un des types standards à forcer à l'intérieur mais nécessite une saison trop longue pour l'extérieur dans l'Est. La description suivante est compilée :

Vigne courte, éparse, buissonnante, formant parfois un buisson plutôt qu'une vigne, très productive ; bois gris avec des taches sombres, à articulations courtes. Feuille ronde, cinq lobes ; vert vif dessus, vert plus clair dessous. Bouquets longs et lâches, épaulés ; baie oblongue, jaune clair et transparente à pleine maturité, couverte de pruine blanche ; chair ferme et croustillante; saveur douce et très musquée ; qualité bonne. Saison tardive, les latérales produisant une deuxième et parfois même une troisième récolte.

NIAGARA

(Labrusca, Vinifera)

Niagara (<u>Planche XXVI</u>) est le principal cépage vert américain, occupant le rang parmi les raisins de cette couleur que Concord maintient parmi les cépages noirs. C'est cependant un raisin de moins grande valeur que le Concord, et il est douteux qu'il doive être classé beaucoup plus haut que plusieurs autres raisins verts. En vigueur et en productivité, lorsque les deux raisins sont à égalité quant à l'adaptabilité, Niagara et Concord se classent au même rang. En termes de rusticité des racines et de la vigne, Niagara n'atteint pas Concord ; on ne peut pas compter sur lui sans protection hivernale lorsque le thermomètre descend en dessous de zéro. Niagara a beaucoup de côté rusé de la Labrusca sauvage, qui déplaît à de nombreux palais. Les grappes et les baies du Niagara sont plus grosses que celles du Concord et sont mieux formées, ce qui donne un fruit plus beau si les couleurs sont également appréciées. Le fruit coque aussi mal que celui du Concord et ne se conserve pas plus longtemps. La vigne et les fruits du Niagara sont plus sensibles aux maladies fongiques que ceux du Concord, notamment à la pourriture noire, qui s'avère un véritable fléau pour cette variété dans les saisons défavorables. Niagara a été produit par CL Hoag et BW Clark, Lockport, New York, à partir de graines de Concord fertilisées par Cassady et plantées en 1868.

Vigne vigoureuse, peu rustique, très productive. Cannes longues, épaisses, brun rougeâtre, de couleur plus foncée au niveau des nœuds élargis et légèrement aplatis ; entre-nœuds longs et épais ; vrilles continues, longues, bifides ou trifides. Feuilles grandes, épaisses ; face supérieure brillante, vert foncé, lisse ; face inférieure vert pâle, pubescente ; lobes trois à cinq avec extrémité aiguë ; sinus pétiolaire de profondeur et de largeur moyennes ; sinus basal peu profond, large, souvent denté ; sinus latéral large, fréquemment denté ; dents peu profondes, de largeur variable. Fleurs autofertiles, ouvertes à mi-saison ; étamines dressées.

Fruit de mi-saison, se conserve bien. Grappes grandes, longues, larges, effilées, souvent à une seule épaule, compactes ; pédicelle épais avec quelques petites verrues peu visibles ; pinceau vert pâle, long. Baies grosses, ovales, vert jaunâtre pâle à fine floraison, persistantes, fermes ; peau fine, tendre, adhérente, astringente ; chair vert clair, translucide, juteuse, à grain fin, tendre, rusée ; bien. Graines libres, une à six, profondément entaillées, brunes.

NOÉ

(Vulpine , Labrusca)

Noah est actuellement peu cultivé en dehors du Missouri, où il est encore quelque peu planté. Noah et Elvira sont souvent confondus mais il existe des différences très marquées. Les grappes d'Elvira sont plus petites, les baies ont un goût plus rusé et la peau est plus tendre et se fissure plus facilement que celles de Noé. Les grandes feuilles vert foncé et brillantes rendent les vignes de ce cépage très belles. Comme l'Elvira et d'autres variétés de ce groupe, Noah a peu de valeur dans le Nord. Il est originaire d'Otto Wasserzieher , Nauvoo, Illinois, à partir de graines de Taylor plantées en 1869.

Vigne vigoureuse, rustique douteuse, productive. Cannes longues, épaisses, brun foncé, surface rugueuse ; nœuds élargis, aplatis ; vrilles continues, bifides ou trifides. Feuilles grandes ; face supérieure vert foncé, brillante, lisse ; face inférieure vert pâle, finement pubescente ; feuille généralement non lobée avec extrémité acuminée ; sinus pétiolaire profond, large ; absence de sinus basal ; sinus latéral très peu profond lorsqu'il est présent ; dents peu profondes, larges. Fleurs semi-fertiles, ouvertes tôt ; étamines dressées.

Fruit tardif à mi-saison, ne s'expédie pas et ne se conserve pas bien. Grappes de taille variable, cylindriques, à une seule épaule, compactes ; pédicelle court avec quelques petites verrues ; pinceau court, brun. Baies petites, rondes, vert clair teinté de jaune, ternes à floraison fine, fermes ; peau adhérente à la pulpe ; chair vert jaunâtre, translucide, juteuse, coriace, à grain fin, vineuse, vive ; bien. Graines adhérentes, une à quatre, brun foncé.

MUSCADINE DU NORD

(Labrusque)

Le fait que ce cépage, avec le Lucile, le Lutie et d'autres raisins au goût de renard fortement marqué, ne soit pas devenu populaire, malgré de bons caractères de la vigne, est la preuve que le public américain ne désire pas de tels raisins. En apparence de fruit, la Northern Muscadine ressemble beaucoup au Lutie, les deux se distinguant des autres raisins par une odeur incomparable. Un défaut grave du fruit est que les baies se brisent gravement dès qu'elles atteignent leur maturité. Dans l'ensemble, les caractères viticoles de ce cépage sont très bons et offrent des possibilités au vigneron. La variété est originaire de New Lebanon, New York, et a été remarquée par DJ Hawkins et Philemon Stewart de la Society of Shakers vers 1852.

Vigne vigoureuse, productive, saine, rustique. Cannes minces, brun foncé, fortement pubescentes ; vrilles continues, bifides, déhiscentes précocement. Feuilles grandes, rondes, épaisses ; face supérieure terne, rugueuse ; face inférieure bronze foncé, fortement pubescente. Fleurs autofertiles, ouvertes à mi-saison ; étamines dressées.

Fruit précoce à mi-saison, se conserve mal. Grappes de taille moyenne, courtes, parfois mono-épaulées, compactes. Baies grosses, ovales, ambre foncé, à fine floraison, tombant fortement du pédicelle ; peau dure, adhérente, astringente ; chair vert pâle, juteuse, à grain fin, tendre, douce, très rusée, sucrée ; de mauvaise qualité. Graines libres, nombreuses, grosses, larges, légèrement échancrées, longues, brunes.

NORTON

(Æstivalis , Labrusca)

Norton est l'un des principaux raisins de cuve d'Amérique de l'Est, le fruit ayant peu de valeur pour tout usage autre que le vin ou, éventuellement, le jus de raisin. La vigne est rustique mais nécessite une saison longue et chaude pour atteindre sa maturité, de sorte qu'elle est rarement cultivée avec succès au nord du Potomac. Norton prospère dans les argiles, graviers ou sables alluviaux riches, la seule condition requise étant apparemment une bonne quantité de fertilité et de chaleur du sol. Les vignes sont robustes ; très productif, surtout sur les sols fertiles ; aussi exempt, voire plus, de maladies fongiques que n'importe quel autre de nos raisins indigènes ; et sont très résistants au phylloxéra. Les grappes sont de taille moyenne et les baies sont petites. Les raisins sont agréables à manger à pleine maturité, riches, épicés et au goût pur mais acidulés s'ils ne sont pas tout à fait mûrs. Le cépage est difficile à multiplier par bouturage et à transplanter, et les vignes supportent mal les greffons. L'origine du Norton est incertaine, mais il est cultivé depuis avant 1830, date à laquelle il a été décrit pour la première fois.

Vigne très vigoureuse, saine, semi-rustique, productive. Cannes longues, épaisses, brun foncé avec une floraison abondante ; nœuds très élargis ; entre-nœuds longs ; vrilles intermittentes, parfois continues, longues, bifides, parfois trifides. Feuilles grandes, irrégulièrement rondes ; face supérieure vert pâle, terne, rugueuse ; face inférieure vert pâle, pubescente ; feuille généralement non lobée avec extrémité aiguë ; sinus pétiolaire profond, étroit, parfois fermé et chevauchant ; sinus basal généralement absent ; sinus latéral peu profond ou une simple encoche lorsqu'il est présent. Fleurs autofertiles, tardives ; étamines dressées.

Fruit tardif, se conserve bien. Grappes de taille moyenne, courtes, larges, effilées, à une épaule, compactes ; pédicelle mince avec quelques verrues ; pinceau terne, couleur vin. Baies petites, rondes-oblates, noires, brillantes à floraison abondante, persistantes, molles ; peau fine, exempte de pigment rouge foncé; chair verte, translucide, juteuse, tendre, épicée, acidulée. Graines libres, deux à six, petites, brunes.

PORTO

(Vulpine , Labrusca)

Porto était autrefois très demandé comme raisin de cuve parce que son vin ressemblait en couleur et en saveur à celui de Porto. La variété est aujourd'hui à peine connue, étant inférieure dans la plupart de ses caractères horticoles à d'autres de ses espèces, mais elle pourrait être utile dans la sélection pour certains de ses caractères. La vigne est très rustique, exceptionnellement exempte de maladies fongiques, très résistante au phylloxéra et a été utilisée en France comme porte-greffe résistant au phylloxéra. Le jus est très épais et foncé, d'un violet profond, donc adapté pour ajouter de la couleur au vin ou au jus de raisin. L'origine de Porto est inconnue. Il a été cultivé vers 1860 par EW Sylvester, Lyons, New York.

Vigne très vigoureuse, rustique, saine, de productivité variable. Cannes longues, brun rougeâtre ; nœuds élargis, aplatis ; entre-nœuds longs, diaphragme fin ; vrilles continues, bifides. Étamines réfléchies.

Fruit de mi-saison, expédié et se conserve bien. Grappes petites, cylindriques, souvent à une seule épaule. Baies de taille moyenne, rondes, noires, brillantes à floraison abondante, persistantes, fermes ; peau très fine, tendre, avec beaucoup de pigments de couleur vin foncé ; chair blanche, parfois teintée de pourpre, juteuse, fine, solide, sucrée, épicée ; qualité équitable. Graines libres, nombreuses, petites, larges, légèrement échancrées, pointues, dodues, brun foncé.

OTHELLO

(Vinifera, Vulpina , Labrusca)

Hybride d'Arnold, Hambourg canadien, hybride canadien

En France, Othello se porte remarquablement bien en tant que producteur direct et est également utilisé comme souche résistante. Alors que la plupart de ses caractères sont évoqués au superlatif par les Français, en Amérique, la variété n'est pas aussi appréciée en raison de sa sensibilité aux champignons. De plus, le fruit mûrit si tard qu'il ne pourrait jamais devenir une variété intéressante pour le Nord. Ce n'est en aucun cas un raisin de table mais donne un vin agréable et coloré. Charles Arnold, de Paris, en Ontario, a cultivé Othello à partir de graines de Clinton fertilisées par Black Hamburg et plantées en 1859.

Vigne vigoureuse, rustique, productive. Cannes longues, brunes ; nœuds élargis, aplatis ; vrilles continues, parfois intermittentes, bifides ou trifides. Feuilles de taille moyenne ; face supérieure vert clair, terne et lisse ; face inférieure vert pâle, pubescente ; lobes trois à cinq avec lobe terminal aigu ; sinus pétiolaire profond, très étroit, fréquemment fermé et chevauchant ; sinus basal peu profond, étroit ; sinus latéral profond ; dents profondes, larges ; étamines dressées.

Fruit tardif, se conserve assez bien. Grappes grandes, longues, larges, effilées, souvent avec une seule épaule lâche, compactes ; pédicelle long, mince avec de nombreuses petites verrues ; pinceau court, couleur vin. Baies grosses, ovales, noires, brillantes à floraison abondante, très persistantes ; peau fine, dure, adhérente au pigment rouge ; chair vert foncé, très juteuse, à grain fin, coriace, vive ; de faible qualité. Graines libres, une à trois, col parfois renflé, brun.

OZARK

(Æstivalis , Labrusca)

Ozark appartient au Sud et au Missouri en particulier. Ses avantages et ses inconvénients ont été évalués par les viticulteurs du Missouri, de sorte que sa culture s'est quelque peu développée. C'est un raisin de mauvaise qualité, en partie peut-être à cause d'une portance excessive, ce qu'il fait habituellement à moins que le fruit ne soit éclairci. La vigne est saine et très vigoureuse, mais elle est autostérile, ce qui la rend difficile à commercialiser. Malgré son autostérilité et sa mauvaise qualité, Ozark est une variété prometteuse pour le sud de la Pennsylvanie. Ozark est originaire de J. Stayman, Leavenworth, Kansas, à partir de graines de source inconnue. La variété a été introduite vers 1890.

Vigne très vigoureuse, rustique, productive. Cannes longues, épaisses avec une fine pruine, surface rugueuse ; nœuds élargis, aplatis ; entre-nœuds longs ; vrilles intermittentes, généralement bifides. Feuilles denses, grandes ; face supérieure vert clair; face inférieure vert pâle, finement pubescente, recouverte de toile d'araignée ; lobes trois à cinq ; sinus pétiolaire profond, étroit ; dentelures peu profondes, étroites. Fleurs autostériles ou presque, s'ouvrant tardivement ; étamines réfléchies.

Fruit tardif, se conserve bien. Grappes grandes, longues, généralement avec une épaule longue et lâche, très compactes ; pédicelle court, épais, lisse ; pinceau long, rouge. Baies de taille variable, noir terne à floraison abondante, persistantes ; peau dure avec beaucoup de pigments couleur vin ; chair tendre, douce; juste en qualité. Sans graines, petites.

PALOMINO

(Vinifère)

Chasselas doré , Listan

Ce cépage semble être cultivé en Californie sous les trois noms donnés, tandis qu'en France le Palomino est décrit comme un raisin noir bleuté. Le palomino semble être couramment cultivé en Californie comme raisin de table et vaut la peine d'être essayé en Amérique de l'Est. La variété reçue sous le nom de Palomino de Californie à la New York Experiment Station présente les caractères suivants, en accord étroit avec ceux fixés par les viticulteurs californiens :

Le fruit mûrit vers le 20 octobre, gardant de bonnes qualités ; grappes moyennes à grandes, longues, à une épaule, effilées, lâches ; baies moyennes à petites, arrondies, jaune verdâtre pâle, à floraison fine ; peau et chair adhérente moyennement tendres et croustillantes, chair entourant les graines fondantes ; saveur sucrée, vineuse; qualité bonne.

PEABODY

(Vulpina , Labrusca, Vinifera)

Peabody est encore un rejeton relativement peu important de Clinton. Les raisins sont d'excellente qualité. Il semble que les résultats soient meilleurs dans le nord des États ou au Canada que plus au sud. Cette variété a été cultivée par JH Ricketts vers 1870.

Vigne vigoureuse, rustique, productive. Cannes longues, nombreuses, épaisses, brun clair avec une teinte gris cendré, plus foncées aux nœuds, couvertes d'une fine pruine ; nœuds élargis, aplatis ; entre-nœuds courts ; vrilles intermittentes, bifides ou trifides. Feuilles de taille moyenne ; face supérieure vert foncé, fine ; face inférieure vert pâle, presque glabre ; lobes trois, acuminés ; sinus pétiolaire peu profond, large ; dentelure profonde, étroite. Fleurs semi-fertiles, de mi-saison ; étamines dressées.

Fruit précoce, se conserve bien. Grappes grandes, longues, généralement dotées d'une épaule reliée au régime par une longue tige, compacte ; pédicelle court, mince, verruqueux ; pinceau court, vert. Baies ovales, noires, luisantes, couvertes d'une fine pruine, persistantes ; peau épaisse, dure; chair très juteuse, tendre, vineuse, épicée, agréablement sucrée au niveau de la peau, acidulée au centre ; bien. Sans graines, large.

LA PERFECTION

(Labrusca, Bourquiniana , Vinifera)

La Perfection est un semis du Delaware, auquel il ressemble beaucoup mais n'égale pas en fruit ; ses fruits n'étant guère d'aussi bonne qualité, se conservent moins bien, se ratatinent davantage avant de mûrir et se décortiquent plus facilement. Dans ses caractères de vigne, il ressemble beaucoup plus à un Labrusca qu'à un Delaware, ce qui suggère qu'il s'agit d'un croisement du Delaware. Dans le Sud-Ouest, la Perfection est considérée comme un cépage rouge précoce et précieux. J. Stayman, Leavenworth, Kansas, a cultivé Perfection à partir de graines du Delaware ; il a été envoyé pour test vers 1890.

Vigne vigoureuse, saine, accidentée lors des hivers rigoureux, productive. Cannes de longueur et de nombre moyens, minces ; nœuds élargis, aplatis ; entre-nœuds courts ; vrilles intermittentes, trifides ou bifides. Feuilles saines, de taille moyenne ; face supérieure vert clair; face inférieure blanc grisâtre avec une teinte bronze, fortement pubescente ; lobes manquant ou trois à cinq ; sinus pétiolaire peu profond, large ; dentelure peu profonde. Fleurs autofertiles ou presque, s'ouvrant à mi-saison ; étamines dressées.

Fruits précoces. Grappes généralement à une seule épaule, compactes ; pédicelle court, mince, lisse ; pinceau court, jaune. Baies petites, rondes, rouges mais moins brillantes que celles du Delaware, avec une légère floraison, enclines à tomber du pédicelle, molles ; peau fine, sans astringence ; chair moyennement juteuse et tendre, vineuse, douce, sucrée; bonne qualité. Graines adhérentes, nombreuses, petites, souvent à col élargi.

PERKINS

(Labrusca, Vinifera)

À une certaine époque, le Perkins était cultivé en grande partie comme cépage précoce, mais a été très généralement abandonné en raison de la mauvaise qualité du fruit. La pulpe du raisin est dure et la saveur est celle du Wyoming et de la Northern Muscadine, des raisins caractérisés par un côté roussâtre désagréable. Comme presque tous les Labruscas, Perkins est un mauvais gardien. Malgré les défauts de son fruit, le cépage peut avoir de la valeur dans les régions où la viticulture est précaire ; car en termes de fructification , c'est l'un des raisins cultivés les plus fiables, les vignes étant rustiques, vigoureuses, productives et exemptes de maladies fongiques. Perkins est un semis accidentel trouvé vers 1830 dans le jardin de Jacob Perkins, Bridgewater, Massachusetts.

Vigne vigoureuse, rustique, saine, productive. Cannes longues, nombreuses, épaisses, brun foncé, de couleur plus foncée au niveau des nœuds, surface fortement pubescente ; nœuds élargis, aplatis ; entre-nœuds longs ; vrilles continues, bifides ou trifides. Feuilles de taille moyenne, épaisses ; face supérieure rugueuse; face inférieure fortement pubescente ; veines distinctes ; trois lobes ; sinus pétiolaire profond, étroit ; dentelure peu profonde. Fleurs autofertiles, précoces ; étamines dressées.

Fruit précoce, se transporte bien. Grappes de taille et de longueur moyennes, larges, cylindriques, souvent avec une seule épaule, compactes ; pédicelle court, épais, verruqueux ; pinceau long, jaune. Baies grosses, ovales, lilas pâle ou rouge clair, à fine floraison, inclinées vers le pédoncule, molles ; peau fine, dure, sans pigment ; chair blanche, juteuse, filandreuse, à grain fin, ferme, charnue, très rusée ; de mauvaise qualité. Graines adhérentes, nombreuses, de taille moyenne, échancrées.

POCKLINGTON

(Labrusque)

Avant l'avènement du Niagara, le Pocklington (planche XXII) était le principal cépage vert. La variété a cependant le défaut fatal de mûrir tardivement sa récolte, ce qui, avec quelques défauts mineurs, l'a fait tomber au-dessous du Niagara pour les districts viticoles du nord. Pocklington est un semis de Concord et ressemble à son parent en termes de caractères vignes ; les vignes sont tout à fait égales ou supérieures à celles de Concord en termes de rusticité, mais sont de croissance plus lente et moins saines, vigoureuses ni productives. En qualité, les raisins sont aussi bons sinon meilleurs que ceux de Concord ou de Niagara, étant doux, riches et agréablement aromatisés, bien que, comme pour les autres raisins nommés, ils aient trop de caractère rusé pour les consommateurs critiques. Pocklington n'est pas égal à plusieurs autres raisins de sa saison en qualité, comme Iona, Jefferson, Diana, Dutchess et Catawba, mais il est bien au-dessus de la moyenne et pour cette raison doit être conservé. John Pocklington, Sandy Hill, New York, a cultivé Pocklington à partir de graines de Concord vers 1870.

Vigne de vigueur moyenne, rustique. Cannes de longueur, nombre et taille moyennes, brun rougeâtre foncé ; nœuds élargis, aplatis ; vrilles continues, bifides ou trifides. Feuilles de taille variable, épaisses ; face supérieure vert clair, brillante ; face inférieure teintée de bronze, pubescente ; lobes un à trois avec extrémité acuminée ; sinus pétiolaire profond, large ; dents étroites. Fleurs autofertiles, de mi-saison ; étamines dressées.

Fruit tard à mi-saison, se conserve et s'expédie bien. Grappes grandes, cylindriques, souvent à une seule épaule, compactes ; pédicelle court, épais avec quelques petites verrues ; pinceau court, vert. Baies grosses, aplaties, vert jaunâtre avec une teinte ambrée, à fine floraison, fermes ; peau parsemée de points roux, fine, tendre, adhérente, légèrement astringente ; chair vert clair avec une teinte jaune, translucide, juteuse, coriace, à grain fin, légèrement rusée ; bien. Graines adhérentes, une à six, de longueur et de largeur moyennes.

POUGHKEEPSIE

(Bourquiniana , Labrusca, Vinifera)

Le Poughkeepsie est connu depuis longtemps sur la rivière Hudson, mais il y est maintenant peu cultivé et n'a pas été largement disséminé ailleurs. En qualité de fruit, il est égal aux meilleures variétés américaines, mais les caractères de la vigne sont tous médiocres et la variété est ainsi effectivement exclue de la culture commune. La vigne et les fruits ressemblent à ceux du Delaware, mais en aucun cas ils n'égalent tout à fait ces derniers. En particulier, la vigne est plus facilement tuée par l'hiver et est moins productive que celle du Delaware. Les raisins mûrissent un peu plus tôt que ceux de ce dernier cépage et cela, avec leur beauté et leur belle qualité, est suffisant pour le recommander au moins pour le jardin. Vers 1865, AJ Caywood , de

Marlboro, New York, cultiva du Poughkeepsie à partir de graines d'Iona fertilisées par un mélange de pollen du Delaware et de Walter.

Vigne de vigueur moyenne. Cannes courtes, épaisses, brun rougeâtre foncé ; vrilles intermittentes, souvent alignées sur trois, bifides ou trifides. Feuilles petites ; face supérieure verte, brillante, feuilles plus âgées rugueuses ; face inférieure vert grisâtre, pubescente. Fleurs autofertiles, tardives ; étamines dressées.

Fruit précoce, se conserve et s'expédie bien. Grappes petites, effilées, généralement à une seule épaule, très compactes. Baies petites, rondes, rouge pâle à fine floraison, persistantes, fermes ; peau fine, tendre, sans pigment ; chair vert pâle, très juteuse, tendre, fondante, fine, vineuse, sucrée ; très bon au meilleur. Graines libres, petites, larges, à col élargi, brunes.

PRENTISSE

(Labrusca, Vinifera)

Le Prentiss est un raisin vert de grande qualité, autrefois bien connu et généralement recommandé, mais aujourd'hui hors de culture car la vigne est tendre au froid, manque de vigueur, est improductive, incertaine dans son port et est sujette à la pourriture et au mildiou. Il y a des vignobles dans lesquels il se porte très bien et c'est un raisin vert remarquablement attrayant, en particulier par la forme de ses grappes et par la couleur de ses baies, ressemblant à ces égards à l'ancien favori, Rebecca, bien que sa qualité ne soit pas aussi élevée que celle des raisins. cette variété. Sa saison est donnée comme avant et après Concord. Prentiss doit toujours rester une variété pour l'amateur et pour des localités particulières. Il est originaire de JW Prentiss, Pulteney, New York, vers 1870, à partir de graines d'Isabella.

Vigne faible. Cannes épaisses, brun clair à foncé ; vrilles continues, bifides. Feuilles petites, épaisses ; face supérieure vert clair, rugueuse dans les feuilles les plus âgées ; face inférieure vert pâle, pubescente. Fleurs autofertiles, de mi-saison ; étamines dressées.

Fruit variable selon la saison, de l'ordre du Concorde, se conserve bien. Grappe de taille moyenne, effilée, parfois avec une seule épaule, compacte. Baies de taille moyenne, ovales, vert clair avec une teinte jaune, à floraison fine, persistantes, fermes ; peau dure, sans pigment ; chair vert pâle, juteuse, rusée ; bien. Graines adhérentes, nombreuses, dentelées, courtes, pointues, brun foncé.

CORNICHON VIOLET

(Vinifère)

Cornichon Noir

En raison de son aspect attrayant et des excellentes qualités de transport du fruit, cette variété occupe une place de choix parmi les raisins commerciaux de Californie. Sa maturation tardive est une autre qualité qui la rend désirable, tandis que ses baies curieuses, longues et courbées ajoutent de la nouveauté à ses attraits. Le fruit n'est pas d'une grande qualité. La description a été compilée.

Vigne très vigoureuse, saine et productive ; bois brun clair rayé de brun plus foncé, à articulations courtes. Feuilles grandes, plus longues que larges, profondément à cinq lobes ; vert foncé dessus, plus clair et très poilu dessous ; grossièrement denté; à pétiole court et épais. Bouquets très gros, lâches ou parfois épars, portés par de longs pédoncules ; baies grosses, longues, plus ou moins recourbées, violet foncé, tachetées, à peau épaisse, portées sur de longs pédicelles ; chair ferme, croquante, sucrée mais pas riche en saveur ; qualité bonne mais pas élevée. Saison tardive, se conserve et est bien expédié.

RÉBECCA

(Labrusca, Vinifera)

Au milieu du siècle dernier, lorsque la viticulture était entre les mains des connaisseurs, Rebecca était l'un des cépages verts les plus remarquables. Il est totalement inadapté à la viticulture commerciale et disparaît progressivement de la culture depuis des années. Le fruit est exceptionnellement fin, composé de grappes et de baies bien formées, ces dernières d'un beau blanc jaunâtre et semi-transparentes. En termes de qualité, les raisins sont des meilleurs, avec une saveur riche et sucrée et un arôme agréable. Mais les personnages de la vigne condamnent Rebecca pour tout sauf l'amateur. Les vignes manquent de rusticité et de vigueur, sont sensibles au mildiou et autres champignons et ne sont productives que dans les meilleures conditions. La vigne originale était un semis accidentel trouvé dans le jardin d'EM Peake, Hudson, New York, et a porté ses premiers fruits en 1852.

Vigne faible, parfois vigoureuse, d'une rusticité douteuse. Cannes longues, nombreuses, minces, brun terne, de couleur plus foncée au niveau des nœuds ; vrilles continues ou intermittentes, bifides ou trifides. Feuilles de taille variable ; face supérieure vert foncé, terne, rugueuse ; face inférieure vert grisâtre, pubescente. Fleurs autofertiles ; étamines dressées.

Fruit tard à mi-saison, expédié et se conserve bien. Grappes petites, courtes, cylindriques, rarement avec une petite épaule unique, compactes. Baies de taille moyenne, ovales, vertes avec une teinte jaune tirant sur l'ambre, fine floraison grise, persistantes, fermes ; peau fine, sans pigment ; chair vert pâle, très juteuse, tendre, fondante, vineuse, un peu rusée, sucrée ; bon à très bon. Graines libres, courtes, étroites, émoussées, brunes.

AIGLE ROUGE

(Labrusca, Vinifera)

Red Eagle est un semis de race pure de Black Eagle auquel il ressemble par tous ses caractères, à l'exception de la couleur du fruit. La vigne et les fruits présentent les caractères trouvés dans les hybrides de Rogers. Il occupe une place élevée comme raisin de qualité et peut être recommandé pour le jardin. La variété est originaire de TV Munson, Denison, Texas, et a été expédiée en 1888.

Vigne de vigueur et de rusticité moyenne, productive. Cannes peu nombreuses, minces, brun foncé avec une floraison abondante ; nœuds proéminents, aplatis ; vrilles continues ou intermittentes, longues, bifides. Feuilles épaisses ; face supérieure vert clair, terne, rugueuse ; face inférieure vert grisâtre, pubescente ; lobes trois à cinq avec extrémité obtuse ; sinus pétiolaire profond, étroit, parfois fermé et chevauchant ; sinus basal large ; sinus latéral profond, large ; dents profondes, larges. Fleurs semi-fertiles, tardives ; étamines dressées.

Fruit précoce à mi-saison, se conserve bien. Grappes petites, larges, effilées, à une épaule, parfois à deux épaules, lâches avec de nombreuses baies avortées ; pédicelle très long, mince ; pinceau vert avec une teinte brune. Baies de taille variable, rondes, rouge clair à très foncé à floraison abondante, persistantes, molles ; peau épaisse, tendre, adhérente avec un peu de pigment rouge ; chair verte, transparente, juteuse, très tendre, fondante, légèrement roussâtre, acidulée ; très bien. Graines libres, une à cinq, grosses, longues, émoussées, brun clair.

ROYAL

(Labrusca, Vinifera)

Regal est une progéniture de Lindley, à laquelle elle ressemble beaucoup. Le fruit est attrayant en apparence et de haute qualité. Un défaut apparemment insignifiant pourrait rendre Regal indésirable dans un vignoble commercial ; les grappes sont portées si près du bois qu'il est difficile de récolter les fruits et d'éviter d'endommager les baies à proximité du bois. Le cépage est digne d'une culture extensive dans les vignes et les jardins. Regal est né avec WA Woodward, Rockford, Illinois, en 1879.

Vigne vigoureuse, rustique, saine, très productive. Cannes de longueur et de taille intermédiaires, nombreuses, brun rougeâtre foncé. Vrilles intermittentes, bifides ou trifides. Feuilles grandes ; face supérieure verte, brillante et rugueuse ; face inférieure vert pâle avec une teinte bronze, fortement pubescente. Fleurs autofertiles, de mi-saison ; étamines dressées.

Fruit de mi-saison, se conserve bien. Grappes petites, larges, cylindriques, généralement avec une seule épaule courte, parfois double, très compactes. Baies grosses, rondes, rouge violacé, à faible floraison, persistantes. Peau fine, dure, sans pigment. Chair vert pâle, très juteuse, fine, tendre, musquée ; bien. Graines libres, nombreuses, longues, étroites, échancrées, obtuses à col court, brunes.

RÉQUA

(Labrusca, Vinifera)

C'est l'un des hybrides de Rogers qui égale les autres raisins de sa couleur et de sa saison. Les raisins sont attrayants en grappes et en baies et sont de très bonne qualité mais sont sujets à la pourriture et mûrissent trop tard pour les régions du nord. La variété a été nommée Requa en 1869, elle était auparavant connue sous le nom de n° 28.

Vigne vigoureuse, rustique sauf hivers rigoureux, de productivité moyenne. Cannes longues et épaisses ; vrilles continues ou intermittentes, trifides ou bifides. Feuilles de taille moyenne, vert foncé, souvent épaisses et rugueuses ; face inférieure vert grisâtre, pubescente. Fleurs semi-fertiles, tardives ; étamines réfléchies.

Fruit tardif, se conserve longtemps. Grappes grandes, cylindriques, souvent avec une longue épaule unique, compactes. Baies grosses, ovales, foncées, rouge terne, couvertes d'une fine pruine, fortement adhérentes ; peau fine, dure, adhérente ; chair vert pâle, tendre, filandreuse, vineuse, rusée, sucrée ; bon à très bon. Graines adhérentes, de taille et de longueur moyennes, larges, obtuses.

ROCHESTER

(Labrusca, Vinifera)

Le fruit de Rochester est un raisin rouge à grosses grappes, beau et de très bonne qualité. La vigne est vigoureuse, productive et exempte de maladies. Cette variété est difficile à multiplier et n'a donc pas la faveur des pépiniéristes. Les raisins sont doux, riches et vineux mais doivent être utilisés dès leur maturité, car ils se conservent mal et les baies se brisent rapidement de la grappe. En tant que cépage rouge précoce et attrayant, le Rochester mérite une place dans le jardin et dans des endroits privilégiés pour un marché spécial. Ellwanger et Barry, Rochester, New York, en 1867, ont cultivé Rochester à partir de graines mélangées de Delaware, Diana, Concord et Rebecca.

Vigne vigoureuse, rustique, productive. Cannes longues, brun rougeâtre foncé ; nœuds élargis, aplatis ; entre-nœuds courts ; vrilles intermittentes, longues, bifides ou trifides. Feuilles grandes ; face supérieure vert clair, brillante, lisse ; face inférieure vert grisâtre, pubescente ; lobes un à trois avec extrémité aiguë ; sinus pétiolaire profond ; sinus basal absent ; sinus latéral peu profond ; dents peu profondes. Fleurs fertiles, de mi-saison ; étamines dressées.

Les fruits ne se conservent pas bien. Grappes grandes, larges, effilées, généralement à une seule épaule, compactes ; pédicelle court, mince avec quelques verrues ; pinceau mince, brun jaunâtre. Baies moyennes, ovales, rouge violacé, ternes avec une fine floraison lilas, tombant du pédicelle, molles ; peau épaisse, coriace, sujette aux gerçures, libre, sans pigment, astringente ; chair vert pâle, transparente, juteuse, tendre, fine, vineuse, sucrée ; bon à très bon. Graines libres, une à trois, grosses, courtes, larges, brun foncé.

PLANCHE XXXII. — Wyoming ($\times\, ^2/_3$).

ROMMEL

(Labrusca, Vulpina , Vinifera)

Le Rommel est rarement cultivé dans le Nord, car les vignes manquent de robustesse, de rusticité et de productivité et sont sensibles à la cicadelle ; et les raisins n'atteignent pas une qualité élevée et se fissurent en mûrissant. Le régime et les baies sont attrayants par leur forme, leur taille et leur couleur. À son meilleur, le Rommel est un bon raisin de table et donne un bon vin blanc. Cela vaut la peine de se développer dans le Sud. TV Munson, Denison, Texas, est originaire de Rommel en 1885, à partir de graines d'Elvira pollinisées par Triumph, et l'a introduit en 1889.

Vigne vigoureuse dans le Sud. Cannes longues, nombreuses, épaisses, brun rougeâtre, surface rugueuse ; nœuds élargis, souvent aplatis ; entre-nœuds courts ; vrilles intermittentes, longues, bifides ou trifides. Feuilles de taille moyenne, rondes, épaisses ; face supérieure vert clair, terne, rugueuse ; face inférieure vert pâle, exempte de pubescence mais légèrement poilue ; feuille non lobée, extrémité aiguë à acuminée ; sinus pétiolaire profond, étroit, souvent fermé et chevauchant ; absence de sinus basal ; sinus latéral peu profond lorsqu'il est présent ; les dents profondes. Fleurs semi-fertiles, tardives ; étamines dressées.

Fruit de mi-saison, expédié et se conserve bien. Grappes moyennes à courtes, larges, cylindriques, à une épaule, compactes ; pédicelle mince, lisse ; pinceau court, vert pâle. Baies grosses, arrondies, vert clair avec une teinte jaune, brillantes, persistantes, fermes ; peau fine, très craquelée, tendre, adhérente, sans pigment ni astringence ; chair verdâtre, translucide, juteuse, tendre, fondante, filandreuse, sucrée ; passable à bon. Graines libres, une à quatre, larges, pointues, dodues, brunes.

ROSAKI

(Vinifère)

Le Rosaki est un raisin de table et de raisin du sud-est de l'Europe et de l'Asie Mineure. Selon certaines sociétés de pépinières californiennes, il est cultivé dans cet État sous le nom de Dattier de Beyrouth , bien qu'il semblerait, d'après les descriptions françaises, qu'il existe une variété distincte et très tardive de ce dernier nom. Le Rosaki est similaire à Malaga et il est possible que dans certaines des régions les plus chaudes de l'Est, il soit cultivé commercialement en remplacement de cette dernière. La variété semble peu cultivée sur le versant Pacifique.

Vignes vigoureuses, généralement très productives. Feuilles grandes, arrondies, rugueuses, généralement à cinq lobes ; lobe terminal acuminé ; sinus pétiolaire moyennement profond à profond, moyennement large ; sinus latéral inférieur peu profond, large, parfois absent ; sinus latéral supérieur peu profond à moyen, large ; marges largement et carrément dentées. Les fruits mûrissent la troisième semaine d'octobre et conservent d'excellentes qualités ; grappes grandes, lâches, effilées, épaulées ; baies grosses à très grosses, ovales à ovales longues, jaune-vert pâle ; chair translucide, tendre, charnue, vineuse, vive ; qualité bonne à très bonne.

ROSE DU PÉROU

(Vinifère)

La rose du Pérou est un raisin de table préféré en Californie, confondu avec et peut-être le même que le Black Prince. Ses principaux caractères louables sont une belle apparence et une grande qualité de fruit et des vignes très productives. Il n'est pas adapté à la navigation et n'entre pas en abondance dans le commerce. Sa saison est si tardive que cette variété ne vaut guère la peine d'être essayée dans l'Est, et pourtant elle a mûri pendant des saisons favorables à Genève, New York. La description suivante est compilée :

Vigne vigoureuse, saine, productive ; bois à joints courts, brun foncé. Feuilles de taille moyenne ; vert foncé dessus, vert plus clair et tomenteux dessous. Grappes très grandes, épaulées, très lâches, souvent déchiquetées ; baie grosse, ronde, noire à chair ferme et crépitante ; peau plutôt fine et tendre ; saveur douce et riche ; qualité très bonne au meilleur. Saison tardive, se conserve plutôt bien mais ne s'expédie pas bien.

SALEM

(Labrusca, Vinifera)

Numéro 22 de Rogers, numéro 53 de Rogers

Salem (<u>Planche XXVII</u>) est l'un des hybrides de Rogers auquel l'auteur aurait le plus pensé et auquel il a donné le nom de son lieu de résidence. Les deux principaux défauts, l'improductivité et la sensibilité au mildiou, ne se retrouvent pas dans toutes les localités, et dans ces districts, proches de bons marchés, Salem devrait occuper un rang élevé comme fruit commercial. La vigne est rustique, vigoureuse et productive et donne de beaux fruits de grande qualité. Cette variété a été baptisée Salem par Rogers en 1867, deux ans avant que ses autres hybrides ne soient nommés.

Vigne vigoureuse, rustique, de productivité variable. Cannes longues, brun foncé ; nœuds agrandis ; vrilles continues ou intermittentes, longues, bifides ou trifides. Feuilles de taille variable ; face supérieure vert foncé, terne ; face inférieure vert pâle avec une légère teinte bronze, pubescente ; lobes un à trois avec extrémité aiguë ; sinus pétiolaire profond, étroit, souvent chevauchant ; absence de sinus basal ; sinus latéral peu profond, étroit, échancré. Fleurs stériles, de mi-saison ; étamines réfléchies.

Fruit précoce, se conserve et s'expédie bien. Grappes grandes, courtes, larges, effilées, fortement épaulées, compactes ; pédicelle court, épais avec de petites verrues, élargi au point d'attache à la baie ; pinceau court, vert pâle. Baies grosses, rondes, rouge foncé, ternes, persistantes, molles ; peau épaisse, adhérente, sans pigment, astringente ; chair translucide, juteuse, tendre, filandreuse, à grain fin, vineuse, vive ; bon à très bon. Graines une à six, grosses, longues et larges, émoussées, brunes.

SCUPPERNONG

(Rotundifolia)

Muscadine américaine, Bull, Bullace, Bullet, Raisin Fox, Scuppernong vert, Muscadine verte, Hickman, Muscadine, Roanoke

Le Scuppernong est avant tout le cépage du Sud, le principal représentant de la grande espèce, *V. rotundifolia* , qui court dans une luxuriance naturelle du Delaware et du Maryland jusqu'au Golfe et vers l'ouest, de l'Atlantique jusqu'à l'Arkansas et le Texas. Les vignes Scuppernong se trouvent sur les tonnelles, dans les jardins, ou à moitié sauvages, sur les arbres et les clôtures de presque toutes les fermes des États de l'Atlantique Sud. En règle générale, ces vignes sont peu cultivées, ne sont pas taillées et ne font l'objet d'aucun soin ; mais même négligés, ils produisent de grandes récoltes. Les vignes sont presque immunisées contre le mildiou, la pourriture, le phylloxéra ou d'autres champignons ou insectes nuisibles ; ils donnent non seulement une abondance de fruits, mais sur les tonnelles et les treillis, ils sont très appréciés pour leur ombre et leur beauté. Le fruit, pour un palais habitué aux autres raisins, n'est pas très acceptable, ayant une saveur musquée et une odeur quelque peu répugnante, qui, cependant, avec la familiarité, devient tout à fait agréable. La pulpe est sucrée et juteuse mais manque de vivacité. Les raisins ne sont pas adaptés au marché car les baies tombent de la grappe en mûrissant et deviennent plus ou moins maculées de jus, de sorte que leur aspect n'est pas appétissant.

Vigne vigoureuse, peu rustique dans le Nord, très productive. Cannes longues, nombreuses, minces, gris cendré à brun grisâtre ; surface lisse, recouverte d'une épaisse couche de petits points brun clair ; vrilles intermittentes, simples. Feuilles petites, fines ; face supérieure vert clair, lisse ; face inférieure vert très pâle, pubescente le long des côtes ; veines peu visibles. Fleurs très tardives ; étamines réfléchies.

Fruits tardifs, mûrissant de manière inégale, les baies tombent à mesure qu'elles mûrissent. Grappes petites, rondes, sans épaules, lâches. Baies peu nombreuses en grappe, grosses, rondes, vert terne, souvent teintées de brun, fermes ; peau épaisse, dure avec de nombreux petits points roux ; chair vert pâle, juteuse, tendre, douce, à grain fin, rusée, sucrée à agréablement acidulée

; passable à bon. Graines adhérentes, grosses, courtes, larges, non encochées, émoussées, dodues, surface lisse, brunes.

SECRÉTAIRE

(Vinifera, Vulpina , Labrusca)

Atteintes du mildiou et de la pourriture qui attaquent les feuilles, les fruits et les jeunes bois, les vignes du Secrétaire ne sont capables de produire de bons raisins que dans des saisons exceptionnelles et dans des localités privilégiées. Les caractères fruités du Secretary confèrent cependant aux raisins une qualité exceptionnellement élevée, les baies étant charnues mais juteuses, fines et tendres, avec une saveur vineuse douce, épicée. Les grappes sont grosses, bien formées, avec des baies de taille moyenne, noir violacé, recouvertes d'une épaisse floraison, formant une très belle grappe. Bien que la vigne et le feuillage ressemblent quelque peu à ceux de Clinton, l'un de ses parents, la variété n'est pas aussi rustique, vigoureuse ni productive. De plus, dans toutes les localités privilégiées du Nord, sa maturité est quelque peu incertaine. Ces défauts empêchent Secretary de prendre une importance commerciale et lui confèrent une valeur réservée aux amateurs. Secretary est l'une des premières productions de JH Ricketts, Newburgh, New York, la vigne originale issue de graines de Clinton fertilisées par Muscat Hamburg, plantées en 1867.

Vigne vigoureuse, d'une rusticité douteuse, de productivité variable. Cannes nombreuses, brun clair, nettement plus foncées aux nœuds, surface recouverte d'une fine pruine bleue ; vrilles intermittentes, bifides. Feuilles petites à moyennes, fines ; face supérieure vert clair, terne, lisse ; face inférieure vert pâle, glabre. Fleurs semi-fertiles, précoces ; étamines dressées.

Les fruits mûrissent après Concord, se conservent et sont bien expédiés. Grappes grandes, longues, cylindriques avec une grande épaule unique, souvent lâches et avec de nombreux fruits avortés. Baies grosses, rondes, aplaties au niveau de l'attache au pédicelle, noir violacé foncé, brillantes, persistantes, fermes ; peau dure avec un pigment couleur vin; chair verte, juteuse, fine, tendre, vineuse, sucrée ; bien. Graines libres, grosses, larges, échancrées, longues, brun foncé.

SÉNASQUA

(Labrusca, Vinifera)

La vigne de Senasqua manque de vigueur, de rusticité, de productivité et de santé. Les raisins sont de bonne qualité et, lorsqu'ils sont bien cultivés, ils sont à la hauteur des fruits moyens des hybrides Labrusca-Vinifera. Malheureusement, les baies ont tendance à se fissurer, ce qui est aggravé par le fait que les grappes sont si compactes qu'elles les encombrent. Le Senasqua est l'un des cépages les plus récents à ouvrir ses bourgeons et est donc rarement blessé par les gelées tardives. Il ne peut être recommandé que pour le jardin par souci de variété. Stephen W. Underhill de Crown Point, New York, est originaire de Senasqua à partir de graines de Concord pollinisées par Black Prince.

Vigne faible et tendre, souvent improductive. Cannes courtes, peu nombreuses, brun rougeâtre ; nœuds élargis, aplatis ; vrilles intermittentes, longues, trifides ou bifides. Feuilles vert clair, brillantes, rugueuses ; face inférieure vert blanchâtre, pubescente ; feuille généralement non lobée avec extrémité aiguë ; sinus pétiolaire étroit ; sinus basaux et latéraux peu profonds et étroits lorsqu'ils sont présents. Fleurs fertiles, tardives ; étamines dressées.

Fruit un peu plus tard que Concord, se conserve bien. Grappes grandes, larges, irrégulièrement effilées, généralement avec une petite épaule unique, très compactes ; pédicelle épais, lisse, élargi au point d'attache ; pinceau court, rougeâtre. Baies grosses, rondes, noir rougeâtre, persistantes, fermes ; peau épaisse, tendre, craquelée, adhérente, contient un peu de pigment couleur vin ; chair verte, translucide, juteuse, tendre, viandée, vineuse, épicée ; bien. Graines libres, une à cinq, longues, étroites, unilatérales, brun clair.

SULTANE

(Vinifère)

Cette variété était autrefois le raisin sans pépins standard en Californie pour l'usage domestique et les raisins secs, mais elle est maintenant devancé par la Sultanina . La Sultana est peut-être meilleure que la Sultanina , mais les vignes ne sont pas aussi vigoureuses ou productives et les baies contiennent souvent des graines. La description est compilée.

Vignes vigoureuses, dressées, productives. Feuilles grandes, cinq lobes, avec de gros sinus, de couleur claire, grossièrement dentées. Grappes grandes, longues, cylindriques, fortement épaulées, parfois mal remplies, souvent lâches et déchiquetées ; baies petites, rondes, fermes et croquantes, jaune doré, sucrées avec un piquant considérable ; qualité bonne.

SULTANINE

(Vinifère)

Thompson's sans pépins

La Sultanina est l'un des raisins sans pépins standards du versant du Pacifique, cultivé à la fois pour être consommé directement et pour les raisins secs. Il peut probablement être cultivé dans des plantations familiales dans les régions privilégiées de l'Amérique de l'Est où la saison est longue et chaude. La description suivante est compilée auprès de viticulteurs californiens :

Vigne très vigoureuse, très productive ; tronc grand avec de très longues cannes. Feuilles glabres des deux côtés, jaune-vert foncé dessus, claires dessous ; généralement trilobés, avec des sinus peu profonds ; dents courtes et obtuses. Bouquet large, conico -cylindrique, bien rempli, à pédoncules herbacés ; baies ovales, de belle couleur jaune doré ; peau moyennement épaisse; chair de saveur plutôt neutre ; très bien.

TAYLOR

(Vulpine , Labrusca)

Bullitt

Même si c'est dans l'espèce à laquelle appartient Taylor qu'il faut rechercher nos vignes les plus rustiques, ce raisin et sa descendance, bien que peu sensibles au froid, prospèrent mieux dans les régions du sud, car ils ont besoin d'un été long et chaud pour mûrir correctement. La qualité du fruit de Taylor est moyenne à bonne, la saveur étant douce, pure, délicate et épicée et la chair tendre et juteuse ; mais les grappes sont petites et les fleurs sont stériles, de sorte que les baies ne se développent pas bien, formant des grappes très imparfaites et disgracieuses. La peau est également telle qu'elle se fissure gravement, un défaut apparemment transmis à de nombreux plants de la variété. La vigne est forte, saine, rustique mais peu productive. La vigne originale de Taylor était un semis sauvage trouvé au début du siècle dernier dans les montagnes de Cumberland, près de la ligne Kentucky-Tennessee, par un certain M. Cobb.

Vigne vigoureuse à classer, saine, rustique, de productivité variable. Feuilles petites, de couleur attrayante, lisses. Les fleurs fleurissent tôt ; étamines réfléchies.

Le fruit mûrit environ deux semaines avant Isabella. Grappes petites à moyennes, épaulées, lâches ou moyennement compactes. Baies petites à moyennes, arrondies, blanc verdâtre pâle, parfois teintées d'ambre ; peau très fine ; pulpe sucrée, épicée; de qualité passable à bonne.

TRIOMPHE

(Labrusca, Vinifera)

Lorsque l'on considère la qualité, la couleur, la forme et la taille de la grappe et des baies, le Triumph (planche XXVIII) est l'un des meilleurs raisins de table d'Amérique. À son meilleur, c'est une magnifique grappe de raisins dorés de la plus haute qualité, estimés même dans le sud de l'Europe où il doit rivaliser avec les meilleurs Viniferas. En Amérique, cependant, son importance commerciale est limitée par le fait que le fruit nécessite une longue saison pour se développer correctement. Triumph a, en général, les caractères de la vigne du parent Labrusca, Concord, en particulier son port de croissance, sa vigueur, sa productivité et ses caractères de feuillage, manquant de rusticité, de résistance aux maladies fongiques et de précocité du fruit, le fruit mûrissant avec ou un peu plus tard que Catawba. Bien que les caractères de la vigne de Triumph soient ceux de Labrusca, il n'y a guère de suggestion de la grossièreté, ou de l'odeur et du goût de renard, de Labrusca, et les graines, la pulpe et la peau désagréables du raisin indigène cèdent la place aux structures beaucoup moins inacceptables. de Vinifère. La chair est tendre et fondante et la saveur riche, sucrée, vineuse, pure et délicate. Dans des conditions défavorables, la peau des baies se fissure fortement, ce qui rend la variété difficile à transporter et à conserver. Triumph a été cultivé peu après la guerre civile par George W. Campbell, Delaware, Ohio, à partir de graines de Concord fécondées par Chasselas . Musquée .

Vigne vigoureuse. Cannes longues, brun foncé avec beaucoup de fleurs ; nœuds agrandis ; vrilles intermittentes, longues, trifides, parfois bifides. Feuilles grandes ; face supérieure vert clair, terne, rugueuse ; face inférieure blanc grisâtre, pubescente ; feuille généralement non lobée avec extrémité obtuse ; sinus pétiolaire profond, étroit, souvent fermé et chevauchant ; sinus basal absent ; sinus latéral peu profond et étroit lorsqu'il est présent ; dents profondes, larges. Fleurs autofertiles, tardives ; étamines dressées.

Fruit très tardif. Grappes très grandes, longues, larges, cylindriques, parfois à une seule épaule, compactes ; pédicelle mince, lisse ; pinceau court, vert jaunâtre. Baies de taille moyenne, ovales, jaune d'or, brillantes à floraison abondante, persistantes, fermes ; peau fine, sujette aux gerçures, adhérente, sans pigment, légèrement astringente ; chair vert clair, translucide, juteuse, fine, tendre, vineuse ; bon à très bon. Graines libres, une à cinq, petites, brunes.

ULSTER

(Labrusca, Vinifera)

Les vignes d'Ulster donnent trop de fruits malgré les efforts de contrôle de la récolte par la taille ; Deux conséquences indésirables s'ensuivent : les grappes sont petites et les vignes, au mieux manquant de vigueur, ne parviennent pas à se remettre de la surfertilité . Ces défauts empêchent le cépage de devenir une importance commerciale ou même un favori comme raisin de jardin. La qualité du fruit est très bonne, ressemblant beaucoup à celle du Catawba, et dans des conditions favorables, il est d'un joli vert avec une teinte rouge. Le fruit se conserve bien lorsque la variété est cultivée dans des conditions qui lui sont adaptées. L'Ulster est originaire de AJ Caywood ,

Marlboro, New York, et a été introduit par lui vers 1885. Ses parents seraient des Catawba pollinisés par un Æstivalis sauvage . La vigne et les fruits présentent des traces de Labrusca et Vinifera, mais les caractères Æstivalis , s'ils sont présents, ne sont pas apparents.

Vigne rustique, productive, autoritaire. Cannes courtes, minces, brun foncé, surface rugueuse et couverte d'une légère pubescence ; nœuds élargis et aplatis ; entre-nœuds courts ; vrilles intermittentes, bifides, déhiscentes précocement. Feuilles petites, épaisses ; face supérieure vert clair, brillante, lisse ; face inférieure blanc grisâtre, pubescente ; feuille généralement non lobée avec extrémité aiguë ; sinus pétiolaire moyen à large ; sinus basal absent ; sinus latéral une encoche lorsqu'il est présent ; dents peu profondes, larges. Fleurs autofertiles, précoces ; étamines dressées.

Fruit tardif à mi-saison. Grappes longues, cylindriques, souvent à une seule épaule, compactes ; pédicelle mince, avec de nombreuses verrues ; pinceau court, vert jaunâtre. Baies de taille moyenne, rondes, rouge foncé terne à fine floraison, persistantes ; peau épaisse, coriace, adhérente, astringente ; chair vert pâle, translucide, juteuse, tendre, à grain fin, légèrement aromatique, légèrement rusée ; bon à très bon. Sans graines, une à six, de taille moyenne, dodues, brunes.

VERDAL

(Vinifère)

Aspiran Blanc

Le Verdal est l'un des cépages tardifs standards du versant Pacifique, mûrissant parmi les derniers. Les raisins sont rarement vus sur les marchés éloignés et la qualité n'est pas assez bonne pour en faire un très grand favori pour les plantations familiales. La vigueur et la rusticité des vignes le recommandent, tout comme ses gros et beaux fruits, et ces qualités, avec une maturation tardive, le maintiendront probablement longtemps sur les listes de raisins du Far West. La description est compilée.

Vignes vigoureuses, rustiques, saines et productives ; cannes plutôt fines, à moitié dressées. Feuilles de taille moyenne, glabres sur les deux faces, sauf en dessous près de l'axe du nerf principal ; sinus bien marqués et généralement fermés, donnant à la feuille l'apparence d'avoir cinq trous ; dents longues, inégales, acuminées. Grappes grandes à très grandes, irrégulières, longuement coniques, généralement compactes ; épaules petites ou absentes ; baies grosses ou très grosses, vert jaunâtre ; peau épaisse mais tendre ; chair croustillante, ferme; saveur agréable mais pas riche ; qualité bonne. Saison très tardive, bonne conservation et expédition.

VERGENNES

(Labrusque)

L'attribut le plus précieux de Vergennes (Planche XXIX) est la certitude du relèvement. La vigne manque rarement de fructification, bien qu'elle soit souvent dominante, provoquant une variabilité dans la taille des fruits et le moment de la maturation. Avec une récolte modérée, les raisins mûrissent avec Concord, mais avec une forte charge une à deux semaines plus tard. Vergennes est quelque peu impopulaire auprès des vignerons en raison du port tentaculaire des vignes qui les rend peu exploitables pour les opérations viticoles ; ce défaut est comblé par un greffage sur d'autres vignes. Les raisins sont attrayants, la qualité est bonne, la saveur agréable, la chair tendre et les pépins et la peau ne sont pas répréhensibles. Le vergennes est le cépage de conservation tardif standard des régions du nord, très répandu sur les marchés jusqu'en janvier. La vigne originale était un semis fortuit dans le jardin de William E. Greene, Vergennes, Vermont, en 1874.

Vigne de vigueur variable, rustique douteuse, productive, saine. Cannes longues, brun foncé ; nœuds élargis, fortement aplatis ; vrilles continues, longues, bifides ou trifides. Feuilles grandes, fines ; face supérieure vert clair, brillante, rugueuse ; face inférieure vert pâle, très pubescente ; feuille généralement non lobée avec une extrémité largement aiguë ; sinus pétiolaire large ; dents peu profondes. Fleurs semi-stériles, de mi-saison ; étamines dressées.

Fruit tardif, se conserve et s'expédie bien. Grappes de taille moyenne, larges, cylindriques, parfois à une seule épaule, lâches ; pédicelle avec de nombreuses petites verrues ; pinceau mince, court, vert pâle. Baies grosses, ovales, rouge clair et foncé à fine floraison, persistantes ; peau épaisse, coriace, adhérente, astringente ; chair vert pâle, juteuse, à grain fin, un peu filandreuse, tendre, vineuse ; bon à très bon. Graines libres, une à cinq, émoussées, brunes.

WALTER

(Vinifera, Labrusca, Bourquiniana)

S'il n'était pas presque impossible de cultiver des vignes saines de Walter, ce cépage occuperait une place importante parmi les raisins américains. Mais rabougrie par des champignons qui attaquent les feuilles, les jeunes bois et les fruits, il n'est possible que dans des saisons exceptionnellement favorables de produire de manière satisfaisante des cultures de cette variété. Outre leur sensibilité aux maladies, les vignes sont exigeantes envers les sols, partout de croissance variable et sont blessées lors des hivers froids. Comme pour expier les défauts de la vigne, le fruit de Walter est presque parfait, ne manquant que de taille de grappe et de baie. La grappe et les baies ressemblent à celles du Delaware, mais le fruit n'est pas d'aussi haute qualité que celui de ses parents. Walter est adapté aux conditions dans lesquelles le Delaware prospère. AJ Caywood , Modena, New York, a cultivé cette variété vers 1850 à partir de graines de Delaware pollinisées par Diana.

Vigne vigoureuse. Cannes de longueur et de taille moyennes, brun rougeâtre foncé avec une fine floraison ; nœuds élargis, aplatis ; vrilles intermittentes, bifides. Feuilles épaisses ; face supérieure vert foncé, brillante, lisse ; face inférieure teintée de bronze, fortement pubescente ; lobes un à trois avec extrémité aiguë ; sinus pétiolaire étroit ; absence de sinus basal ; sinus latéral une encoche s'il est présent. Fleurs à mi-saison ; étamines dressées.

Fruit précoce, se conserve et s'expédie bien. Grappes de taille moyenne, larges, cylindriques, généralement à une seule épaule, compactes ; pédicelle mince, avec de petites verrues éparses ; pinceau court, mince, vert avec une teinte brune. Baies petites, ovales, rouges, brillantes à fine floraison, persistantes, fermes ; peau très dure, adhère légèrement, non pigmentée ; chair vert pâle, translucide, juteuse, coriace, un peu rusée, vineuse, aromatique ; bon à très bon. Graines adhérentes, une à quatre, petites, pointues, brun clair.

PLUS SAUVAGE

(Labrusca, Vinifera)

Le fruit de Wilder est surpassé en qualité et en apparence par les autres hybrides de Rogers, mais la vigne est la plus fiable de toutes ces variétés hybrides, étant vigoureuse, rustique, productive et, bien que quelque peu sensible au mildiou, aussi saine que n'importe quelle autre. . Wilder n'est pas aussi connu sur les marchés qu'il devrait l'être, et maintenant que les maladies fongiques peuvent être contrôlées par pulvérisation, il devrait être plus couramment planté dans les vignobles commerciaux, en particulier pour les marchés locaux. Wilder est l'un des quarante-cinq hybrides Labrusca-Vinifera élevés par ES Rogers, Salem, Massachusetts, ayant été décrit pour la première fois en 1858.

Vigne vigoureuse, rustique, productive, sensible au mildiou. Cannes longues, nombreuses, brun rougeâtre, plus foncées aux nœuds ; entre-nœuds longs ; vrilles intermittentes, bifides ou trifides. Feuilles grandes, irrégulièrement rondes ; face supérieure vert foncé, brillante, lisse ; face inférieure vert pâle, pubescente ; généralement non lobé avec extrémité aiguë ; sinus pétiolaire profond, étroit, souvent fermé et chevauchant ; absence de sinus basal ; sinus latéral peu profond, étroit ou une simple encoche lorsqu'il est présent. Fleurs autostériles, de mi-saison ; étamines réfléchies.

Fruits précoces à la mi-saison, se conservent et s'expédient bien. Grappes de taille variable, courtes, larges, effilées, fortement mono-épaulées, lâches ;

pédicelle long, épais avec de nombreuses verrues ; pinceau épais, vert avec une teinte rouge. Baies grosses, ovales, noir violacé à floraison abondante, persistantes, fermes ; peau épaisse, adhérente à la pulpe, à pigment rouge vif, astringente ; chair verte, translucide, juteuse, tendre ; bien. Graines adhérentes, une à cinq, longues, brun clair.

WINCHELL

(Labrusca, Vinifera, Æstivalis)

Montagne Verte

Les vignes de Winchell (planche XXX) sont vigoureuses, rustiques, saines, productives, et le fruit est précoce, de haute qualité et s'expédie bien, ce qui en fait un raisin précoce des plus admirables. Il y a quelques défauts mineurs qui deviennent des inconvénients dans la culture de Winchell. Les baies, et dans certaines conditions les grappes, sont petites et la grappe est lâche avec une large épaule. Parfois, ce relâchement devient si prononcé qu'il donne lieu à une grappe éparse et mal formée ; et l'épaule, lorsqu'elle est aussi grande que la grappe elle-même, ce qui arrive souvent, rend la grappe inesthétique. Les raisins écalent à pleine maturité, un défaut grave. Encore une fois, même si la récolte mûrit généralement de manière uniforme, il y a des saisons où deux cueillettes sont nécessaires en raison de l'inégalité de la maturation. Enfin, la peau est fine et les baies risquent, lors des saisons défavorables, de se fissurer, même s'il s'agit rarement d'un défaut grave. Ces défauts ne compensent pas les nombreux bons caractères du Winchell qui en font le cépage vert précoce standard, méritant de se classer parmi les meilleurs raisins précoces de toutes les couleurs. La vigne originale a été cultivée par James Milton Clough, Stamford, Vermont, vers 1850 à partir de graines d'un raisin violet inconnu.

Vigne vigoureuse, rustique, saine, très productive. Cannes longues, nombreuses, minces, brun foncé avec une fine floraison ; nœuds élargis, aplatis ; vrilles continues, parfois intermittentes, bifides. Feuilles grandes ; face supérieure vert clair, brillante, lisse ; face inférieure vert terne, teintée de bronze, légèrement pubescente ; lobes trois à cinq avec lobe terminal aigu ; sinus pétiolaire profond ; sinus basal peu profond ; dents peu profondes, larges. Fleurs fertiles, de mi-saison ; étamines dressées.

Fruit précoce, se conserve et s'expédie bien. Grappes longues, minces, cylindriques, souvent avec une longue épaule, compactes ; pédicelle court, mince avec quelques verrues peu visibles ; pinceau blanc verdâtre. Baies petites, rondes, vert clair, persistantes, molles ; peau marquée de petites taches brun rougeâtre, fine, tendre, légèrement astringente ; chair verte, translucide, juteuse, tendre, à grain fin, sucrée ; très bon au meilleur. Graines libres, une à quatre, petites, dodues, larges et longues, émoussées, brunes.

ASPÉRULE DES BOIS

(Labrusca, Vinifera ?)

L'aspérule est un beau raisin rouge brique, voyant, avec de grosses grappes et des baies, mais son goût dément son apparence, car la chair est grossière et la saveur médiocre. Le cépage ne mériterait pas l'attention s'il n'avait pas d'excellents caractères viticoles ; les vignes sont rustiques, productives et saines. Les raisins mûrissent un peu avant Concord et arrivent sur le marché à un moment favorable, notamment pour un raisin rouge. Woodruff est originaire de CH Woodruff, Ann Arbor, Michigan, comme semis fortuit apparu en 1874 et fructifiant pour la première fois en 1877.

Vigne très vigoureuse, rustique. Cannes brun foncé ; nœuds élargis, aplatis ; vrilles continues, bifides ou trifides. Feuilles rondes ; face supérieure vert clair, terne, rugueuse ; face inférieure blanc verdâtre, pubescente ; feuille généralement non lobée avec extrémité aiguë ; sinus pétiolaire large ; absence de sinus basal ; sinus latéral peu profond et étroit lorsqu'il est présent ; dents peu profondes. Fleurs semi-fertiles, précoces ; étamines dressées.

Maturation des fruits avant Concord. Grappes larges, largement effilées, généralement à une seule épaule, compactes ; pédicelle court, épais, lisse ; pinceau long, vert pâle. Baies grosses, rondes, rouge foncé, ternes, fermes ; peau fine, tendre, adhérente, légèrement astringente ; chair vert pâle, translucide, juteuse, coriace, grossière, très rusée ; juste en qualité. Graines adhérentes, une à cinq, larges, courtes, dodues, obtuses, brunes.

MOT

(Labrusque)

Parmi les nombreux descendants de Concord, Worden (Planche XXXI) est le plus connu et le plus méritoire. Les raisins diffèrent principalement de ceux de Concord par la présence de baies et de grappes plus grosses, d'une meilleure qualité et d'une semaine à dix jours plus précoces. La vigne est également rustique, saine, vigoureuse et productive, mais elle est plus exigeante dans ses adaptations au sol, même si de temps en temps elle fait encore mieux. Le principal défaut de cette variété est que le fruit se fissure beaucoup, empêchant souvent une commercialisation rentable d'une récolte. Outre cette tendresse de la peau, la pulpe du fruit du Worden est plus douce que celle du Concord, il y a plus de jus et la conservation est moins bonne, de sorte que les raisins ne s'expédient guère aussi bien que ceux du raisin le plus communément cultivé. Worden est très populaire dans les régions viticoles du nord, tant pour les plantations commerciales que pour le jardin.

C'est un habitant du jardin plus recherché, en raison de la qualité supérieure de ses fruits que Concord, et dans des conditions bien adaptées, elle est meilleure comme variété commerciale, car le fruit est plus beau et de meilleure qualité. Sur les marchés, le fruit devrait se vendre à un prix plus élevé que le Concord s'il est désiré pour une consommation immédiate et s'il peut être récolté rapidement, car il ne s'accroche pas bien aux vignes. Sa saison plus précoce lui est défavorable pour une variété commerciale et, avec les défauts mentionnés, l'empêchera dans une large mesure de remplacer la Concord. Worden a été créé par Schuyler Worden, Minetto , comté d'Oswego, New York, à partir de graines de Concord plantées vers 1863.

Vigne vigoureuse, rustique, saine, productive. Cannes grandes, épaisses, brun foncé avec une teinte rougeâtre ; nœuds élargis, aplatis ; vrilles continues, minces, bifides, parfois trifides. Jeunes feuilles teintées de carmin rose sur la face inférieure et le long des marges de la face supérieure. Feuilles grandes, épaisses ; face supérieure vert foncé, brillante, lisse ; face inférieure bronze clair, pubescente ; feuille généralement non lobée ; sinus pétiolaire large, souvent en forme d'urne ; dents peu profondes. Fleurs fertiles, de mi-saison ; étamines dressées.

Fruits précoces. Grappes grandes, longues, larges, effilées, généralement à une seule épaule, compactes ; pédicelle mince avec quelques petites verrues ; pinceau long, vert clair. Baies grosses, rondes, noir violacé foncé, brillantes à floraison abondante, fermes ; peau sensible, se fissure fortement, adhère légèrement, contient un pigment rouge foncé, astringent. Chair verte, translucide, juteuse, à grain fin, coriace, rusée, sucrée, douce ; bon à très bon. Graines adhérentes, une à cinq, grosses, larges, courtes, obtuses, brunes.

WYOMING

(Labrusque)

Hopkins Early Red, Wilmington Red, Wyoming Red

La valeur que possède le Wyoming (planche XXXII) réside dans la rusticité, la productivité et la salubrité de la vigne. L'aspect du fruit est très bon, les grappes sont bien formées et composées de baies riches de couleur ambrée et de taille moyenne. La qualité, cependant, est médiocre, étant celle de la Labrusca sauvage en termes de saveur et de caractères de chair. Il n'est pas aussi précieux que certains autres Labruscas rouges décrits jusqu'à présent et ne peut guère être recommandé ni pour le jardin ni pour le vignoble. Le Wyoming a été introduit par SJ Parker d'Ithaca, New York, qui déclare qu'il provenait de Pennsylvanie en 1861.

Vigne vigoureuse, rustique, saine, productive. Cannes nombreuses, minces, brun rougeâtre foncé couvertes de pruines bleues ; nœuds élargis, fréquemment aplatis ; vrilles continues, courtes, bifides. Feuilles de taille et d'épaisseur moyennes; face supérieure vert clair, terne, lisse ; face inférieure vert terne avec une teinte bronze, pubescente ; lobes un à trois avec extrémité aiguë ; sinus pétiolaire peu profond, large ; sinus basal manquant généralement ; sinus latéral peu profond et large lorsqu'il est présent ; dents peu profondes. Fleurs stériles, de mi-saison ; étamines réfléchies.

Fruit précoce, se conserve bien. Grappes minces, cylindriques, compactes ; pédicelle court, mince avec de petites verrues ; pinceau fin, vert pâle avec une teinte brune. Baies moyennes, rondes, rouge ambré riche avec une fine floraison, persistantes, fermes ; peau tendre, adhérente, astringente ; chair vert pâle, translucide, juteuse, coriace, solide, fortement rusée, vineuse ; de mauvaise qualité. Graines adhérentes, une à trois, légèrement échancrées, brun clair.

NOTES DE BAS DE PAGE :

[1] Bioletti , Frédéric T. *Rapport du Congrès international de viticulture* , 88. 1915.

[2] Anthony, RD *NY Agr . Exp. Sta., Bul. 632* : 88. 1917.

[3] Bioletti , Frederic T. *Calif. Exp. Sta., Bul. 180* : 135. 1906.

[4] *Ibid.* , 136-138.

[5] Bioletti , Frederic T. *Calif. Exp. Sta., Bul. 180* : 108-112.

[6] Bioletti , Frederic T. *Calif. Exp. Sta., Bul. 180* : 113-118.

[7] Munson, *Fondations TV de la culture américaine du raisin* , 217. 1909.

[8] Bioletti , Frederic T. *Calif. Exp. Sta., Bul. 180* : 96-97. 1906.

[9] Pour un compte rendu de cette expérience, voir Bul. 381 du NY Agr . Exp. Sta., Genève.

[10] Cité du Bul. N° 381, NY Agr . Exp. Sta.

[11] Chaque poids est de 300 feuilles vertes, 5 de chacune des 60 vignes. La première feuille au-delà du dernier cluster a été sélectionnée.

[12] Montant à l'acre de bois taillé à l'automne.

[13] Nombre à l'acre.

[14] Munson, *Fondations TV de la culture américaine du raisin* : 224-227. 1909.

[15] Husmann , George C. et Dearing, Charles. *Raisins muscadins. Boul. 709, Département américain Agr .* : 16-19. 1916.

[16] Le reste de ce chapitre est republié avec la permission de *Bul. 246, Californie Exp. Sta., Vine Pruning in California* , publié en 1916 par FT Bioletti . L'intégralité du bulletin n'est pas reproduite, mais les parties rééditées sont retranscrites textuellement. Toutes les illustrations de ce chapitre ont été redessinées à partir du bulletin du professeur Bioletti .

[17] Le récit suivant est fondé sur des travaux menés par l'auteur au NY Agr . Exp. Sta., dont des récits ont été donnés devant plusieurs sociétés horticoles en 1916, 1917 et 1918.

[18] Husmann , Géo. C., et Dearing, Charles. *Les raisins muscadine* , US Dept. Agr . Boul. 273 : 33-36. 1913.

[19] Husmann , George CUS Dept. Agr . Boul. des agriculteurs. N° 644.

[20] Husmann , George CUS Dept. Agr . Boul. N° 349. 1916.